U0158817

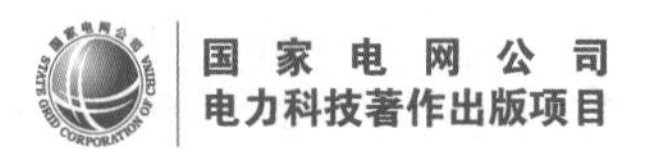

交直流混联大电网系统保护

AC/DC Large-Scale Hybrid Power Gird System Protection

董新洲 著

内 容 提 要

本书汇集了国家重点研发计划“大型交直流混联电网运行控制与保护”的成果，曾得到国家自然科学基金重大国际合作项目“基于本地信息的系统保护研究”支持。

本书共6章，分别为概述、免疫于过负荷的距离保护、免疫于振荡的距离保护、换相失败预防与控制、直流参与紧急潮流控制、架空输电线自适应过负荷保护。

本书适用于从事电力系统继电保护和安全稳定控制的技术人员和管理人员，以及对交直流混联大电网系统保护感兴趣的研究者或工程师。

图书在版编目（CIP）数据

交直流混联大电网系统保护 / 董新洲著. —北京：中国电力出版社，2022.10（2023.5 重印）
ISBN 978-7-5198-6856-7

Ⅰ. ①交…　Ⅱ. ①董…　Ⅲ. ①混合输电–电网–继电保护–研究　Ⅳ. ①TM721.3

中国版本图书馆 CIP 数据核字（2022）第 112692 号

审图号：GS 京（2023）1141 号

出版发行：中国电力出版社
地　　址：北京市东城区北京站西街 19 号（邮政编码 100005）
网　　址：http://www.cepp.sgcc.com.cn
责任编辑：王春娟　张冉昕
责任校对：黄　蓓　李　楠
装帧设计：张俊霞
责任印制：石　雷

印　　刷：北京九天鸿程印刷有限责任公司
版　　次：2022 年 10 月第一版
印　　次：2023 年 5 月北京第二次印刷
开　　本：787 毫米×1092 毫米　16 开本
印　　张：16.5
字　　数：364 千字
定　　价：128.00 元

序一

大停电是现代社会无法承受的灾难。防止大面积恶性停电事故的发生是电力系统继电保护和安全稳定控制系统的基本职责。而连锁故障以及故障处理过程中继电保护和安全稳定控制系统的不正确动作往往成为大停电发生和发展的主要推手。

我国已经建成全世界装机容量和发电量最大、电压等级最高、消纳新能源发电最多、直流输电占比最高的巨型交直流混联电网。保障混联电网安全事关国计民生，一点不可马虎。但我们面临的电网安全形势非常严峻。以上海为核心的华东电网和以广州为核心的南方电网，已经形成了超/特高压多直流馈入的电网格局，交流电网故障导致多回直流同时换相失败的事件常常发生，稍有不慎，出现多回直流同时闭锁，则大面积停电的风险陡增，给电网运行管理带来巨大挑战。因此，研究交直流混联大电网安全技术意义重大。

本书从保护大电网安全的目的、从继电保护的视野出发，分析了交直流混联大电网在连锁故障过程中传统继电保护的动作行为，明确指出故障切除以后所出现的事故过负荷和振荡过程中继电保护的不正确动作是传统继电保护所存在的主要问题。伴随着交直流混联大电网的出现，交流系统故障时电压降低导致直流系统换相失败几乎成为确定性的事件，长时间换相失败势必导致直流闭锁，进而引发更严重的连锁反应。

针对上述问题，本书介绍了免疫于过负荷的距离保护原理和技术、免疫于振荡的距离保护原理和技术、防止换流器长期换相失败的控制技术，以及为了避免直流系统所连接的交流电网出现大量功率盈缺所采取的直流系统参与紧急潮流控制技术等。这些技术对于保证在故障以及故障处理过程中保持交流电网功率平衡、维系电网拓扑结构完整具有重要作用，也为后续安全稳定控制系统发挥作用争取了宝贵的时间。

本书内容新颖，所提不跳闸的继电保护、换相失败防控等概念形象具体，对于连锁故障以及连锁故障引发大停电问题的认识全面客观，书中所述理论和技术措施完整，自成体系，对于完善健全电网安全防控体系具有重要作用。众所周知，我国继电保护在正确动作切除故障方面性能优异，继电保护正确动作率在世界上首屈一指，无论在理论研究和技术应用方面都居于世界领先地位。针对连锁故障和大停电问题所开展的理论研究和实际应用技术同样具有重要价值——不仅仅是正确反映故障并快速切除故障设备，还能够规避负面后果，进一步丰富了电力系统安全知识宝库。因此，有充分理由认为本书是继电保护工作者对于电力系统特别是电力系统安全的另一个重要贡献。

本书作者一直从事电力系统继电保护技术研究，在行波保护、系统保护研究中颇有建树，该书所述内容正是他对于连锁故障、大停电问题长期思考和研究的结晶。本书的出版将有助于继电保护技术和安全稳定控制系统的融合，具有导向作用。对于广大读者，特别是在读高年级大学生、研究生以及从事电力系统继电保护和安全稳定控制技术的工程技术人员具有重要参考价值。

中国科学院院士　周孝信

2022 年 5 月

序二

保障电网安全事关能源供给安全乃至国家安全。电网运行中不可避免地会发生故障，继电保护是切除故障的关键技术。在我国，对于传统交流电网的各类故障，继电保护均能正确切除，并能有效应对故障伴随的系统振荡、故障转移过负荷等现象对保护的影响。同时，继电保护与安全稳定控制的协同配合使用，也使我国发生因连锁跳闸造成大面积停电事故的概率远低于国外。

近年来，随着电网规模的不断扩大和电力电子设备高比例接入，我国形成了世界上规模最大、运行工况最为复杂的交直流混联大电网。交直流混联大电网的安全运行必须面对一种新的故障形式——交直流输电系统连锁故障，即由于交流和直流电网故障之间交互影响引发的连锁故障。譬如：直流受端的交流电网故障引起换流器换相失败，导致直流闭锁；另外，在交直流输电系统并联运行的情况下，直流线路传输功率一般远远大于交流输电线路，在直流输电系统故障时，交流输电系统承受的过负荷量值将显著增大，以往交流电网中使用的避免故障转移过负荷误动的保护对策难以适用。总之，交直流连锁故障机理复杂、影响面大，若处置不当，很可能引发大停电事故，这对继电保护和安全稳定控制技术提出了更高的要求。

本书针对交直流混联大电网的连锁故障问题，从继电保护的角度开展了较为全面的研究和论述。第 1 章结合国内外连锁故障典型案例，介绍了国内外研究现状，提出了交直流电网系统保护的构思；第 2 章介绍了具有可对故障转移过负荷影响免疫的距离保护，其核心是利用站域信息获取系统运行方式，实现变电站的戴维南等效阻抗的应用；第 3 章介绍了可对系统振荡影响免疫的距离保护，利用相和相间补偿电压构成距离保护的动作判据以消除系统振荡对继电保护的不利影响；第 4 章介绍了换相失败防控技术，论述了第一次换相失败的不可避免性，提出了在后续换相失败过程中可采取的控制措施和规避方法；第 5 章研究多馈入直流线路一回闭锁后，健全线路主动参与功率调节，避免引发交流线路严重过负荷误跳闸的措施；最后一章进一步讨论了过负荷保护问题，提出在避免距离保护过负荷误动的同时，当出现严重过热、弧垂增大等现象威胁输电线路安全时，应采用的相应保护切除策略。

本书的特点是基于交直流混联大电网故障分析，从系统的视角研究改善继电保护的性能，增强其对系统安全的保障作用；论述交直流混联大电网中如何快速可靠切除故障，完善主保护和后备保护体系，并与安全稳定控制策略相结合，防止故障的扩大和蔓延，阻断连锁故障发生、发展的链条。

董新洲教授长期从事电力系统故障分析和继电保护技术研究，热爱继电保护事业，取得了诸多重要的、原创的研究成果。该书是董新洲教授及其团队围绕我国交直流混联大电网新形态保护的研究心得，是对传统继电保护理论和技术的丰富和发展，也是对保护与控制协调配合研究的积极探索和尝试。该书的问世，将有力促进电力系统继电保护和安全稳定控制技术的研究和发展，所提技术也将进一步提升交直流混联大电网安全稳定运行水平。

中国科学院院士　程时杰

2022 年 9 月

序三

继电保护是电力系统发生故障时快速隔离故障设备阻止故障对设备及系统运行造成进一步损害的专门技术，是电力系统的第一道安全防线。在继电保护工作者不懈努力下，经过百余年的发展，继电保护理论和技术日臻成熟。

从选择性、可靠性要求的角度，继电保护可分为主保护和后备保护。在近年来发生的美加、印度、巴西等大停电事故中，主保护动作后，随着事故的发展，电网其他非故障部分在不同程度上可能相继出现过负荷、振荡等不正常运行状态。在此工况下，一些后备保护的动作行为导致停电范围进一步扩大，切机、切负荷等稳定控制无法真正发挥重要作用，造成大停电事故的蔓延。

众所周知，为满足选择性、可靠性要求，现代高压、超高压电网中后备距离保护不可或缺。但现有保护机理、整定原则等又无法很好地适应大停电事故等运行工况。很多继电保护工作者试图围绕该问题探索进一步的解决方案。本书所介绍的系统保护为解决该问题提供了一种很好的技术方案。另外，随着直流输电的推广和应用，书中还针对交直流系统交互影响这一类连锁故障及其应对策略展开了讨论。

本书分析了交流电网和混联电网连锁故障的机理，提出了针对性的系统保护方案，通过过负荷不误动、振荡不误动、换相失败不连续发生、直流闭锁后并列运行的直流系统主动承担事故转移过负荷等一系列技术要求和技术措施，为后续切机、切负荷等稳定控制措施发挥作用提供可能，避免事故范围扩大。

结合现有继电保护和控制技术，所提系统保护方案进一步明确了继电保护的角色，一方面承担原有的保护功能，另一方面利用系统视角，避免对非故障设备的不正常运行状态做出反应，兼顾了故障设备安全和系统安全两方面的功能需求。

本书立意新颖，视角独特，对问题的分析深刻、透彻，扩大并深化了继电保护研究范围，厘清了继电保护和安全稳定控制系统的关系和界限，为继电保护和安全稳定控制技术的融合创造了条件。

董新洲教授是优秀的继电保护工作者，对继电保护理论和技术有深厚的理解和建树，特别在故障行波的分析和利用、基于站域和时域动态信息的继电保护研究等领域，都取得了令人瞩目的成就，本书围绕交直流混联大电网面临的突出安全风险及其对策展开探讨，具有重要理论意义和实用价值。

顾毓琇电机工程奖获得者　陈德树

2022 年 9 月

序四

确保安全稳定运行是电力系统的首要任务，经过数十年来电力工作者们的不懈努力，我国电力系统在安全稳定运行方面已经取得举世瞩目的成就，近三十年来没有发生大规模的停电事故，对确保国民经济发展和社会稳定做出了重要贡献，其中作为第一道防线的继电保护和第二、三道防线的安全自动装置功不可没。

电力系统的各类元件设备常常发生短路故障、设备跳闸等事故，继电保护针对单一元件的故障总能正确动作，通过断路器切除故障元件，电力系统一般都满足 $N-1$ 的设防标准，并恢复正常运行；对于多个元件相继故障引起的跳闸，稳定控制系统执行预定的控制策略，也能维持电力系统的稳定运行。然而，随着电力系统的迅速发展，为满足西电东送、南北互济及西部大规模新能源建设和消纳的需求，我国已建成以特高压输电为主的交直流混联大电网。由于电网强直弱交、电磁环网依然存在等特点，使电网结构更趋复杂，直流闭锁可能引起与之并联的交流线路严重过负荷，交流系统的短路几乎都会引起附近落点的直流输电系统发生换相失败，交直流相互影响与耦合引发电力系统出现连锁事故反应的概率增大，此时针对单一元件故障设置的继电保护会遇到很大挑战，甚至可能出现不正确动作。如：距离Ⅲ段将不能有效躲过潮流转移引起的线路事故过负荷，由此导致同一断面的多回线路接连跳闸（2004 年“8.14”美加大停电，2006 年我国“7.1”事故都发生过）；系统发生失步振荡时距离保护可能不正确动作（在 2012 年“7.30”与“7.31”连续两天发生的印度大停电事故过程中距离保护不正确动作，解列电网）。

我国的继电保护工作者多年潜心研究，不断实践和积累经验，在防止线路过负荷引起距离Ⅲ段误动作方面采取了非常有效的技术；在 20 世纪 60 年代就提出距离保护的振荡闭锁概念，电力系统振荡时，保护应可靠不动作，而由专设的失步解列装置在预定地点解列电网；针对交流侧短路引起直流侧换相失败方面也已采取了多项措施。此前在这方面尚未见有专著对防止大电网连锁事故作全面的分析、总结，广大继电保护工作者和相关工程技术人员迫切需要一本专著来全面介绍这方面知识和研究进展，进一步深入学习、研究、应用有关技术。

本书正是应运而生，作者从继电保护的视角看电网，深入剖析了短路故障和事故过负荷的区别及甄别办法，深入研究了短路故障和失步振荡的特性差异，介绍了系列免疫于过负荷的距离保护原理和配置方案，提出了免疫于振荡的距离保护原理和实现方法。针对我国业已形成的交直流混联大电网所固有的直流换流器换相失败问题，介绍了防止连续换相失败和同时换相失败导致直流闭锁的方法和技术，介绍了直流潮流快速控制技术，提出了防止过负荷状态下保护误动的技术。这些技术从继电保护出发，面向电力系统安全，既在机理上区别于传统的继电保护，又与安全稳定控制系统动作原理不同。这些技术的价值在于防止继电保护遇到连锁事故时动作失误而扩大事故范围，造成次生灾害，为安全稳定控制系统的正确动作、采取预定的控制策略提供了可靠保障。

本书立意新颖，视角独特，对于问题的分析深刻、机理清晰，解决问题的方法和措施具体可行、系统性强，对于完善电力系统安全稳定体系、提升安全稳定运行水平具有重要作用。本书所写内容丰富了继电保护理论和技术，厘清了继电保护和安全稳定控制技术的界限，对促进三道防线技术的发展具有积极意义。

本书作者长期从事电力系统故障分析和继电保护技术研究，本书所述内容是作者和他的团队围绕交直流混联大电网安全问题研究所取得的成果。我相信这本书的出版发行，将有助于我国和世界交直流混联大电网的建设和安全稳定运行，有助于构建适应新能源比例不断增长的新型电力系统，对于从事电力系统继电保护和安全稳定控制技术研究及应用的工程技术人员具有重要参考价值。

顾毓琇电机工程奖获得者　孙光辉

2022 年 6 月

前言

故障是不可避免的！针对故障，人们在深入的故障分析的基础上，提出了系列的继电保护理论和方法，也开发了众多的继电保护技术，有效保障了世界各国电网的安全。迄今为止继电保护已经成为电力系统最为重要的一个学科分支，也因此成为一个巨大的产业领域。伴随着直流输电技术的推广应用，我国已经建成全世界规模最大、电压等级最高、消纳新能源发电最多的巨型交直流混联大电网。交直流混联大电网一种常见的故障形式是连锁故障，尤其是简单故障在交、直流电网之间的交叉传播。

连锁故障不同于简单故障，它影响范围大、涉及电气设备多，世界多国所发生的大停电事故几乎都是连锁故障造成的。对于交直流混联大电网中所出现的“连锁故障”这一特殊故障类型，人们当然有必要对它给予特别的重视，需要研究专门的应对技术，这就是本书所要阐述的系统保护。

系统保护不同于继电保护，它在保证电气设备安全的前提下，以保障系统安全为目的，主要表现形式是维系电网拓扑的完整，保证发电功率和消费功率的平衡，从而减小频率失稳、功角失稳和电压失稳的风险，阻断连锁故障发生、发展的链条，有效防止大面积恶性停电事故的发生。

系统保护主要内容包括：免疫于过负荷的距离保护；免疫于振荡的距离保护；防止长期或者连续换相失败的换流器控制技术；直流参与紧急潮流控制技术——用于分担换流器闭锁造成的事故转移过负荷；架空输电线自适应过负荷保护。

系统保护具有动态特性：它不是针对一个静止断面而设置的，是围绕事件之后将要出现的事件设立的保护技术；系统保护具有主动特性：它是在上一个事件之后采取的措施，从而防止下一个连锁事件的发生；系统保护又是不跳闸的保护：既不切除故障设备、也不切机切负荷。由此将系统保护和安全稳定控制系统区别开来，避免重复设置造成逻辑上的混乱，导致不应该发生的后果。从习惯上讲，系统保护介于电力系统继电保护第一道安全防线和紧急控制第二道安全防线之间，是 1.5 道电网安全防线。

董新洲参与撰写了本书的所有章节，陈彬书参加了第 2 章免疫于过负荷的距离保护和第 6 章架空输电线自适应过负荷保护的编写和修改；王豪参加了第 3 章免疫于振荡的距离保护的编写和修改；王宾、王浩男参加了第 4 章换相失败预防与控制的编写和修改；陈中参加了第 5 章直流参与紧急潮流控制的编写和修改。

本书汇集了国家重点研发计划“大型交直流混联电网运行控制与保护”的成果，曾得到国家自然科学基金重大国际合作项目“基于本地信息的系统保护研究”支持。本书第 2 章免疫于过负荷的距离保护和第 6 章架空输电线自适应过负荷保护参考了丁磊的博士后报告、刘琨的博士论文和曹润彬的博士论文部分内容；本书第 3 章免疫于振荡的距离保护参考了朱声石先生、崔柳博士和王豪博士的部分研究内容；本书第 4 章换相失败预防与控制参考了 Soharb 和景柳明的博士后出站报告，白丽参加了全书的编辑和校对工作，在此一并致谢！

作　者

2022 年 9 月

目录

1 概述

1.1 国内外电网典型连锁故障剖析

1.1.1 2012年南方电网交流故障引发换相失败[1]

1.1.1.1 故障概述

2012年8月11日16时07分，500kV增（城）穗（广州）乙线C相故障跳闸，重合成功。故障期间，南方电网5回±500kV直流输电线路逆变侧换流站（肇庆换流站、保安换流站、鹅城换流站、北郊换流站、穗东换流站）均发生换相失败。其中，楚穗（云南楚雄—广州穗东）直流极Ⅰ双阀组、极Ⅱ高端阀组各发生一次换相失败，极Ⅱ低端阀组发生三次换相失败；兴安（贵州兴仁—深圳宝安）直流双极、高肇（贵州高坡—广州肇庆）直流双极、天广直流（贵州天生桥—广州北郊换流站）和江城（湖北江陵—广东鹅城）直流双极各发生一次换相失败。2012年南方电网接线图如图1.1所示[2]。

交流故障切除后，5回直流和西电东送各主要断面功率和母线电压均恢复到故障前运行水平，系统运行平稳。

1.1.1.2 故障经过

故障前500kV主网全接线运行，系统频率、电压运行正常；各送电断面裕度满足要求，云南交流送出通道及广东交流入口均压极限运行，主网各送电断面潮流及极限值如表1.1所示。5回直流除兴安直流（额定功率3000MW）带2800MW功率运行，其他各直流均满负荷运行，逆变侧换流站交流电压均运行在正常水平，各直流运行功率和逆变侧电压如表1.2所示。

2012年8月11日16时07分，500kV增穗乙线C相故障跳闸，重合成功。故障期间，南方电网5回直流逆变侧均发生换相失败。换相失败过程中，西电东送交流云南断面和广东各主要交流断面功率见表1.3。可以看出，故障后云南外送500kV断面和广东500kV交流入口断面潮流均大幅增加，并有短时越极限的情况发生，其中云南最大越极限619MW，两广断面最大越极限1114MW。振荡过程中，云南外送断面越极限时间小于2s，广东交流入口越极限时间小于3s。

直流换相失败期间，西电东送通道各主要厂站电压均有不同程度的降低，部分厂站电压变化情况如表1.4所示，其中500kV贤令山变电站暂态电压跌落幅度最大，跌至456kV，但60ms后即恢复至516kV，其他各点暂态电压跌落时间更短。暂态过程结束后，各点电压均能够快速恢复，稳态电压均能恢复至故障前电压水平。

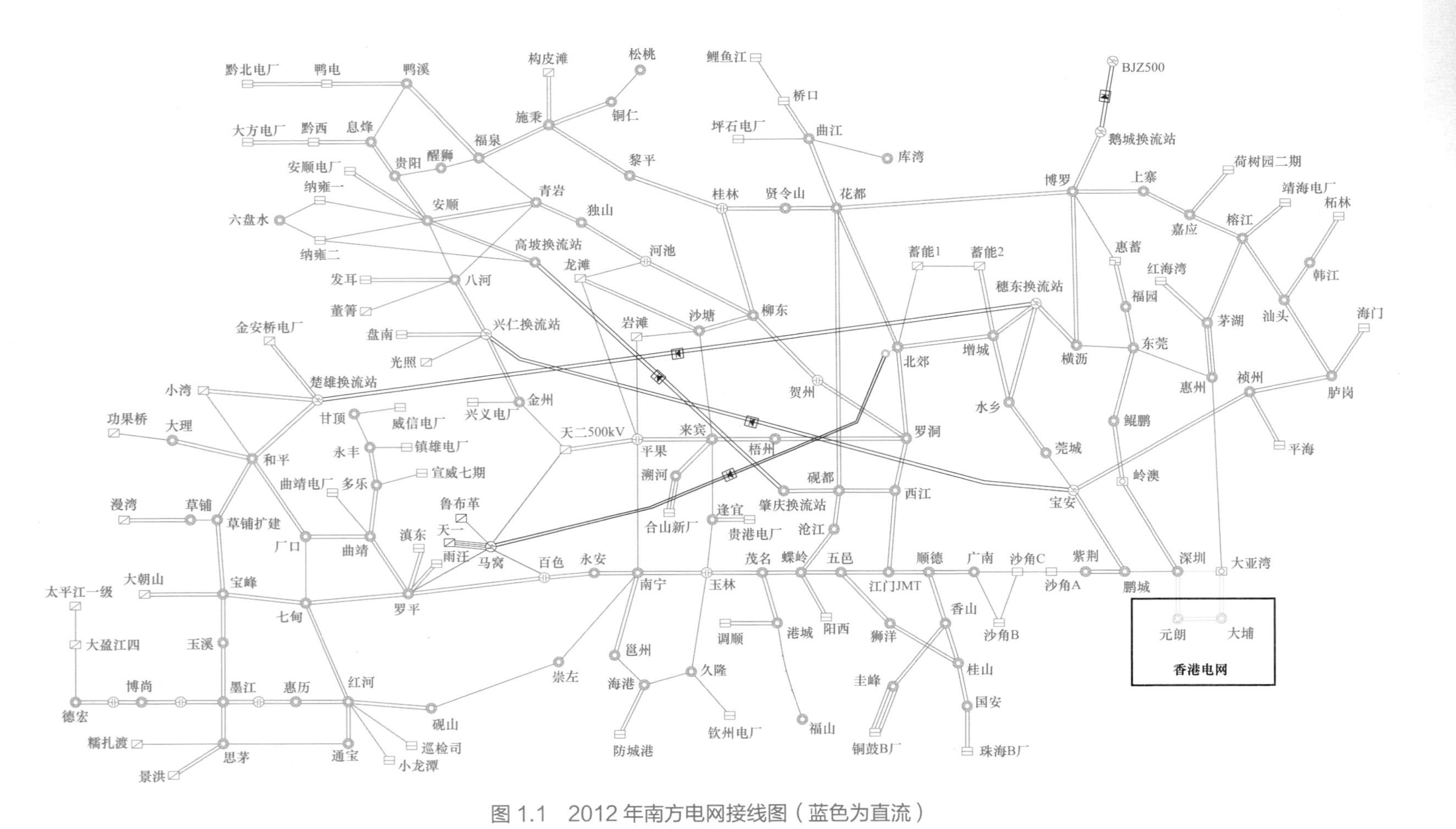

图 1.1　2012 年南方电网接线图（蓝色为直流）

表 1.1　　故障前各送电断面潮流及极限值　　单位：MW

类别	广东交流入口	贵州交流出口	云南交流出口
断面极限	8000	3500	4000
断面潮流	7430	1650	3300
断面裕度	570	1150	700

表 1.2　　故障前各直流运行功率和逆变侧电压

类别	楚穗直流	高肇直流	兴安直流	天广直流	江城直流
双极功率（MW）	5000	300	2800	1800	2800
逆变侧交流电压（kV）	531	533	536	229	534

表 1.3　　云南断面和广东各主要交流断面功率　　单位：MW

类别	广东交流入口	贵州 500kV 交流出口	云南 500kV 交流出口
断面极限	8000	3500	4000
事前断面潮流	7430	1650	3300
事后断面潮流	9114	2124	4619
断面裕度	−1114	1376	−619

表 1.4　　直流换相失败前后部分厂站电压变化情况　　单位：kV

类别	崇左	罗平	贺州	贤令山
故障前电压	523	535	537	525
暂态电压	501	499	489	456
暂态电压跌落量	22	36	58	69
稳态电压	523	535	537	525
稳态电压跌落量	0	0	0	0

1.1.1.3　故障原因

在电网故障导致电网电压突然降低时，常规直流输电系统容易出现换相失败现象，这是常规直流输电系统的固有特性。

为满足大容量远距离输电的需要，多回直流密集馈入广东珠三角地区，直流逆变站之间电气距离近，在临近交流系统发生故障时，各直流逆变站交流电压均发生明显跌落，从而造成多回直流同时换相失败。

直流换相失败过程中，直流功率大幅下降并转移到与之并联的交流线路上，造成系统潮流、电压大幅波动。

1.1.1.4　结论及启示

8 月 11 日，增穗乙线发生单相故障，交流故障切除时间为 60ms，导致南方电网 5

回直流均发生了换相失败，结论及启示如下：

（1）本次故障中发生了多回直流换相失败，交流故障正常切除后，各直流功率均可快速恢复到故障前的功率水平，系统保持稳定运行。

（2）对于多直流落点地区，需要关注多直流同时换相失败问题，规划阶段应通过合理控制直流输电规模、优化直流落点来降低多直流换相失败风险，运行阶段应进行多直流换相失败问题的安全稳定分析和评估，并采取必要的运行措施。

1.1.2　巴西大停电

1.1.2.1　巴西电网大停电概述

巴西电网的输电格局与中国类似，全国的能源与负荷逆向分布[3]，整体输电格局呈现长距离、大容量的“北电南送、西电东送”形式。巴西电网总体可分为四大电网：西北部电网、北部电网、东北部电网和南部电网，其中南部电网又可分为中西区、南区和东南区三部分。西北电网为独立运行的电网，北部电网、东北部电网和南部电网三大区域耦合形成大规模区域耦合电网。

2018 年 3 月 21 日 15 时 48 分（巴西当地时间），巴西发生大面积停电事故。事故起源于交流系统一分段断路器过流保护动作，导致巴西美丽山直流一期双极闭锁停运，瞬时损失功率 373 万 kW，最终导致巴西北部和东北部电网相继解列形成孤网，同时位于巴西南部的 9 个州也受到不同程度的影响。故障前正常运行状态下的区域耦合输电格局，即巴西各区域电网发电、负荷需求及电力流如图 1.2 所示。

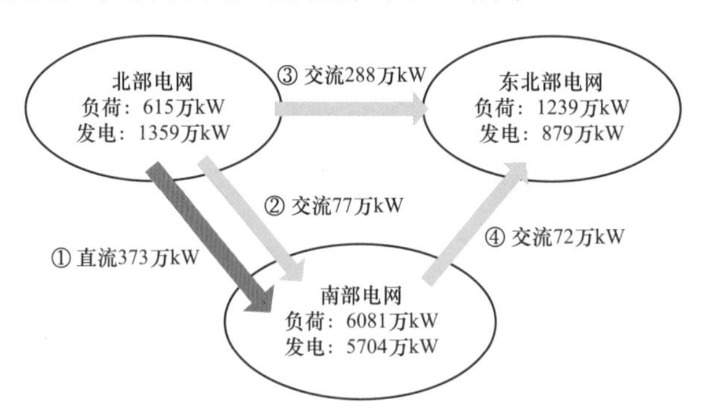

图 1.2　巴西各区域电网发电、负荷需求及电力流

本次大停电事故起源于巴西北部美丽山水电站送出系统的欣古（Xingu）换流站。美丽山水电站通过美丽山一期±800kV 直流线路向南部电网传输功率，北部电网与东北部电网、东北部电网与东南部电网之间通过 500kV 交流线路连接，共同构成交直流混联大电网。

事故发生前，美丽山水电站共 7 台机组运行，美丽山一期直流线路正常工作，向外输送功率 373 万 kW。欣古换流站电气接线图如图 1.3 所示，其交流系统仍在建设过程中，为满足美丽山水电站电力输出，将美丽山一期直流工程提早投运，巴西电监会（ANEEL）与项目公司协商，提出在建设过渡期欣古换流站单母线运行的方案，分为 3 个阶段[4, 5]：

第一阶段，B 母线不带断路器运行，以保证双极的调试和运行；第二阶段，A 母线带断路器运行，B 母线停运；第三阶段，B 母线带断路器运行。事故发生时正处过渡期的第二阶段。由于第一阶段未带断路器运行，故而在转换到第二阶段后，相关部门没有及时设置分段断路器保护的整定值，分段断路器 9522 过流保护整定值仍为出厂设置值 4000A[9]。

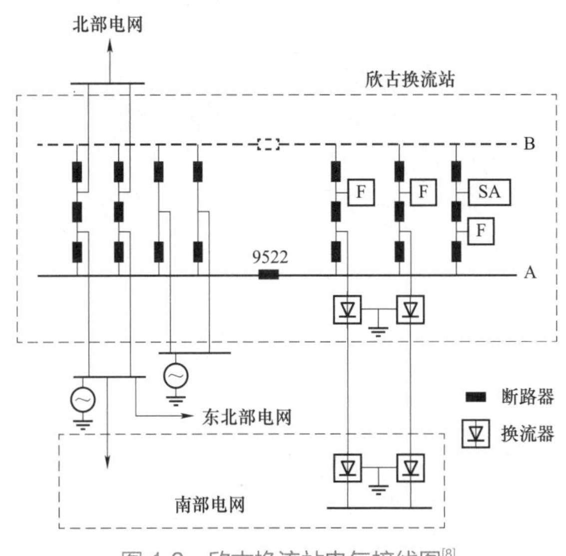

图 1.3 欣古换流站电气接线图[8]

1.1.2.2 事故经过

大停电的事故发展过程如下[3, 4]：

（1）欣古换流站断路器跳闸，直流双极闭锁。

故障发生前，美丽山直流一期工程进行满功率试验，线路负载电流达到 4400A，超过过流保护预设阈值（4000A）。15：48：03.245（故障后 0ms），分段断路器 9522 由于过流保护的作用跳闸，导致母线 A 失压，美丽山直流一期线路双极闭锁。

（2）安全稳定控制装置（special protection scheme，SPS）未及时动作，直流潮流转移至交流，北部电网、东北部电网相继解列。

直流闭锁发生后，若及时切除发电站机组，则可迅速降低送端的输出功率，防止大规模的直流传输功率转移至交流线路。但是，由于安稳装置未考虑两条交流母线同时失压的极端情况（在本次事故中体现为过渡期单母线运行时失压的情况），故而在直流闭锁向安稳装置发送切除 6 台机组的信号后，安稳装置判定信号无效，未能及时动作切机，美丽山水电站的 7 台机组继续运行，输出功率不变，故而直流潮流转移至交流线路。由图 1.2 所示，北部电网与南部电网之间的美丽山一期直流线路①闭锁后，其上承担的 373 万 kW 功率全部转移到并联的交流走廊②③④上。

潮流转移至交流后，系统出现振荡和过负荷。各条交流线路陆续跳闸。故障发生后约 738～1134ms，北部与南部之间的交流线路②上多地的失步保护及距离保护动作跳闸，北部电网与南部电网解列。随后，北部与东北部之间的交流线路③上多地失步解列装置动作及距离保护误动作断开线路，使得北部电网形成孤网。此时北部电网严重功率过剩，一段时间后彻底瓦解。最后东北部与南部电网之间的线路④上两地的距离保护误动作断开，东北地区形成孤网。

（3）北部电网、东北部电网瓦解，南部电网恢复稳定。

北部电网解列后功率过剩，频率升高，频率最高达到 71.69Hz，部分线路由于过电压跳闸，高频切机动作切除部分机组后系统发生振荡，故障发生后 85s 北部电网瓦解，损失约 93%的负荷。

东北部电网解列后功率缺额，低频减载动作 5 轮后频率恢复至额定值附近，但在系统稳定运行约 10s 后，由于 Paulo Afonso 水电站两台机组及部分火电站机组因自身保护不恰当动作跳闸，导致电网频率再次下降，最终东北部电网瓦解，损失约 99%的负荷。

南部电网解列后功率缺额，频率降低，频率最低达到 58.44Hz，低频减载第一轮动作后切除共计 367 万 kW 负荷后，系统恢复至稳定运行状态。

1.1.2.3 巴西大停电事故原因的深入分析

巴西大停电事故的原始原因在于分段断路器跳闸造成的美丽山一期直流线路闭锁，但是仅直流闭锁本身不会引起大规模停电事故，大停电事故的根本原因在于直流闭锁所造成的后续连锁故障。以下逐一分析本次事故中直流闭锁造成的连锁故障情况。

1. 直流闭锁造成潮流转移

直流输电系统一般要求按照某种功率指令运行，即直流输电系统在正常运行时功率基本保持不变。在直流或交流线路故障后，为保护直流换流站及线路安全，直流换流站将闭锁退出运行。

对于本次事故，由于目前巴西电网中只有美丽山一期一条±800kV 直流线路投运，故而在直流闭锁后，美丽山一期直流线路上承担的 373 万 kW 功率全部转移到并联的交流线路上，即引发大规模潮流转移。

而对于存在多条直流线路的交直流混联电网，由于直流输电控制系统的特性，其他直流线路传输功率基本不变，原本在闭锁直流线路上输送的功率也将全部转移到并联的交流线路上，使得交流线路承担远远大于其正常工作时的负荷。

2. 潮流转移引发连锁跳闸

直流输电线路上传输的功率全部转移到并联的交流线路上，交流线路可能出现过负荷现象，并往往伴随系统振荡。下面对潮流转移引发的过负荷和振荡现象进行分析。

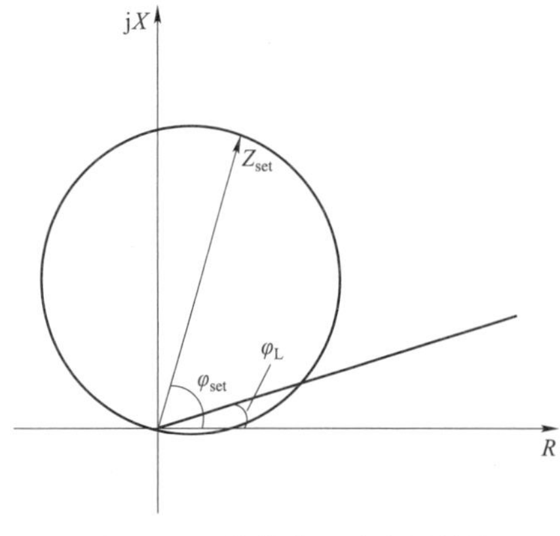

图 1.4 阻抗继电器方向圆特性

（1）潮流转移引发线路过负荷。在现有的保护配置下，交流线路上的继电保护装置无法区分故障与潮流转移过负荷，将会发生误动作连锁跳闸，最终导致送端和受端在网络结构上解列。相比于传统的交流系统的事故过负荷引发连锁跳闸的小概率事件，在交直流混联电网中，因直流闭锁而引起的交流线路严重过负荷引发连锁跳闸的可能性极大。下面进行简单的推导说明，以图 1.4 所示的阻抗继电器方向圆特性为例。

图 1.4 中 Z_{set} 为距离保护Ⅲ段整定值，φ_L 为负荷阻抗角。假设交流线路实际输送功率为 P，额定电压为 U_N，测量阻抗的幅值为：

$$Z_M = \frac{\sqrt{3}U_N^2 \cos\varphi_L}{P} \tag{1-1}$$

φ_{set} 为 Z_{set} 的相角，由图 1.4 可知，不会引起距离保护Ⅲ段动作的最小测量阻抗值为：

$$Z_{Mmin} = Z_{set}\cos(\varphi_{set} - \varphi_L) \tag{1-2}$$

当满足式（1-3）的条件时，保护动作。

$$Z_M < Z_{Mmin} \tag{1-3}$$

将式（1-1）和式（1-2）代入式（1-3），可得：

$$\frac{\sqrt{3}U_N^2 \cos\varphi_L}{P} < Z_{set}\cos(\varphi_{set} - \varphi_L) \tag{1-4}$$

整理式（1-4）有：

$$P_1 = \frac{\sqrt{3}U_N^2}{Z_{set}\cos(\varphi_{set} - \varphi_L)}\cos\varphi_L < P \tag{1-5}$$

记 $\frac{\sqrt{3}U_N^2}{Z_{set}\cos(\varphi_{set} - \varphi_L)}\cos\varphi_L$ 为 P_1，由式（1-5）可知，当交流输送功率 P 大于 P_1 时，距离保护Ⅲ动作。Z_{set} 的取值可表示为：

$$Z_{set} = \frac{K_{rel}}{K_{ss}K_{re}\cos(\varphi_{set} - \varphi_L)}Z_{Lmin} \tag{1-6}$$

式中：K_{rel} 是可靠系数；K_{ss} 是电机自启动系数；K_{re} 是保护返回系数；Z_{Lmin} 是最小负荷时的负荷阻抗。取 3 个系数的典型值，并将式（1-6）代入式（1-5）中有：

$$P_1 = 2.07\frac{\sqrt{3}U_N^2}{Z_{Lmin}}\cos\varphi_L < P \tag{1-7}$$

式中：$\sqrt{3}U_N^2\cos\varphi_L / Z_{Lmin}$ 为正常运行时的最大传输功率，记作 P_{max}，则式（1-7）可写为：

$$P_1 = 2.07P_{max} < P \tag{1-8}$$

由上述推导可知，当交流线路的传输功率大于最大传输功率的 2.07 倍时，交流线路的距离保护Ⅲ极有可能因过负荷而动作。

（2）潮流转移引发系统振荡。潮流转移也会导致交流输电线路输送功率过大而超过静稳定极限，进而引发系统振荡。系统发生振荡时，各点的电压、电流和功率的幅值和相位会发生周期性的变化，影响保护装置的电流继电器和阻抗继电器误动作[6]。

以图 1.5 所示的方向圆特性阻抗圆为例，分析振荡对继电器的影响。

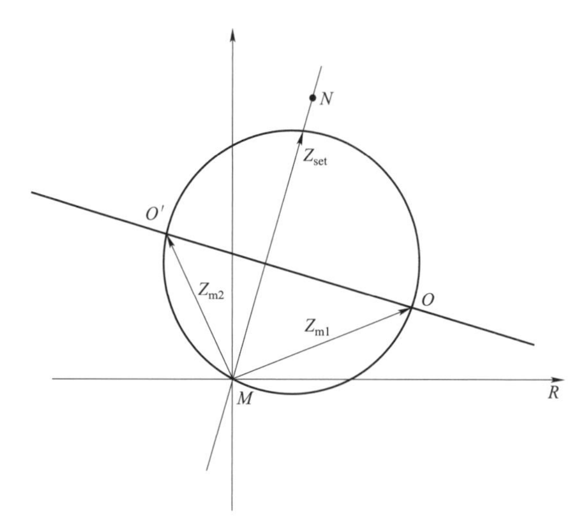

图 1.5　振荡对继电器的影响

图 1.5 中，Z_{m1}、Z_{m2} 为继电器的测量阻抗。系统发生振荡时，继电器的测量阻抗将在线路总阻抗的垂直平分线 $\overline{OO'}$ 上移动。设继电器动作特性与直线 $\overline{OO'}$ 的交点为 O 和 O'，则在这两个交点范围内继电器的测量阻抗均位于动作特性圆内，即当测量阻抗的终点位于交点范围内时，距离保护会受到振荡的影响产生误动作。潮流转移会导致测量阻抗 Z_K 的终点沿 $\overline{OO'}$ 从右向左运动，进入动作特性圆内，引起保护误动。

此外，系统振荡对距离保护的影响也与保护安装地点相关。当保护安装点越靠近振荡中心，所受到的振荡影响越大；若振荡中心在保护范围外或位于保护的反方向时，则距离保护不会受振荡影响而发生误动作[7]。

中国继电保护装置具有良好的振荡闭锁功能以及振荡过程中的故障解锁功能[12]。但是巴西电网的距离保护不具备有效的振荡闭锁功能。对于本次事故，美丽山一期直流线路①原本输送功率约 373 万 kW，与其并联的交流线路②输送功率约 77 万 kW，交流线路③输送功率约 288 万 kW。潮流转移后交流线路承担远超过其正常输送功率的负荷，同时系统发生振荡。在过负荷和振荡的双重作用下，引发保护误动作连锁跳闸。

（3）交流连锁跳闸冲击送受端电网。交流输电线路的跳闸会对送受端电网造成冲击，导致送受端系统振荡，频率发生极大波动，极有可能造成频率越限。

对送端系统，直流闭锁后输送功率中断，送端系统有功功率过剩，频率升高。若系统自身一次调频能够保证系统频率在额定范围内，则无需后续动作。若一次调频无法保证频率在额定范围内，则需要切机以降低功率。本次事故中，北部电网作为送端系统，解列后系统频率迅速上升，高频切机动作切除部分机组后发生大幅振荡，故障发生 85s 后电网基本全停。

对受端系统，直流闭锁后输送功率中断，受端系统有功功率缺额，频率降低。若系统频率已经降低到额定范围外，为了防止系统频率崩溃，系统中的自动低频减载装置（under frequency load shedding，UFLS）会动作，按频率的高低自动分级（分轮）切除部分负荷，使频率尽快恢复到额定范围内。送受端系统经调节稳定后，若系统内的保护在只关注自身保护对象的情况不合理动作，则可能造成系统崩溃。本次事故中，南部电网解列后虽频率降低，但在低频减载切除部分负荷后恢复到额定范围内。而东北部电网解列后，低频减载动作5轮后在短时间内恢复稳定，但是低频减载策略配置不充足，系统内机组保护误动作切机，导致最终崩溃。

综上所述，巴西美丽山大停电事故的原因在于交直流混联电网连锁故障的三个环节：直流闭锁、潮流转移和连锁跳闸。北部电网整流侧母线失压引发直流闭锁，同时安稳装置未切机造成潮流转移，而继电保护装置不能正确进行过负荷识别和振荡闭锁又致使交流线路连锁跳闸。各个环节之间的连锁反应导致了最终系统崩溃与大停电的发生。此外，系统解列后，低频减载配置考虑不到位成为压垮暂时稳定的东北电网的“最后一根稻草”。

1.1.2.4 仿真研究

为了验证交直流混联电网中连锁故障过程，在电磁暂态仿真软件（power system computer aided design，PSCAD）中建立如图1.6所示的简单交直流混联电网模型，进行了相应的仿真。

如图1.6所示，系统由三个电网组成，各母线电压等级为500kV，直流输电线路电压等级为±800kV，系统频率为50Hz。电网1与电网2经直流输电线路和交流输电线路Line8－9相连。直流输送功率为3000MW。电网1经交流输电线路Line1－11与电网3相连。电网2经交流输电线路Line10－15与电网3相连。仿真平台中三个电网的潮流状态及交直流输电性质与巴西电网运行情况相似，暂不考虑电网切机、切负荷情况。

图1.7为直流闭锁后，交流线路Line10－15、Line8－9和Line1－11的功率变化情况。图1.8～图1.10为直流闭锁后，电网1～电网3的频率变化情况。图1.11为直流闭锁后电网3的母线Bus11的电压变化情况。

由图1.7可知，正常运行时交流输电线路Line1－11传输功率约2900MW，Line8－9输送功率约900MW，Line10－15传输功率约750MW。

5s时，连接电网1与电网2的直流线路闭锁，与直流线路并列运行的交流线路Line 8－9的输送功率快速增加。同时，受直流线路闭锁影响，电网2向电网3的传输功率下降（Line10－15），电网1向电网3的传输功率相应增加（Line1－11）。电网1和电网3功率过剩，频率增加；而电网2则由于功率缺额，频率下降。

5.5s时，线路Line8－9因过负荷距离保护Ⅲ段跳闸。电网1向电网2直接传输功率的通道全部断开，电网1经由电网3向电网2传输功率，Line1－11功率进一步增加，Line10－15功率出现反送，并大幅增加，电网3向电网2供电。电网1和电网3功率过剩，频率增加；电网2失去电网1的功率输入，频率降低。

6s时，线路Line10－15因过负荷距离保护Ⅲ段跳闸，电网1解列为孤网运行，由于电网内部发电功率大于负荷，其频率持续上升。电网2功率缺额，频率降低。此时潮流方向恢复为电网2向电网3供电，电网3频率骤降后回升。

6.3s时，线路Line1－11受过负荷与振荡的影响跳闸，电网2由于功率缺额，在未切负荷的情况下，频率持续下跌；电网3孤网运行，电网3母线Bus11电压变化如图1.11所示，可以看出，无功无法支撑，系统崩溃。

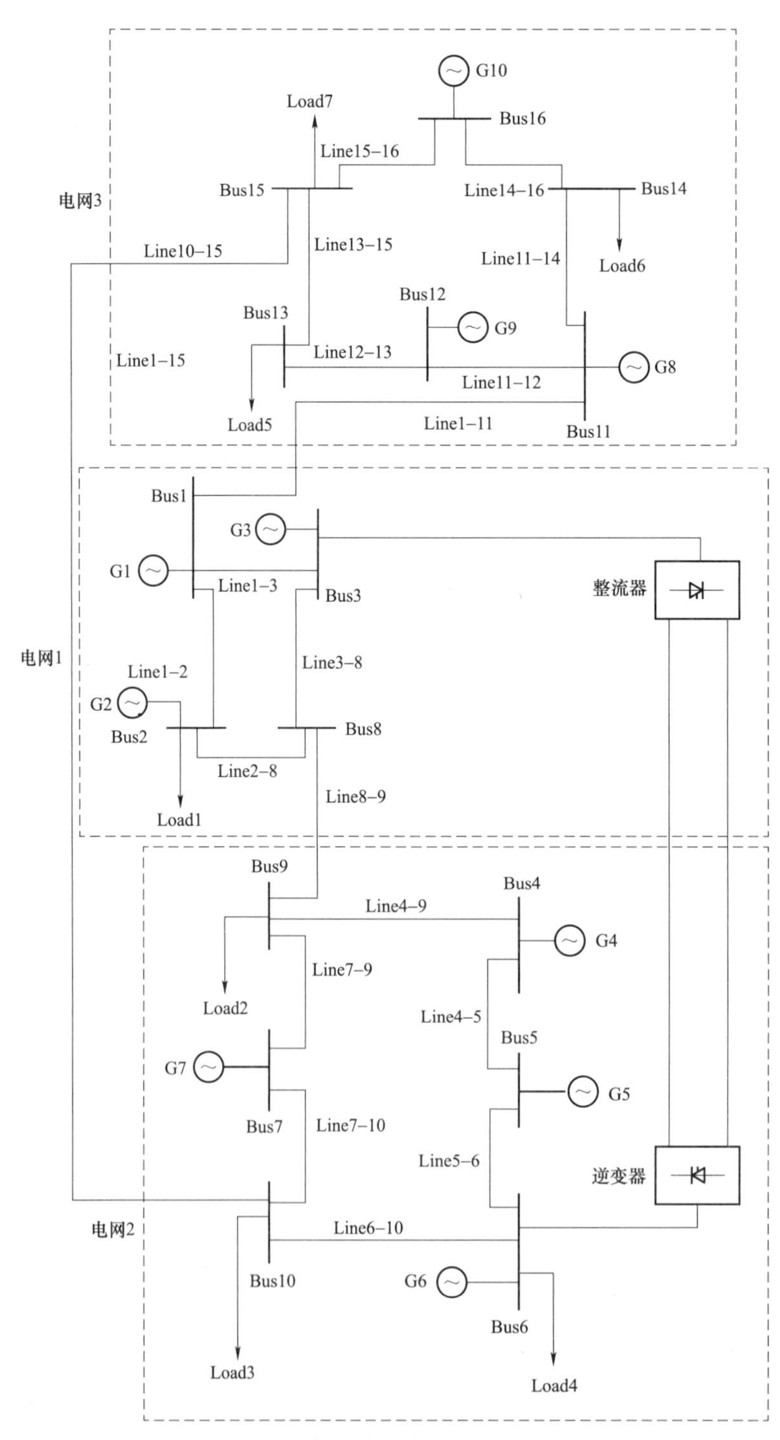

图 1.6　简单交直流混联电网模型

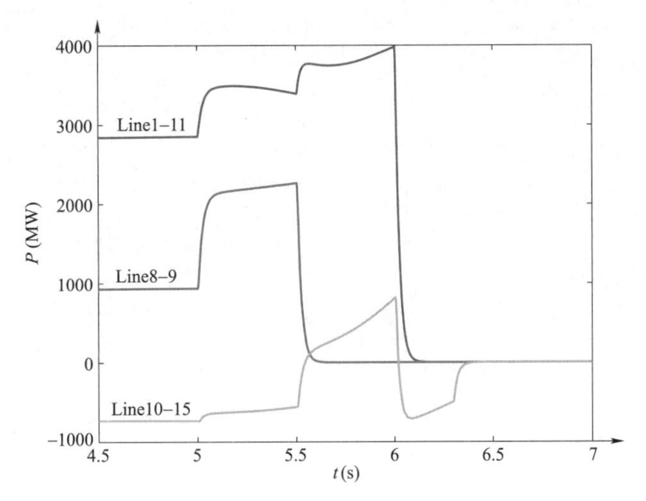

图 1.7 交流线路传输功率变化情况

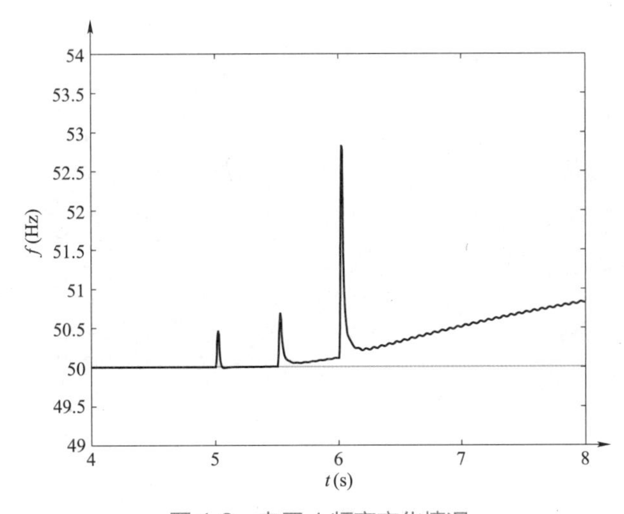

图 1.8 电网 1 频率变化情况

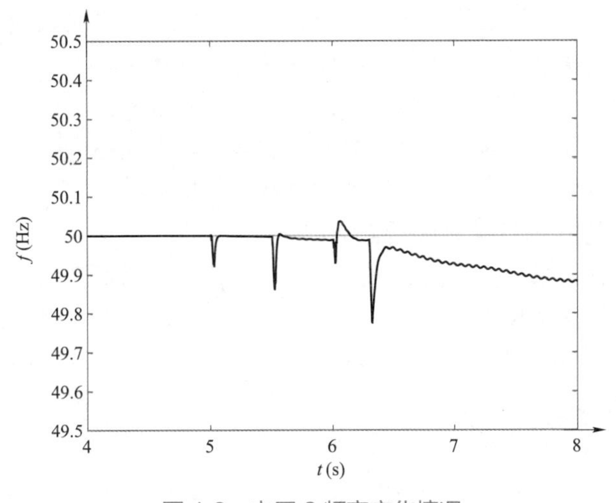

图 1.9 电网 2 频率变化情况

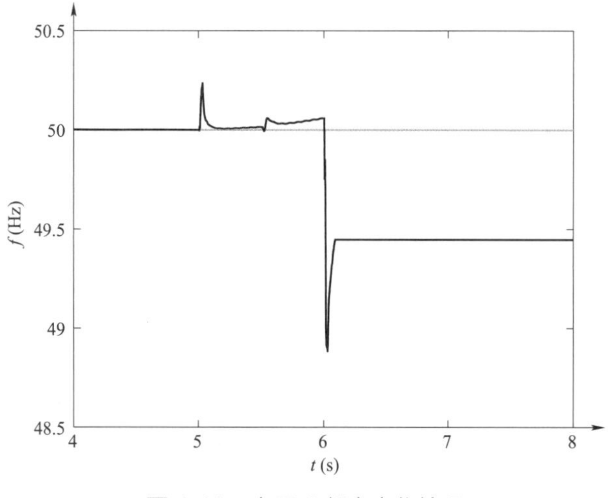

图 1.10　电网 3 频率变化情况

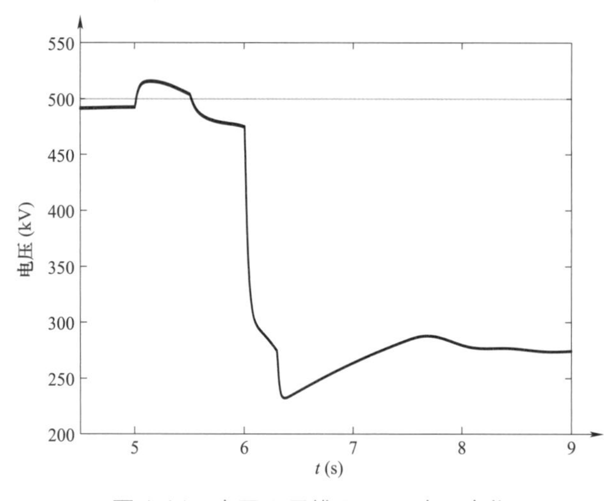

图 1.11　电网 3 母线 Bus11 电压变化

仿真结果表征了交直流混联系统发生连锁故障的经过。直流闭锁、潮流转移和连锁跳闸，作为交直流混联电网的三大环节，层层递进，依次影响。直流闭锁最初仅由直流输电线路逆变侧或整流侧的单一故障引起，但由于连锁效应，牵一发而动全身，进而导致了整体电网潮流的大规模转移，地方电网间的交流输电线路由于过负荷和振荡连锁跳闸，各地方电网受到频率冲击，最终致使大电网全部瘫痪。

1.1.2.5　巴西大停电对连锁故障的分析和启示

大停电事故一般起源于一些偶然事件，但是在这些偶然事件的背后往往也隐藏着诸多根本性的必然缺陷[6]。本次巴西大停电事故实质上是在巴西电网“强直弱交”的背景下，由直流输电系统的控制系统特征和保护、安稳装置不合理动作共同作用，由偶然的单一故障演变成的连锁故障。

1.“强直弱交”的交直流混联电网结构

交直流混联电网的发展大致经历三个阶段，小容量直流与交流混联阶段（强交弱直）、大容量直流与交流混联阶段（强直弱交）、容量相当的直流与交流混联阶段（交直强弱相当）[8]。

在“强直弱交”阶段，单回直流的输送容量远大于并列的单回交流，互通式直流输送通道个数也比交流输送通道多。由于直流线路的传输功率相较交流线路更大，一旦单根直流或若干根直流线路闭锁停电，必定会造成大规模的潮流转移，而交流电网无法承受大幅度的功率波动，距离保护不能正确地区分、识别故障和过负荷，将出现不正确动作，加剧系统的解列，这一系列的连锁反应造成了最终的恶性大停电事故。

2. 交直流混联背景下继电保护与安稳装置配合方式的不合理

尽管现阶段特高压直流输电规模阶跃式提升、交直流混联电网发展迅猛，但是继电保护与安稳装置的配合方式并没有随之更新。

传统的继电保护注重的是保护对象本身而并不考虑整个电网系统，这样的工作模式对交直流混联电网的运行存在不利的一面。以线路保护为例，直流输电系统闭锁所带来的瞬时大功率波动对送受端系统均有不小影响，在这种情况下，与直流输电系统并列的输送通道本应尽可能长时间保持运行，为安稳装置提供更多的动作时间，但线路保护往往在过负荷或振荡的情况下动作，对送受端系统再次造成冲击，加剧事故影响。

此外，本次巴西东北部电网在稳定后再次出现频率下跌同样也是由发电机自身保护在安稳装置调节成功后再次动作引发的。

“强直弱交”的交直流混联电网结构及保护和安稳装置的不合理动作共同导致了连锁故障的发生。

1.1.3 印度大停电

印度当地时间 2012 年 7 月 30 日和 7 月 31 日连续发生了两次大面积停电事故，事故都起源于同一回 400kV 输电线路过负荷跳闸，进而引发连锁跳闸造成大面积停电。7 月 30 日事故导致北方电网大停电，功率缺额约达 36 000MW，停电范围覆盖了印度北部包括首都新德里在内的 9 个邦，造成交通瘫痪、供水危机，约有 3.7 亿人受到影响。7 月 31 日事故导致北部电网、东部电网、东北部电网大停电，停电范围波及 20 个邦，减少供电负荷约 48 000MW，超过 6.7 亿人受到了影响，造成了有史以来影响人口最广的恶性大面积停电事故[9, 10, 11]。

1.1.3.1 印度电网基本情况

印度电网由隶属中央政府的国家电网（由跨区电网和跨邦的北部、西部、南部、东部和东北部 5 个区域电网组成）和 29 个邦级电网组成。各区域电网以 400kV 作为主网架，区域电网间通过 765kV（实际降压运行 400kV）、400kV、220kV 交流和±500kV 直流线路互联。北部、西部、东部及东北部 4 个区域电网间采用交直流混联方式同步联网组成 NEW 电网，并通过直流与南部电网实现异步互联。印度区域电网示意图如图 1.12 所示[9]。

印度总发电装机容量约为 200GW，发电量居世界第五，但人均用电量严重不足，各地限电频繁[10]。

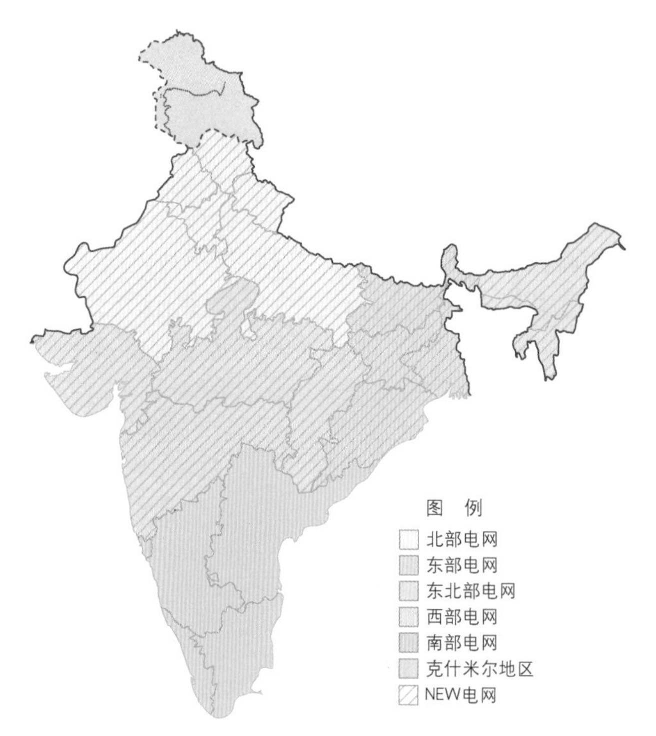

图 1.12 印度区域电网示意图

1.1.3.2 “7.30”停电事故

印度是热带季风性气候国家。在停电事故发生前，因季风推迟引发了干旱和炎热，导致北部地区用电负荷因农业灌溉、空调使用而急剧上升。另外，迟来的季风也意味着水电发电量比往常减少。

“7.30”停电事故前，北部电网发电 32 636MW，需求 38 322MW，存在 5686MW（14.8%）的功率缺口，系统运行频率为 49.68Hz。北部与西部电网通过 2 回 400kV 联络线联系，北部与东部电网通过 6 回 400kV、1 回 220kV 交流联络线联系。“7.30”停电事故前 NEW 区域电网联络线如图 1.13 所示[1, 9]。

“7.30”停电事故发展过程如下[9]：

（1）02:33:11.907，北部与西部电网 400kV 联络线 Bina－Gwalior Ⅰ线由于过负荷导致距离保护Ⅲ段动作跳闸。Bina－Gwalior Ⅰ线自然功率为 691MW（未补偿），“7.30”停电事故前该线向北部电网输送功率 1450MW，处于过负荷状态，Bina 侧电压已降为 374kV。

Bina－Gwalior Ⅰ线断开后，西部电网与北部电网之间只剩一条交流联络通道：Zerda（400kV）－Bhinmal（400kV）－Bhinmal（220kV）－Sanchore（220kV）和 Dhaurimanna（220kV）线，西部—北部断面潮流转移至此条联络线。北部电网与西部—东部—东北部电网间的功角差增大，随后系统开始振荡。

（2）02:33:13.438，北部与西部断面间 220kV Bhinmal－Sanchore 联络线因系统振荡导致距离保护Ⅰ段动作跳闸，随后另一条 220kV Bhinmal－Dhaurimanna 联络线也同样由于振荡被距离保护Ⅰ段切除。至此，北部电网与西部电网失去所有交流联络线。西部—

北部电网联络线断开后，断面潮流通过西部—东部—北部路径进行转移送至北部电网，形成大规模潮流转移。

（3）02:33:13.927，西部—东部—北部潮流转移的一条重要通道——位于东部电网内400kV Jamshedpur－Rourkela 双回线由于过负荷导致距离保护Ⅲ段相继动作跳闸。

此时的北部电网虽然仍连接于东部电网，但网内的发电机转速下降，与西部—东部—东北部电网间的功角差进一步增大，随后导致功角失稳（失去同步）。

（4）02:33:15.400～02:33:15.542，北部电网与东部电网间的 6 回 400kV 联络线（分别为 Gorakhpur－Muzaffarpur 双回线、Balia－Biharsharif 双回线及 Patna－Balia 双回线）因系统振荡导致距离保护相继跳闸。振荡中心位于北部—东部电网断面。

至此，北部电网与东部电网间全部 400kV 交流联络被切除。原属北部电网的 Sahupuri 负荷通过 220kV Pasauli－Sahupuri 线纳入东部电网。北部电网与西部—东部—东北部电网解列。

（5）解列后的北部电网出现 5800MW 的功率缺额，频率骤降。由于紧急控制措施（低频减载和 df/dt 滑差减载）切负荷量不足，北部电网崩溃，仅剩 Badarpur、NAPS 少数地区维持孤岛运行。同时，西部—东部—东北部电网出现 5800MW 功率盈余，频率上升至 50.92Hz，在特殊保护系统切除 3340MW 机组后频率稳定在 50.6Hz。

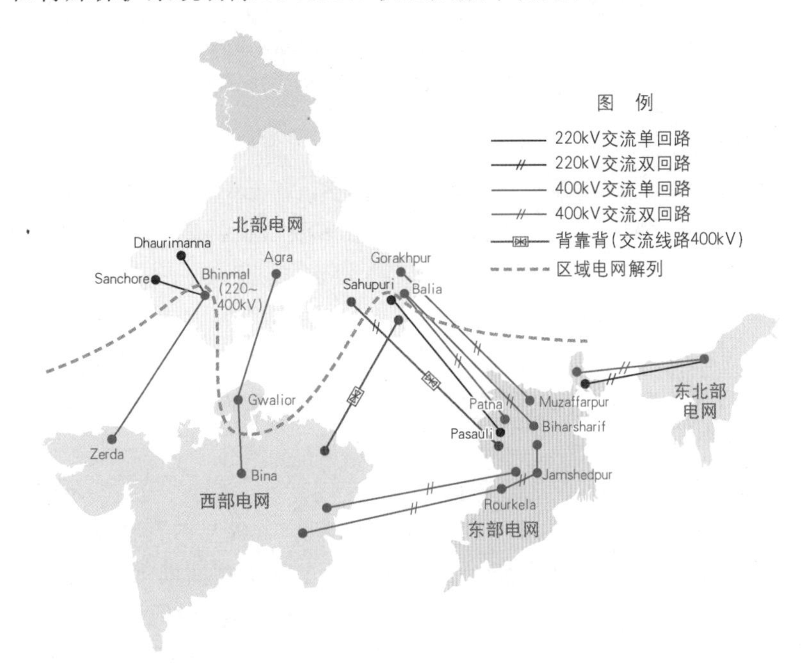

图 1.13 “7.30”停电事故前 NEW 区域电网联络线

1.1.3.3 “7.31”停电事故

“7.30”停电恢复后，北部电网电力需求仍然紧张。“7.31”事故前，北部电网发电 29 884MW，需求 33 945MW，存在 4061MW（12.0%）的功率缺口，系统运行频率为 49.84Hz。北部与西部电网间通过 1 回 400kV 和 2 回 220kV 联络线联系，北部与东部电网间通过 1 回 765kV、9 回 400kV、1 回 220kV 交流联络线联系，西部与东部电网间通过 6 回 400kV、3 回 220kV 联络线联系。“7.31”停电事故前 NEW 区域电网联络线如图 1.14 所示[9, 10]。

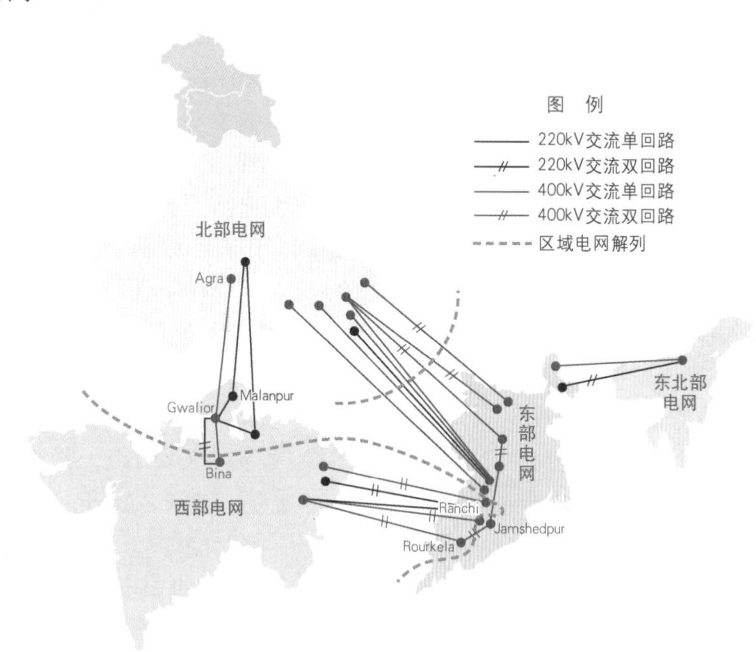

图 1.14 “7.31”停电事故前 NEW 区域电网联络线

“7.31”停电事故发展过程如下[9]：

（1）13:00:13，北部与西部电网 400kV 联络线 Bina－Gwalior Ⅰ线由于过负荷导致距离保护Ⅲ段动作跳闸。随后，220kV Bina－Gwalior 双回线断开，Gwalior 地区与西部电网断开。至此，北部电网与西部电网解列，断面潮流通过西部—东部—北部路径送至北部电网，北部电网与西部电网功角失稳。

（2）13:00:13.600，东部电网内重要的潮流转移通道 400kV Jamshedpur－Rourkela Ⅰ线由于过负荷导致保护动作跳闸。跳闸前，线电压约 362kV，线电流 1.98kA，视在功率约为 1241MVA。

随后，系统开始振荡。

（3）13:00:17.948～13:00:20:017，东部电网内多条 400kV 线路因振荡而保护动作跳闸。系统振荡中心位于东部电网内部（靠近西部—东部电网断面处）。原属东部电网的 Ranchi 和 Rourkela 等地区纳入西部电网，东部电网与西部电网解列。

解列后，西部电网频率升至 51.4Hz，通过切机措施和提升送至南部电网的直流功率，西部电网最终频率稳定在 51Hz。北部—东部—东北部电网出现约 3000MW 的功率缺额，由于切负荷量不足和机组跳闸引起系统功角振荡，频率降至 48.12Hz。

（4）随后，北部、东部电网内部及北部—东部电网联络线由于距离Ⅲ段保护、过电压保护、失步保护动作导致超过 50 条线路跳闸，使北部电网与东部—东北部电网解列。

北部电网、东部—东北部电网除少数地区孤岛运行外，大部分地区均崩溃，再一次酿成大停电事故。

1.1.3.4 印度大停电对继电保护的启示

继电保护的不恰当动作是“7.30”和“7.31”印度大停电事故的导火索，直接导致了连锁跳闸，推波助澜了大停电事故的发展。这两起大停电反映了印度继电保护距离保护（尤其是距离Ⅲ段）的明显缺陷：过负荷跳闸和不具备振荡闭锁功能。

两起停电事故都因同一条西部—北部输电断面的 400kV Bina－Gwalior Ⅰ线距离保护Ⅲ段动作跳闸引起。当时，线路并未发生故障，线路电流也远未超过导线热稳定极限。Bina－Gwalior Ⅰ线自然功率为 691MW（未补偿），“7.30”停电事故前该线向北部电网输送功率 1450MW，处于重载状态，Bina 侧电压降为 374kV；“7.31”事故前，该线路承载视在功率 1254MVA，而 Bina 侧电压仅为 362kV。由于“不合理”的原理和“不合适”的整定值，距离保护Ⅲ段不恰当动作导致跳闸继而引发连锁故障。

印度、北美和西欧的距离保护不具备振荡闭锁功能。在这两起印度停电事故及国外多次大停电事故中，无一不是在电网发生振荡后，任凭线路保护跳开线路，继而导致电网快速四分五裂，以大面积停电告终。对比国内“7.1”华中大停电和“7.30”“7.31”印度大停电，不难发现振荡闭锁功能对防止大范围停电具有重要作用。

此外，印度这两起大停电及国内外多起大停电事故，也暴露了现有继电保护准则的深层缺陷。

（1）现有继电保护面向单个电气设备，不具备保护电力系统安全的全局视角。

大停电多是由连锁故障引起的[6]。某电气设备被切除后会发生负荷转移，容易引起输电断面内其他非故障电气设备过负荷，如果非故障电气设备的后备保护（尤其是远后备保护，如距离Ⅲ段）动作跳开，就会引发新一轮潮流转移，从而引发连锁的过负荷故障，并最终导致网络的大面积瘫痪和大规模停电事故的发生。

在上述过程中，保护动作符合现有的继电保护准则，保护了电气设备的安全，但是却造成了系统停运和大面积停电。这与保护电力系统安全运行的理念是相悖的，其根本原因在于现有继电保护准则是以保护电气设备安全为目标，并不是以保护电力系统安全为己任。

（2）快速动作的继电保护无法和相对慢速的安全稳定控制相配合。

安全稳定控制响应时间从几百毫秒到几秒甚至更长，无法与快速动作的继电保护相配合。两者之间存在一个盲区——非故障电气设备出现了过负荷后（不正常运行状态），后备保护快速动作予以切除，而安全稳定控制是其后续的动作。出现了由于事故造成的负荷转移后，切除该过负荷线路或电气设备，只能加重其他安全电气设备的过负荷，对于系统安全无益。

（3）现有继电保护对过负荷包括振荡情况缺乏有效应对措施。

基于复杂网络理论对电力系统大停电事故的研究发现，电网具有自组织特性，负荷就像沙堆模型中的沙子，它的增长会导致系统运行裕度减小，发生大停电事故的风险增加。过往经验也证实输电线路过载往往是大停电的起因，也是事故发展的根本原因。

印度“7.30”大停电事故发生前，北部电网内有 4 个邦负荷急剧攀升，而 7 月 31 日，在东部和北部区域电网恢复联网时，北部电网 4 个邦受电超过调度计划[9]。正常情况下，过负荷可通过调度和安全稳定控制系统消除，然而大停电从来都不会在正常情况下发生，一旦出现“8.14”美加和“9.28”意大利停电事故中的调度、安全稳定控制系统的故障或疏忽，线路可能出现长时间过负荷，造成导线发热、弧垂增大[11, 12]，不仅加剧短路的发生概率，还增加了系统的安全风险。当电力系统振荡时，我国距离保护具有振荡闭锁功能，而国外众多厂家所生产的继电器并没有这个功能，因此面对系统振荡，保护误动作概率急剧增大。即使在我国，伴随着交直流耦合深度的加深，距离保护振荡闭锁的解锁条件也非常容易满足，导致振荡闭锁形同虚设。

另外，现有安全稳定控制系统面对复杂不可预知的大停电情况时可能出现“策略表失配”，从而无法采取有效措施或延误最佳动作时机，导致事故进一步扩大。针对上述问题，现有继电保护对此只能消极等待或者无有效应对措施。

1.2 交直流混联电网中的连锁故障

1.2.1 国内外电网现状及发展趋势

1882 年，爱迪生建成直流电力系统，由于传输距离的限制，被 1886 年西屋公司所设计的交流输电系统所取代。由于传输距离可以很远，交流输电系统迅速崛起，成为世界范围内的主流输电系统。1954 年，ABB 公司建成了世界上第一条商业化的高压直流输电线路（HVDC）。20 世纪 80 年代起，规模化可再生能源发电采用逆变器接入交流电网，二者给传统交流电网中增添了直流元素，但电网主体依然是交流电网。

近年来，直流输电技术和以风电和光伏为代表的可再生能源发电技术的快速发展改变了传统交流电网格局。直流输电成为远距离输电的首选方式。在欧洲，由于能源市场的重建、环保意识的日益提升、能源供应安全等诸多问题，高压直流输电技术已经被当作解决上述问题的有效途径并逐渐取代高压交流输电技术[13]。

在印度，直流输电已经成为提升电力系统输送能力和突破现有发展瓶颈的可行方案。截至 2014 年，中国已投运及在建直流工程 11 项，包括 5 条双极直流输电线路、1 条单极直流线路、5 条背靠背输电线路[14]。

在中国，由于能源及负荷中心逆向分布，客观地形成了电能西电东送、南北互供的格局，考虑到传输容量大、输电距离远，超特高压直流在中国取得了飞速发展。2020 年，500kV 柔性直流电网投入运行。为了解决电网存在的“强直弱交”问题，国家电网有限公司采取了特高压直流分层接入交流电网的新型输电模式[15, 16]。

以风电和光伏为代表的可再生能源发电技术日臻成熟，可再生能源发电装机和发电量迅猛增长。截至 2019 年底，欧洲可再生能源总装机容量 5.73 亿 kW，其中风力发电与光伏发电装机容量占比 58.29%；美国可再生能源总装机容量 2.65 亿 kW，其中风力发电与光伏发电装机容量占比 62.05%；中国可再生能源总装机容量 7.59 亿 kW，其中风力发电与光伏发电装机容量占比 54.78%，可再生能源总发电量 2.04 万亿 kWh。高比例风电机组与光伏电站经逆变器接入交流电网，进一步加深了交直流混联电网耦合的深度和广度[17]。

综上可见，中国已经建成了全世界规模最大、电压等级最高、直流输电占比最高、消纳可再生能源发电量最多的巨型交直流混联电网，世界各国电网也正向交直流混联的方向发展。

交直流混联电网是电网发展历史上出现的新形态，交直流耦合程度的加深，尤其是交流系统和直流系统的相互作用，使交直流混联电网的故障也呈现出了新特征。对于电流源型 LCC 直流输电，换流器先天性存在换相失败问题[18]。而连续、多次的换相失败又会导致直流闭锁[19]，因此混联电网故障呈现“连锁”特征，连锁故障如果不能阻止，直接后果就是导致恶性大面积停电事故的发生。因此，剖析交直流混联电网中的连锁故障并提出针对性的系统保护理论和技术，具有重大的理论意义和实际意义。

1.2.2 交直流混联电网的主要特征

交直流混联电网是电力发展史上的新形态，具有以下主要特征[20, 21]：

1. 可控性

采用逆变器把可再生能源发电接入电网是交直流混联电网可控性的直接体现，而直流输电的可控性也为交直流混联电网的运行控制提供了新选择，但目前直流输电系统并没有充分参与系统的潮流和稳定控制，过多的控制变量给故障防范带来了不确定性。

2. 脆弱性

直流系统换流器件过流能力低、承受故障冲击能力差、表现出脆弱性，并导致电网的脆弱性，早期风电机组高、低压穿越能力差导致其大规模脱网就是典型的例子。

3. 交直流影响密切

由于交直流混联电网的互联程度逐渐加深，交直流之间的相互影响也越发显著。交流侧的扰动会影响直流侧的正常运行，同样直流侧的扰动也会影响交流侧。

1.2.3 交直流混联电网中的连锁故障形式、特征和风险区域

早期连锁故障（cascading failures）一词源于网络通信技术，指单元件故障或者失效的连锁失效。对于继电保护而言，连锁性故障可理解为发展性故障（developing faults）[22－24]、转换性故障（transferring faults）[25]、相继失效（cascading failures，国内有人翻译成连锁故障）[26]等。

关于交流电网连锁故障（cascading failures），国内外相关的文献已有相应定义[27－31]。比较具有代表性的是，文献［27］定义交流系统中的连锁故障为：由一个初始扰动或一系列扰动引起的多个独立元件依次失效的序列事件。

交流电网连锁故障具有很多共性[32, 33]：① 偶然性；② 随机性；③ 涉及多个元件或者子系统；④ 破坏性很大，而隐性故障[34－37]和连锁跳闸是交流电网连锁故障主要的表现形式，前边的分析介绍已经充分说明了这一点。

1.2.3.1 交直流混联电网中的连锁故障形式

交直流混联电网中的连锁故障被定义为：在交直流混联电网中，一个设备故障导致其他设备或者系统故障或者停运的故障，尤其是指简单故障在交直流电网之间的交叉传播。交直流混联电网的连锁故障诱因是单一简单故障，核心机理是交直流系统的交互作

用。由于换流器是连接交直流系统的纽带，它的故障、失效将产生传播、助推故障连锁过程的作用。

从连锁故障的定义可知，实际电网中的连锁故障有众多场景和形式。一个典型的连锁故障场景是：受端交流系统短路故障造成电压降低，低电压导致换流器换相失败，长期或者多次换相失败造成直流闭锁，单回直流闭锁后潮流会转移到并联运行的交流线路上去，交流线路不能承受过载而连锁跳闸，送端电网因功率过剩导致频率升高，受端电网因为功率缺额导致频率下跌。事实上，上述各连锁故障环节也正是交直流混联电网的主要故障形式或者表现，以下针对各环节分别予以说明。

1. 换相失败

直流输电系统受端交流电网中的故障，如单相接地故障或者三相故障，可能导致受端交流母线电压降低，从而造成换流器发生换相失败，在此期间，直流线路传输功率将发生波动。图 1.15 用于说明换相失败的机理。

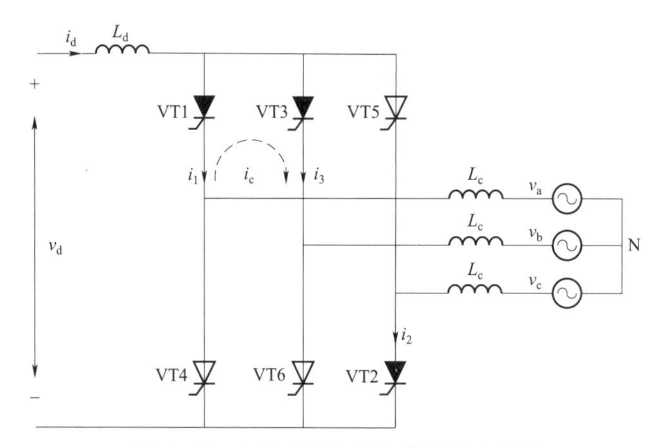

图 1.15　六脉动换流桥换相过程电路图

v_d—直流电压；i_d—直流电流；L_d—直流平波电抗器；i_1、i_2、i_3—阀 1、阀 2、阀 3 的阀电流；i_c—换相电流；L_c—换相电感；v_a、v_b、v_c—A、B、C 相的相电压

以阀 1 向阀 3 换相的过程为例，换相桥臂满足关系式：

$$U_{ab} = L_c \frac{di_3}{dt} - L_c \frac{di_1}{dt} \tag{1-9}$$

式中：U_{ab} 为 A、B 相间电压。

考虑到直流侧平波电抗器的阻抗值很大，这里认为直流电流 I_d 为恒定值，且满足 $i_1 + i_3 = I_d$。则式（1－9）可变换为：

$$U_{ab} = L_c \frac{d(I_d - i_1)}{dt} - L_c \frac{di_1}{dt} = -2L_c \frac{di_1}{dt} \tag{1-10}$$

对式（1－10）积分可得：

$$\int_{t_0}^{t_1} \frac{U_{ab}}{-2L_c} dt = I_d \tag{1-11}$$

因为阀 1 和阀 3 共阳极，因此较低电压的阀在换相过程中将导通。交流侧线电压表示为：

$$U_{ab} = \sqrt{2} U_L \sin \omega t \tag{1-12}$$

式中：ω为交流系统角频率。

整理式（1-9）～式（1-12）可得：

$$X_c I_d = \frac{\sqrt{2}}{2} U_L [\cos(\gamma + \varphi) - \cos\beta] \tag{1-13}$$

式中：X_c 为换相电抗；γ为熄弧角；φ为换相电压的相位偏移；β为越前触发角。变换式（1-13），γ可表示为：

$$\gamma = \arccos\left(\frac{\sqrt{2} I_d X_c}{U_L} + \cos\beta\right) - \varphi \tag{1-14}$$

如果γ小于某一定值（如 10°），则认为发生换相失败。另外，若多条直流线路的逆变站之间的电气距离很近，受端电网发生交流故障时，直流线路可能发生同时换相失败。若交流故障较为严重，最终可能造成多回直流线路都出现连续同时换相失败，这可能导致严重的后果。

2. 直流闭锁

由上述分析可知，若受端电网交流故障较为严重，直流会发生连续换相失败。如果发生长期换相失败或者连续 2 次以上的换相失败，将会闭锁直流[19]。当直流闭锁时，对于送端系统，瞬间剩余大量有功功率和无功功率，可能造成发电机功角失稳、暂态高频率和过电压现象；对于受端系统，瞬间产生的有功功率缺额和无功功率剩余会引起频率下降和电压波动，严重时可能导致稳定问题。在直流故障排除恢复期间，换流站需要在送端和受端系统吸收大量无功功率，从而容易引发电压崩溃等问题。

3. 潮流转移

由于目前直流系统并没充分参与到系统的潮流及稳定控制中，同时其本身传输有功功率为定值。在交直流混联电网中，直流输电线路往往与几条交流输电线路组成一个输电断面，共同连接送端电网与受端电网。一旦直流因事故闭锁，由于其他直流线路传输的功率是设定值，由直流线路所传输的功率只能由位于同一输电断面的交流联络线承担，潮流只能向与其并联的交流线路转移。因此，这就可能导致并联运行的交流线路过负荷。

4. 连锁跳闸

与交流输电线路相比，直流系统输送的功率要大得多。例如，500kV 的单回交流架空线路传输功率约 1000～1500MW，而±500kV 直流线路传输容量约 1500～3000MW[38]。

因此，直流闭锁后造成的潮流转移将使交流输电线路严重过负荷，引起交流输电线路后备距离保护动作，使得剩余交流输电线路过负荷进一步加重；此外功率缺额或者过剩会导致系统振荡，振荡过程中距离保护不正确动作也会加剧连锁故障的发生和发展，极端情况下可能引发大面积恶性停电事故。

从上面的分析不难看出：在交直流混联电网中，交流电网和直流电网的相互耦合特性决定了任何一个环节或者多环节共同作用的结果，都可能导致其他后续连锁故障的发生。狭义来理解，换相失败和低电压相关，任何原因造成的低电压都可能引发换相失败，从这个意义上讲，交直流混联电网的连锁故障是一个频繁发生的故障类型，成为故障新常态。

1.2.3.2 交直流混联电网中连锁故障的特征

作为交直流混联电网的一种故障新常态，连锁故障具有以下特征。

1. 几乎是确定性事件

如果发生严重的交流故障，连锁故障肯定会发生。即便在最好的情况下，也会出现换相失败和瞬时的潮流转移。

2. 不是由隐性故障引起的

隐性故障一般指设备参数设置不当引起的故障，这并不在本书所研究的交直流混联电网连锁故障范围内。

3. 不等同于连锁跳闸

连锁跳闸是传统交流系统连锁事件的表现形式，本书定义的交直流混联电网连锁故障是由单一故障引发的系列故障或者设备停运，不仅包括交流侧连锁跳闸，也包括直流系统换相失败、直流单双极闭锁等。

4. 可能引起大停电

当连锁故障发生时，潮流将在并列运行的交流电网之间大幅度波动，如果系统采用交（电源侧、送端电网）直（直流输电系统）交（负荷中心、受端电网）的模式工作，则送、受端电网都会出现大面积功率失衡。在这个过程中，任何继电保护和安稳装置的不正确动作都会引发大面积恶性停电事故的发生。

连锁故障作为一种新的故障类型，必然涉及连锁故障的分析和研究方法。从理论分析方面讲，所有的连锁故障都可以理解为复故障，而复故障已经有成熟的理论和方法[39]；从仿真计算方面讲，现有的 EMTP 等仿真软件也具备这样的能力。和大家所熟悉的复故障不同的是：连锁故障是在时间域顺序发生的，因此，连锁故障是继发性的复故障。

1.2.3.3 交直流混联电网中连锁故障的风险区域

交直流混联电网发生的连锁故障由交流电源特性、受端系统强弱、换流器特性和网络拓扑共同决定，以网络变换和戴维南等效原理为基础的传统故障分析方法不能应用于混联电网。为了突出所研究的问题，以下对连锁故障的诱因、可能的连锁过程及导致连锁故障的危险因素做一个简单定性描述。

以图 1.16 进行交直流混联电网风险区域分析，图中给出了一个交直流并联输电的场景。送、受端功率传输由直流线路和并联交流线路共同承担，相同电压等级的直流线路传输功率远大于交流线路，同时直流功率传输在设定的控制规律下完成，一般情况下整流侧和逆变侧控制系统分别以定电流（CC）控制和定熄弧角（CEA）控制模式运行；图 1.16 中区域 1 是送端交流场故障区域，包括送端交流电网故障（F1）和并联交流线路靠近送端交流母线 B1 的故障（F2）；区域 2 是直流场故障区域，包括直流线路故障（F3）和换流站故障（F6）；区域 3 是受端交流场故障区域，包括受端交流电网故障（F5）和并联交流线路靠近交流母线 B2 的故障（F4）。

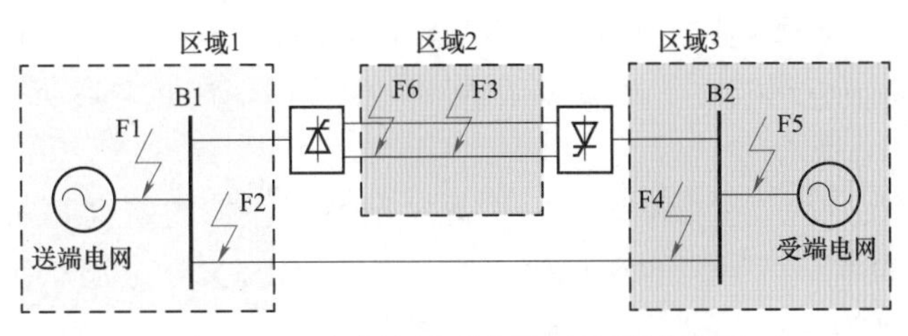

图 1.16 交直流混联电网风险区域分析

当送端交流电网故障（F1）时，受端逆变器系统切换到定电流控制模式，而送端整流器被强制在最小触发角模式下运行。因此，送端交流系统故障对直流线路和受端交流电网影响甚小；并联交流线路（F2）因故障跳闸也不会对直流线路和受端交流电网造成很大安全威胁。

当受端交流系统故障时（F5），受端交流母线 B2 电压大幅下跌，将会导致逆变器换相失败。故障将触发 HVDC 控制系统中的低压限流控制（voltage dependent current order limiter，VDCOL），以保护换流阀。VDCOL 会根据其特性逐渐增加直流电流，这有助于逆变站在换相失败后的恢复。然而，一个严重的逆变侧交流故障可能会导致逆变站长时间的换相失败或连续换相失效。在这种情况下，如果故障在 400ms 内未被清除[26]，换流器则会强制闭锁，导致 HVDC 线路退出运行，进而造成严重后果。类似地，并联交流线路末端（F4）故障也会导致换相失败甚至直流闭锁。

当直流线路或者换流站发生故障时（F3 和 F6），直流系统强迫停运、闭锁，此时，由直流线路所承担的潮流会转移到并联运行的交流线路上，由于传输功率能力差别较大，交流线路可能出现严重过负荷，并导致保护动作，从而诱发连锁反应。

从上面的分析可以看出，直流场（区域 2）和受端交流场（区域 3）是引发连锁故障的高风险区域，而送端交流场（区域 1）故障对于连锁故障而言是低风险区域。

1.3 防御交直流混联电网连锁故障的系统保护

根据 1.1 节和 1.2 节的分析可见，诸多大停电都是连锁故障造成的，而交直流混联电网中的连锁故障是一个危害严重、频繁发生的故障类型。既然是故障，当然需要保护技术，同时要求该保护能够在反连锁故障中起到积极和正面的作用，以达到阻断故障的发生和发展、让故障影响范围和停电范围最小化的目标。这样的保护技术就是本书所要介绍的系统保护。

1.3.1 系统保护的定义功能和构成

系统保护从术语上讲，就是保障电力系统安全的保护技术，因此有助于快速切除故障、维持剩余电力系统安全运行的各种继电保护技术、安全稳定控制技术、切机切负荷技术、解列技术等都属于系统保护范畴。细分一下，当电力系统发生故障后，快速检测并切除故障的继电保护技术已经有自己明确的定义和专业特征，因此，系统保护是除继电保护之外的所有针对大电网受扰后能继续安全稳定运行的技术的集成，需要特别强调的是：电网受扰是指电网发生了故障或者其他大的扰动，在此之后所采取的所有技术手段都属于系统保护。

但是这样的概念过于笼统和宽泛，使得对于系统保护的研究和实施不能具体，也不容易抓住问题的本质，无法客观反映系统保护技术的实际进展状况。事实上与之相关的国内外概念包括中国的“三道防线”，CIGRE（International Conference on Large High Voltage Electric System，国际大电网会议）定义的“系统保护方案”（system protection scheme，SPS）[40]，美国、加拿大等北美国家的“特殊保护系统”（special protection system，SPS）[41]等，后边将会分别予以说明。以下首先给出本书系统保护的定义和技术范畴。

1. 系统保护的功能和定义[42, 43]

系统保护是面向电网安全的保护技术，用于阻止一个故障被排除之后出现或者大概率出现的故障，是专门的反连锁故障技术措施。确切地说，系统保护是针对交直流混联电网连锁故障的一组保护控制技术集合，包括：

（1）防止换流器出现长期或者连续的换相失败的保护控制技术；

（2）减轻直流闭锁后的转移过负荷的保护控制技术；

（3）防止交流电网连锁跳闸的距离保护控制技术。

系统保护框图如图 1.17 所示。

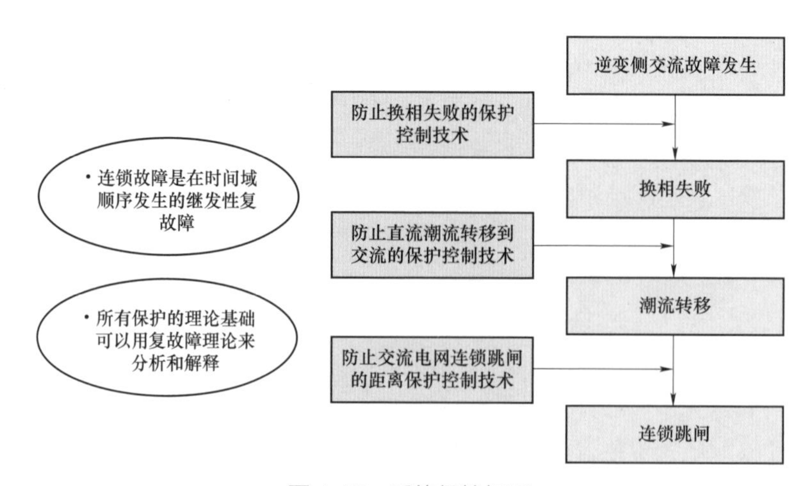

图 1.17　系统保护框图

系统保护的目的与所有安全保护控制技术一样，都是为了保障电气设备安全和剩余系统的稳定性。

2. 系统保护的主要技术特征

系统保护针对连锁故障设立，而连锁故障是在时间域顺序发生的继发性复故障，与之相应的系统保护应该是动态配置、逐层设防，因此系统保护具备以下基本特征：

（1）具有动态特性，不是针对一个特定的故障断面，而是一个故障之后的相继故障；

（2）具有主动特征，不是被动等待下一个故障的发生，而是基于本次故障就开始设防下一个故障，避免其发生；

（3）阻断连锁故障的发展。结合前述连锁故障场景并不失一般性，连锁故障防范措施主要包括：① 防止直流换相失败的保护控制；② 防止直流闭锁的控制技术；③ 防止直流潮流转移的保护控制；④ 防止交流连锁跳闸的保护控制等。

系统保护不同于继电保护，继电保护针对稳定运行的电力系统发生故障，进而快速动作并切除故障设备；系统保护也不同于切机切负荷等安全稳定控制技术，它不切除任何发电机和负荷。从这个意义上讲，它是一个不需要断路器动作跳闸的保护技术。

1.3.2 中国的三道防线[44]

三道防线在保证电力系统安全稳定运行中发挥了至关重要的作用，它是所有继电保护、安全稳定控制装置以及诸多相关技术的通称。三道防线针对电力系统承受扰动的能力而设置，和世界各国一样，中国也首先制定了自己的安全稳定导则。

1.3.2.1 中国电力系统承受大扰动能力的安全稳定标准

《电力系统安全稳定导则》规定中国电力系统承受大扰动能力的安全稳定标准分为三级。

第一级标准：保持稳定运行和电网的正常供电［单一故障（出现概率较高的故障）］；

第二级标准：保持稳定运行，但允许损失部分负荷［单一严重故障（出现概率较低的故障）］；

第三级标准：当系统不能保持稳定运行时，必须防止系统崩溃并尽量减少负荷损失［多重严重故障（出现概率很低的故障）］。

1.3.2.2 三道防线

针对三级安全稳定标准，从技术上设置三道防线来确保电力系统在遇到各种大扰动时的安全稳定运行。

第一道防线：快速可靠的继电保护、有效的预防性控制措施，确保电网在发生常见的单一故障时保持电网稳定运行和电网的正常供电；

第二道防线：采用稳定控制装置及切机、切负荷等紧急控制措施，确保电网在发生概率较低的严重故障时能继续保持稳定运行；

第三道防线：设置失步解列、频率及电压紧急控制装置，当电网遇到概率很低的多重严重事故而稳定破坏时，依靠这些装置防止事故扩大，防止大面积停电。

近年来，伴随着直流输电、新能源发电、GPS 和通信技术的快速发展，中国电网形态发生了深刻的变化，为了适应变化了的电网安全稳定需求，国家电网公司舒印彪、陈国平等人在三道防线基础上提出了“系统保护”的概念[44]，陈国平、李明节进一步给出了“系统保护”的设计理念和具体要求[45]。

毫无疑问，中国的三道防线或者由国家电网所提出的“系统保护”理念和技术体系有力保证了中国电网很少遭遇恶性的全国大面积停电事故的发生，在未来必将继续保障中国交直流混联电网的安全稳定运行。

1.3.2.3 国家电网“系统保护”总体构成[45]

系统保护仍以传统交流电网三道防线为基础，通过巩固第一道防线、加强第二道防线和拓展第三道防线，扩展原有三道防线的内涵和措施，形成特高压交直流电网新的综合防御体系。系统保护与传统三道防线的关系如图 1.18 所示。

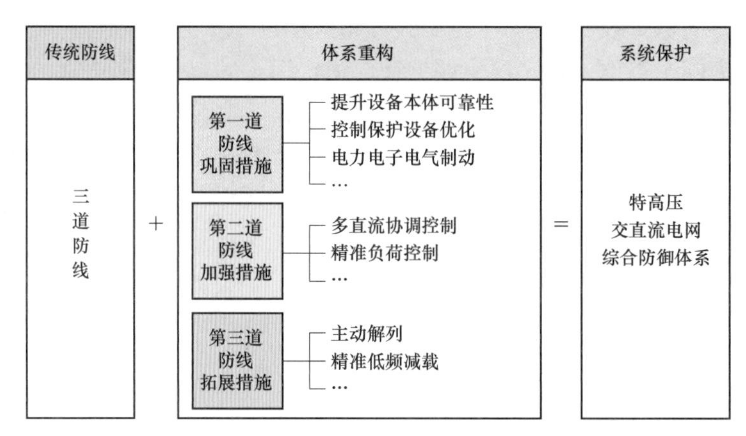

图 1.18 系统保护与传统三道防线的关系

1. 巩固第一道防线

其目的是降低故障的严重程度，从故障发生的源头抑制故障给电网带来的扰动冲击。当交流系统发生元件故障时，对交流系统产生扰动冲击，极易诱发直流系统换相失败或闭锁，进而可能因直流功率波动、交流电网潮流大范围转移等交直流相互作用，带来进一步的恶性连锁反应。因此，需要在元件故障给交流系统带来扰动冲击的第一环节，采取诸如快速切除故障、自适应重合闸、站域保护等措施，抑制元件故障对系统的冲击，切断或抑制后续连锁反应的诱发源头。当初始故障为直流设备故障时（如因直流本体设备可靠性或控制保护整定不当），同样可能因交直流相互作用带来一系列连锁反应。为了遏制这种现象发生，需要在直流故障对交流系统带来扰动冲击的第一环节，采取类似交流系统继电保护、重合闸的新的技术手段，切除或抑制直流故障。此外，需转变对于涉网设备设计、保护和检测仅从设备自身出发的理念，加强从提升所接入系统安全运行程度出发，提高涉网设备运行可靠性和涉网性能，降低设备故障发生的概率。

2. 加强第二道防线

当发生对系统安全稳定运行影响较大的严重故障时，则协同大范围、多电压等级源网荷各类控制资源和新型控制手段，实现基于事件触发或结合响应驱动的主动紧急控制，阻断系统连锁反应，防止系统失稳。

3. 拓展第三道防线

其内涵包括：① 拓展控制资源类型（例如抽水蓄能机组、直流输电系统等），将更多的控制设备纳入基于电气量越限检测的就地分散控制；② 结合故障事件和响应信息，实施基于事件触发的紧急控制模式下控制量不足时基于响应信息的追加控制等。

国家电网公司的“系统保护”概念和内容是新电网形态下的三道防线，来自实践，具有实际的研究背景和广阔应用前景。对比三道防线和本书所提系统保护不难发现，三道防线宽泛，本书所提系统保护具体，它是接入继电保护第一道防线和紧急控制切机切负荷第二道防线之间的一道防线，可以理解为 1.5 道防线。

1.3.3 特殊保护系统

CIGRE 的系统保护 SPS 概念和北美的特殊保护系统 SPS 具有异曲同工之处，都是围绕电网受扰后如何维持系统安全稳定运行而提出来的一系列技术措施。以下重点讨论北美的特殊保护系统。

1. SPS 概念

特殊保护系统 SPS 是一类专为保持系统稳定性而设计的保护方案，是特殊的保护系统 SPS[27]。在某些系统中，系统动态行为研究表明，发生在重要线路或设备上的大扰动可能导致剧烈，甚至是灾难性的后果。这种情况可能发生在由重负荷长距离或弱联络线互联的系统中。事故一旦出现，系统可能会以不可预料的方式分裂成几个负荷和发电很不平衡的孤岛。这种孤岛不能维持运行，最终造成全系统停电。防止这种灾难性后果的一种方法是按照预想的方式把系统解列成几个发电和负荷都比较平衡的孤岛。这将增加孤岛存活的可能性。

另外一种需特殊处理的情况是，某个电力公司因其固有的问题或规模发生扰动，结果却给相邻电力公司的输电系统带来严重后果。在北美互联电力系统中，精心设计和控制各系统间的互联，以防止出现这种情况。换句话说，这是一个设计要求，即任一电力公司设计的系统均不能为相邻电力公司带来严重的问题。这就要求在设计过程中必须采取措施，即使在出现故障或其他预想外的扰动事件时，也要确保新设备的采用不会造成相邻电力公司运行困难。第二种类型扰动事件的一个例子是大型 HVDC 换流站的双极闭锁。由于 HVDC 系统实现交流侧多个电力公司互联，且在中断前带有大量负荷，所以换流站故障将迫使各电力公司之间的联络线吸收潮流突变，导致大量线路跳闸。

稳定性研究表明，上述实例都非常严重，必须预先采取控制措施。这些控制措施就构成了一道动态安全防护的屏障，在发生预想事故时，快速响应，以维持系统安全稳定运行。

2. SPS 特性

上述控制策略除 SPS 外，还有许多不同的名称[43]，例如：特殊稳定控制系统、动态安全控制系统、紧急事故处理方案、恢复控制方案、适应保护方案、矫正控制方案、增强安全性方案等。依据扰动引发的问题，这些方案提供不同类型的控制措施。有些跳开发电机；有些有目的地开断线路；还有一些使系统在预定地点解列。这些方案的共同特性是：

（1）均是动态安全控制系统，为控制系统稳定性而设计。若不采用这些控制方案，系统将产生严重的后果。

（2）与在线实时控制相较，均是离线设计的。原因是电力系统响应速度太快，没有时间实现下述常用的顺序控制系统逻辑：实时观测、确定扰动范围、决定应采取的措施、采取必要的措施。

（3）多数控制方案可根据系统实际需要，选择投入或退出。也就是说，在某些运行条件下，不需要采用特殊控制逻辑，此时，SPS 应退出。

（4）所有控制方案的措施都是为了恢复系统的动态行为，或者当某一事件将产生严重后果时，采取预定的控制措施。

由上可见，SPS 和中国的安全稳定控制系统也具有类似的功能，都是防止电网受扰后避免发生连锁反应，尽量缩小停电范围。

3. 特殊保护系统实例

以下通过美国西部电网山间电力项目（intermountain power project，IPP）[46]为例说明实际的 SPS。IPP 由位于犹他州的山间发电厂（IGS）、山间换流站（ICS）、位于南加利福尼亚的 Adelanto 换流站（ACS）和一条连接 ICS 和 ACS 的长 784km、±500kV HVDC 输电线组成。IPP 地理接线图如图 1.19 所示。除上述设备外，IPP 还有连接到犹他州、内华达州和南加利福尼亚州（南加州）电网的输电线。IGS 有 2 台 827MW 的发电机，而 HVDC 系统的额定传输容量是 1600MW，所以整个发电厂的电力都可以输送到南加州，或者有一部分为当地电网供电。

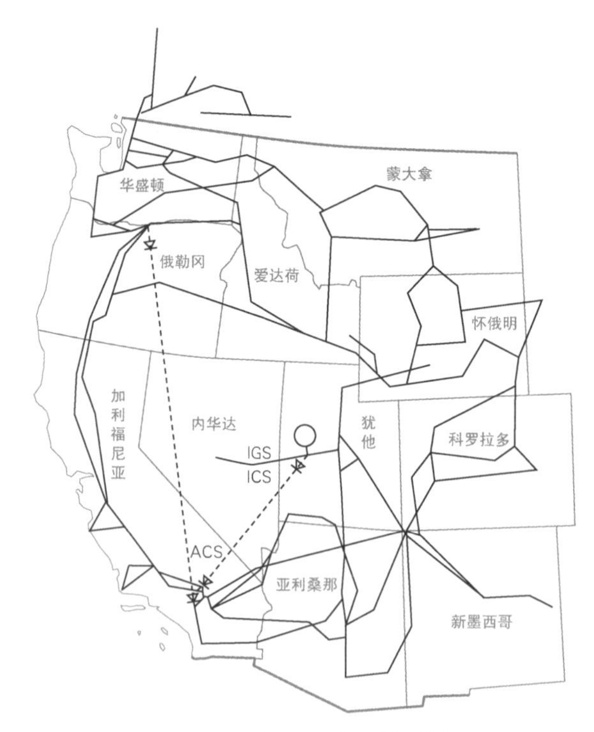

图 1.19　IPP 地理接线图[45]

设计过程中的研究表明[47]，在特定负荷条件下，HVDC 的单极或双极闭锁将立即迫使发电厂出力转移到犹他州和内华达州的电网中，这很可能造成这些电网的电压严重降低和线路跳闸或切负荷。据此，在这种情况下，SPS 将切除 IGS 的机组。

SPS 仅需要在重负荷运行条件下投入运行，这需要监测美国西部电网中几条关键输电走廊的负荷水平。其中，连接南加州和西北太平洋地区的太平洋互联走廊和从亚利桑那州到南加州的输电走廊尤为重要，因为它们也向南加州送电。根据这些走廊的负荷水平，洛杉矶水电局的能量控制中心（ECC）决定是否投入 SPS。

SPS 本身由 ICS、ACS 及 ICS 和 ACS 两侧换流站的量测量构成。其中定义了下列输入触发器：故障类型、故障位置、电压水平、1 条交流线跳闸、2 条交流线跳闸、单极闭锁、双极闭锁。其中共有 17 个输入触发器分布在 HVDC 系统两端。这些输入触发器的状态通过微波或光缆传送到位于发电厂的计算机逻辑单元。这些输入到发电厂的触发器组合后，可识别 13 种单重扰动和 6 种双重（或多重）扰动，被称为紧急状态触发器。触发器逻辑是在数百次稳定分析的基础上设计出来的，非常复杂[35]。最终，这些紧急状态触发器通过“或”逻辑构成 5 个“超级触发器”，用来切机或采取其他防止扰动传播到相邻电力系统的措施。系统设计具有可扩展性，在未来有需求的情况下，可以整合其他控制措施。这可能包括线路跳闸、应用动态制动器或其他适当措施。整个 SPS 是完全冗余的，如果一套退出运行维护，另一套仍然可以实现全部功能。SPS 并不要求两套系统的跳闸命令完全一致。

对比 SPS 和中国的三道防线以及本书所提系统保护不难发现，SPS 和中国的三道防线具有类似之处，它特别应用于简单故障切除之后如何保证系统功率平衡上，从而维持可接受的系统频率和电压，可以认为是中国三道防线中的第二道和第三道防线。而本书之所以定义新的“系统保护”，一个非常重要的原因是交直流混联电网中的换流器会出现换相失败问题，连锁故障成为必然的事件；此外还有一个非常重要的目的就是促进传统继电保护和安全稳定控制系统的融合，从而达到四两拨千斤的效果，为后续安全稳定控制系统（第二、三道防线）或者 SPS 发挥作用铺平道路，及时、主动地阻止故障发展成为严重的稳定破坏事故。

2 免疫于过负荷的距离保护

距离保护在事故过负荷情况下动作是连锁跳闸的重要原因，对电网安全构成严重威胁。该问题的解决包含三部分：① 事故过负荷的识别；② 在不危及设备安全前提下，保护可靠闭锁；③ 在危及设备安全的情况下，保护可靠动作。在确保设备安全的前提下，需要解决事故过负荷的识别及可靠闭锁。其中，对事故过负荷的有效识别是首要步骤。

复杂的动态过程和多变的运行方式给事故过负荷的分析与识别造成了很大的困难。文献［72］考虑了事故过负荷动态过程，并将其分为不对称和对称两类，然而所提的不对称识别判据存在缺陷，可能造成保护在单相经大电阻接地故障下的拒动，降低保护灵敏度。文献［118，119］所提方案可能难以应对多支路切除后的事故过负荷及不对称事故过负荷；文献［126］所提的相间继电器限制条件在事故过负荷动态过程中可能出现误判；文献［68，120，121］所提方案在不对称事故过负荷时可能出现误判，也难以完全应对不同运行方式下的事故过负荷。目前国内外研究尚未完全解决事故过负荷的识别问题。

为了解决该问题，有必要深入分析：为什么事故过负荷会造成距离保护动作；什么情况下事故过负荷会造成距离保护动作。本章全面剖析了事故过负荷情况下距离Ⅲ段的动作行为。首先从时域出发，对事故过负荷动态过程中保护的动作进行分析；其次在空间维度，根据不同类型的事故过负荷进行网络分析；然后，针对事故过负荷下保护超越的条件进行分析；最后，提出结合多次扰动时间信息、站域开关信息和站域电气信息的事故过负荷识别及闭锁构想，从而为彻底解决事故过负荷的识别问题创造条件。

2.1 事故过负荷下距离Ⅲ段动作行为分析

2.1.1 事故过负荷的引发事件

事故过负荷的起因是一条或多条运行线路因故障或无故障跳闸，其过程为潮流发生转移，结果为并行输电断面的运行线路因此发生过负荷。所谓并行输电断面是指一组具有相同负荷区或相同电源区的相互关联的线路[139]。其中涉及两类元件，为简化叙述，后文将因故障或无故障跳闸的线路用线路 I 表示，因事故后潮流转移导致过负荷的线路用线路 J 表示。线路 I 故障及后续开关动作等扰动是事故过负荷的引发事件，分别从故障类型、位置及动态过程进行分类，如下：

（1）线路 I 故障类型可分为隐性故障（无故障跳闸）、单相故障、两相接地故障、两相相间故障和三相故障。

（2）如果线路 I 故障位于线路 J 距离Ⅲ段定值区内，则在线路 I 故障及重合于故障阶段，线路 J 保护起动，即区外故障超越；反之，则不起动。

（3）线路 I 故障及后续开关动作等扰动是事故过负荷的引发事件，主要包括四个阶段：① 故障；② 第一次选择性跳闸；③ 重合闸；④ 三相永跳。如果线路重合成功，则潮流转移将终止，难以造成距离Ⅲ段出口动作，在此仅考虑线路 I 重合失败三相永跳情况。

2.1.2 动态过程中的距离Ⅲ段动作行为

由于后备保护出口动作是基于时间段的连续判断，故计及线路 J 保护动作时，主要考虑距离Ⅲ段保护连续在动作区的情况。针对线路 I 不同故障类型、位置情况，线路 J 距离Ⅲ段的起动及连续在动作区的情况分析见表 2.1。表 2.1 中，Z_{Φ}表示距离Ⅲ段接地继电器，$Z_{\Phi\Phi}$ 表示距离Ⅲ段相间继电器。

表 2.1 各类事故过负荷保护起动及连续动作情况

线路 I 故障		线路 J 距离Ⅲ段	
类型	是否在线路 J 距离Ⅲ段定值区内	起动阶段	连续在动作区阶段
隐性故障		阶段②④或阶段④	Z_{Φ}&$Z_{\Phi\Phi}$：阶段④
A 相接地故障	否	阶段②④或阶段④	Z_{Φ}&$Z_{\Phi\Phi}$：阶段④
	是	阶段①③④	Z_A：阶段③④，其他：阶段④
	是	阶段①②③④	Z_A：阶段①～④，其他：阶段④
BC 相接地故障	否	阶段②④或阶段④	Z_{Φ}&$Z_{\Phi\Phi}$：阶段④
	是	阶段①②③④	Z_{BC}&Z_B&Z_C：阶段①～④，其他：阶段④
BC 相间故障	否	阶段②④或阶段④	Z_{Φ}&$Z_{\Phi\Phi}$：阶段④
	是	阶段①②③④	Z_{BC}：阶段①～④，其他：阶段④
三相故障	否	阶段②④或阶段④	Z_{Φ}&$Z_{\Phi\Phi}$：阶段④
	是	阶段①②③④	Z_{Φ}&$Z_{\Phi\Phi}$：阶段①～④

线路 I 因隐性故障，即无故障跳闸，则线路 J 距离Ⅲ段保护在线路 I 故障和重合闸时不会进入动作区，需在阶段④即线路 I 三相永跳后才能持续保持在动作区。

当线路 I 发生永久性单相接地故障，若故障不在线路 J 距离Ⅲ段定值区内，则线路 J 距离Ⅲ段仅从阶段④才连续落入动作区。若故障在线路 J 距离Ⅲ段定值区内，则线路 J 距离Ⅲ段接地继电器 A 相 Z_A 在阶段①和阶段③内将进入动作区，若线路 I 非全相运行（A 相选跳）期间，即阶段②造成的不对称潮流转移期间，Z_A 起动，则 Z_A 的连续起动计时从阶段①开始，加大了出口动作的可能性。其他相继电器连续起动从阶段④开始。

一方面，目前基于广域信息的事故过负荷识别研究[118–121]和基于就地信息的事故过负荷识别研究[97,126]并未考虑线路 I 故障落在线路 J 距离Ⅲ段定值区内的情况，仅考虑阶段④即线路 I 重合失败三相跳闸后的对称潮流转移。文献［126］所提的相间余弦电压限制条件、文献［68］所提的基于电压平面的限制条件在线路 I 相间故障且落入线路 J 距离Ⅲ段定值区内时，将会开放线路 J 距离Ⅲ段保护造成线路 J 不合理跳闸。另一方面，上述方法未考虑文献［137］所提不对称潮流转移过负荷过程，在线路 I 发生跳开单相非全相运行期间也可能出现误判。

文献［138］在文献［137］的基础上分别针对对称潮流转移和不对称潮流转移提出了判据，其对称潮流转移的识别判据及逻辑流程，可以闭锁落入线路 J 距离Ⅲ段定值区内的线路 I 两相或三相故障引发的事故过负荷。然而，所提不对称潮流转移过负荷的判据将单相经过渡电阻接地的情况识别为不对称潮流转移，并对之进行闭锁，会降低单相故障下距离Ⅲ段的灵敏度。

因此，对事故过负荷的识别尚未得到彻底解决。区外故障阶段①、③及区外非全相运行（单相故障后阶段②），尤其是使得保护连续在动作区的情况对事故过负荷识别的影响不可忽视，下面在 PSCAD/EMTDC 中仿真进行说明。

1. 区外故障对事故过负荷识别的影响

在 3 机 9 节点模型基础上，结合本章研究内容，去除变压器节点，添加受端节点 5，在 PSCAD/EMTDC 中搭建 500kV 7 节点环网仿真系统，如图 2.1 所示。为研究事故过负荷引发的保护动作行为，整定 E_M、E_N、E_P、E_Q 电动势角分别为 55°、−60°、10°、15°，系统等效阻抗如表 2.2 所示。

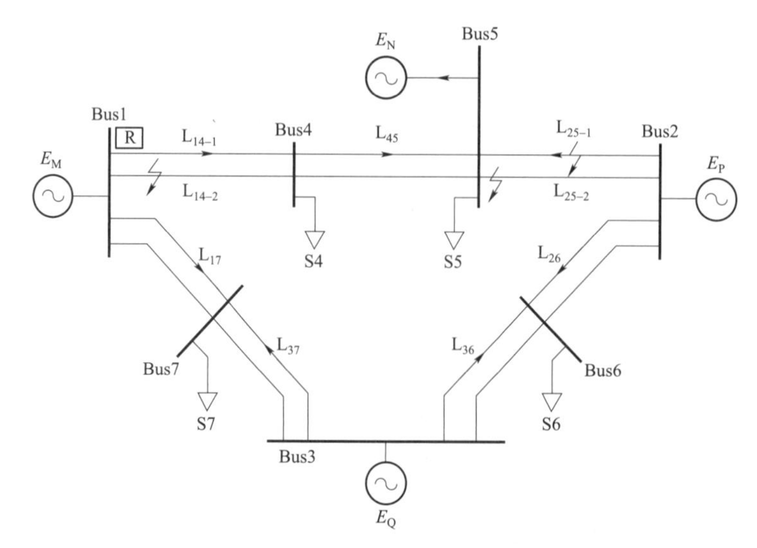

图 2.1　500kV 7 节点环网仿真系统

该仿真系统考虑了无功补偿，节点所带负荷分别为：$S_4=1000+\mathrm{j}50\mathrm{MVA}$，$S_5=2000+\mathrm{j}150\mathrm{MVA}$，$S_6=1000+\mathrm{j}100\mathrm{MVA}$，$S_7=800+\mathrm{j}100\mathrm{MVA}$，有功流向如图2.1箭头所示。$L_{25}$长120km，其余线路长度均为200km，选用500kV典型参数，见表2.3[186]。

表2.2　　500kV 7节点仿真系统参数表

系统参数	送端系统M	受端系统N	送端系统P	送端系统Q
正（负）序阻抗（Ω）	10∠87°	30∠87°	20∠87°	50∠87°
零序阻抗（Ω）	8∠85°	40∠85°	10∠85°	100∠85°

表2.3　　500kV 线路参数表

线路参数	正序	零序
R（Ω/km）	0.027	0.198 4
X_L（Ω/km）	0.270 1	1.131
X_C（MΩ·km）	0.258 79	0.624 14

线路L_{14-1}距离Ⅲ段相间继电器动作判据为：

$$90^\circ < \arg\frac{\dot{U}_{\Phi\Phi}}{\dot{U}_{\Phi\Phi}-\dot{I}_{\Phi\Phi}Z_{set}} < 270^\circ \tag{2-1}$$

式中：$\dot{U}_{\Phi\Phi}$为保护测量相间电压；$\dot{I}_{\Phi\Phi}$为保护测量相间电流；Z_{set}为保护定值。

对相间故障与事故过负荷的识别通常采用余弦电压限制条件，一旦满足条件则开放保护[90]，即：

$$U_{\Phi\Phi}\cos\varphi_{\Phi\Phi} < mU_{NN} \tag{2-2}$$

式中：$\varphi_{\Phi\Phi}$为保护安装处相间电压与相间电流夹角；U_{NN}为额定相间电压；m可取0.5。

系统发生$N-3$故障，导致L_{14-2}、L_{25-1}、L_{25-2}陆续跳开，事故过负荷事件顺序如表2.4所示。仿真中保护及重合闸时间设定为[68]：主保护在故障发生20ms后出口跳闸，断路器开断时间取40ms，因此故障发生与切除之间相隔60ms；考虑到非全相运行中的潜供电流，单相重合闸为0.7s。根据中华人民共和国电力行业标准DL/T 599—2007《220kV～750kV电网继电保护装置运行整定规程》，按本线路末端接地故障灵敏度为3.0，将接地继电器Ⅲ段整定为162.9∠84.3°Ω，Ⅲ段动作时间取为1.5s。

表2.4　　事故过负荷事件顺序

时刻	事件
0.1s	L_{14-2}线路距M侧20%处发生BC相间故障
0.16s	L_{14-2}主保护动作跳开三相
0.6s	L_{25-1}线路距P侧50%处发生BC相间接地故障
0.66s	L_{25-1}主保护动作跳开三相

续表

时刻	事件
0.86s	L_{14-2} 重合于故障
0.92s	L_{14-2} 加速跳三相
1.1s	L_{25-2} 线路距 P 侧 100%处发生 BC 相间接地故障
1.16s	L_{25-2} 主保护动作跳开三相
1.36s	L_{25-1} 重合于故障
1.42s	L_{25-1} 加速跳三相
1.86s	L_{25-2} 重合于故障
1.92s	L_{25-2} 加速跳三相

L_{14-1} 线路 M 侧距离Ⅲ段的比相结果如图 2.2 所示，图中阴影所示部分为距离继电器动作区（即距离继电器比相结果为 90° 到 270° 之间）。当事故进行到 $N-3$，即 L_{25-2} 发生相间故障后，L_{14-1} 线路 M 侧Ⅲ段 BC 相间距离继电器进入并保持在动作区内，同时 B 相接地Ⅲ段进入并保持在动作区（C 相接地Ⅲ段在 L_{25-1} 重合闸时曾退出动作区）。若无措施有效消除线路过负荷，BC 相间距离继电器进入动作区 1s 后，距离Ⅲ段出口动作，切除线路 L_{14-1}。

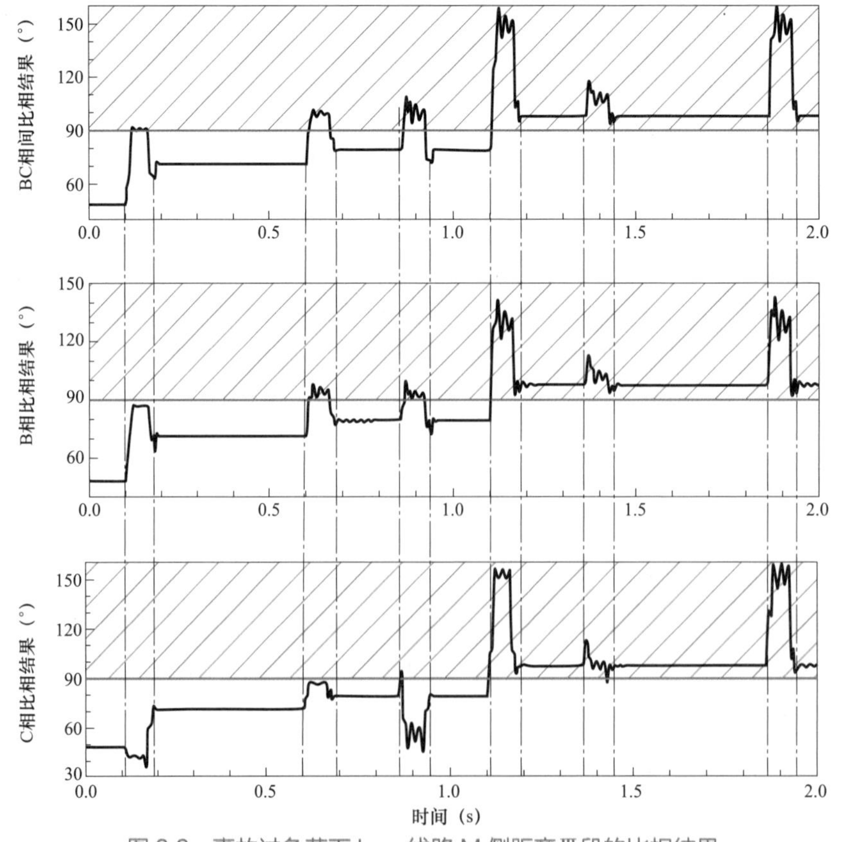

图 2.2　事故过负荷下 L_{14-1} 线路 M 侧距离Ⅲ段的比相结果

目前针对相间继电器所提出的过负荷限制，在 L_{25-2} 发生 BC 相故障期间，如图 2.3 所示，L_{14-1} 线路 M 侧 BC 相间余弦电压降为 0.28p.u.，满足相间余弦电压条件，相间继电器将开放，造成不合理动作。L_{14-1} 相间Ⅲ段起动 1.0s 后，若紧急控制策略未有效实施减轻过负荷情况，L_{14-1} 线路将三相跳开，进一步扩大潮流转移。

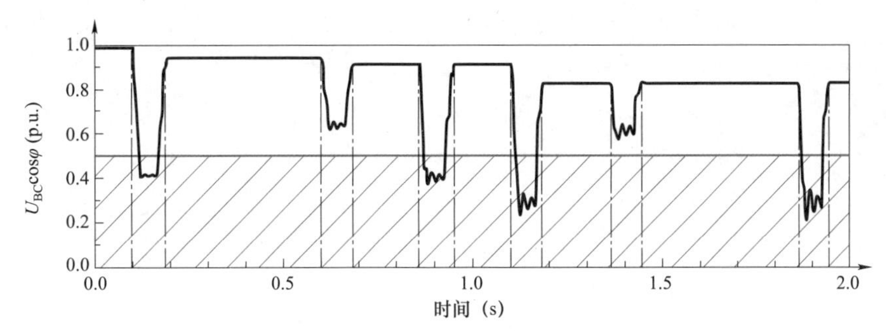

图 2.3　事故过负荷下 L_{14-1} 线路 M 侧 BC 相间余弦电压

2. 区外非全相运行对事故过负荷识别的影响

图 2.4 为 500kV 双电源输电仿真系统图，送端 M 侧系统功角超前受端 N 侧系统 60°，N 侧带负荷 2500+j1000MVA，系统参数如表 2.5 所示。线路 L_1～L_6 长度取 200km，线路参数沿用所示数据。

线路 L_1 距离Ⅲ段接地继电器动作判据为：

$$90^\circ < \arg\frac{\dot{U}_\Phi}{\dot{U}_\Phi-(\dot{I}_\Phi+K\dot{I}_0)Z_{set}} < 270^\circ \tag{2-3}$$

式中：$\dot{U}_\Phi$ 为保护测量相电压；$\dot{I}_\Phi$、$\dot{I}_0$ 分别为保护测量相电流、零序电流；K 为零序补偿系数。

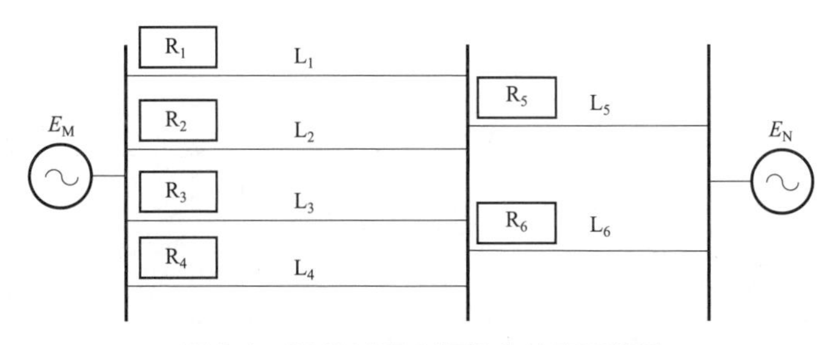

图 2.4　500kV 双电源输电仿真系统图

表 2.5　　500kV 双电源输电仿真系统参数表

系统参数	送端系统 M	受端系统 N
正（负）序阻抗（Ω）	10∠87°	20∠87°
零序阻抗（Ω）	5∠85°	10∠85°

系统发生 $N-3$ 故障，导致 L_1～L_3 陆续跳开，按表 2.6 所示事故过负荷事件顺序进行仿真。

表 2.6　　　　事故过负荷事件顺序

时刻	事件
0.1s	L_1 线路距 M 侧 80%处发生 A 相故障（经 20Ω 过渡电阻）
0.16s	L_1 主保护动作跳开 A 相，非全相运行
0.6s	L_2 线路距 M 侧 20%处发生 A 相故障（经 20Ω 过渡电阻）
0.66s	L_2 主保护动作跳开 A 相，非全相运行
0.86s	L_1 重合 A 相于故障
0.92s	L_1 加速跳三相
1.1s	L_3 线路距 M 侧 50%处发生 A 相故障（经 20Ω 过渡电阻）
1.16s	L_3 主保护动作跳开 A 相，非全相运行
1.36s	L_2 重合 A 相于故障
1.42s	L_2 加速跳三相
1.86s	L_3 重合 A 相于故障
1.92s	L_3 加速跳三相

在 L_1～L_3 接连故障后，L_4 线路 M 侧距离Ⅲ段接地继电器的比相结果如图 2.5 所示。

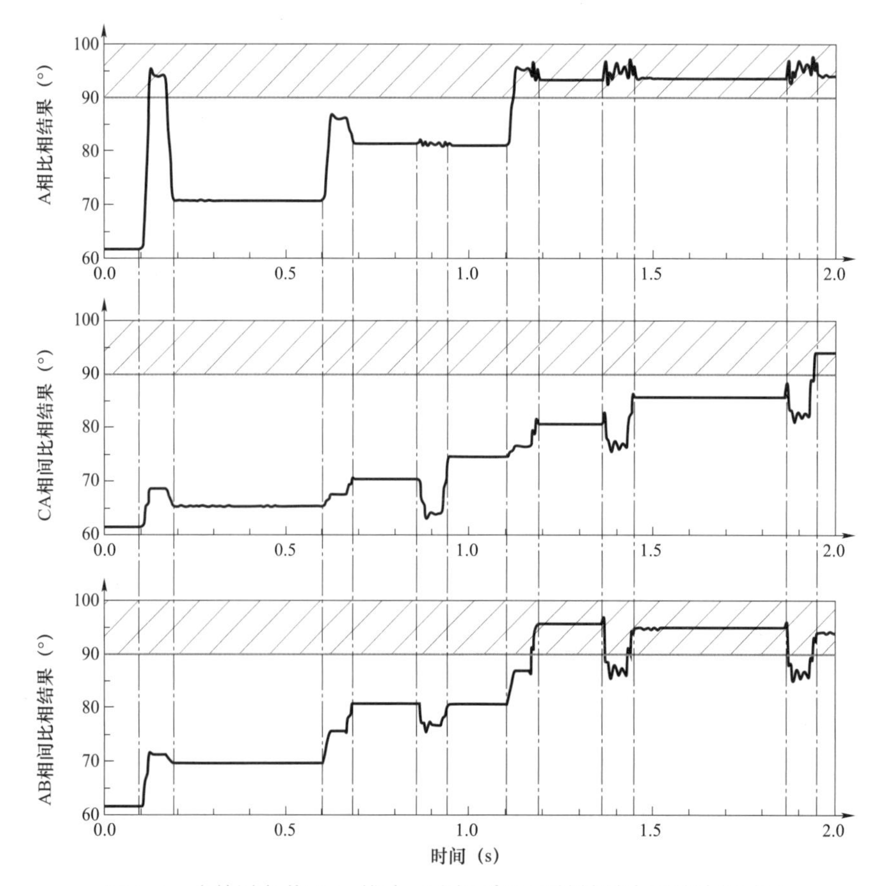

图 2.5　事故过负荷下 L_4 线路 M 侧距离Ⅲ段接地继电器的比相结果

图中阴影所示部分为距离继电器动作区（即距离继电器比相结果为 90° 到 270° 之间）。从图 2.5 可看出，当故障发展为 $N-3$，L_4 线路接地距离继电器Ⅲ段 A 相进入动作区，L_3 被第二次切除后，CA、AB 相间距离继电器Ⅲ段也持续保持在动作区。若无控制措施有效消除线路过负荷，在接地Ⅲ段起动 1.5s 后即 L_3 被切除，0.68s 后 L_4 接地距离Ⅲ段 A 相出口动作，保护切除线路。

对单相故障与事故过负荷的识别通常由负序、零序电流或电流不对称度的大小来区分。此过程中负序电流$|I_{a2}|$、零序电流$|I_0|$及电流不对称度（$|I_{a2}|+|I_0|$）/$|I_{a1}|$如图 2.6 所示。

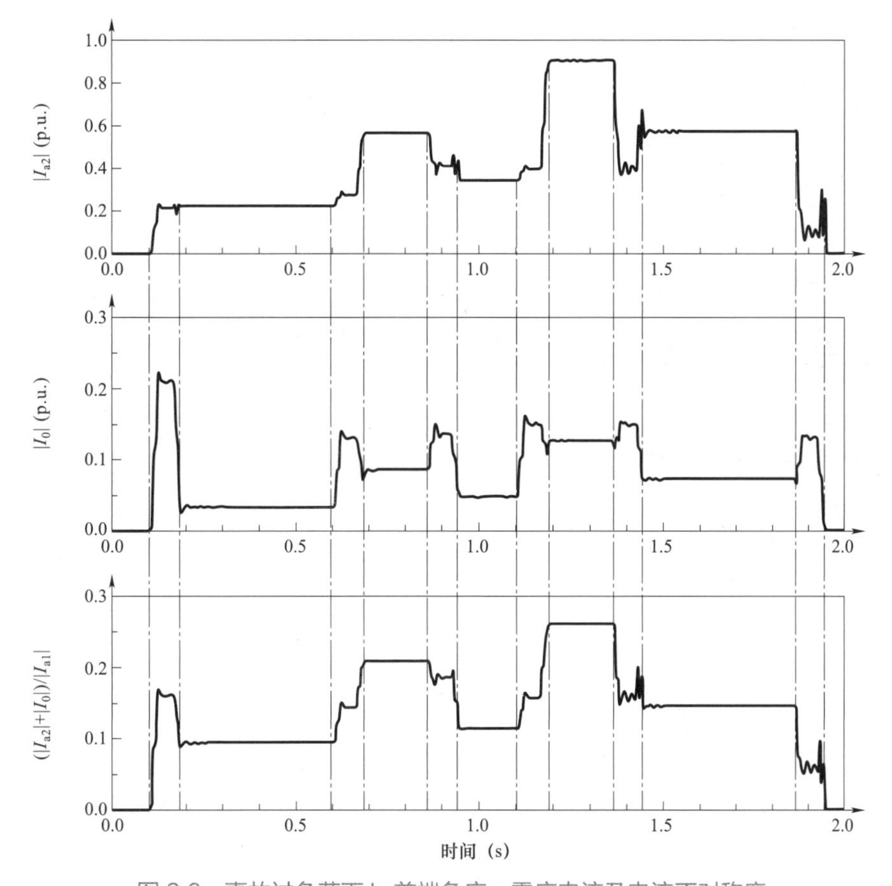

图 2.6　事故过负荷下 L_4 首端负序、零序电流及电流不对称度

在 L_2 和 L_3 非全相运行期间，L_4 首端负序电流达到最大，接近于额定电流。由于线路零序阻抗大，故零序电流较小。同时由于事故过负荷下正序电流幅值大，故电流不对称度较小，其最大值小于 0.3。保护起动后，若设置负序电流门槛值来区分故障与事故过负荷，即当$|I_{a2}|$大于阈值时开放保护[125]，则可能在区外非全相运行期间造成保护不合理动作。

由前文分析可知，事故过负荷全过程中存在多次扰动，现有事故过负荷识别判据对区外故障及区外非全相运行的影响考虑不足，难以彻底识别，存在出口动作的风险。因此，为避免保护在动态过程的不合理动作，对于事故过负荷的识别应从单一由时间断面上的判断扩展为时域动态判断。基于本地的信息采集十分必要。

2.2 事故过负荷的网络分析

2.2.1 站域事故过负荷与非站域事故过负荷

在进行网络分析前，首先对站域事故过负荷与非站域事故过负荷进行区分。所谓站域事故过负荷是指，若线路 I 与线路 J 送端在同一变电站，线路 I 被切除后，潮流转移造成线路 J 事故过负荷的情况。反之，对故障线路 I 和过负荷线路 J 不在同一个变电站的情况，则称为非站域事故过负荷，如 2.1 节案例中 L_{25-1}、L_{25-2} 故障及跳闸造成 L_{14-1} 过负荷的情况。

对于站域过负荷，其典型情况为双/多回线开断一条或多条导致其余并行线路过负荷。如果能获取所有并行线路的电气量及开关量信息，则可实现对事故过负荷的动态识别。因此，仅需对非站域事故过负荷进行网络分析。

2.2.2 非站域事故过负荷的网络分析

由前文可知，不同故障引发的事故过负荷主要包含三个状态：区外故障、区外三相开断和区外非全相运行。对三个状态与区内故障分别进行对比。

2.2.2.1 区外故障与区内故障比较

区外故障造成的保护超越问题，其根源在于定值整定，本质是后备保护选择性和灵敏性的矛盾。无法由故障网络分析来区分，但可通过时域动态判断闭锁，并合理调整定值降低该区外故障超越概率。

2.2.2.2 区外三相开断与区内故障比较

区外三相开断将造成对称潮流转移，该情况下如果距离保护起动，那就是三相接地继电器或 3 个相间继电器均起动，与区内三相故障的情况相同。单一考虑该阶段的研究较多，且较易区分，如根据三相故障的相间弧光电阻特性即可进行区分，本章不再分析。

2.2.2.3 区外非全相运行与两/三相故障比较

鉴于两/三相故障的相间弧光电阻特性，与单一区外非全相运行状态相比较易区分，在此不再分析。

2.2.2.4 区外非全相运行与单相故障比较

1. 区外非全相运行

该状态由单相故障与单相跳开两个事件造成。首先分析单相故障对单相跳开后网络的影响。

线路两侧开关各设一个新节点 m 和 n，线路开关用一段支路模拟，如图 2.7 所示。

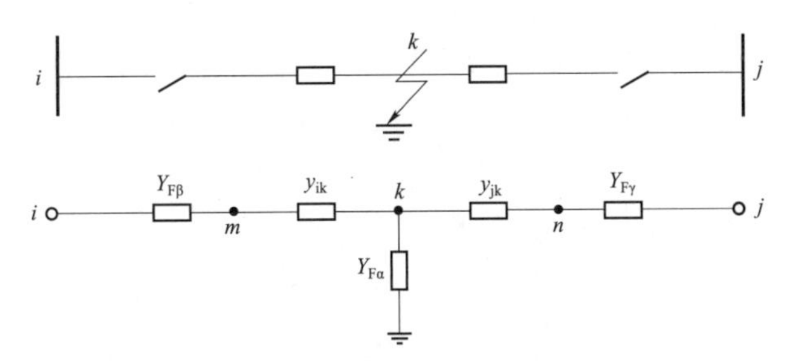

图 2.7 短路故障跳开后的支路模拟

$Y_{F\alpha}$是k点接地故障支路的等值导纳，$Y_{F\beta}$和$Y_{F\gamma}$分别为2个线路开关的等值支路导纳，y_{ik}和y_{jk}分别为节点i、k之间和j、k之间的线路等值支路导纳。对这一等值电路建立包括k、m、n的节点导纳矩阵[136]：

$$\begin{array}{c} \\ i \\ j \\ k \\ m \\ n \end{array}\begin{array}{c} \begin{array}{ccccc} i & j & k & m & n \end{array} \\ \begin{bmatrix} Y_{F\beta} & 0 & 0 & -Y_{F\beta} & 0 \\ 0 & Y_{F\gamma} & 0 & 0 & -Y_{F\gamma} \\ 0 & 0 & y_{\Sigma} & -y_{ik} & -y_{jk} \\ -Y_{F\beta} & 0 & -y_{ik} & -y_{\beta} & 0 \\ 0 & -Y_{F\gamma} & -y_{jk} & 0 & y_{\gamma} \end{bmatrix} \end{array} \tag{2-4}$$

式中：$y_{\Sigma}=y_{ik}+y_{jk}+Y_{F\alpha}$；$y_{\beta}=y_{ik}+Y_{F\beta}$；$y_{\gamma}=y_{jk}+Y_{F\gamma}$。

消去新增节点k、m、n，可以得到关于节点i、j的导纳矩阵：

$$\boldsymbol{Y}_{f}=\begin{bmatrix} Y_{F\beta} & 0 \\ 0 & Y_{F\beta} \end{bmatrix}-\begin{bmatrix} 0 & -Y_{F\beta} & 0 \\ 0 & 0 & -Y_{F\beta} \end{bmatrix}\begin{bmatrix} y_{\Sigma} & -y_{ik} & -y_{jk} \\ -y_{ik} & y_{\beta} & 0 \\ -y_{jk} & 0 & y_{\gamma} \end{bmatrix}^{-1}\begin{bmatrix} 0 & 0 \\ -Y_{F\beta} & 0 \\ 0 & -Y_{F\gamma} \end{bmatrix} \tag{2-5}$$

式中：对$Y_{F\alpha}$、$Y_{F\beta}$、$Y_{F\gamma}$为故障支路的导纳，取0、1、2序分量形式，有：

$$\boldsymbol{Y}_{F\alpha}=\frac{y_{f}}{3}\begin{bmatrix} 1 & 1 & 1 \\ 1 & 1 & 1 \\ 1 & 1 & 1 \end{bmatrix},\quad \boldsymbol{Y}_{F\beta}=\boldsymbol{Y}_{F\gamma}=\frac{y_{o}}{3}\begin{bmatrix} 2 & -1 & -1 \\ -1 & 2 & -1 \\ -1 & -1 & 2 \end{bmatrix} \tag{2-6}$$

式中：y_f为k点接地导纳；y_o为线路开关导纳。

下面分析单相接地故障对非全相运行网络的影响。令开关导纳y_o取值10^{-6}；在非故障直接单跳情况下，y_f取为10^{-3}，在经金属性单相接地之后再单相跳开的情况下，y_f取10^{2}（即过渡电阻为0.01Ω），代入式（2−5），两种情况算出来的序分量导纳阻抗差别在10^{-4}级，因此可仅对单相跳开后非全相运行状况进行网络分析。

在图2.8所示双电源系统中，其中N为受端，M、P为送端。R为安装于线路J首端

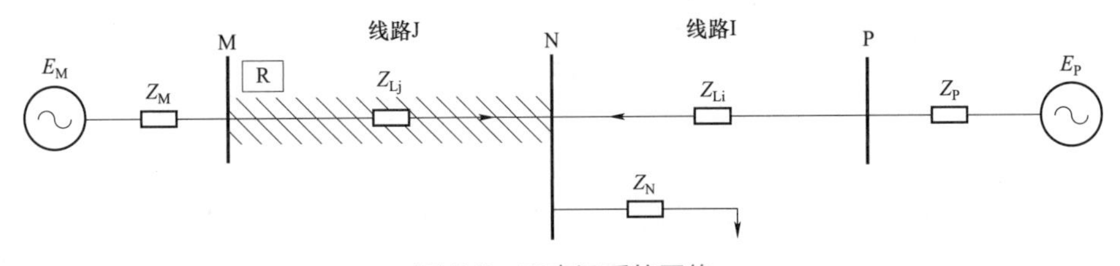

图 2.8 双电源系统网络

的距离Ⅲ段保护，斜线区域为保护 R 的保护区段（远后备区域内的本段线路与下一段线路均为长线路且长度相等，图内 Z_{Lj} 表示两段线路总阻抗）。

线路 I 的 A 相跳闸后断线处边界条件为：

$$\begin{cases}\dot{I}_{k1}+\dot{I}_{k2}+\dot{I}_{k0}=0\\ \dot{U}_{k1}-\dot{I}_{k1}Z_{Li}=\dot{U}_{k2}-\dot{I}_{k2}Z_{Li}=\dot{U}_{k0}-\dot{I}_{k0}Z_{Li}\end{cases} \tag{2-7}$$

式中：$\dot{U}_{k1}$、$\dot{U}_{k2}$、$\dot{U}_{k0}$、$\dot{I}_{k1}$、$\dot{I}_{k2}$、$\dot{I}_{k0}$ 分别为线路 I 的正、负、零序电压、电流；Z_{Li} 为断线间阻抗值，即线路 I 阻抗。A 相跳闸后非全相运行的复合序网如图 2.9 所示，母线 NP 之间可视作一个节点。

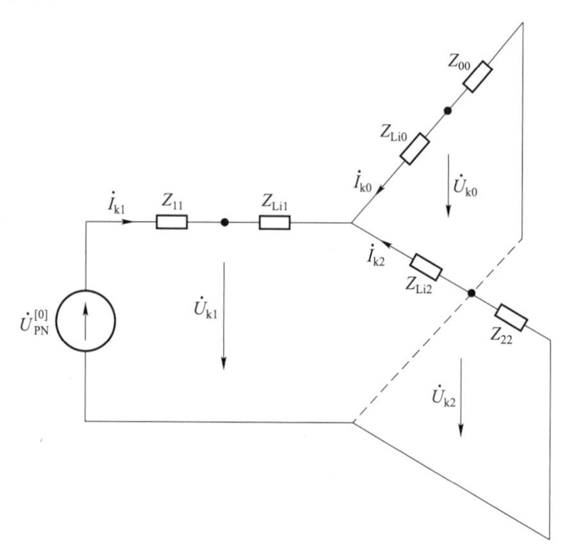

图 2.9　A 相跳闸后非全相运行的复合序网

2. 单相故障

线路 J 单相故障后短路点的边界条件见式（2–8），其复合序网如图 2.10 所示。

$$\begin{cases}\dot{I}_{f1}=\dot{I}_{f2}=\dot{I}_{f0}\\ \dot{U}_{f1}+\dot{U}_{f2}+\dot{U}_{f0}=(\dot{I}_{f1}+\dot{I}_{f2}+\dot{I}_{f0})R_f\end{cases} \tag{2-8}$$

式中：$\dot{U}_{f1}$、$\dot{U}_{f2}$、$\dot{U}_{f0}$、$\dot{I}_{f1}$、$\dot{I}_{f2}$、$\dot{I}_{f0}$ 分别为线路 J 的正、负、零序电压、电流；R_f 为故障电阻。

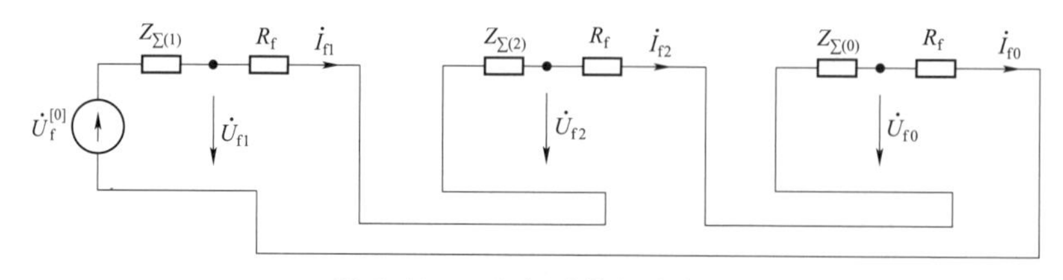

图 2.10　A 相短路的复合序网

3. 网络分析对比结果

基于故障分量法分别对区外单相跳闸与区内单相短路进行故障网络分析，在故障处和保护安装处的故障分量见表 2.7。

表 2.7 故障处及保护安装处故障分量

运行情况	故障处（断线处）序电流	线路 J 保护处故障分量
线路 J A 相故障	$\Delta\dot{I}_{f1}=\dot{I}_{f2}=\dot{I}_{f0}=\dfrac{-\dot{U}_{fA[0]}}{2Z_{\Sigma(1)}+Z_{\Sigma(0)}+3R_f}\approx\dfrac{-\dot{E}_M e^{j\beta}}{2Z_{\Sigma(1)}+Z_{\Sigma(0)}+3R_f}$	$\Delta\dot{I}_{j1}=\dot{I}_{j2}=C_{j1}\Delta\dot{I}_{f1},\dot{I}_{j0}=C_{j0}\dot{I}_{f0}$ $\Delta\dot{U}_{m1}=\dot{U}_{m2}=C_{m1}\dot{I}_{f1}Z_{m1}$ $\dot{U}_{m0}=C_{m0}\dot{I}_{f0}Z_{m0}$
线路 I A 相跳闸后非全相运行	$\Delta\dot{I}_{k1}=-(\dot{U}_P-\dot{U}_N)\left(\dfrac{1}{Z_{Li1}}-\dfrac{Z_{00}}{Z_{11}{}^2+2Z_{11}Z_{00}}\right)$ $\dot{I}_{k2}=-\dfrac{(\dot{U}_P-\dot{U}_N)Z_{00}}{Z_{11}{}^2+2Z_{11}Z_{00}}$ $\dot{I}_{k0}=-\dfrac{\dot{U}_P-\dot{U}_N}{Z_{11}+2Z_{00}}$	$\Delta\dot{I}_{j1}=C'_{j1}\Delta\dot{I}_{k1},\dot{I}_{j2}=C'_{j1}\dot{I}_{k2}$ $\dot{I}_{j0}=C'_{j0}\dot{I}_{k0}$ $\Delta\dot{U}_{m1}=\dot{U}_{m2}=C'_{m1}\dot{I}_{k1}Z_{m1}$ $\dot{U}_{m0}=C'_{m0}I_{k0}Z_{m0}$

其中，$\dot{U}_{fA[0]}$为短路点故障前电压，其幅值与$\dot{E}_M$相近，相位落后β；C_{j1}、C_{j0}和C'_{j1}、C'_{j0}分别为两种运行情况下线路 J 正（负）序、零序电流故障分量分配系数；C_{m1}、C_{m0}和C'_{m1}、C'_{m0}分别为两种运行情况下母线 M 正（负）、零序电压故障分量分配系数；$Z_{\Sigma(1)}$、$Z_{\Sigma(0)}$为从短路点处向系统看进去的等值正（负）序、零序阻抗；Z_{11}、Z_{00}为断线处向系统看进去的等值正（负）序、零序阻抗，其值分别为$Z_{11}=Z_{Li1}+Z_{P1}+(Z_{M1}+Z_{N1})Z_{N1}/(Z_{M1}+Z_{N1}+Z_{Lj1})$，$Z_{00}=Z_{Li0}+Z_{P0}+(Z_{M0}+Z_{N0})Z_{N0}/(Z_{M0}+Z_{N0}+Z_{Lj0})$。

对比线路 J 单相故障与线路 I 单相跳闸后，由线路 J 保护安装处感受到的故障分量可知：

（1）由于单相跳闸后的故障分量受系统运行方式和网络结构影响，同时单相接地的故障分量也受到故障运行方式与故障边界条件（故障位置、过渡电阻）的影响，因此难以从幅值上绝对区分。

在图 2.4 中 500kV 双电源仿真系统中，分别设定两类运行方式，大运行方式系统阻抗如表 2.5 参数所示，小运行方式下系统阻抗设定为：$Z_{M1}=200\angle87°\ \Omega$，$Z_{M0}=100\angle85°\ \Omega$，$Z_{N1}=100\angle87°\ \Omega$，$Z_{N0}=50\angle85°\ \Omega$。对本段及下段线路不同位置发生经过渡电阻 1Ω 和 300Ω 的单相接地故障进行仿真，得到零序电流、负序电流幅值，见表 2.8。

当过渡电阻较小时，单相接地的故障电流分量较为明显。然而与图 2.6 所示事故过负荷动态过程中的负序、零序电流进行对比，不难发现事故过负荷动态过程中负序电流最大值大于大运行方式下经 300Ω 电阻单相接地的负序电流，以及小运行方式下本线路末端经 1Ω 电阻单相接地的负序电流值。零序电流情况类似。因此，仅从故障分量的幅值大小上难以区分单相跳开引发的事故过负荷和单相故障，尤其是对经大过渡电阻接地的单相故障甚至小运行方式下的小电阻单相接地故障。

表 2.8 不同运行方式、过渡电阻、故障位置下的单相接地故障负序、零序电流

故障位置（km）	大运行方式				小运行方式			
	过渡电阻 1Ω		过渡电阻 300Ω		过渡电阻 1Ω		过渡电阻 300Ω	
	$\lvert I_{a2}\rvert$(p.u.)	$\lvert I_0\rvert$(p.u.)	$\lvert I_{a2}\rvert$(p.u.)	$\lvert I_0\rvert$(p.u.)	$\lvert I_{a2}\rvert$(p.u.)	$\lvert I_0\rvert$(p.u.)	$\lvert I_{a2}\rvert$(p.u.)	$\lvert I_0\rvert$(p.u.)
100	1.86	1.87	0.29	0.29	0.80	0.88	0.23	0.25
200	1.06	0.97	0.21	0.19	0.64	0.58	0.19	0.17

续表

故障位置（km）	大运行方式				小运行方式			
	过渡电阻 1Ω		过渡电阻 300Ω		过渡电阻 1Ω		过渡电阻 300Ω	
	$\|I_{a2}\|$(p.u.)	$\|I_0\|$(p.u.)	$\|I_{a2}\|$(p.u.)	$\|I_0\|$(p.u.)	$\|I_{a2}\|$(p.u.)	$\|I_0\|$(p.u.)	$\|I_{a2}\|$(p.u.)	$\|I_0\|$(p.u.)
300	0.81	0.62	0.14	0.11	0.58	0.38	0.15	0.10
400	0.92	0.34	0.08	0.03	0.67	0.17	0.12	0.03

（2）受系统运行方式和网络结构影响，难以从保护安装处的故障分量之间的幅值比例及相角关系对单相跳闸与单相接地故障进行识别。

由表 2.7 可知，线路 J 单相故障时，在故障处其正序、负序、零序故障分量相等，在保护安装处正序故障分量与负序分量幅值和相位相等，零序分量与负序分量在幅值和相位上出现偏差。在保护安装处负序电流和零序电流的幅值比主要取决于负序（正序）分布系数和零序分布系数。该分布系数与故障位置、系统运行方式有关。因此，受运行方式和电网结构的影响，难以确定不对称事故过负荷与单相故障下负序分量与零序分量比值的区分门槛值。

同样，故障序分量之间的相角关系也受运行方式和电网结构的影响，由于输电网正序阻抗角与零序阻抗角类似（均在 80° 左右），因此，在故障序分量在相位上的偏差不大，与单相故障情况难以区分。

虽然事故过负荷中附加网络与单相故障网络有所不同，但由于网络结构和运行方式的不确定，且输电网正序、零序阻抗角差别不大，线路 J 感受到的故障分量幅值、相角、比例具有很大随机性。受过渡电阻及故障位置的影响，单相故障的故障特征变化很大，并且可能在事故过负荷下也成立。

因此，从故障网络分析出发，提取某类故障特征作为区分事故过负荷识别判据，难以兼顾事故过负荷中不对称潮流转移与保护区内单相故障识别中的选择性和灵敏性问题。传统基于本条线路信息的距离保护，难以彻底解决事故过负荷的识别问题，亟待引入新的信息和处理方法。

2.3 事故过负荷下距离Ⅲ段动作的条件分析

由于系统运行方式复杂多变，其动态过程中的不对称分量也很难通过网络分析与单相故障绝对区分。不同于故障，在一定条件下的事故过负荷才能导致距离保护Ⅲ段动作，因此在进行事故过负荷识别和闭锁之前，首先需明确事故过负荷引起保护动作的必要条件。由前文分析可知，事故过负荷下距离Ⅲ段动作与保护定值及系统运行方式相关，在此对距离Ⅲ段动作的必要条件进行分析。

2.3.1 运行条件 1：线路重载且两端等效系统功角稳定

事故过负荷引发距离Ⅲ段起动主要发生在有功送端，即有功功率方向从母线流向线路[25]。由功角特性式（2–9）可知，送端等效系统输出有功功率 P 主要受两端系统功角差 δ、系统阻抗 Z_M 和 Z_N，以及线路阻抗 Z_L 的影响。

$$P=\frac{E_M E_N}{Z_M+Z_N+Z_L}\sin\delta \tag{2-9}$$

对图 2.4 所示系统扰动前的功角差进行分析。当功角差从 0° 增加到 90°，经 $N-3$ 扰动后，L_{14-1} 首端距离Ⅲ段比相结果如图 2.11 所示。当功角差大于 55° 时，接地继电器Ⅲ段 A 相才会在潮流转移稳定后进入动作区。因此，只有在线路本身有功传输大的情况下，事故过负荷才能“雪上加霜”，造成保护起动。

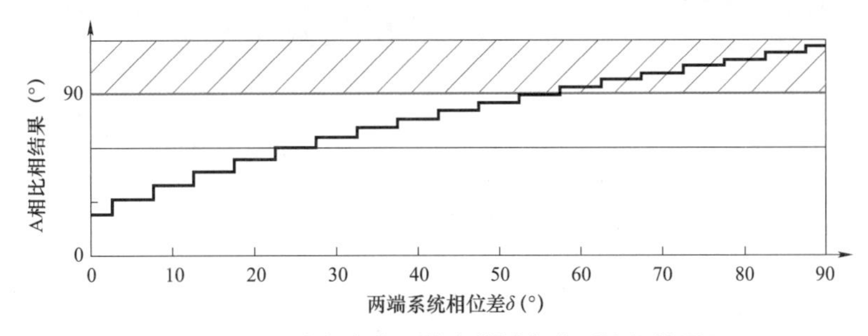

图 2.11　功角变化下的事故过负荷后比相结果

在系统暂态失稳失步振荡情况下发生事故过负荷，由于振荡线路电压电流及测量阻抗呈现周期性变化，距离Ⅲ段比相情况如图 2.12 所示。目前观察到的电力系统失步振荡周期不超过 1.5s，连续在动作区的时间小于保护动作时间，不会出口跳闸。因而在系统暂态失稳时，不会发生因事故过负荷造成的距离Ⅲ段出口动作。需指出的是，距离Ⅰ、Ⅱ段可能在振荡中误动作，仍要采取合理的振荡闭锁。

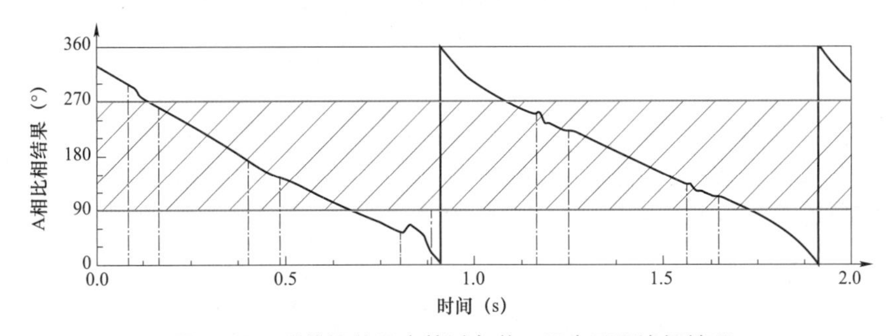

图 2.12　系统振荡且事故过负荷下距离Ⅲ段比相情况

进一步研究在未发生失步振荡的情况下，事故过负荷造成保护动作的功角条件。以区外永久性单相接地故障引发的事故过负荷全过程为例，其功率特性曲线及功角变化曲线如图 2.13 所示。

基于扩展等面积法，可知线路第一次选跳后发电机转速减慢，但此时转速仍大于同步速，故功角会从 δ_{C1} 继续增大。若 $\delta_{C1}\geqslant 90°$，则随着功角增大有功会减小，与事故过负荷中有功增大的情况不相符。故能引起距离Ⅲ段动作的事故过负荷，其区外故障被切除时刻系统功角必须满足 $\delta_{C1}<90°$ 的条件。

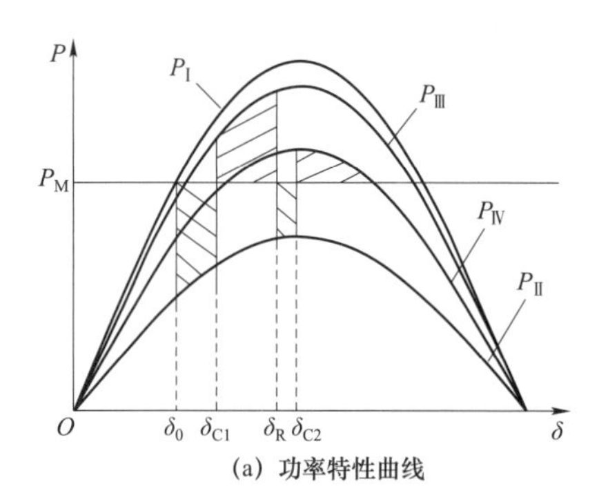

(a) 功率特性曲线

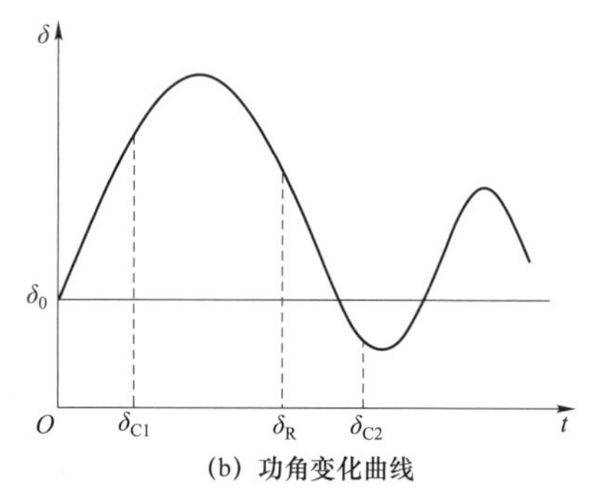

(b) 功角变化曲线

图 2.13 功率特性曲线及功角变化曲线

P_{I}—正常运行；P_{II}—故障期间；P_{III}—第一次选跳；P_{IV}—三相永跳；

δ_0—正常运行；δ_{C1}—第一次选跳；δ_R—重合闸；δ_{C2}—三相永跳

2.3.2 运行条件 2：线路重载且两端等效系统电压稳定

线路传输功率不仅与功角稳定相关，还受电压稳定的约束。由图 2.14 所示 *PV* 曲线可知，电压失稳点与线路传输功率达到最大值点一致[170]。由于事故过负荷下线路有功功率增加，因此当前线路传输功率必然小于最大传输功率，即事故过负荷必然处在电压稳定状态。

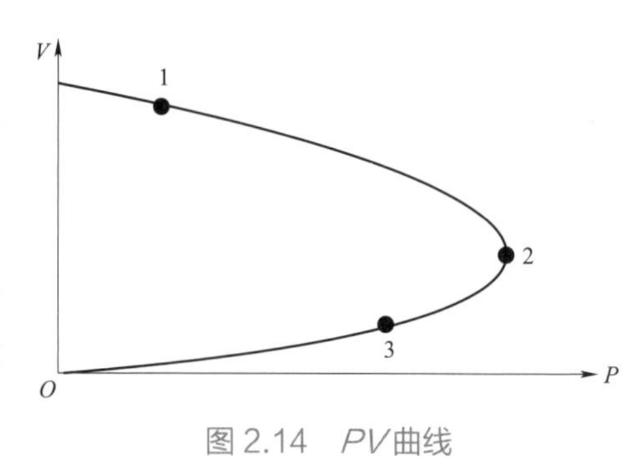

图 2.14 *PV* 曲线

将变电站及两端系统进行戴维南等效，如图 2.15（a）所示，当负荷阻抗的复数等于传输阻抗的共轭复数，即$|Z_L|=|Z_{thev}|$时，负荷获得最大的功率，此时处于电压失稳的临界点[60]，如图 2.15（b）中 Z_{L2} 所示；当阻抗模值比$|Z_L|/|Z_{thev}|>1$ 时，节点电压稳定，如图 2.15（b）中 Z_{L1} 所示；当$|Z_L|/|Z_{thev}|<1$ 时，节点电压失稳，如图 2.15（b）中 Z_{L3} 所示。由此，电压稳定性可以由阻抗模值比$|Z_L|/|Z_{thev}|$表征，当发生事故过负荷时，有$|Z_L|/|Z_{thev}|>1$。

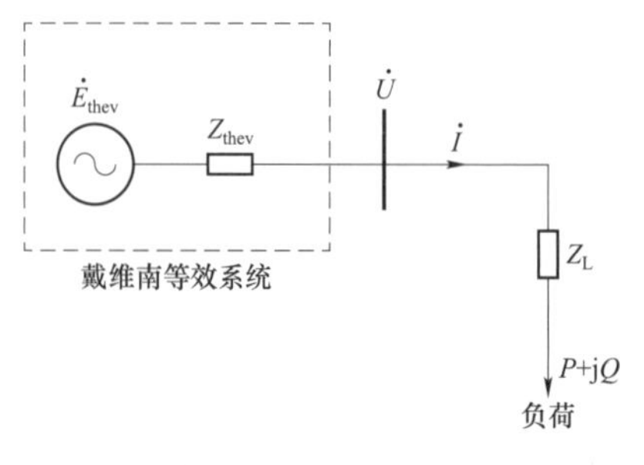

(a) 对变电站及两端系统进行戴维南等效

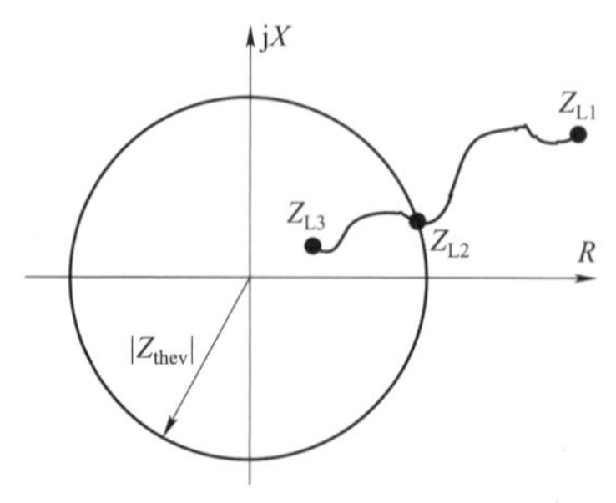

(b) 电压稳定与阻抗模值比关系

图 2.15 戴维南等效系统示意图

在电压失稳情况下，电压降低伴随着电流减小，一般不会影响保护动作。但若控制措施采取不当，电压严重失稳甚至电压崩溃状况下保护是可能发生不合理动作的，对如何避免电压失稳情况下保护的不合理动作已开展相关研究[172–175]，本章不再作特别研究。

2.3.3 整定条件：保护安装于长线路，定值大

距离Ⅲ段的整定主要受影响保护安装于长线路。线路越长，距离保护Ⅲ段整定值越大，继电器载荷能力越小，保护越容易在过负荷下起动。不同于线路载流量，继电器载荷能力受限于距离保护在过负荷下的动作特性，以阻抗继电器为例，如图 2.16 所示。

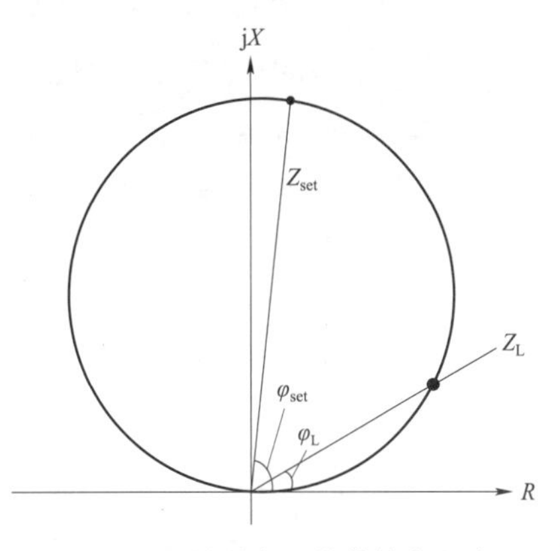

图 2.16 阻抗继电器载荷能力示意图

其中，Z_{set} 为距离继电器Ⅲ段定值；φ_{set} 为线路正序阻抗角；φ_L 为负荷功率因数角。在电压 U 下，继电器载荷量即引发起动的最小负荷 S_{min} 可由式（2–10）求得[8]：

$$S_{min} = \frac{U^2}{Z_{set}\cos(\varphi_{set} - \varphi_L)} \tag{2-10}$$

以 500kV 线路为例，线路正序阻抗角为 85°，在 $0.85U_N$ 下，负荷阻抗角取 30° [63]，当 Z_{set} 幅值从 50Ω 增长至 300Ω 时（不考虑串补情况下，1Ω 约对应 1.2km 线路Ⅲ段整定值），引发起动的最小负荷 S_{min}，如图 2.17 所示。

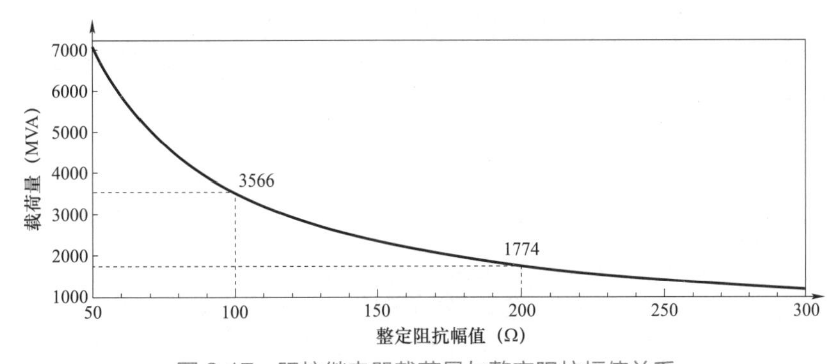

图 2.17 阻抗继电器载荷量与整定阻抗幅值关系

当 Z_{set} 幅值分别为 50Ω（约为 60km 线路Ⅲ段整定值）、100Ω（约为 120km 线路Ⅲ段整定值）和 200Ω（约为 240km 线路Ⅲ段整定值）时，引发起动的最小负荷 S_{min} 分别为 7200、3566MVA 和 1774MVA。7200MVA 已经超过了 500kV 线路传输容量和暂态极限，不可能发生，而 3566MVA 和 1774MVA 在大运行方式下有可能存在。

因此，保护线路越长，过负荷下保护起动的概率越高，只需针对长线路开展事故过负荷下的保护动作研究。另外，线路越长，后备保护区尤其是远后备保护区的故障特征越不明显，识别难度越大。

综上，在测得戴维南等效阻抗的前提下，可对保护动作情况进行分类，进而实现对事故过负荷与单相故障的识别。然而，在传统保护单间隔信息的构架下，难以求取戴维

南等效阻抗，为解决此问题，变电站站域电气信息的共享必不可少。

2.4 事故过负荷的识别方法

2.4.1 事故过负荷动作域与保护动作域的划分

2.3节中提出了事故过负荷下保护动作的系统运行条件和保护整定条件，是解决识别问题的新思路。本章选择戴维南等效阻抗表征系统运行方式，进一步研究了戴维南等效阻抗与测量阻抗的幅值、相角关系，以及与保护整定阻抗的关系。

1. 测量阻抗与戴维南等效阻抗的幅值关系

在图2.18所示的三节点系统中，送端节点M、P共同向受端N输送功率。R为安装于线路J首端的距离Ⅲ段保护，斜线区域为保护R的远保护区段，本段及下段线路总阻抗由Z_{Lj}表示。

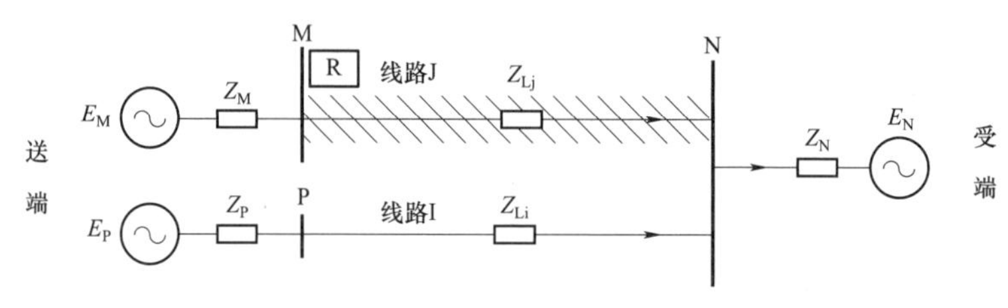

图2.18 三节点系统

线路J接地距离保护测量阻抗$Z_{RG\Phi}$为：

$$Z_{RG\Phi}=\frac{\dot{U}_{\Phi}}{\dot{I}_{\Phi}+3K_0\dot{I}_0}=\frac{\dot{E}_{M\Phi}-\dot{U}_{thev.\Phi}}{\dot{I}_{\Phi}+3K_0\dot{I}_0} \tag{2-11}$$

式中：$\dot{E}_{M\Phi}$为M侧系统相电动势；$\dot{U}_{thev.\Phi}$为系统等效阻抗相电压降落；K_0为线路零序补偿系数；$\dot{I}_{\Phi}$、$\dot{I}_0$分别为保护安装处相电流和零序电流；$\dot{U}_{\Phi}$为保护安装处相电压。

Z_{thev1}、Z_{thev0}为戴维南正序、零序等效阻抗，对线路J等同于Z_{M1}、Z_{M0}，令$K_{t0}=(Z_{thev0}-Z_{thev1})/3Z_{thev1}$，定义补偿戴维南等效阻抗：

$$Z'_{thev}=\frac{\dot{U}_{thev.\Phi}}{\dot{I}_{\Phi}+3K_0\dot{I}_0}=\left[1-\frac{\dot{I}_0(3K_0-3K_{t0})}{\dot{I}_{\Phi}+3K_0\dot{I}_0}\right]Z_{thev1} \tag{2-12}$$

由于事故过负荷下零序电流幅值较小，Z'_{thev}与Z_{thev1}幅值差别不大。经补偿，Z'_{thev}和$Z_{R\Phi}$在同一个阻抗平面上，如图2.19所示。

同理，在相间距离保护测量阻抗$Z_{R\Phi\Phi}$为：

$$Z_{R\Phi\Phi}=\frac{\dot{U}_{\Phi\Phi}}{\dot{I}_{\Phi\Phi}}=\frac{\dot{E}_{M\Phi\Phi}-\dot{U}_{thev.\Phi\Phi}}{\dot{I}_{\Phi\Phi}}=\frac{\dot{E}_{M\Phi\Phi}}{\dot{I}_{\Phi\Phi}}-Z_{thev1} \tag{2-13}$$

式中：$\dot{U}_{\Phi\Phi}$为相间电压；$\dot{I}_{\Phi\Phi}$为相间电流；$\dot{E}_{M\Phi\Phi}$为M侧电源的相间电动势；$\dot{U}_{thev.\Phi\Phi}$为系统阻抗的相间电压降。

在相间距离保护阻抗平面上，Z_{thev1} 和 $Z_{\text{R}\Phi\Phi}$ 也满足如图 2.19 所示关系。

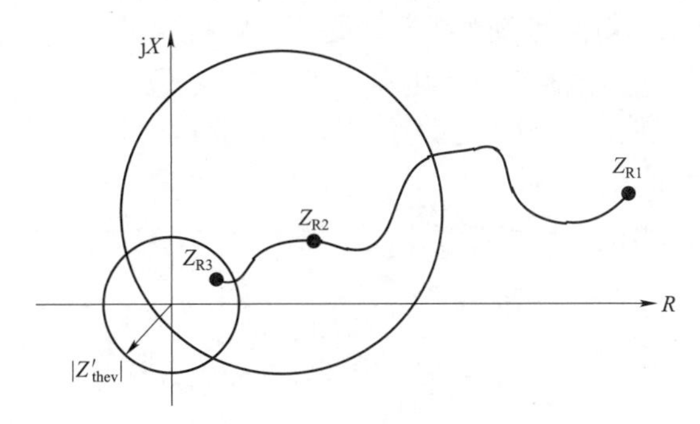

图 2.19　测量阻抗与补偿戴维南等效阻抗示意图

根据前文分析可知，事故过负荷下只有节点电压稳定才可能使得保护动作，此时满足负荷阻抗大于戴维南等效阻抗。由距离保护阻抗平面表示，节点电压稳定下应有 $|Z_{\Sigma\text{R}\Phi}|/|Z'_{\text{thev}}|$、$|Z_{\Sigma\text{R}\Phi\Phi}|/|Z_{\text{thev1}}|$ 比值大于一个阈值 O_{TH}，其中，$Z_{\Sigma\text{R}\Phi}$ 为所有出线的接地测量阻抗并联值；$Z_{\Sigma\text{R}\Phi\Phi}$ 为所有出线的相间测量阻抗并联值。

2. 测量阻抗与戴维南等效阻抗的相角关系

定义接地距离保护电动势测量阻抗 $Z_{\text{E}\Phi}$ 为：

$$Z_{\text{E}\Phi}=\frac{\dot{E}_{\text{M}\Phi}}{\dot{I}_{\Phi}+3K_0\dot{I}_0}=Z_{\text{R}\Phi}+Z'_{\text{thev}} \tag{2-14}$$

在图 2.1 系统中，当线路 I 三相开断造成三相潮流转移时，$Z_{\text{E}\Phi}$ 的相角由 $\dot{E}_{\text{M}\Phi}$ 和 $\dot{I}_{\text{M}\Phi}$ 决定，由功角特性可知 $\dot{E}_{\text{M}}$ 与 $\dot{E}_{\text{N}}$ 的夹角小于 90°，即 $\dot{E}_{\text{M}\Phi}$ 和 $\dot{I}_{\text{M}\Phi}$ 夹角最大为 45°+(90°−φ_{L1})，其中 φ_{L1} 为线路正序阻抗角。

考虑单相跳闸所造成的单相潮流转移时，$Z_{\text{E}\Phi}$ 分母项由线路 J 扰动前负荷电流 $\dot{I}^{[0]}_{\text{j}\Phi}$ 和线路 I 转移过来的电流 $\Delta\dot{I}_{\text{ji1}}+\dot{I}_{\text{ji2}}+(3K_0+1)\dot{I}_{\text{ji0}}$ 组成。忽略电动势幅值差，有：

$$\begin{cases}\dot{I}^{[0]}_{\text{j}\Phi}=\dfrac{\dot{E}_{\text{M}}-\dot{E}_{\text{N}}}{Z_{\text{M1}}+Z_{\text{Lj1}}+Z_{\text{N1}}}=\dfrac{2\dot{E}_{\text{M}}\sin(\delta_{\text{MN}}/2)\ \text{e}^{\text{j}\frac{\pi-\delta_{\text{MN}}}{2}}}{Z_{\text{M1}}+Z_{\text{Lj1}}+Z_{\text{N1}}}\\ \Delta\dot{I}_{\text{ji1}}=\dfrac{Z_{\text{P1}}Z_{00}}{(Z_{\text{M1}}+Z_{\text{Lj1}}+Z_{\text{P1}})(Z_{11}+2Z_{00})}\dot{I}^{[0]}_{\text{iA}}\\ \dot{I}_{\text{ji2}}=\dfrac{Z_{\text{P1}}Z_{00}}{(Z_{\text{M1}}+Z_{\text{Lj1}}+Z_{\text{P1}})(Z_{11}+Z_{11}Z_{00})}\dot{I}^{[0]}_{\text{iA}}\\ \dot{I}_{\text{ji0}}=\dfrac{Z_{11}Z_{\text{P0}}}{(Z_{\text{M0}}+Z_{\text{Lj0}}+Z_{\text{P0}})(Z_{11}+2Z_{00})}\dot{I}^{[0]}_{\text{iA}}\\ \dot{I}^{[0]}_{\text{i}\Phi}=\dfrac{\dot{E}_{\text{P}}-\dot{E}_{\text{N}}}{Z_{\text{P1}}+Z_{\text{Li1}}+Z_{\text{N1}}}=\dfrac{2\dot{E}_{\text{P}}\sin(\delta_{\text{PN}}/2)\ \text{e}^{\text{j}\frac{\pi-\delta_{\text{PN}}}{2}}}{Z_{\text{P1}}+Z_{\text{Li1}}+Z_{\text{N1}}}\end{cases} \tag{2-15}$$

式中：$Z_{11}=Z_{\text{Li1}}+Z_{\text{P1}}+(Z_{\text{M1}}+Z_{\text{N1}})Z_{\text{N1}}/(Z_{\text{M1}}+Z_{\text{N1}}+Z_{\text{Lj1}})$；$Z_{00}=Z_{\text{Li0}}+Z_{\text{P0}}+(Z_{\text{M0}}+Z_{\text{N0}})Z_{\text{N0}}/(Z_{\text{M0}}+Z_{\text{N0}}+Z_{\text{Lj0}})$。$\delta_{\text{MN}}$、$\delta_{\text{PN}}$ 分别为 $\dot{E}_{\text{M}}$ 与 $\dot{E}_{\text{N}}$、$\dot{E}_{\text{P}}$ 与 $\dot{E}_{\text{N}}$ 间的功角差，根据文献［129］对功角稳定的分析，可知事故过负荷区外故障阶段即潮流转移前期有 $\delta_{\text{MN}}<90°$ 和 $\delta_{\text{PN}}<90°$。当

δ_{MN}=90°时，$\dot{E}_M$与$\dot{I}_M$夹角最大，为 45°+(90°−φ_{L1})；同理，$\dot{E}_N$与$\dot{I}_N$负夹角最大也为 45°+(90°−φ_{L1})。由于输电网等效系统及线路正序阻抗角和零序阻抗角相差较小，故转移至线路 J 的电流与扰动前线路 I 负荷电流的夹角较小。又由于线路 I 和线路 J 具有共同的受端节点，因此，当线路 I、线路 J 送端均运行在静稳极限时，$Z_{E\Phi}$的角度有最大值，为 45°+(90°−φ_{L1})。

定义相间距离保护电动势测量阻抗 $Z_{E\Phi\Phi}$见式（2−16）。同前文分析，$Z_{E\Phi\Phi}$最大相角为 45°+(90°−φ_{L1})。

$$Z_{E\Phi\Phi}=\frac{\dot{E}_{M\Phi\Phi}}{\dot{I}_{\Phi\Phi}}=Z_{R\Phi\Phi}+Z_{thev1} \tag{2-16}$$

对线路阻抗角进行补偿，有：

$$\begin{cases}\arg(Z'_{E\Phi})=\arg(Z_{E\Phi}e^{\varphi_{L1}-90^\circ})<45^\circ\\ \arg(Z'_{E\Phi\Phi})=\arg(Z_{E\Phi\Phi}e^{\varphi_{L1}-90^\circ})<45^\circ\end{cases} \tag{2-17}$$

3. 整定阻抗与戴维南等效阻抗的幅值关系

以阻抗继电器为例，保护起动须满足比幅条件：

$$\left|\frac{Z_{set}}{2}\right|>\left|\frac{Z_{set}}{2}-Z_{R\Phi}\right| \tag{2-18}$$

结合前文分析，事故过负荷情况在满足式（2−14）、式（2−17）前提下，才能满足式（2−18）。Z_E、Z'_E、$Z_{R\Phi}$、Z'_{thev}及保护整定阻抗 Z_{set}的相量关系如图 2.20 所示。

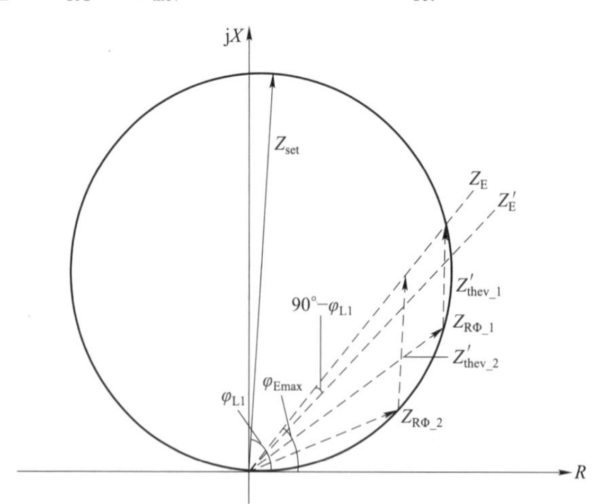

图 2.20　整定阻抗、测量阻抗、补偿戴维南等效阻抗示意图

整定阻抗 Z_{set}较大的情况下距离Ⅲ段才可能在事故过负荷时起动[9]，因此$|Z'_{thev}|/|Z_{set}|$比值存在极大值 O_{MAX}，设定如下条件进行计算，结果见表 2.9。

（1）Z_{set}=1∠85° p.u.；

（2）Z_E：沿最大阻抗角，即φ_{Emax}=50°的射线移动（φ_{L1}取 85°）；

（3）Z'_{thev}：在 Z_E下方方向圆内区域取值，相角从 81°变化至 89°；

（4）$Z_{R\Phi}$：根据 Z'_{thev}确定满足式（2−17）的 $Z_{R\Phi}$，如图 2.20 所示的对应关系，

$Z'_{\text{thev}\_1} \leftrightarrow Z_{\text{R}\Phi\_1}$、$Z'_{\text{thev}\_2} \leftrightarrow Z_{\text{R}\Phi\_2}$，$|Z_{\Sigma\text{R}\Phi}|/|Z'_{\text{thev}}| > O_{\text{TH}}$，$O_{\text{TH}}$取2。

表 2.9　　不同戴维南等效阻抗角度下$|Z'_{\text{thev}}|/|Z_{\text{set}}|$极大值

arg（Z'_{thev}）	81°	82°	83°	84°	85°	86°	87°	88°	89°
O_{MAX}	0.24	0.23	0.22	0.21	0.21	0.21	0.21	0.20	0.20

由表2.9可知Z'_{thev}相角对O_{MAX}的影响不大，对阻抗继电器，O_{MAX}可取0.3。因此，事故过负荷引发距离Ⅲ段起动的整定条件可量化为：

$$\begin{cases} \text{接地：} & |Z'_{\text{thev}}|/|Z_{\text{set}}| < O_{\text{MAX}} \\ \text{相间：} & |Z_{\text{thev1}}|/|Z_{\text{set}}| < O_{\text{MAX}} \end{cases} \tag{2-19}$$

不满足式（2－19），即便发生事故过负荷，也不可能进入距离Ⅲ段动作区。式（2－19）还限定了送端系统等效阻抗与整定阻抗的关系，可用于进一步识别。

4. 保护起动域的划分

根据以上分析，提出距离保护Ⅲ段过负荷起动指标（overload start index，OSI）。经由OSI指标，可以将保护起动域划分为故障起动域和事故过负荷起动域，只有OSI指标落入事故过负荷起动域，当前距离Ⅲ段起动才有可能是因事故过负荷引起的，对故障起动域可排除事故过负荷引起距离Ⅲ段起动的情况。对接地和相间距离保护Ⅲ段，其事故过负荷起动域的OSI条件分别为：

$$\begin{aligned} &\text{接地：} \begin{cases} \text{OSI}_1 = |Z'_{\text{thev}}|/|Z_{\text{set}}| < O_{\text{MAX}} \\ \text{OSI}_2 = |Z_{\Sigma\text{R}\Phi}|/|Z'_{\text{thev}}| > O_{\text{TH}} \\ \text{OSI}_3 = \text{imag}(Z'_{\text{E}\Phi})/\text{real}(Z'_{\text{E}\Phi}) < 1 \end{cases} \\ &\text{相间：} \begin{cases} \text{OSI}_1 = |Z_{\text{thev1}}|/|Z_{\text{set}}| < O_{\text{MAX}} \\ \text{OSI}_2 = |Z_{\Sigma\text{R}\Phi\Phi}|/|Z_{\text{thev1}}| > O_{\text{TH}} \\ \text{OSI}_3 = \text{imag}(Z'_{\text{E}\Phi\Phi})/\text{real}(Z'_{\text{E}\Phi\Phi}) < 1 \end{cases} \end{aligned} \tag{2-20}$$

本节将针对非站域事故过负荷，根据第2章对事故过负荷过程的描述并结合继电保护的起动情况，从区外故障、区外单相跳闸和区外三相开断三类事件造成的事故过负荷提出识别和闭锁方案。

2.4.2 事故过负荷动态过程的识别

2.4.2.1 区外故障阶段事故过负荷的识别

距离后备保护通过整定定值来划分保护区段。若定值设置不当，使得区外故障落入定值区域内，难以从原理上进行区分。要本质上解决区外故障保护误起动问题，需要合理整定保护定值。

由于主保护的正确动作，区外故障在短时间内将被切除，如表2.10所示[69]。又由于后备保护具有一定动作延时，因此可以从时间上避开此类故障带来的误判。以500kV系统为例，根据表2.10可以选择100～150ms为躲区外故障时间。

表 2.10　各电压等级系统线路远近端故障最长切除时间

故障最长切除时间 \ 电压等级	220kV	330kV	500kV	750kV
近端最长时间（ms）	120	82	92	55.25
远端最长时间（ms）	100	80	88	54

2.4.2.2　单相潮流转移的识别

基于 OSI 条件，从系统运行条件和整定条件界定了事故过负荷起动域。然而受单相故障过渡电阻等条件影响，在事故过负荷起动域中，存在单相故障与单相潮流转移的混叠区域。单相接地故障发生概率大，且故障相选跳后单相潮流转移可能造成平行断面其他线路距离Ⅲ段动作，其识别问题是难点也是重点。下文将在 OSI 基础上进一步区分单相故障与单相潮流转移。

1. 零序负序电流幅值比

在单相开断下未构成接地回路，零序电流通常小于负序电流，在单相接地故障处零序电流和负序电流大小相等。然而受限于系统运行方式和网络结构，单由网络分析难以界定。根据前文分析的各条件，进一步研究线路 J 保护处，在 A 相潮流转移和 A 相故障下零序负序电流幅值比 I_{t0}/I_{t2}、I_{f0}/I_{f2} 为：

$$\begin{cases}\dfrac{I_{t0}}{I_{t2}}=\left|\dfrac{Z_{11}^2 Z_{P0}Z_{N0}(Z_{M1}+Z_{Lj1}+Z_{N1})}{Z_{00}^2 Z_{P1}Z_{N1}(Z_{M0}+Z_{Lj0}+Z_{N0})}\right| \\ \dfrac{I_{f0}}{I_{f2}}=\left|\dfrac{\left[(1-k)Z_{Lj0}+Z'_{N0}\right](Z_{M1}+Z_{Lj1}+Z'_{N1})}{\left[(1-k)Z_{Lj1}+Z'_{N1}\right](Z_{M0}+Z_{Lj0}+Z'_{N0})}\right|\end{cases} \tag{2-21}$$

式中：k 为故障位置在线路的比例，$Z'_{N1}=(Z_{Li1}+Z_{P1})Z_{N1}/(Z_{M1}+Z_{N1}+Z_{Lj1})$，$Z'_{N0}=(Z_{Li0}+Z_{P0})Z_{N0}/(Z_{M0}+Z_{N0}+Z_{Lj0})$。由式（2-21）知，若系统等效阻抗趋近于 0，单相故障下 I_{f0}/I_{f2} 趋近于 1，单相潮流转移下 I_{t0}/I_{t2} 取决于线路零序正序阻抗比[13]，一般为 0.2～0.3 倍。

当系统阻抗不能忽略时，根据事故过负荷下保护动作条件，对系统等效阻抗取值做合理约束。由于过负荷后线路 J 功率 P_2 必须大于距离Ⅲ段进入动作区的视在功率，才能使得距离Ⅲ段起动；又因线路开断后断面阻抗增加，P_2 必然小于转移前输送功率总和 $P_{1\Sigma}$，功率因数取 0.9，有：

$$\begin{cases}P_2=\dfrac{0.9\times(0.85U_N)^2}{Z_{set}\cos(\varphi_{set}-\varphi_{load})}<P_{1\Sigma} \\ P_{1\Sigma}<\dfrac{E_N^2}{(Z_{M1}+Z_{Lj1})//(Z_{P1}+Z_{Li1})+Z_{N1}}<\dfrac{E_N^2}{Z_{M1}//Z_{P1}+Z_{N1}}\end{cases} \tag{2-22}$$

式中：$Z_{M1}//Z_{P1}$ 表示 Z_{M1} 与 Z_{P1} 的并联阻抗。负荷功率因数角 φ_{load} 取 30°，φ_{set} 取为 85°，E_N 按 1.1 倍 U_N 取值，由此可以得出如下关系：

$$\frac{Z_{M1}//Z_{P1}+Z_{N1}}{Z_{set}}<\frac{\cos(\varphi_{set}-\varphi_L)E_N^2}{0.9\times(0.85U_N)^2}<1 \tag{2-23}$$

若受端电压失稳，则由第三道防线进行低压减载缓解过负荷。因此计及保护动作时，主要考虑受端电压稳定情况，有[12]：

$$(Z_{M1}+Z_{Lj1})//(Z_{P1}+Z_{Li1})<Z_{N1} \tag{2-24}$$

由式（2-23）、式（2-24）可确定 Z_{P1}、Z_{N1} 范围。考虑线路阻抗和整定阻抗，事故过负荷下系统及线路约束条件见表 2.11。

在单相故障情况下，对 Z_{M1}、Z_{N1}、Z_{P1} 按 0.05～1.0 取值；故障位置取在 0.1 到 1.0 倍本段及下段线路总长的范围内；其他参数设定仍参照表 2.11。

根据以上方法推算出 I_{t0}/I_{t2}、I_{f0}/I_{f2} 比值范围，与未带前文分析所得约束条件的 I_{t0}/I_{t2} 范围相比较，见表 2.12。

表 2.11　　事故过负荷下系统及线路约束条件

数据	约束条件
线路阻抗	Z_{Lj1}：1，Z_{Li1}：0.1～1，Z_{Lj0}：3～5，Z_{Li0}：0.3～5
整定阻抗	Z_{set} 取 0.8～1.5 倍的 Z_{Lj1}（本级及下级线路阻抗长）
系统等效阻抗	Z_{M1}：0.05～0.45；Z_{N1}、Z_{P1}：见式（2-23）、式（2-24）
	Z_{M0}：0.025～0.9；Z_{N0}、Z_{P0}：0.5～3 倍正序

表 2.12　　负序零序电流幅值比范围

负序零序电流比值	最小值	最大值	平均值
I_{t0}/I_{t2}	0.025	0.43	0.095
I_{f0}/I_{f2}	0.39	1.08	0.91
I_{t0}/I_{t2}（无约束）	0.013	0.66	0.12

由表 2.12 可知，若无 OSI 相关约束条件，I_{t2}/I_{t0} 与 I_{f0}/I_{f2} 取值范围的混叠区达到 0.27；在考虑约束条件后，混叠区缩减至 0.04。确保距离Ⅲ段故障下可靠动作，令阈值变量 $O_D=0.45$，有：

（1）保护安装处 $I_0/I_2<O_D$，为单相潮流转移。

（2）保护安装处 $I_0/I_2\geq O_D$，为单相故障及部分单相潮流转移，需进一步识别。

2. 基于保护动作转换的动态识别

由动态分析可知，区外非全相运行经重合失败后将转换成三相永跳。利用该多扰动时域信息，对事故过负荷的识别将由保护单相起动域转换至保护三相起动域，如图 2.21 所示。三相起动域下，事故过负荷与故障区分度更大，在此考虑动态识别时序问题。

鉴于输电网保护动作及重合闸动作的高正确率，故障元件被可靠切除，从最严峻的情况考虑过负荷线路保护在单相起动域的时间：故障第一次切除时间最长取 0.09s[60]，单相重合周期（含断路器合闸时间）按最长 1.5s 选择，重合后加速开断时间最长取 0.2s，则单相不对称分量存在的时间将大于接地Ⅲ段动作时间 1.5s。若考虑多重扰动，事故过负荷下保护单相起动时间将更长。

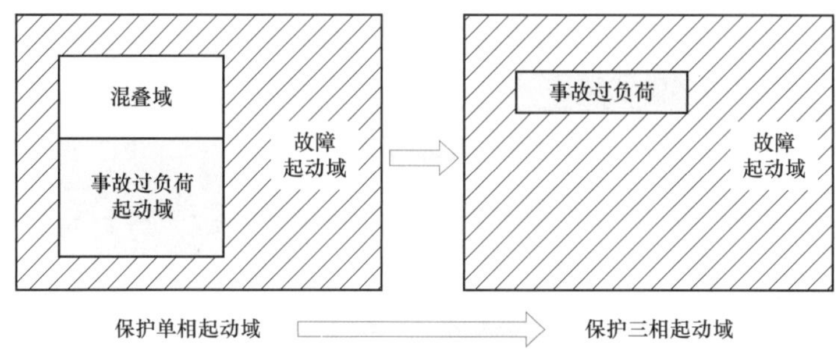

图 2.21　保护起动域转换

2.4.1 节的 OSI 判据已能够区分经小电阻单相接地故障与单相潮流转移，再通过本节（2.4.2 节）的事故过负荷动态过程识别方法，可以进一步识别经大电阻接地单相故障与单相潮流转移。又由于经大电阻接地的单相故障对系统稳定性影响不大，允许适当延时切除线路。因此适当牺牲快速性来确保保护的选择性和灵敏性，引入带附加延时的动态识别方法是：在接地距离Ⅲ段 1.5s 动作时间上附加 1.0～2.0s 延时，躲开最不利情况下的单相潮流转移过负荷，在保护三相起动域进一步识别。

3. 基于零序负序电压比的区外单相跳闸识别

当区外发生单相接地故障时，如果过渡电阻较大，就可能导致阻抗角变化不明显，无法被阻抗角判别模块识别出来。提出一种负序零序电压比的方法，识别单相跳闸过程。该方法不受过渡电阻影响，可以在保护起动后可靠识别区外单相跳闸。

系统线路示意图如图 2.22 所示。L_{PM} 为非故障线路，也是所研究保护安装线路；L_{MN} 为保护的远后备线路，是研究中的故障线路。

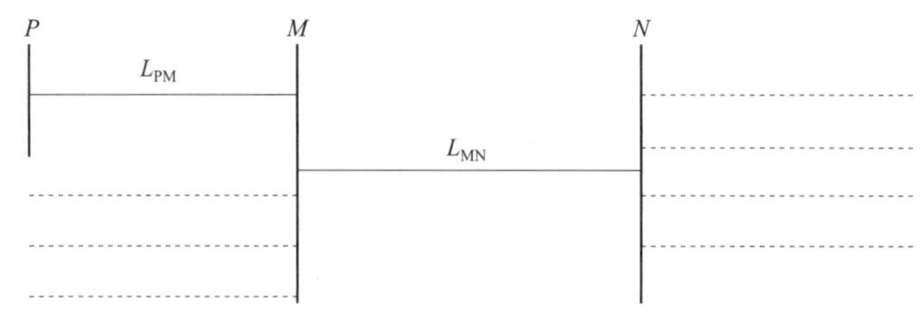

图 2.22　系统线路示意图

（1）单相短路线路示意图如图 2.23 所示。

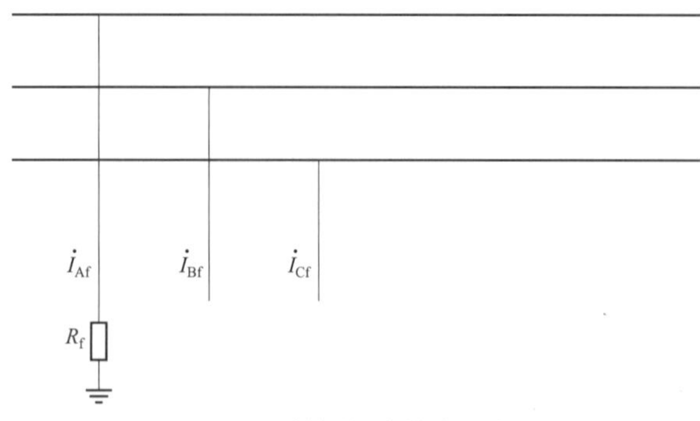

图 2.23　单相短路线路示意图

$\dot{I}_{Af}$ —故障点处 A 相故障电流；$\dot{I}_{Bf}$ —故障点处 B 相故障电流；$\dot{I}_{Cf}$ —故障点处 C 相故障电流；R_f —故障电阻

边界条件：

$$\dot{I}_{\mathrm{Af}}=\dot{I}_{\mathrm{f}},\dot{I}_{\mathrm{Bf}}=\dot{I}_{\mathrm{Cf}}=0 \tag{2-25}$$

转化为正负零序网络的边界条件得：

$$I_1=I_2=I_0=\frac{I_{\mathrm{f}}}{3} \tag{2-26}$$

式中：I_{f} 为故障电流。

负序等效电路图如图 2.24 所示。

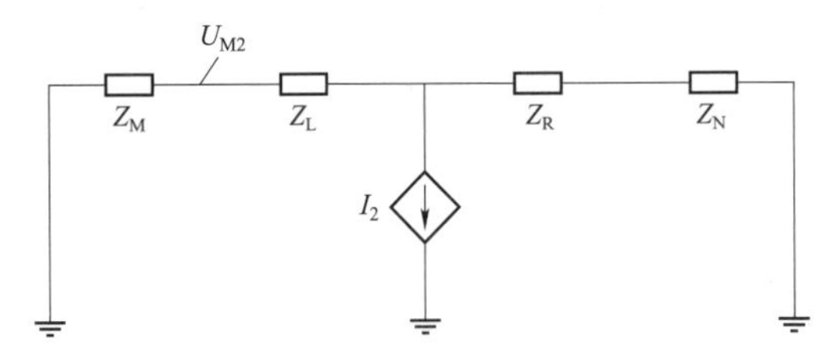

图 2.24 负序等效电路图

其中，Z_{M} 为母线 M 左侧系统等效负序阻抗；Z_{L} 为故障线路故障左侧线路负序阻抗；Z_{R} 为故障线路右侧线路负序阻抗；Z_{N} 为母线 N 右侧系统等效负序阻抗。

U_{M2} 为故障线路左端的母线 M 电压测量值，在远后备线路故障发生时，可以通过单端电压电流测量值及线路参数计算出对端母线 M 的负序电压值，即为 U_{M2}。理论计算负序电压为：

$$U_{\mathrm{M2}}=-\frac{Z_{\mathrm{M}}(Z_{\mathrm{R}}+Z_{\mathrm{N}})}{Z_{\mathrm{M}}+Z_{\mathrm{L}}+Z_{\mathrm{R}}+Z_{\mathrm{N}}}I_2=-\frac{Z_{\mathrm{M}}(Z_{\mathrm{R}}+Z_{\mathrm{N}})}{Z_{\mathrm{M}}+Z_{\mathrm{L}}+Z_{\mathrm{R}}+Z_{\mathrm{N}}}\frac{I_{\mathrm{f}}}{3} \tag{2-27}$$

定义：

$$\left.\begin{aligned} Z_{\mathrm{all}}&=Z_{\mathrm{M}}+Z_{\mathrm{L}}+Z_{\mathrm{R}}+Z_{\mathrm{N}}\\ Z_{\mathrm{Lall}}&=Z_{\mathrm{M}}+Z_{\mathrm{L}}\\ Z_{\mathrm{Rall}}&=Z_{\mathrm{N}}+Z_{\mathrm{R}} \end{aligned}\right\} \tag{2-28}$$

可以简化得：

$$U_{\mathrm{M2}}=-\frac{Z_{\mathrm{M}}Z_{\mathrm{Rall}}}{Z_{\mathrm{all}}}\frac{I_{\mathrm{f}}}{3} \tag{2-29}$$

类似的，零序网络等效电路图如图 2.25 所示。

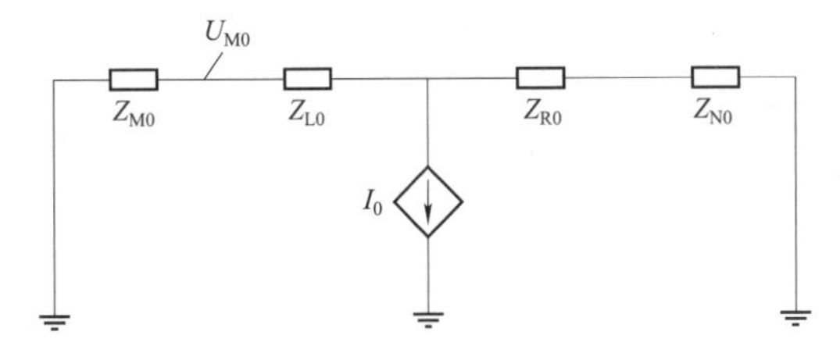

图 2.25 零序网络等效电路图

理论计算零序电压为：

$$U_{M0} = -\frac{Z_{M0}(Z_{R0}+Z_{N0})}{Z_{M0}+Z_{L0}+Z_{R0}+Z_{N0}}\frac{I_f}{3} \tag{2-30}$$

定义：

$$\left.\begin{aligned} Z_{all0} &= Z_{M0}+Z_{L0}+Z_{R0}+Z_{N0} \\ Z_{Lall0} &= Z_{M0}+Z_{L0} \\ Z_{Rall0} &= Z_{N0}+Z_{R0} \end{aligned}\right\} \tag{2-31}$$

可以简化得：

$$U_{M0} = -\frac{Z_{M0}Z_{Rall0}}{Z_{all0}}\frac{I_f}{3} \tag{2-32}$$

负序零序电压幅值比为：

$$\left|\frac{U_{M2}}{U_{M0}}\right| = \left|\frac{Z_M Z_{Rall} Z_{all0}}{Z_{M0} Z_{Rall0} Z_{all}}\right| \tag{2-33}$$

P 母线电压由于 PM 线路和 P 母线背侧系统阻抗比值不随单相跳闸和单相短路的情况变化，因此有：

$$\left|\frac{U_{P2}}{U_{P0}}\right| = C\left|\frac{Z_M Z_{Rall} Z_{all0}}{Z_{M0} Z_{Rall0} Z_{all}}\right| \tag{2-34}$$

（2）单相跳闸线路示意图如图 2.26 所示。

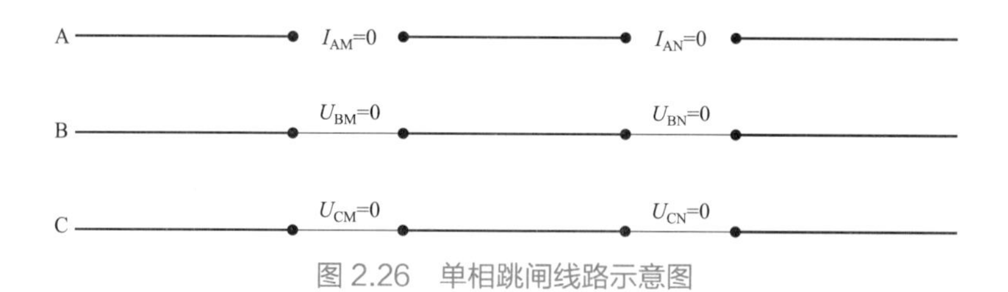

图 2.26　单相跳闸线路示意图

边界条件[107,108]：

$$\dot{U}_{BM} = \dot{U}_{CM} = \dot{U}_{BN} = \dot{U}_{CN} = 0 \tag{2-35}$$

转化为正负零序网络的边界条件得：

$$U_{1M} = U_{2M} = U_{0M}, U_{1N} = U_{2N} = U_{0N} \tag{2-36}$$

负序等效电路图如图 2.27 所示。

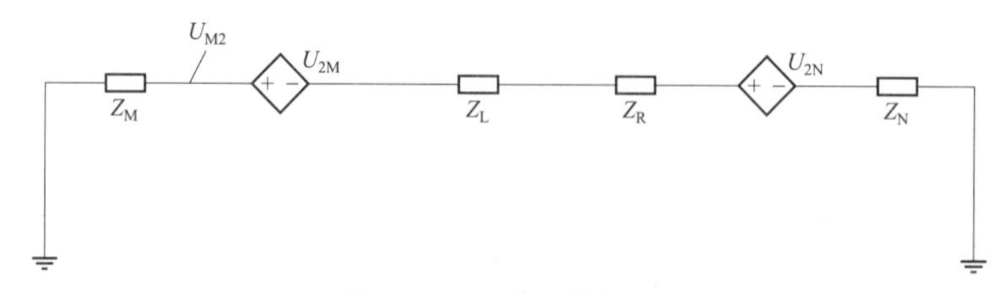

图 2.27　负序等效电路图

理论计算负序电压为：

$$U_{M2}=\frac{Z_M(U_{2M}+U_{2N})}{Z_M+Z_L+Z_R+Z_N} \tag{2-37}$$

简化得：

$$U_{M2}=\frac{Z_M(U_{2M}+U_{2N})}{Z_{all}} \tag{2-38}$$

零序等效电路图如图 2.28 所示。

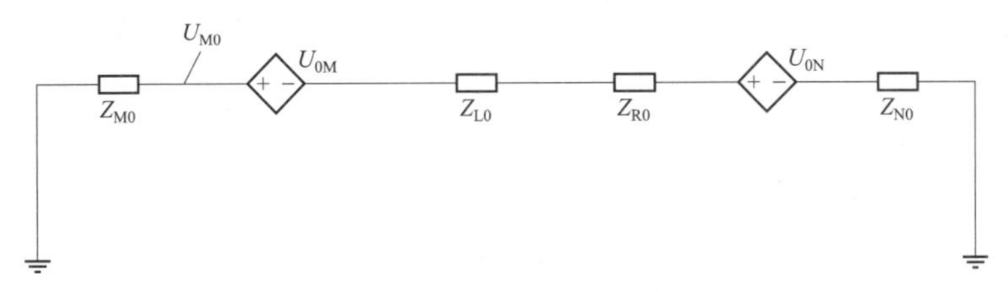

图 2.28　零序等效电路图

理论计算零序电压为：

$$U_{M0}=\frac{Z_{M0}(U_{0M}+U_{0N})}{Z_{M0}+Z_{L0}+Z_{R0}+Z_{N0}} \tag{2-39}$$

简化得：

$$U_{M0}=\frac{Z_{M0}(U_{0M}+U_{0N})}{Z_{all0}} \tag{2-40}$$

负序零序电压比为：

$$\left|\frac{U_{M2}}{U_{M0}}\right|=\left|\frac{Z_M Z_{all0}}{Z_{M0}Z_{all}}\right| \tag{2-41}$$

类似单相短路分析得 P 母线电压关系：

$$\left|\frac{U_{P2}}{U_{P0}}\right|=C\left|\frac{Z_M Z_{all0}}{Z_{M0}Z_{all}}\right| \tag{2-42}$$

比较两种情况下的负序零序电压比可以得到，单相短路情况下的负序零序电压幅值比小于单相跳闸情况下的负序零序电压幅值比，且幅值比大小不会随故障的过渡电阻阻值变化。两幅值比的比值为$|Z_{Rall}/Z_{Rall0}|$，其比值大小取决于右侧阻抗的负序阻抗和零序阻抗比值。该方法不受过渡电阻影响，比值结果在故障电阻变化时，几乎不变化，可以可靠识别区外单相跳闸。

判断依据：

1）装置起动；

2）选相结果持续为同一相；

3）满足式（2－43）判据则认为发生单相跳闸。

$$\left|\frac{U_{P2}}{U_{P0}}\right|_2 > 1.05\left|\frac{U_{P2}}{U_{P0}}\right|_1 \tag{2-43}$$

2.4.2.3 三相潮流转移的识别

根据相间及相间接地故障的弧光电阻特性，可得其相间测量阻抗分布，见图 2.29 斜线部分。由此可知，对相间距离Ⅲ段，$OSI_3<1$ 的条件可直接区分三相潮流转移与相间及相间接地故障。对接地距离Ⅲ段，当三相均起动时，只要满足 OSI 即可识别为三相潮流转移。

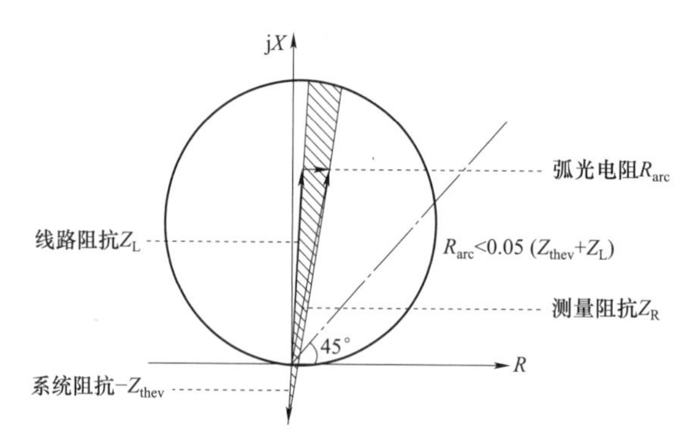

图 2.29 相间及相间接地故障测量阻抗

2.4.2.4 事故过负荷全过程识别方法

综上，对事故过负荷下单相、三相潮流转移的识别逻辑如图 2.30 所示。

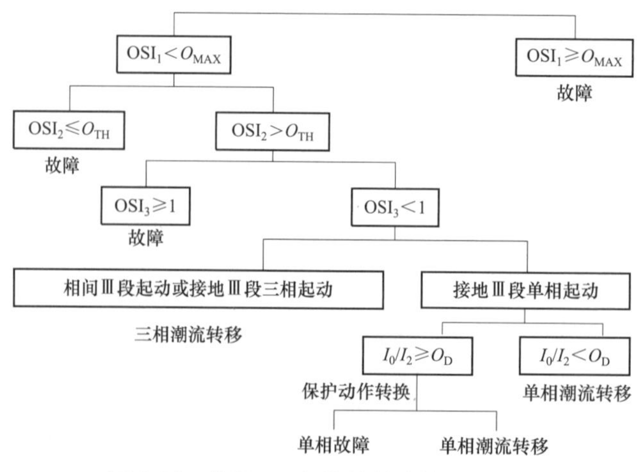

图 2.30 单相、三相潮流转移的识别逻辑

2.5 距离Ⅲ段事故过负荷闭锁方案

2.5.1 闭锁方案的说明

2.5.1.1 事故过负荷闭锁的前提条件

1. 继电器Ⅲ段至少有一相起动且主保护未动作

此处起动既要求装置整体起动（包括相电流突变量、负序电流、零序电流、开关量变位及远跳起动），又要求继电器Ⅲ段某相进入动作区。现有主保护能在保护起动 10～20ms 内提供出口跳闸信息，基于网络传输的 GOOSE 开关状态报文，后备保护能快速获知主保护动作信息，可在断路器开断后复归。

2. 起动前线路处于三相运行状态

当线路非全相运行时处在不对称状态，将产生负序、零序故障分量，此时如果发生事故过负荷将难以区分。一般情况非全相运行的时间小于接地距离继电器Ⅲ段的动作时间。为避免不合理动作，可等到非全相运行结束后再做判断。对于断线造成的非全相运行，一般由纵联保护或零序电流后备保护跳开三相，在此情况下事故过负荷闭锁方案实施与否已无意义。

2.5.1.2 事故过负荷闭锁方案的具体要求

（1）对于接地距离继电器Ⅲ段，发生接地故障（包括单相接地、两相接地、三相接地）时，开放过负荷闭锁，进行保护判断，与主保护配合切除故障线路；对于事故过负荷及电压崩溃，闭锁保护，保证不超越、不误动。

（2）对于相间距离继电器Ⅲ段，发生相间故障（包括两相相间、两相接地、三相故障）时，开放过负荷闭锁，进行保护判断，与主保护配合切除故障线路；对于事故过负荷及电压崩溃，闭锁保护，保证不超越、不误动。

整理事故过负荷各阶段与不同类型区内故障的识别方法，见表 2.13。

表 2.13　　事故过负荷各阶段与不同类型区内故障的识别方法

类别	区内单相接地	区内相间及相间接地
区外单相接地	延时躲避＋合理整定	保护判据
区外相间及相间接地	保护判据	延时躲避＋合理整定
单相潮流转移	OSI	保护判据
三相潮流转移	保护判据	相间余弦电压判据

2.5.1.3 距离保护Ⅲ段的事故过负荷闭锁方案

相间距离保护Ⅲ段可由相间余弦电压条件进行闭锁，并考虑动态过程下的区外故障阶段进行延时判断；接地距离保护Ⅲ段的闭锁涉及保护起动相别的转换，因此需对保护起动情况进行充分考虑，特别对各类复故障进行分析。

（1）含区内相间或相间接地的复故障情况，可根据相间余弦电压限制条件进行识别。电压余弦值判据从电压平面的角度，可以很好地区分区内故障和过负荷。但是该分析方法的假设：两侧系统电势大小相等，在区内故障和缓慢过负荷时是近似成立的[91,92]，但在区外故障和事故过负荷时，由于受端系统出现故障或者严重的扰动，并不能保证系统电势在短期内仍能稳定在额定电压附近。由于区外故障和过负荷从某一时刻的信息上，难以分辨。较轻微的区外故障，在系统看来就类似在非负荷点处接入一个大负荷。为了区分区外故障与事故过负荷，保护需要采用动态过程分析方法，识别事故过负荷，动态调整相间余弦电压判据提高距离保护的可靠性。

通过前述方法识别事故过负荷，修改式（2-2）的定值，如果未检测到事故过负荷，那么保持原过负荷判据不变，$U_{\Phi\Phi}\cos\varphi_{\Phi\Phi} < mU_{NN}$，$m$ 取 0.5；如果检测到事故过负荷，那么说明系统可能处于事故过负荷状态，原电压余弦值判据的假设条件不成立，应进一步将判据设置为$U_{\Phi\Phi}\cos\varphi_{\Phi\Phi} < mU_{NN}$，$m$ 取 0.35，保证系统在较轻微的区外故障和过负荷情况下闭锁保护，不会动作，维持功率传输，在系统失稳和严重故障时，开放保护正确跳开线路。

（2）仅含区内单相故障的复故障情况，根据接地距离继电器Ⅲ段起动相数提出了闭锁方案，考虑各类复故障对其进行分析。

1）仅含区内单相故障（无区内两相、三相故障）的复故障情况有：区内不同故障点一个相别单相故障、区内不同故障点两个相别单相故障、区内不同故障点三个相别单相故障、区内单相故障+区外故障。以上情况可能同时发生，可能相继发生，继电器可能起动一相、两相甚至三相。

2）对区内多处同相别单相接地故障，仅有一相继电器起动，由于三个同相故障叠加，零序电流及负序电流大，可以通过电流不对称度进行开放。

3）区内不同地点三个相别同时单相故障，根据叠加原理，三个不同类别的故障附加电源起到了部分抵消的作用，一般情况下难以导致三相继电器起动。只有当不同故障点间距离较近，过渡电阻较小，此时的情况趋近于三相短路，才能引发三相起动。此情况具有相间余弦电压小、电流不对称度小的特点，满足相间余弦电压限制条件。

4）当区内多个故障点不同相别单相故障下保护两相起动，根据相间余弦电压限制进行修正以保证其可靠起动。

5）当区内外多个故障点不同相别单相故障仅一相起动时，可当作单相故障视运行方式再讨论。

6）若区内单相故障叠加区外同相别单相故障或单相跳闸，则此情况将增大零序电流等故障特征，更能保证保护起动；若区内单相故障叠加区外非同相故障或非全相运行，保护两相起动，则此情况下可能不满足相间余弦起动条件，选择 ΔI_{max} 相保持起动，复归另一相，起动相进入单相起动判别环节；若区内单相故障叠加区外两相故障致使保护三相起动，则此情况下如不满足相间余弦电压限制条件，将被复归。但由于区外两相故障的持续时间较短，因此在短时间后保护将转化为单相起动。

2.5.1.4 接地距离保护Ⅲ段的闭锁判据

由于距离保护Ⅲ段为远后备保护，采用三相永久跳闸，因此不涉及选相问题。综上所述并结合接地距离保护Ⅲ段的起动情况，可提出如下判据：

（1）若三相均起动，通过相间余弦电压限制条件开放三相故障或多重复故障，不满足该条件则继电器三相复归以可靠闭锁对称事故过负荷。

（2）若有两相起动，同相间余弦电压识别相间故障或多重复故障，不满足该条件，则选择 ΔI_{max} 相进入单相起动判断，复归另一相。

（3）若仅有单相起动，则需根据 OOI 指标进一步分类开放。

根据不同保护起动情况进行开放，其开放条件见表 2.14。其中，$Z_{\Phi G}\times 1$ 表示有一相接地距离保护Ⅲ段起动，以此类推。根据叠加定理，不同相别的单相故障附加电源起到了部分抵消的作用，只有当不同故障点间距离较近，过渡电阻较小，才能引发两相或三相 $Z_{\Phi G}$ 起动。此情况不满足 OSI 条件[55]，可开放保护。

表 2.14　　复故障及不同保护起动下的开放条件

复故障位置及类型	保护起动	开放条件
区内多处单相故障	$Z_{\Phi G}\times 1$	OSI
区内多处不同相别单相故障	$Z_{\Phi G}\times 1$	OSI
	$Z_{\Phi G}\times 2$	选 ΔI_{max} 相 + OSI
	$Z_{\Phi G}\times 3$	余弦电压
区内单相故障 + 区外同相故障或跳闸	$Z_{\Phi G}\times 1$	OSI
区内单相接地 + 区外其他相接地或跳闸	$Z_{\Phi G}\times 1$	OSI
	$Z_{\Phi G}\times 2$	选 ΔI_{max} 相 + OSI
区内单相接地 + 区外相间故障	$Z_{\Phi G}\times 1$	OSI
	$Z_{\Phi G}\times 2$	选 ΔI_{max} 相 + OSI
	$Z_{\Phi G}\times 3$	延时躲避 + OSI

另外，为避免距离保护Ⅲ段在电压崩溃下动作，可对电压跌落速度进行识别[161]，当三相起动时满足式（2–44）开放保护：

$$\left|\mathrm{d}U/\mathrm{d}t\right|_{max} > V_{TH} \qquad (2-44)$$

式中：V_{TH} 为电压跌落速度的整定值。

2.5.2 闭锁逻辑

根据前文的分析，对距离Ⅲ段提出过负荷闭锁。接地继电器Ⅲ段和相间继电器Ⅲ段事故过负荷闭锁逻辑分别如图 2.31 和图 2.32 所示。

距离Ⅲ段事故过负荷闭锁流程：相对于接地继电器，相间继电器闭锁流程相对简单，下面以接地继电器闭锁流程为例进行具体讲解。当线路处于全相运行时，接地距离继电器的非站域事故过负荷闭锁流程如图 2.33 所示。

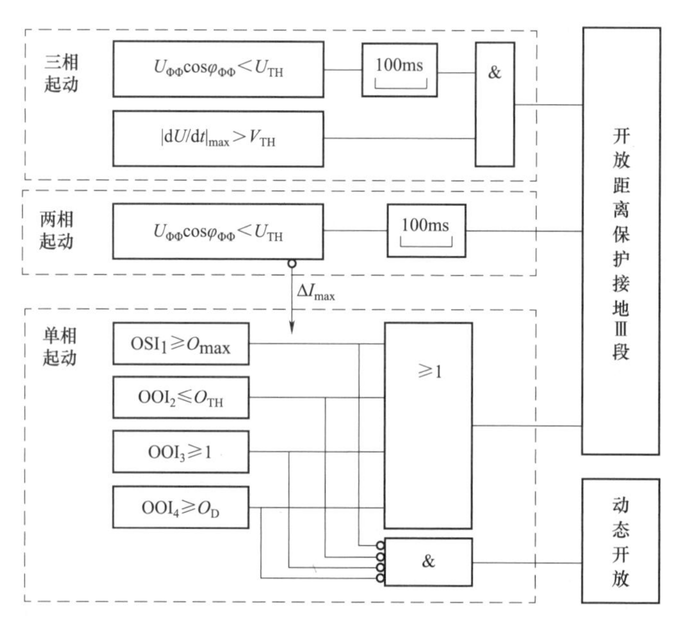

图 2.31　接地继电器Ⅲ段事故过负荷闭锁逻辑

U_{TH}—相间电压余弦值的整定值

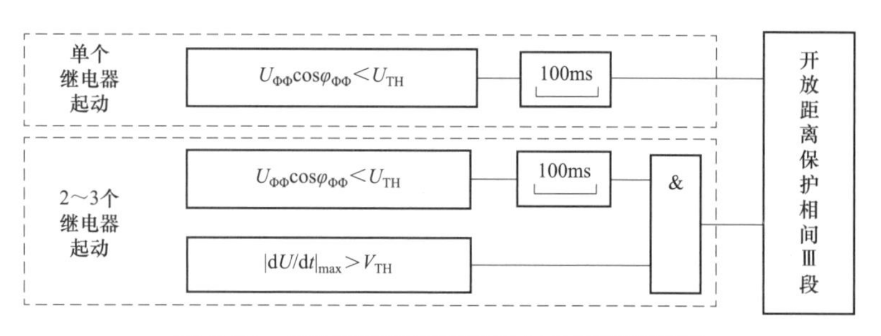

图 2.32　相间继电器Ⅲ段事故过负荷闭锁逻辑

接地继电器应对非站域事故过负荷的闭锁程序主要包括以下五个部分：

（1）一级充分条件判断及预开放。如果满足电流不对称度条件或（相或相间）余弦电压条件，则开放保护。否则，对继电器进行预开放，判断起动相数。如果起动三相且不满足充分条件，则复归并闭锁保护；如果起动两相且不满足充分条件，则选择相进入单相起动判断，复归另一相；如果单相起动且不满足充分条件，则基于 OSI 指标进行分类，开放或复归继电器。

（2）戴维南等效阻抗求解。根据起动后 2 个周波的故障分量数据求解戴维南等效阻抗。

（3）OSI 分类判断。在距离保护单相起动下满足 OSI 指标，可能是故障，可开放保护；否则继续判断功率方向，若功率方向为负，则复归保护；反之则延时动态开放。

（4）保护开放。保护一经开放，便开始计时，并进行各相保护判断，如果比相结果仍在动作区，则到动作时间开放保护，如果比相结果退出动作区，则保护复归并闭锁。

对于单相起动不满足 OSI 指标，计算完戴维南等效阻抗后再次开放保护的情况，需要考虑戴维南等效阻抗计算时间，因此图 2.33 的方案中，该情况下保护计时增加 40ms。

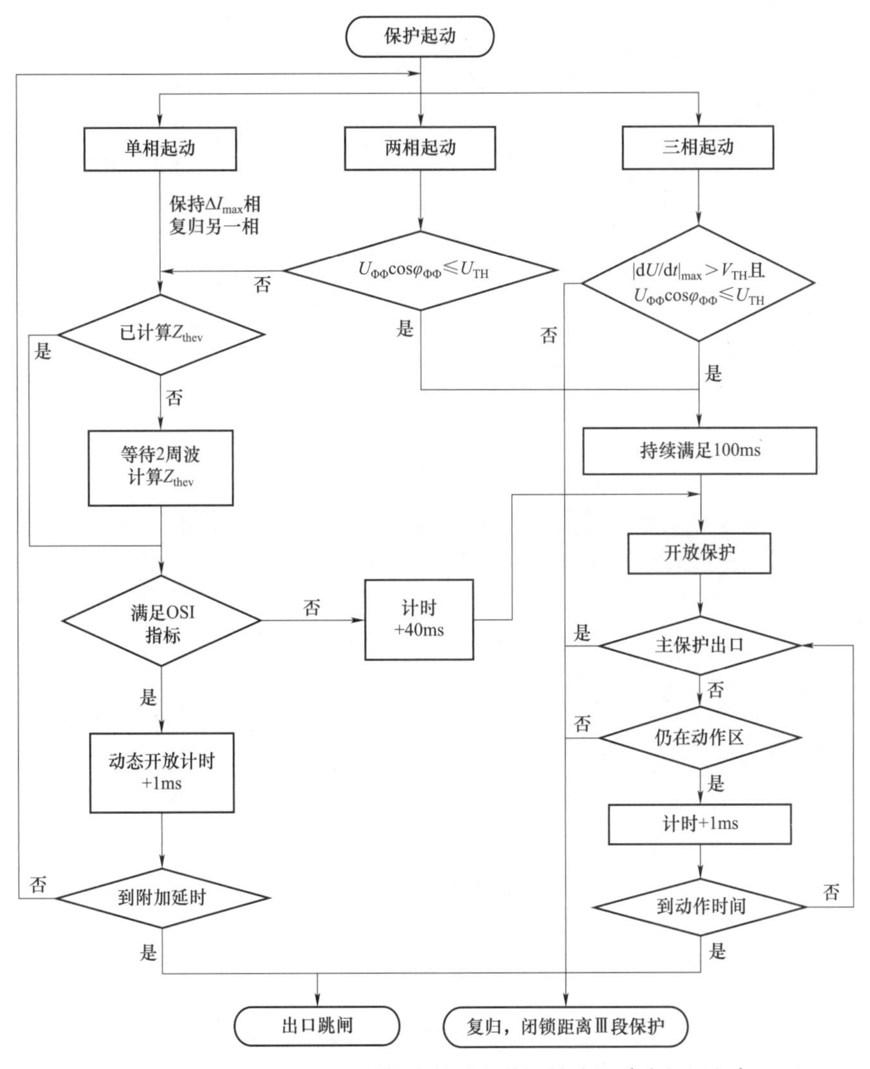

图 2.33　接地继电器非站域事故过负荷闭锁流程（全相运行）

（5）带附加延时的动态开放。动态开放后，始终进行闭锁判断。当不对称潮流转移转变为对称潮流转移之后，保护三相起动可通过相间余弦电压限制条件来复归保护，保证保护的选择性和可靠性。当高阻接地故障中过渡电阻变小，故障分量增大，保护可通过其他判据开放，保留动态开放中的计时，当接地Ⅲ段中动作时间一到，即可出口跳闸。当动态开放时间大于附加延时，出口跳闸。

上述流程是针对线路全相情况下的保护起动，非全相运行状态非站域事故过负荷闭锁流程如图 2.34 所示。

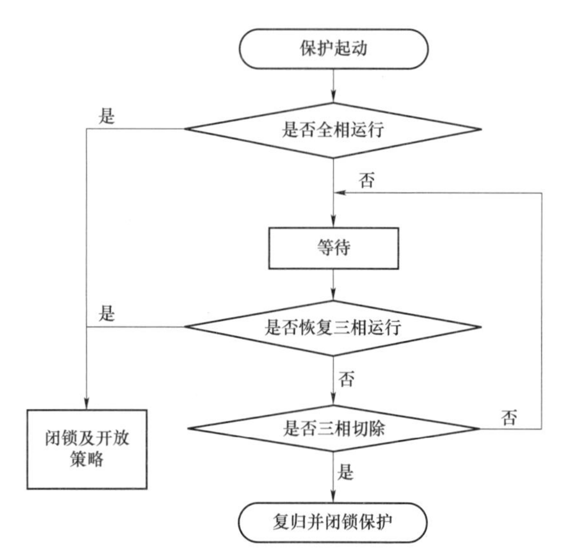

图 2.34　非站域事故过负荷闭锁流程（非全相运行状态）

2.6　戴维南等效阻抗的求解

目前求解戴维南等效参数的方法很多，一般都可归为基于观测方程的参数辨识方法[181,182]，并加入各类辅助空间、曲线及滤波方法以解决参数漂移等问题[183,184]。以上方法均针对电压静态稳定性对戴维南参数进行实时在线辨识，需要应对系统运行方式、故障扰动及负荷动态变化等因素，具有未知的时变特性，可辨识性较差。

非站域事故过负荷识别中仅需用到不对称故障下的戴维南等效阻抗模值$|Z_{thev}|$，在故障后短时间内$|Z_{thev}|$可视为不变，因此，带动作延时的后备保护可以用故障后保护未动作前的数据来求取戴维南等效参数。如图 2.35 所示，(a) 为戴维南等效的变电站电气接线放大图，(b) 为故障附加网络。

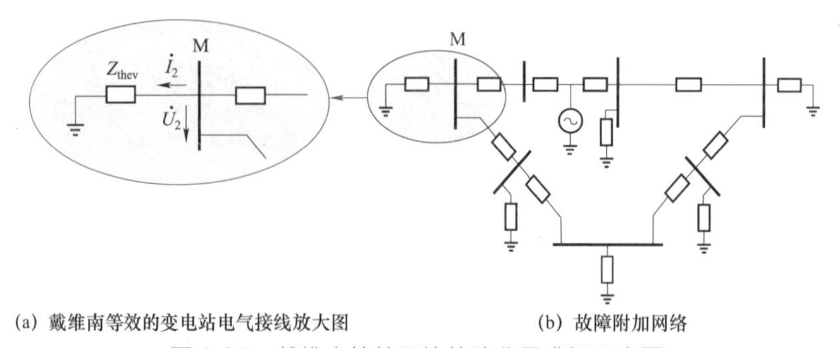

图 2.35　戴维南等效阻抗故障分量求解示意图

其中，母线故障分量电压和进线故障分量电流满足式（2−45）。当$3|\dot{U}_2|>1.5\text{V}$（二次侧）时，提取负序电压、电流；若负序电压过小，则用正序变化量代替。

$$Z_{thev}=\dot{U}_2/\dot{I}_2 \text{ 或 } Z_{thev}=\Delta\dot{U}_1/\Delta\dot{I}_1 \tag{2-45}$$

当线路发生不对称故障时，主保护动作切除时间为40～90ms，后备保护动作切除时间在1.5s左右；当线路发生非全相运行，一般持续时间为500～700ms。因此，不管保护是在故障后起动，还是在单相跳闸后起动，都有一定时间来提取故障分量，最短时间为保护起动后2个周波。

以图2.36中500kV 4节点系统仿真模型为例，研究非站域事故过负荷及故障情况下的戴维南等效阻抗测量问题。M和N为送端系统，功角分别为0°和10°，P和Q为受端，功角分别为−60°、−30°，P侧带负荷3000+j800MVA，系统等效阻抗如表2.15所示。

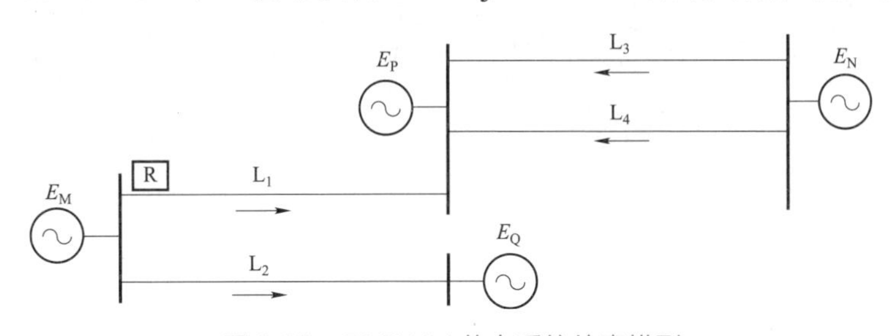

图2.36 500kV 4节点系统仿真模型

表2.15 500kV 4节点系统等效阻抗

系统参数	送端系统M	送端系统N	受端系统P	受端系统Q
正（负）序阻抗（Ω）	10∠87°	10∠87°	20∠87°	50∠87°
零序阻抗（Ω）	5∠85°	10∠85°	10∠85°	100∠85°

线路L_1、L_2长200km，L_3、L_4长50km，线路参数沿用表2.3中典型参数。L_3单相故障后非全相运行期间，L_4发生单相故障，40ms后被切除，L_4故障期间L_1首端保护起动，其起动后故障分量计算所得$|Z_{thev}|$如图2.37所示。0ms时刻保护起动，取起动后第20～40ms数据进行计算，如图2.37中左阴影区域所示，并取平均值，负序分量求得$|Z_{thev}|=10.09\Omega$，误差为0.9%；正序突变量求得$|Z_{thev}|=10.07\Omega$，误差为0.7%。如果保护在线路L_4单相被切除后起动，根据非全相期间的故障分量，如图2.37右阴影区域所示，负序分量求得$|Z_{thev}|=9.999\ \Omega$，正序突变量求得$|Z_{thev}|=9.996\ \Omega$，误差分别为0.01%、0.04%。

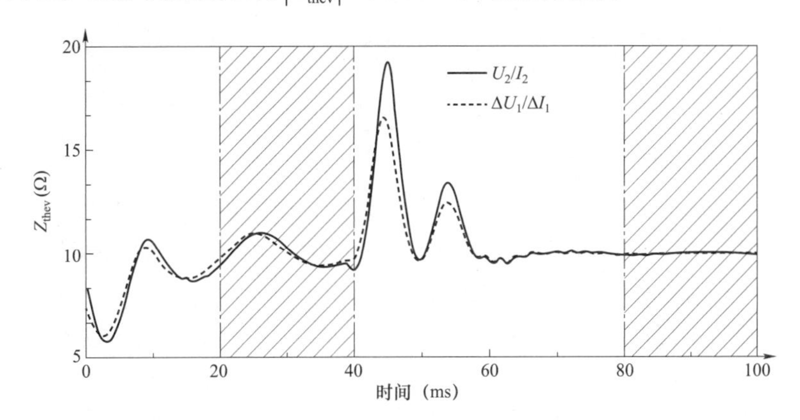

图2.37 事故过负荷下戴维南等效阻抗计算值

若 L_1 线路 50%处发生 A 相经 150Ω电阻接地故障，保护起动 40ms 后被切除，根据故障分量计算所得$|Z_{thev}|$如图 2.38 所示。取起动后第 20～40ms 数据进行计算，如图 2.38 中阴影区域所示，并取平均值，负序分量求得$|Z_{thev}|=9.97\Omega$，误差为 0.3%；正序突变量求得$|Z_{thev}|=9.98\Omega$，误差为 0.2%。

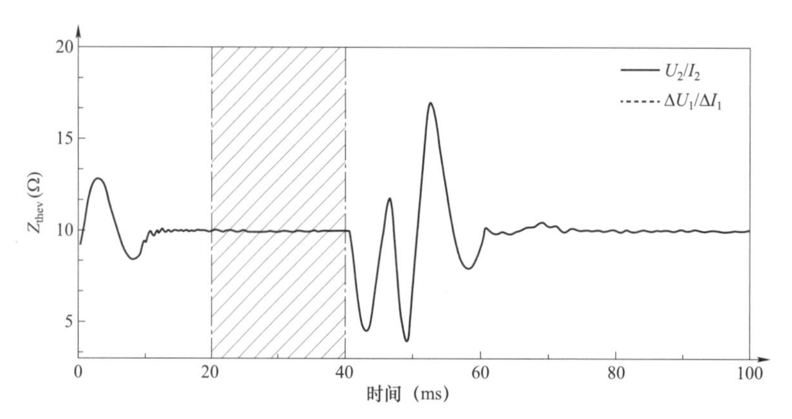

图 2.38　50%处单相经 150Ω电阻接地短路下戴维南等效阻抗计算值

继续测试 L_1 线路 50%处发生 A 相金属性接地故障、线路 90%处发生金属性 A 相接地故障和经 50Ω 电阻接地故障，其戴维南等效阻抗计算值分别见表 2.16。其准确度受过渡电阻和故障距离影响较小。

表 2.16　戴维南等效阻抗计算值

参数	50%处 0Ω	50%处 150Ω	90%处 0Ω	90%处 50Ω
$|Z_{thev}|$（Ω）	9.97	9.97	9.94	9.10
$|Z_{thev}|$（Ω）	9.97	9.98	9.95	9.13

该方法不用考虑参数漂移等问题，且受故障位置、过渡电阻的影响较小，具有较高的精度，易于实现。

2.7　基于站域共享信息的距离保护自适应整定

过负荷超越指标 $\mathrm{OOI}_3=|Z'_{thev}|/|Z_{set}|$ 界定了保护整定值及系统运行方式与事故过负荷下保护超越动作的关系。在系统运行方式一定的情况下，减小保护整定值，能降低保护超越的可能性，从而提高保护的选择性。然而，事故过负荷下超越的距离保护Ⅲ段，需提供下一级线路远后备保护，减小定值将缩短保护范围，并削弱在过渡电阻下的动作性能，降低保护的灵敏性。因此，距离保护Ⅲ段在事故过负荷下超越的本质原因是保护整定在选择性和灵敏性的矛盾。

保护的动作正确率与定值直接相关。距离保护Ⅲ段的整定原则比较复杂，一般灵敏性要求为 1.8～3.0，与下级线路的距离Ⅱ段或距离Ⅲ段相配合，在环网中其整定更为困难。

在表 2.17 中，按灵敏性从 2.0～3.0 进行整定，并按表 2.5 和表 2.6 事件顺序及模型（系统戴维南正序等效阻抗为 10Ω）进行仿真。由于系统阻抗比较小，整定值的改变对 OOI_1 影响不大。但对保护起动结果影响较大，随着灵敏性减小，保护在区外故障最大比相结果 $\arg(\dot{U}_p/\dot{U}_{op})_{max.F}$ 和潮流转移下最大比相结果 $\arg(\dot{U}_p/\dot{U}_{op})_{max.T}$ 都有所减小（其中 $\dot{U}_p$ 为极化电压，$\dot{U}_{op}$ 为补偿电压），且连续停留在动作区的最长时间 t_{max} 也越来越短。对后备保护而言，灵敏性越低，事故过负荷下超越的概率越小。

表 2.17　　灵敏性要求不同时后备保护的动作性能

灵敏性	OOI_{3max}	$\arg(\dot{U}_p/\dot{U}_{op})_{max.F}$（°）	$\arg(\dot{U}_p/\dot{U}_{op})_{max.T}$（°）	t_{max}（s）
2.0	0.09	106.2	85.8	0.06
2.2	0.08	111.7	90.1	0.78
2.5	0.07	117.9	95.3	1.19
2.8	0.06	122.3	99.4	1.22
3.0	0.06	124.6	101.6	1.57

2.7.1　影响距离Ⅲ段整定及性能的因素

1. 躲最小过负荷阻抗

距离继电器Ⅲ段基本原则之一便是躲过最小过负荷阻抗。最小过负荷阻抗通常是根据最大运行功率和可能的事故过负荷进行整定。然而实际发生的事故过负荷可能很难准确预估，而且整定值很难和其他保护相配合。前文对过负荷已有较多分析，在此不再赘言。

2. 过渡电阻

输电线路发生短路故障时通常存在过渡电阻，尤其是单相接地故障其过渡电阻数值范围较大。加入对过渡电阻的考虑，距离继电器的测量阻抗中将附加一个分量 ΔZ_R。图 2.8 中取 M、N 双电源系统，不难推出附加分量：

$$\Delta Z_R = \frac{\dot{I}_M + \dot{I}_N}{\dot{I}_M} R_f = \frac{(Z_N \dot{E}_M + Z_M \dot{E}_N) R_f}{Z_N \dot{E}_M + (\dot{E}_M - \dot{E}_N) R_f} \tag{2-46}$$

式中：R_f 为过渡电阻；$\dot{I}_M$ 为 M 侧电流；$\dot{I}_N$ 为 N 侧电流；Z_M 为故障点到 M 侧电动势的等效阻抗；Z_N 为故障点到 N 侧电动势的等效阻抗；$\dot{E}_M$ 为 M 侧电源电动势；$\dot{E}_N$ 为 N 侧电源电动势。

当 $\dot{I}_M$ 超前 $\dot{I}_N$，ΔZ_R 为容性；反之，ΔZ_R 呈感性。由于事故过负荷主要发生在送端，即 $\dot{I}_M$ 超前 $\dot{I}_N$ 的 M 侧，所以以过渡电阻对送电侧保护的影响为主进行分析。如图 2.39 所示，送端附件测量阻抗 ΔZ_R 可能引起保护的超范围动作，或者拒动。这两者都是不希望发生的。

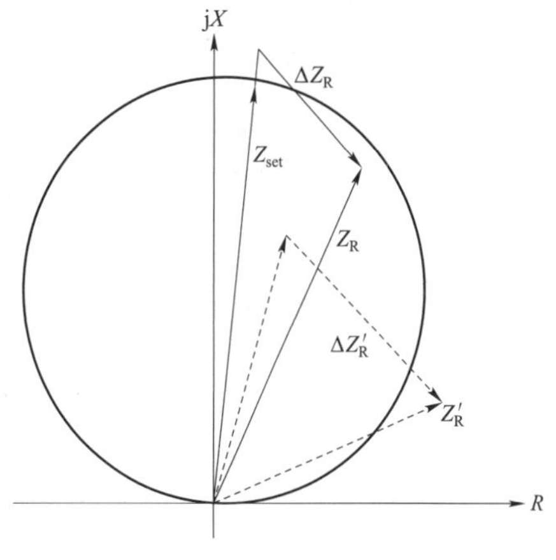

图 2.39　过渡电阻对送端保护区的影响

为了克服过渡电阻对距离继电器的影响，继电保护工作者做了很多研究[186,187]，提升了距离保护对过渡电阻的识别能力，同时也增大了继电保护在不对称事故过负荷下超越的风险。

3. 分支线路的影响

输电网中，通常由发电厂或变电站的母线将相邻输电线路分隔开来，在母线上连接有电源线路、负荷或平行线路以及环并线路等，形成分支线。

图 2.40（a）显示带电源分支线路网络，当线路 NP 上 K 点发生故障时，对于装在 MN 线路 M 侧的距离继电器，电流流向故障点但不流过保护装置，形成助增电流，M 侧继电器测量阻抗为：

$$Z_R = \frac{\dot{I}_K z_1 l_K + \dot{I}_{MN} z_1 l_{MN}}{\dot{I}_{MN}} = z_1 l_{MN} + K_b z_1 l_K \tag{2-47}$$

式中：z_1 为线路单位长度正序阻抗；K_b 为分支系数，$K_b = 1 + \dot{I}_{QN} / \dot{I}_{MN} > 1$，又称为助增系数，QN 线称为助增线路。

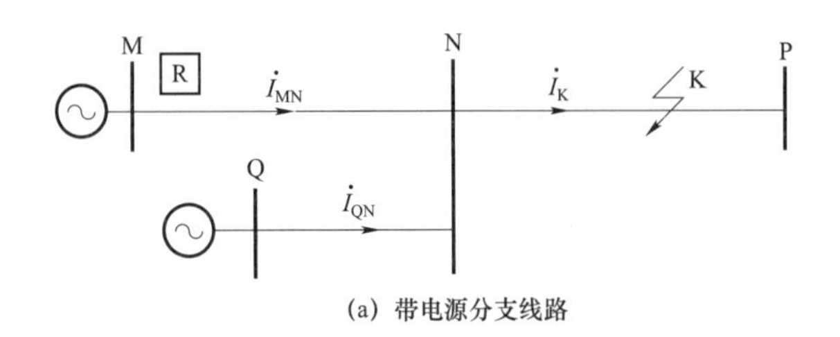

(a) 带电源分支线路

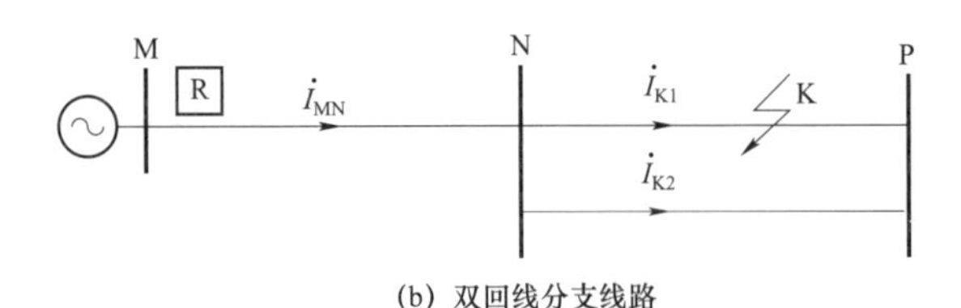

(b) 双回线分支线路

图 2.40 带分支线网络

在图 2.40（b）所示网络中，在 K 点发生故障时，$\dot{I}_{MN}$ 并未流入故障线路，分支系数 $K_b = 1 - \dot{I}_{K1} / \dot{I}_{MN} < 1$，称之为汲出系数，NP 双回线的另一回为汲出分支。

保护整定时需考虑助增系数与汲出系数，有：

$$Z_{set.III.MN} = K_K z_1 l_{MN} + K_K K_b Z_{set.II.NP} \tag{2-48}$$

式中：K_K 为可靠系数，一般取 0.7～0.8。当 K_b 为助增系数时，$Z_{set.III.MN}$ 整定值较大，然而实际运行中该值受系统运行方式及故障扰动的影响，如图 2.1 系统中 L_{14-2} 停运且 L_{24} 发生故障退出运行时，实际助增系数减小，然而由于保护并未修改整定值，可能造成保护超越。

4. 其他因素

（可控）串联补偿电容、并联电抗器、串联电抗器等 FACTS 装置的投入或退出及动态性能调整也会影响保护的性能[188]，然而对距离Ⅲ段动作特性及整定影响较小。以串联补偿电容为例，对于距离Ⅲ段而言，当发生故障到达动作出口时间时，串联补偿电容已旁路退出，对其动作基本无影响[202]。从整定配合的角度来考虑，即使本线装有串联补偿也应按串联补偿电容退出的情况进行计算。

2.7.2 自适应整定方案

1. 基于戴维南等效阻抗的自适应偏移特性

针对躲过负荷与抗过渡电阻的整定难题，结合前文分析的事故过负荷超越指标，提出如下自适应方案：

（1）在事故过负荷不会超越的系统运行方式下，适当提高保护对过渡电阻的灵敏性；

（2）在事故过负荷可能超越的系统运行方式下，重点保证保护的选择性动作，即尽可能不误动。

为此，引入自适应偏移特性：根据站域共享信息测得实时送端系统阻抗即戴维南等效阻抗，并由此整定阻抗圆继电器的偏移度。偏移特性的加入可提升继电器应对过渡电阻的灵敏性，此时可适当减小保护整定范围，以避免区外超越保证选择性。其动作判据为式（2−49），动作特性如图 2.41 所示。

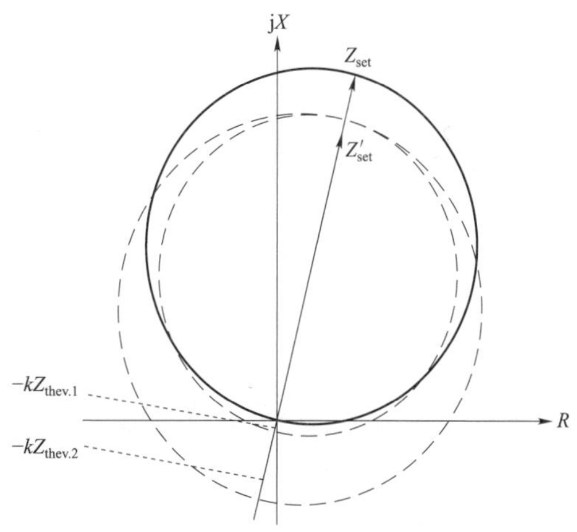

图 2.41 自适应偏移圆动作特性

$$90^\circ < \frac{\dot{U} + kZ_{thev}\dot{I}}{\dot{U} - Z'_{set}\dot{I}} < 270^\circ \Leftrightarrow \left|\frac{Z'_{set} - kZ_{thev}}{2}\dot{I} - \dot{U}\right| < \left|\frac{kZ_{thev} + Z'_{set}}{2}\dot{I}\right| \qquad (2-49)$$

由图 2.41 可以清楚看出，在系统送端阻抗 $Z_{thev.1}$ 较小，即可能发生事故过负荷超越的情况下（$OOI_3 < 0.3$），经过自适应偏移调整 $-kZ_{thev.1}$ 后，过负荷和过渡电阻重叠区变化不大，维持保护对本线路区内故障的识别能力；另外，由于整定值由 Z_{set} 减小至 Z'_{set}，使得区外故障超越的可能性有所降低。需要注意，距离继电器Ⅲ段的任务是反映线路末端故障，并尽可能保护下一段线路。因此，对下级线路保护范围的略微缩小并不影响保护性能。

在系统送端阻抗 $Z_{thev.2}$ 较大，即事故过负荷保护超越概率低的情况下（$OOI_3 \geqslant 0.3$），其偏移量 $-kZ_{thev.2}$ 较大，提升了应对过渡电阻的能力，并降低了区外故障超越。同时，需注意避免保护范围过度扩大，将事故过负荷下保护动作由不会超越变为超越。

该方案的关键在于自适应系数的选择。为此提出 6 个方案，并对不同戴维南等效阻抗的区内故障动作和事故过负荷下保护动作特性进行仿真。采用方法考虑了故障距离、过渡电阻、系统功角、戴维南等效阻抗、负荷情况等因素。对本段线路故障动作变化率和事故过负荷保护负荷超越变化率进行统计，自适应偏移方案比较见表 2.18。

表 2.18　　　　　　　　　　自适应偏移方案比较

整定方案	Z'_{set} 灵敏度	k	$Z_{thev}=10\Omega$ 故障动作变化率	$Z_{thev}=10\Omega$ 负荷超越变化率	$Z_{thev}=50\Omega$ 故障动作变化率	$Z_{thev}=50\Omega$ 负荷超越变化率	$Z_{thev}=100\Omega$ 故障动作变化率	$Z_{thev}=100\Omega$ 负荷超越变化率
原方案	3	0	—	—	—	—	—	—
方案 1	2.8	0.1	0	0	9%	0	13%	0
方案 2	2.8	0.2	5%	0	23%	0	28%	0
方案 3	2.5	0.2	−3%	−12%	6%	0	19%	0
方案 4	2.5	0.3	2%	−5%	23%	0	31%	0
方案 5	2.2	0.3	−17%	−33%	6%	0	19%	0
方案 6	2.2	0.4	−11%	−33%	13%	0	34%	0

新的整定方案应该在本段线路故障动作变化率即灵敏性上有所提高，而负荷超越变化率有所下降即选择性有所提升。其中，方案 4，整定阻抗设置为 2.5 灵敏度，即线路末端单相金属性接地故障的阻抗值的 2.5 倍、阻抗圆判据设置 0.3 倍戴维南等效阻抗偏移量，在故障动作提升和躲负荷超越的综合能力最优，选为自适应偏移特性调整系数。

2. 基于 GOOSE 信息的平行线分支系数快速调整

要消除分支线路的影响，需实时确定分支系数并调整保护定值。平行线是特殊情况下的助增线路，断开后可导致保护超越。该问题在变电站内可快速解决：通过 GOOSE 跳闸报文获取开关动作信息，并重新整定定值，这样可实现保护定值更准确地整定，而且当故障线路发生单相选跳后，可对非故障线路的单相定值进行短期调整，以躲过单相潮流转移。调整后，$K_b' < K_b$，保护定值减小，更利于躲避事故过负荷。当重合闸成功后，恢复原定值；重合闸不成功，对非故障相定值也做同样修正。

$$Z_{set.III.MN} = K_K z_1 l_{MN} + K_K K_b' Z_{set.II.NP} \tag{2-50}$$

对于非变电站内的线路切断，可由广域保护或者其他控制系统对继电保护进行定值调整，对三相永跳后的对称性潮流转移有帮助，但可能来不及调整单相开断后的短期定值整定。实际应用中，站域定值调整应与广域相结合，取长补短。

2.7.3　对过负荷闭锁性能的仿真分析

本章主要研究事故过负荷下保护超越的闭锁方案，相比于潮流在电网中的转移路径，本章更关注潮流转移动态过程下保护的动作行为，可通过配置小系统运行方式（包括系统等效阻抗、负荷等）、变电站电气接线以及线路长度等参数来等效不同的大系统网架结构。以牺牲全局视角，换来对电气量变化及保护动作动态过程更细致的分析。由于电压崩溃和失步振荡下本章所研究的接地距离Ⅲ段不会出现不合理动作，因此考虑机电暂态特性对本章研究意义不大，反而可能限制潮流转移的规模，给事故过负荷下对保护超越的仿真带来困难。

1. 对事故过负荷识别的仿真分析

不同于常规故障，事故过负荷受系统运行方式影响较大，其识别的难点主要在于难以确保所提判据在各类运行方式下的有效性。为此，本章在图 2.1 所示 500kV 7 节点环网仿真系统模型基础上，仿真不同运行方式下的事故过负荷算例以进行全面验证。

考虑表 2.19 所示的 9 种运行方式[11]。系统功角正序阻抗角设为 87°，零序阻抗角设为 85°，系统零序阻抗幅值分别取正序阻抗幅值的 0.5、3.0 倍。整定 E_M、E_P、E_Q 电势角分别为 0°、5°、−10°，E_N 的电势角从−30°到−70°范围内变化。考虑无功补偿后，各节点负荷分别为：$S_4=1000+j50$MVA，$S_5=2000+j150$MVA，$S_6=1000+j100$MVA，$S_7=800+j100$MVA，对有功、无功负荷分别按 100%、120%、150%进行调整。各节点电压按 500、525kV 分别进行调整。

线路单位正（负）序参数为：$Z_1=0.027+j0.270\,1\Omega$/km，$C_1=0.012\,3$F/km，零序参数 $Z_0=0.198\,4+j1.131\Omega$/km，$C_0=0.0051$F/km。$L_{14}$、$L_{45}$ 长 200km，其余线路长度依次按 50、100、150、200km 进行调整。

表 2.19　　不同运行方式下系统电源参数情况表

运行方式	$Z_{thev1.M}$（Ω）	$Z_{thev1.N}$（Ω）	$Z_{thev1.P}$（Ω）	$Z_{thev1.Q}$（Ω）
正常	54∠87°	54∠87°	27∠87°	54∠87°
最小	10.8∠87°	10.8∠87°	5.4∠87°	10.8∠87°
最大	108∠87°	108∠87°	54∠87°	108∠87°
特殊 1	36∠87°	5.4∠87°	36∠87°	27∠87°
特殊 2	108∠87°	27∠87°	54∠87°	27∠87°
特殊 3	8.1∠87°	108∠87°	4.05∠87°	108∠87°
特殊 4	8.1∠87°	54∠87°	8.1∠87°	54∠87°
特殊 5	27∠87°	36∠87°	13.5∠87°	54∠87°
特殊 6	54∠87°	10.8∠87°	27∠87°	10.8∠87°

按表 2.4 所示事故过负荷事件顺序进行仿真。取 0.66～0.86s、1.16～1.36s 阶段作为单相潮流转移样本，共 31104 组。作为对比组，在 L_{14-1} 线路 50%、100%处及 L_{45-1} 线路 50%、100%处分别仿真 A 相故障，过渡电阻分别从 0Ω 按 50Ω 为步长递增至 300Ω，共 3024 组。单相潮流转移与单相故障下的识别结果如图 2.42 所示。

进一步统计引起距离Ⅲ段起动的单相潮流转移与单相故障下满足识别条件的情况，结果见表 2.20。

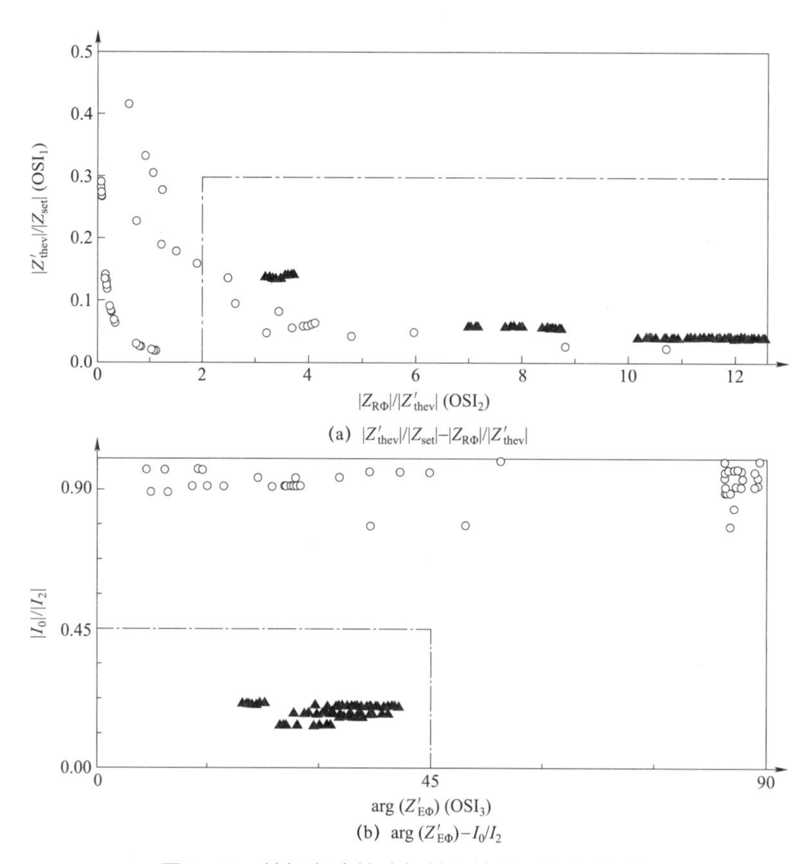

(a) $|Z'_{\text{thev}}|/|Z_{\text{set}}|-|Z_{\text{R}\Phi}|/|Z'_{\text{thev}}|$

(b) arg $(Z'_{\text{E}\Phi})-I_0/I_2$

图 2.42　单相潮流转移与单相故障下的识别结果

“▲”—造成距离Ⅲ段起动的单相潮流转移情况；“○”—引起距离Ⅲ段起动的单相故障

表 2.20　　　　单相潮流转移与单相故障下满足识别条件的情况统计

满足条件	OSI$_1$	OSI$_1$～OSI$_3$	OSI$_1$～OSI$_3$ & I_0/I_2
单相潮流转移	100%	100%	100%
单相故障	25.93%	8.99%	0%

由图 2.42 和表 2.20 可知，单相潮流转移下各项 OSI 指标均满足式（2-20）的 OSI$_1$～OSI$_4$ 条件。另外，有 8.99%单相故障同时满足 OSI$_1$～OSI$_3$ 条件，经 OSI$_4$ 进一步识别，算例中单相故障完全移出事故过负荷动作域。对于特殊情况下不能完全识别的单相潮流转移，可由保护起动转换信息带延时动态识别，以保证距离保护Ⅲ段的可靠性。

对相间及相间接地故障与三相潮流转移进行验证。取 2～2.1s 阶段为三相潮流转移样本，共 15552 组。对比组，在 L$_{14-1}$ 线路 50%、100%处及 L$_{45-1}$ 线路 50%、100%处分别仿真 BC 相间、BC 相间接地、ABC 三相接地故障，过渡电阻取 10Ω，共 2700 组。三相潮流转移与相间/相间接地故障的识别结果如图 2.43 所示。

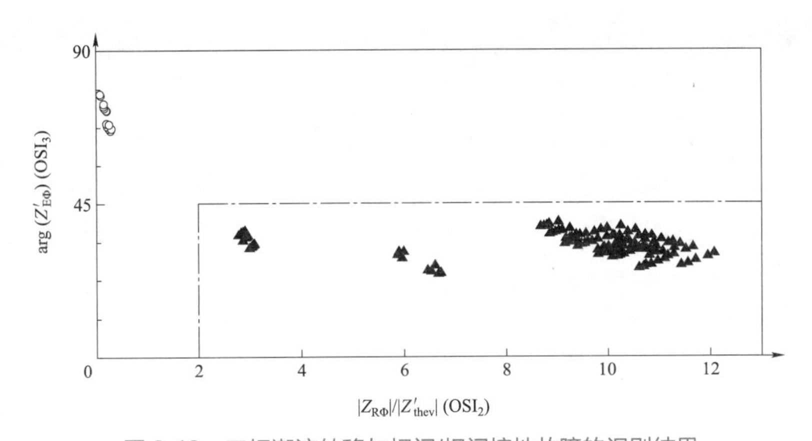

图 2.43　三相潮流转移与相间/相间接地故障的识别结果

▲—造成距离Ⅲ段起动的三相潮流转移情况；○—引起距离Ⅲ段起动的三相故障

由图 2.43 可知，经 OSI_2、OSI_3 可完全区分三相潮流转移与相间、相间接地故障。

2. 对事故过负荷全过程闭锁的仿真分析

（1）区外故障条件对过负荷闭锁的影响。区外故障下保护是否超越是关于过负荷闭锁的重要问题，主要与故障位置、故障类型有关。

1）对于能引发超越的故障，其位置与保护距离远后备区末端比较接近；若相距较远，则不会引发超越。

2）对于故障类型，区外三相故障只能引发对称事故过负荷，较易区分，区外两相故障的不对称分量存在时间较短（小于 0.1s），通过 100ms 连续相间电压余弦条件限制，可闭锁此类情况对保护的超越。识别的难点依然是多重单相故障引发的不对称事故过负荷。对于单相短路，还需考虑过渡电阻。若过渡电阻较大，区外故障也不会引发保护超越。

Ⅲ段的出口动作时，基于对一个时间段内保护判据的持续判断，如果在区外故障，尤其是单相故障时保护未超越，就会大大减轻事故过负荷对后备保护Ⅲ段的威胁。

（2）多重扰动对过负荷闭锁的影响。对图 2.1 所示系统，设定故障扰动顺序见表 2.21。整个过程保护起动情况及充分条件判据如图 2.44 所示。

表 2.21　事故过负荷事件顺序

时刻	事件
0.1s	L_{25-1} 线路距 P 侧 100%发生 A 相故障（经 10Ω 过渡电阻接地）
0.16s	L_{25-1} 主保护动作跳开 A 相，非全相运行
0.2s	L_{25-2} 线路距 P 侧 50%处发生 A 相故障（经 20Ω 过渡电阻接地）
0.26s	L_{25-2} 线路主保护动作跳开 A 相，非全相运行

续表

时刻	事件
0.96s	L_{25-1} 重合 A 相于故障处
1.00s	L_{14-2} 线路距 M 侧 80%处发生 A 相故障（经 50Ω 过渡电阻接地）
1.02s	L_{25-1} 加速跳三相
1.06s	L_{14-2} 主保护动作跳开 A 相，非全相运行
	L_{25-2} 重合 A 相于故障处
1.12s	L_{25-2} 加速跳三相
1.86s	L_{14-2} 重合 A 相于故障处
1.92s	L_{14-2} 加速跳三相

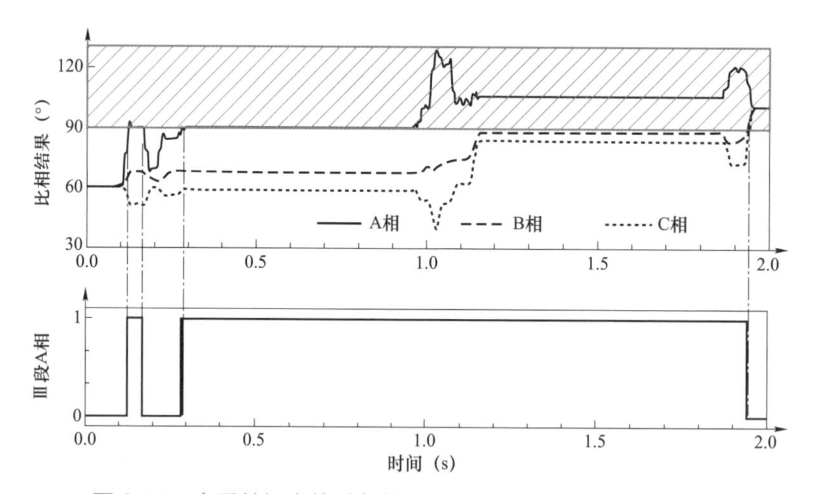

图 2.44　多重单相事故过负荷下保护起动情况及充分条件判据

L_{35-1} 发生故障后，L_{14-1} 首端接地继电器Ⅲ段 A 相起动，故障线路单相跳开后保护复归；随后 L_{25-2} 发生故障并切除单相，L_{14} 承载了 L_{25} 双回线 A 相事故过负荷，接地继电器Ⅲ段 A 相进入动作区。保护进入动作区期间，电流不对称度最大值为 0.384p.u.，A 相电压余弦分量最小值为 0.744p.u.，不满足故障开放条件。

保护起动后，开始计算戴维南等效阻抗，正序增量数据只能利用起动后第 2～3 个周波，只要有负序量存在，负序数据可以持续使用。闭锁 100ms 后，若主保护未动作，则计算 OOI 指标，经计算 OOI_1、OOI_2 均满足事故过负荷超越条件，且负序功率方向为−98°（正方向），进入事故过负荷延时处理中，如图 2.45 所示。

在保护起动期间，L_{14-2} 线路发生了 A 相故障选跳 A 相，L_{35} 双回线分别重合于故障并三相永跳。在扰动期间，基于负序量计算戴维南等效阻抗值略有波动，但不影响整体判断。L_{14-1} 线路承担了 2 条线路对称事故过负荷和 1 条线路单相不对称事故过负荷，过负荷超越程度进一步加大。OOI_1 有所减小，OOI_2 略有增加，在动态过程中保持其可信性。

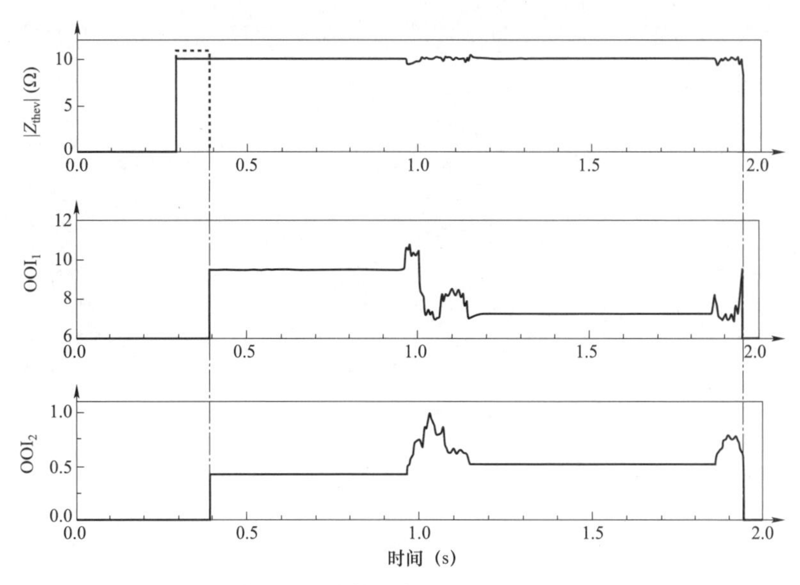

图 2.45 多重单相事故过负荷下保护判据及起动情况

如果按一般接地距离Ⅲ段延时，在保护起动 1.5s 后约 1.78s 时刻出口动作，此时保护仍处于单相起动状态无法复归，将造成保护不合理动作。因此，在此类情况下，为Ⅲ段动作时间增加附加延时，待 L_{24} 三相跳闸后，保护三相起动，由于不满足相间余弦电压限制条件保护复归，从而避免了超越误动。由于我国输电网保护的双配置和高可靠性，故障下主保护拒动的情况极少发生（2012 年线路保护正确动作率高达 99.95%，不正确动作 7 次均为误动[177]），而在大运行方式下高阻接地故障的概率也不高，且此状况对系统稳定性并无太大影响，适当延时保证可靠不误动对电网安全运行利大于弊。

若保护在起动元件起动后，调整为自适应偏移特性，保护起动情况如图 2.46 所示。与图 2.44 相比，保护在动作区停留时间大为减少，降低了保护出口跳闸的概率。

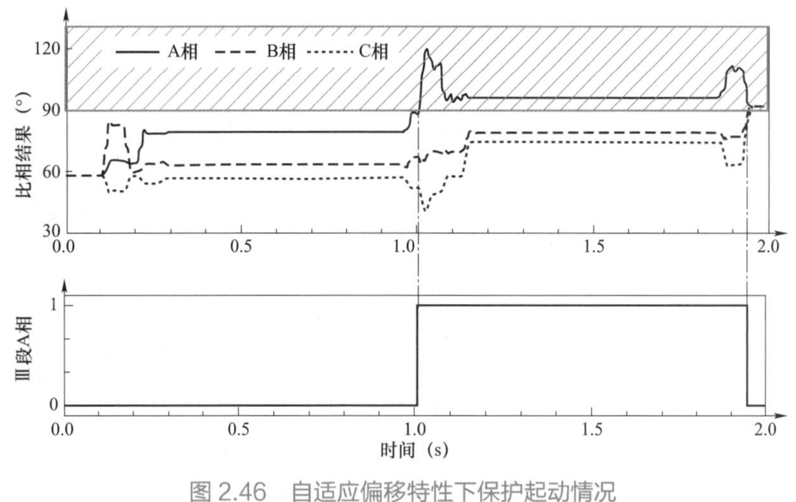

图 2.46 自适应偏移特性下保护起动情况

再根据 GOOSE 跳闸信息对保护进行自适应定值修改，保护的动作特性由图 2.46 进一步优化，如图 2.47 所示。这样短时间内的起动不会对Ⅲ段不合理动作构成威胁，是较为理想的模式。

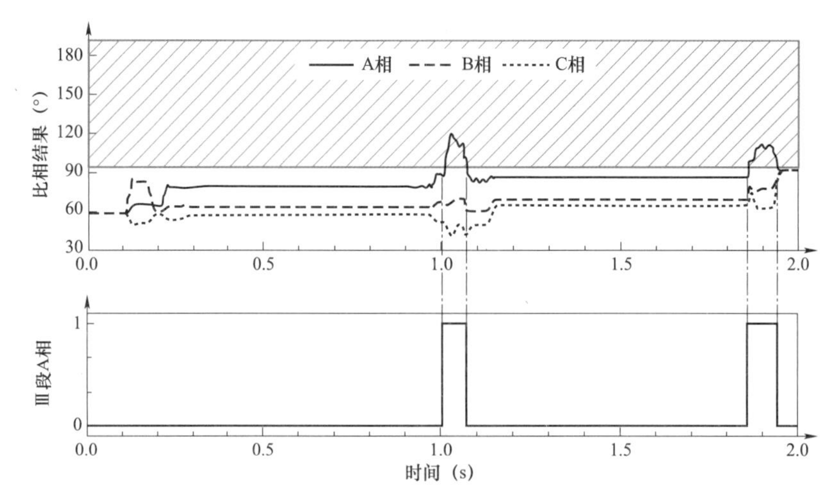

图 2.47　自适应偏移特性和分支系数双重调整下保护起动情况

3. 保护送端阻抗对过负荷闭锁的影响

前边分析了戴维南等效阻抗对事故过负荷下保护超越的影响，并提出了 OOI 指标。当保护送端的戴维南等效阻抗幅值从 10Ω 变为 60Ω（表格中仅示出了正序等效阻抗幅值，正序阻抗角为 87°，零序阻抗取正序阻抗幅值的 0.5 倍，零序阻抗角为 85°）时，其他参数不变，按如表 2.6 中扰动顺序下，OOI 指标及保护起动情况见表 2.22。

表 2.22　　送端阻抗变化情况下 OOI 指标及保护起动情况

$\|Z_{M1}\|(\Omega)$	OOI_{1min}	OOI_{2max}	OOI_{3max}	$U_{\Phi min}$（p.u.）	$\arg(\dot{U}_p/\dot{U}_{op})_{max}$（°）	t_{max}（s）
10	7.25	0.74	0.06	0.86	101.6	1.57
20	3.94	0.80	0.12	0.83	96.7	1.22
30	2.84	0.87	0.18	0.81	92.3	0.93
40	2.29	0.94	0.24	0.80	88.4	0.08
50	1.96	1.03	0.30	0.79	84.9	0.06
60	1.74	1.13	0.35	0.77	81.6	0.05

其中，$\arg(\dot{U}_p/\dot{U}_{op})_{max}$ 为潮流转移过程中（不包含区外故障阶段）保护比相结果的最大值，t_{max} 为保护在动作区连续停留的最长时间。可以看出，随着送端阻抗的增大，保护比相的结果越来越小，在动作区停留的时间也越来越短，不合理动作的危险越来越小。

当送端阻抗幅值为 50Ω时，同时满足 $OOI_1<2$，$OOI_2>1$ 和 $OOI_3>0.3$ 的条件，根据第 2 章分析，在此情况下开放保护，不会造成事故过负荷下超越。表 2.22 中数据也证实了该判定，在戴维南等效阻抗为 50Ω和 60Ω的情况下，t_{max} 为 0.06s 和 0.05s，对Ⅲ段保护不构成威胁。从表 2.22 也可以看出，其实从送端阻抗为 40Ω 时，保护就并未在不对称潮流转移中起动，OOI 指标不仅能准确反映情况，而且留有一定裕度。

4. 区外线路主保护拒动对过负荷闭锁的影响

当区外线路 I 发生故障，主保护拒动且引发将线路 J 距离Ⅲ段起动的情况下，如果最终故障被线路 I 后备保护Ⅱ段切除，线路 J 保护复归；如果故障由线路 I 后备保护Ⅲ段动作切除，则线路 J 保护在时间上难以配合，有误动可能。当然，这样的情况发生概率极低，几乎为不可能事件。而且能被长线路的后备保护Ⅲ段感知区外故障，其严重程度较高，如果在Ⅲ段动作时间内一直未被切除，可能会影响系统稳定，其严重程度已大大超过线路事故过负荷不合理动作。

2.7.4 对区内故障及复故障开放的仿真分析

余弦电压限制条件应用于开放相间故障已经非常成熟，因此本章不对此类故障再作验证，仅针对各类单相接地故障尤其是单相接地复故障。

1. 区内单相接地故障

首先针对区内接地故障，对不同运行方式、不同故障地点和不同过渡电阻下的仿真。大运行方式参见第一节中系统参数，小运行方式将负荷减至 50%，且系统等效阻抗调整为：$Z_{M1}=50\angle 87^\circ\ \Omega$，$Z_{M0}=40\angle 85^\circ\ \Omega$，$Z_{N1}=80\angle 87^\circ\ \Omega$，$Z_{N0}=50\angle 85^\circ\ \Omega$，$Z_{P1}=100\angle 87^\circ\ \Omega$，$Z_{P0}=200\angle 85^\circ\ \Omega$。通过仿真计算分别得出各运行方式和故障点处满足电力不对称度条件的最大过渡电阻、接地保护Ⅲ段进入动作区的最大过渡电阻，以及进入单相开放判断的 OOI 指标最小值及最大值，见表 2.23。

表 2.23　　单相故障下保护动作情况

故障位置	大运行方式			小运行方式		
	电流不对称度开放最大 R_f	起动最大 R_f	OOI_{1min}	电流不对称度开放最大 R_f	起动最大 R_f	OOI_{1max}
50%	120	190	6.73	150	140	1.65
100%	80	150	7.88	90	110	1.99
150%	30	90	9.49	40	60	2.26
200%	10	20	15.13	0	10	2.55

由于大运行方式下，正序电流较大，因此相同故障情况下（故障位置和过渡电阻一样），电流不对称度可能较小运行方式更小。该值同时受对端系统阻抗的影响，但一般情况下，大运行方式负序、零序电流绝对值较小运行方式更大。大运行方式下距离接地Ⅲ段较小运行方式能抗更大过渡电阻，大运行方式进入单相起动判断后最小 OOI_{1min} 大于 2，处于非事故过负荷起动域，可直接开放；小运行方式下在经大电阻接地时 OOI_{1max} 小于 2，处于事故过负荷超越域，需附加延时起动，才开放保护。

2. 区内发展性故障三相保护起动情况

在小运行方式下，0.1s 时本段线路 80%处发生 A 相经 10Ω 电阻接地故障，0.2s 下级线路 20%处发生 B 相经 10Ω 电阻接地故障，0.3s 本段线路 50%处发生 C 相经 50Ω 电阻故障，相间余弦电压、电流不对称度、OOI 及接地Ⅲ段比相情况如图 2.48 所示。

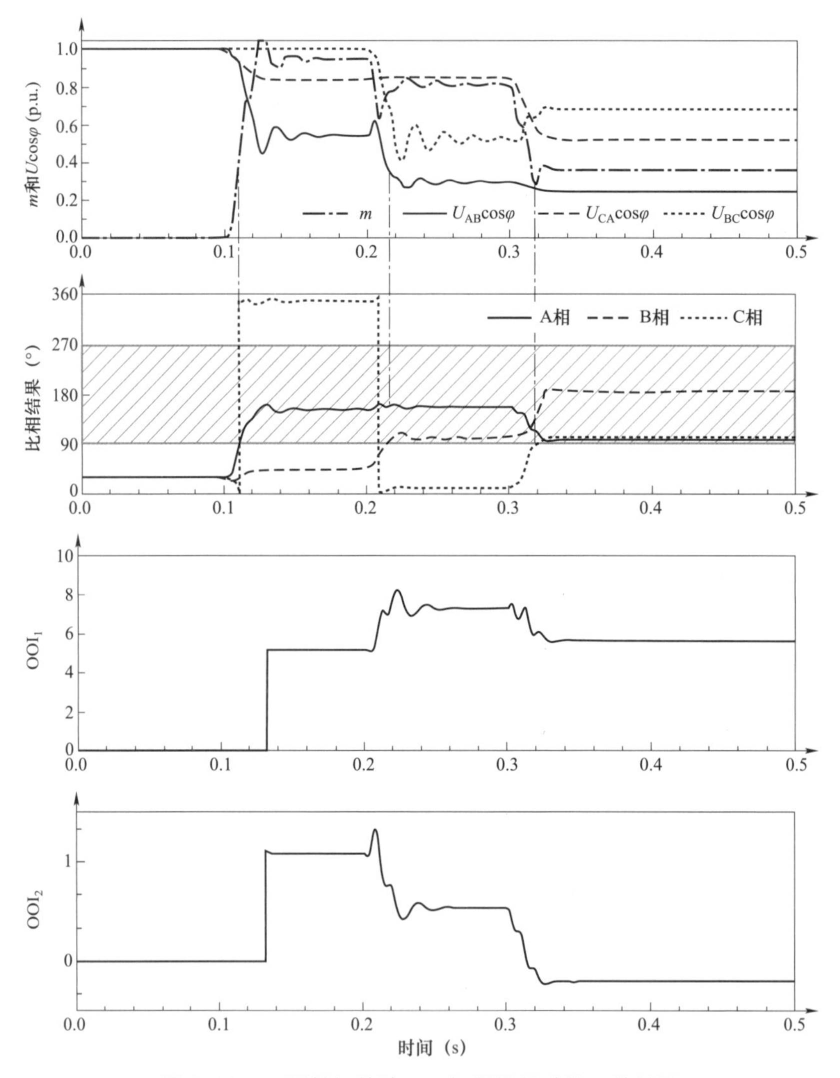

图 2.48　三重单相故障下三相保护起动的开放结果

在发生 A 相故障时，仅 A 相继电器起动，电流不对称度较大，可经电流不对称判据开放保护。随后 A 相保持在动作区，经由 1.5s 后保护出口跳闸。若第一重和第二重故障同时发生，即直接针对 0.2～0.3s 的保护起动及电气量情况，可由 BC 相间余弦电压开放保护；若三重故障同时发生，即针对 0.3s 之后的情况，可由三相余弦电压开放保护。

3. 区内发展性故障两相保护起动情况

以仿真区内多处单相故障下两相继电器起动的情况为例。在大运行方式下，0.1s 时本段线路 80%处发生 A 相经 10Ω电阻接地故障，A 相继电器进入动作区；0.2s 下级线路 20%处发生 B 相经 100Ω电阻接地故障，B 相未起动；0.3s 本段线路 50%处发生 C 相经 50Ω电阻接地故障，C 相进入动作区，A 相继续保持，如图 2.49 所示。

在 A 相起动后，由于OOI_2大于 1 故开放保护，A 相始终维持在动作区，1.5s 后保护出口跳闸。若第一重和第二重故障同时发生，只有 A 相起动，并且受 B 相故障的影响，测量阻抗减小，仍有OOI_2大于 1 可直接开放保护出口；若三重故障同时发生，即针对 0.3s 之后的情况，A 相和 C 相起动，C 相电流突变量大于 A 相，将开放 C 相，此时OOI_1为 4.86 大于阈值，在 1.5s 后出口开放保护。

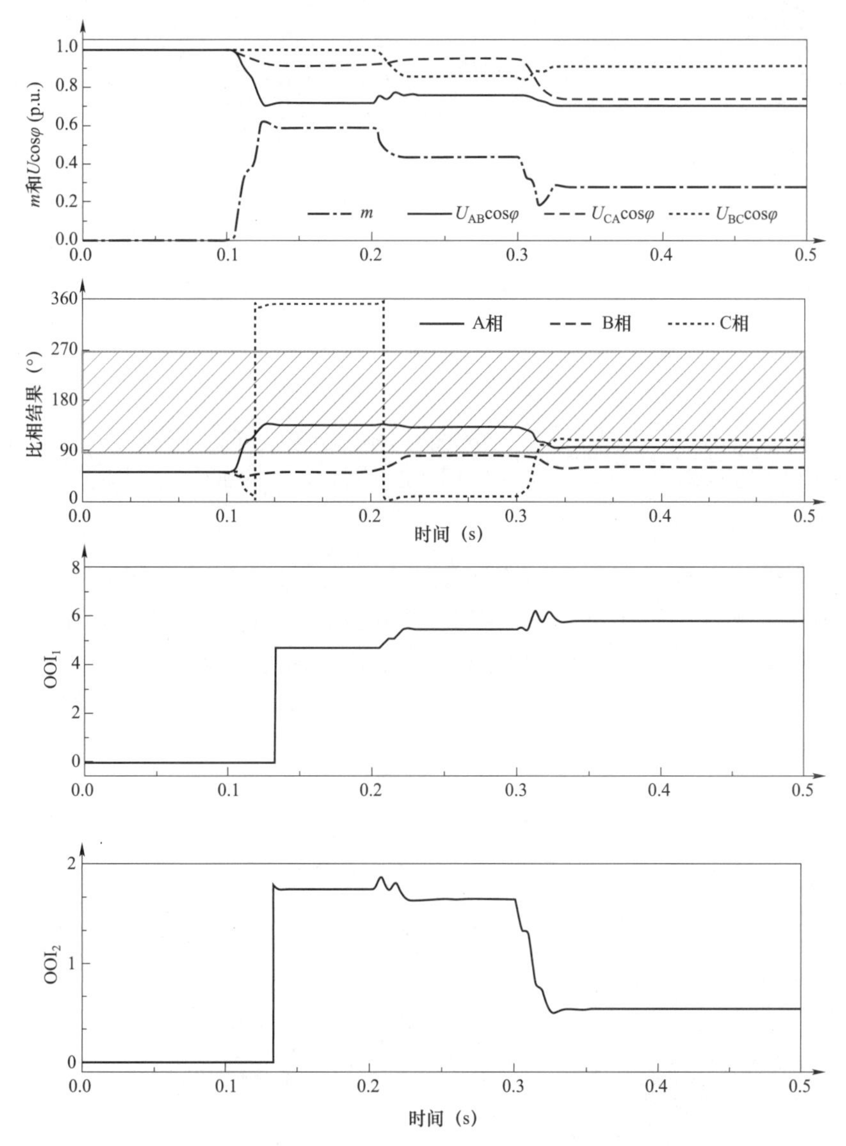

图 2.49　三重单相故障下两相保护起动的开放结果

4. 区内发展性故障单相保护起动情况

对区内多处单相故障下单相继电器交替起动的情况进行仿真。小运行方式下，0.1s 时本段线路 80%处发生 A 相经 100Ω电阻接地，A 相继电器进入动作区；0.2s 下级线路 20%处 B 相经 40Ω电阻接地，B 相进入动作区，A 相复归；0.3s 本段线路 50%处 C 相经

50Ω电阻接地，C 相进入动作区，B 相复归，如图 2.50 所示。

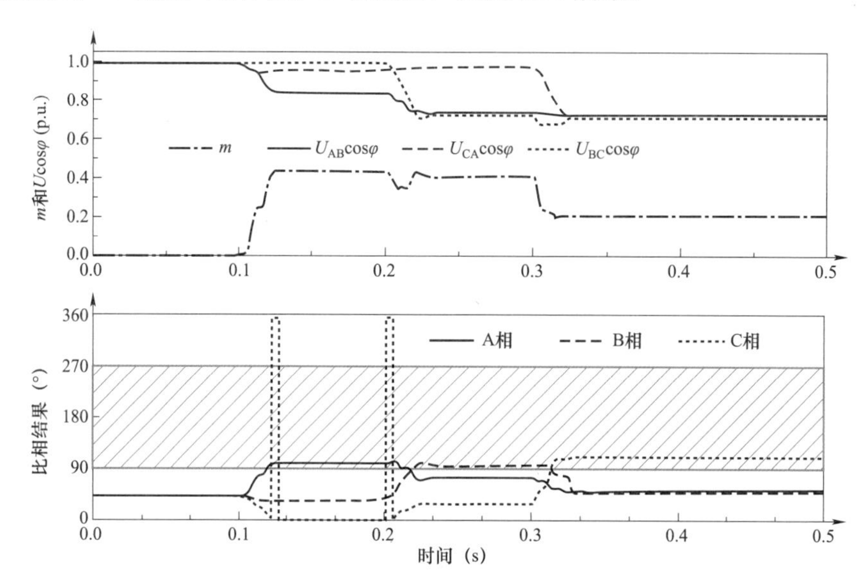

图 2.50　三重单相故障下单相保护交替起动的开放结果

由于故障分量叠加，起动相一直在改变，所以只能在最后一相起动后经延时开放。

对比三重单相故障下三相保护起动、两相保护起动和单相交替起动的情况，可知由于不同相别的单相故障间其故障分量存在 120°相角差，因此影响保护对原有故障的识别，只有当三个不同相别的单相故障特征都很明显的时候，才有可能三相起动，此时由电流不对称度开放即可；如果是两处或多处不同相别单相故障导致单相或两相保护起动，往往需要进行单相开放判别，在部分情况下延时跳闸，但不会拒动。

以上情况均是在假设主保护且近后备保护不动作的情况下讨论的特殊情况，通常情况下主保护都能可靠跳开故障，极难出现上述情况。但出于对后备保护可靠性的考虑，这样的验证必不可少。

5. 事故过负荷下转换性故障

如果在不对称事故过负荷下（区外 A 相故障并跳开 A 相），区内发生两相或三相故障，可不受事故过负荷影响安全开放。如果线路末端发生同名相故障，在过渡电阻不同的情况下，OOI 指标、判据及保护比相结果见表 2.24。

表 2.24　（A 相）事故过负荷下区内 A 相单相故障

过渡电阻（Ω）	OOI_{1min}	OOI_{2min}	$\arg(\dot{U}_p/\dot{U}_{op})_{max}$（°）	m_{max}	$U_\Phi\cos\varphi_{min}$（p.u.）
0	5.95	183.8	174.2	0.43	0.45
50	5.86	1.68	131.5	0.27	0.71
100	6.22	1.20	119.8	0.22	0.78
150	6.45	1.04	114.7	0.19	0.80

当过渡电阻为 0 时，可由 $U_\Phi\cos\varphi_{min}$ 开放保护；当过渡电阻为 150Ω 时，保护比相结

果仍有 114.7，与表 2.8 大运行方式本线路末端只能开放到 150Ω 相比，由于事故过负荷同相分量的叠加，单相故障的故障特征更为明显。可能由于当前系统方式的缘故，使得Ⅲ段出口动作时间略有延长，但绝不会降低保护在故障下的识别能力。

表 2.25 示出了线路在 A 相事故过负荷下，发生区内 B 相故障时 B 相接地继电器的起动情况。A 相事故过负荷对 B 相继电器的影响较小。同时，由于 B 相故障电流与 A 相潮流转移电流的相角差，使得 A 相保护复归，避免了保护在单相事故过负荷下的不合理动作，保护起动动态过程如图 2.51 所示。

表 2.25　　A 相潮流转移下同时发生区内 B 相单相故障

过渡电阻（Ω）	A 相 $\arg(\dot{U}_p/\dot{U}_{op})_{max}$（°）	B 相 $\arg(\dot{U}_p/\dot{U}_{op})_{max}$（°）	m_{max}	$U_{\Phi min}$（p.u.）
0	515	173.3	0.41	0.43
50	1.19	117.5	0.17	0.76
100	0.84	104.2	0.12	0.82
150	0.73	98.5	0.11	0.84

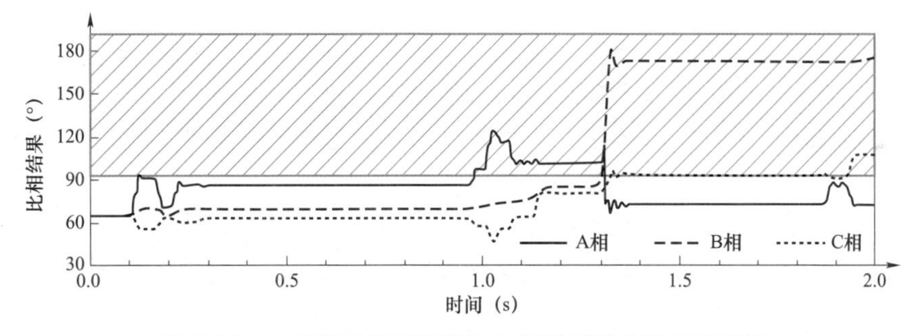

图 2.51　A 相潮流转移下发生 B 相故障的保护起动情况

经仿真验证，本章所提事故过负荷闭锁方案，通过对系统状态及时域动态的识别，能可靠闭锁事故过负荷下保护的不合理动作，并在各类故障下有效开放。提出的自适应整定方案，对事故过负荷过程中的区外故障超越和潮流转移超越均有较好的抑制作用，且保持并提升了本线路保护末端的灵敏性，简单可行，具有较好实用性。

2.8 小　结

本章 2.1～2.3 节对距离Ⅲ段在事故过负荷下的动态动作过程进行了时域分析，对事故过负荷进行了必要的网络分析，特别对事故过负荷下距离Ⅲ段超越的必要条件进行了分析。得到如下结论：

（1）事故过负荷包含了复杂的动态过程，现有解决方法尚有缺陷。为避免保护在动态过程中的不合理动作，对于事故过负荷的识别问题应由单一时间断面上的判断扩展为时域动态连续判断，对多次扰动时间信息的利用是可行且必要的。

（2）距离Ⅲ段在事故过负荷下超越的本质原因是保护选择性和灵敏性的矛盾。对站域事故过负荷，可直接由站域信息进行闭锁；然而对非站域事故过负荷的识别，难以由传统的故障网络分析得以解决。

（3）事故过负荷下距离Ⅲ段是否超越由保护整定条件和系统运行条件共同决定：

1）线路重载且两端等效系统功角稳定，节点电压稳定。

2）保护安装于长线路，定值大。

根据保护整定值，可以缩小研究范围；根据系统运行方式，可预判事故过负荷是否可能引发保护起动。基于站域信息对线路背侧，即系统侧进行戴维南等效，对系统运行方式进行判断，是解决事故过负荷识别的可行方法。

（4）在基于 IEC 61850 的智能变电站中，根据多次扰动时间信息、站域开关信息和站域电气信息可实现对事故过负荷较完备的识别与闭锁。

本章 2.4～2.7 节针对事故过负荷提出了识别、闭锁及自适应整定方法，并进一步提出自适应整定方案，对所提方案进行了仿真验证。得到如下结论：

（1）基于事故过负荷下距离Ⅲ段动作的系统运行及保护整定条件，提出了基于站域信息的 OSI 指标，包括整定阻抗、测量阻抗与戴维南等效阻抗的关系，可有效划分事故过负荷保护起动域。

（2）识别事故过负荷需考虑其动态过程，包括区外故障、单相潮流转移和对称潮流转移三阶段，可由站域电气信息和时域动态信息逐一进行识别。

（3）对事故过负荷可根据站域开关信息及保护起动信息进行识别及闭锁，本章提出了距离Ⅲ段保护事故过负荷自适应闭锁方案。

（4）通过分析事故过负荷下保护超越的本质问题，进一步提出基于站域信息的自适应整定方法，保证了距离Ⅲ段保护的选择性并兼顾灵敏性，降低了事故过负荷下保护动作的风险。

（5）经仿真验证，本章所提识别方法，可彻底识别不同系统运行方式下单相、三相潮流转移识别问题；在事故过负荷全过程中，能可靠闭锁事故过负荷下保护的不合理动作；并在各类故障下能有效开放。

（6）本章所提基于站域信息的事故过负荷识别、闭锁及整定方法简单可行，较为彻底地解决了事故过负荷下距离Ⅲ段不合理动作的问题，对预防连锁跳闸、保障电网安全运行有较大意义。

3 免疫于振荡的距离保护

并联运行的电力系统或发电厂失去同步的现象称之为振荡。电力系统振荡时，两侧等效电动势之间的夹角 δ 在 $0^\circ \sim 360^\circ$ 的范围内周期性变化，这使得系统中各点的电压、线路电流呈现出周期性变化。相应地，距离保护的测量阻抗也同样表现出了周期性变化的特点。振荡过程中，测量阻抗随着 δ 的变化可能进入距离保护的动作范围引起保护误动。因此，为防止在系统发生振荡时保护误动作往往需要加入振荡闭锁元件。短时开放保护的振荡闭锁方法在我国得到广泛应用，它在受扰起动后开始计时，经一段时间延时（一般取 160ms）后将保护闭锁。这种振荡闭锁方法实现简单，但未能真正区分振荡与短路故障，只是在振荡可能发生前将保护闭锁不再开放，这也使得该振荡闭锁方法无法应对振荡中发生短路故障的情况[182]。完整的振荡闭锁元件应满足要求：可靠区分振荡与短路故障，即系统故障时不影响保护动作，系统振荡无故障时可靠闭锁保护；快速识别系统振荡中的短路故障，及时开放保护[205]。为实现上述振荡闭锁的要求，国内外学者开展了大量研究，常见的振荡闭锁方法包括基于三序电流幅值比较的振荡闭锁方法、基于测量阻抗变化率的振荡闭锁方法、基于振荡中心电压幅值的振荡闭锁方法等[7,206-208]。但这些方法所取整定值往往不能完全区分振荡与短路故障，需要一定的延时配合。这也影响了保护对故障的响应速度，同时仍然存在振荡中误开放保护导致保护误动作的风险。若能提出免疫于振荡的距离保护，不再依赖振荡闭锁元件，则可以有效避免上述问题。多相补偿距离保护从原理上不受振荡影响，为提出免疫于振荡的距离保护提供了一定的理论基础。

3.1 多相补偿距离继电器

多相补偿距离继电器在电磁式保护时代曾得到广泛应用[209-213]。它的一个重要优点是在系统单纯振荡无故障情况下可靠不动作。但在当时，多相补偿距离继电器被提出的目的是解决单个继电器反映多相故障问题，因此其构成方式多为在不同相的补偿电压间比相或在不同相间的补偿电压间比相，即在 $\dot{U}'_{A}$、$\dot{U}'_{B}$、$\dot{U}'_{C}$ 间比相或在 $\dot{U}'_{AB}$、$\dot{U}'_{BC}$、$\dot{U}'_{CA}$ 间比相。本书着眼于多相补偿继电器不反映振荡无故障的特点进行深入分析，探讨其构成不受振荡影响的距离继电器的可行性，因此选择用相补偿电压和相间补偿电压间比相的构成方式进行研究。

多相补偿距离继电器（简称其为 P 元件）由 P_{A-BC}、P_{B-CA} 和 P_{C-AB} 三个比较元件构成。这三个比较元件的动作条件分别为[205]：

$$\begin{cases} P_{A-BC}:180^\circ < \arg\dfrac{\dot{U}'_A}{\dot{U}'_{BC}} < 360^\circ \\ P_{B-CA}:180^\circ < \arg\dfrac{\dot{U}'_B}{\dot{U}'_{CA}} < 360^\circ \\ P_{C-AB}:180^\circ < \arg\dfrac{\dot{U}'_C}{\dot{U}'_{AB}} < 360^\circ \end{cases} \tag{3-1}$$

以上三个判据分别用于识别不同相别故障，以“或”逻辑输出。式（3-1）中 $\dot{U}'_A$、$\dot{U}'_B$、$\dot{U}'_C$ 分别表示 A、B、C 相补偿电压；$\dot{U}'_{AB}$、$\dot{U}'_{BC}$、$\dot{U}'_{CA}$ 分别表示 AB、BC、CA 相间补偿电压。相补偿电压和相间补偿电压定义如下：

$$\begin{cases} \dot{U}'_\varphi = \dot{U}_\varphi - (\dot{I}_\varphi + 3k\dot{I}_0)Z_{set} \\ k = \dfrac{Z_0 - Z_1}{3Z_1} \\ \varphi = A,B,C \end{cases} \tag{3-2}$$

$$\begin{cases} \dot{U}'_{\varphi\varphi} = \dot{U}_{\varphi\varphi} - \dot{I}_{\varphi\varphi}Z_{set} \\ \varphi\varphi = AB,BC,CA \end{cases} \tag{3-3}$$

式中：Z_0、Z_1 分别为被保护线路的零序、正序阻抗；Z_{set} 为整定阻抗。

3.2 多相补偿距离继电器性能分析

选择多相补偿距离继电器作为距离保护的核心元件的目的是要利用它不受电力系统振荡影响的优秀特性。因此，有必要先分析一下它在各种振荡和故障情况下的动作特性。尽管已有文献做过相关方面的工作[214-216]，但分析结果表示为相量图，不方便进行数值计算。本书从分析多相补偿距离继电器动作方程的角度给出可进行数值分析的结果。

3.2.1 振荡无故障情况

当系统单纯振荡无故障时，由式（3-2）和式（3-3）可知，此时各相补偿电压实际上就是各相整定点处的电压，其相角同步变化，补偿电压间的相对角度不变，因此多相补偿距离继电器不会动作。

3.2.2 无振荡的故障情况

文献［217］从补偿电压相量图的角度说明了无振荡的故障情况下多相补偿距离继电器能够可靠动作。本书从动作方程的角度分析该问题。以 A 相发生单相接地故障为例，分析多相补偿距离继电器在故障但无振荡的系统条件下的动作性能，正向故障系统示意图如图 3.1 所示。

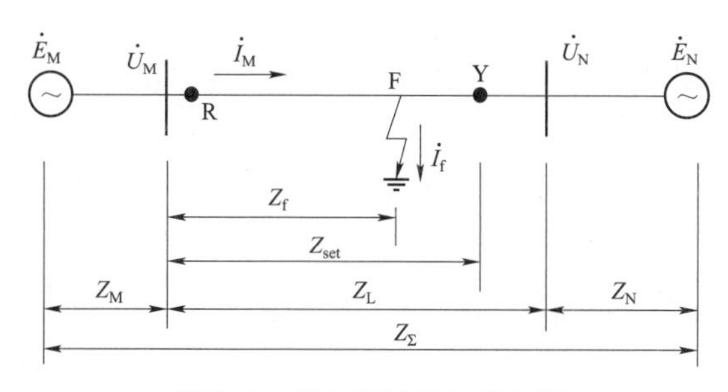

图 3.1 正向故障系统示意图

图 3.1 中 R 点为保护所在位置；F 点为故障点；Y 点为保护范围末端；$\dot{E}_M$、$\dot{E}_N$ 分别为系统两侧电源电动势；$\dot{U}_M$、$\dot{U}_N$ 分别为被保护线路两侧电压；$\dot{I}_M$ 为保护安装处测得电流；$\dot{I}_f$ 为故障支路电流；Z_M、Z_L、Z_N、Z_f、Z_{set}、Z_Σ 分别为图中所示各段线路阻抗。

当系统发生单相故障时，不妨设 $\dot{E}_M = E\mathrm{e}^{\mathrm{j}\theta}$，$\dot{E}_N = AE\mathrm{e}^{\mathrm{j}(\theta-\delta)}$，$A$ 为常数。则 $P_{A\text{-}BC}$ 动作方程为：

$$\arg\frac{\dot{U}'_A}{\dot{U}'_{BC}} = \arg\frac{\mathrm{j}(Z_f - Z_{set})}{\sqrt{3}(Z_f + Z_M)} \times \frac{Z_\Sigma}{(Z_\Sigma - Z_M - Z_{set}) + A\mathrm{e}^{-\mathrm{j}\delta}(Z_M + Z_{set})} \tag{3-4}$$

当系统中无振荡时，假设：

（1）系统各部分阻抗角相等；

（2）系统正序阻抗和负序阻抗相等；

（3）故障为金属性故障。

同时令 δ=10°，A=1，则动作方程变为：

$$\arg\frac{\dot{U}'_A}{\dot{U}'_{BC}} = \arg\frac{\mathrm{j}(Z_f - Z_{set})}{\sqrt{3}(Z_f + Z_M)} \times \frac{1}{(1-m) + m\mathrm{e}^{-\mathrm{j}10^\circ}} \tag{3-5}$$

式（3－5）中，m 为实数：

$$m = \frac{Z_M + Z_{set}}{Z_\Sigma} < 1 \tag{3-6}$$

当发生区内故障时，$Z_f < Z_{set}$，动作方程 $\arg(\dot{U}'_A / \dot{U}'_{BC}) \approx 270^\circ$，正处于动作的最灵敏区域。当发生区外故障时，$Z_f > Z_{set}$，动作方程 $\arg(\dot{U}'_A / \dot{U}'_{BC}) \approx 90^\circ$，正处于不动作的最灵敏区域。

由于多相补偿距离继电器是在各相补偿电压之间进行比相的，当发生对称性故障时各补偿电压相位同时变化，各补偿相电压间的相对角度不变，因此多相补偿距离继电器不会动作，即该继电器不能反映对称性故障。

3.2.3 振荡伴随故障情况

1．振荡伴随区内故障

振荡伴随区内故障系统示意图如图 3.1 所示。仍有前述假设，电力系统振荡意味着

δ 在系统运行过程中不断变化，变化范围为 0°～360°。

当系统发生 A 相接地故障时，反映故障相的元件 $P_{\text{A-BC}}$ 和反映非故障相的元件 $P_{\text{B-CA}}$、$P_{\text{C-AB}}$ 的特性不同，以下分别分析。

对于反映故障相的比较元件 $P_{\text{A-BC}}$，求出相应的补偿电压后得到动作判据如下[218]：

$$\begin{cases}\arg\dfrac{\dot{U}'_{\text{A}}}{\dot{U}'_{\text{BC}}}=\arg\dfrac{-\text{j}}{(1-m)+Ak\text{e}^{-\text{j}\delta}}=\arg\dfrac{-\text{j}}{1+B\text{e}^{-\text{j}\delta}}\\ B=\dfrac{Am}{1-m}>0\end{cases} \tag{3-7}$$

式中：A 为系统两端电压幅值比，通常有 $90.9\%\leqslant A\leqslant 110\%$。取 $A=1$，绘出不同的参数 B 取值情况下 $P_{\text{A-BC}}$ 计算结果随 δ 变化曲线，即可得出振荡对 $P_{\text{A-BC}}$ 的影响。该曲线如图 3.2 所示，图 3.2～图 3.5 中阴影部分为继电器的动作区间。

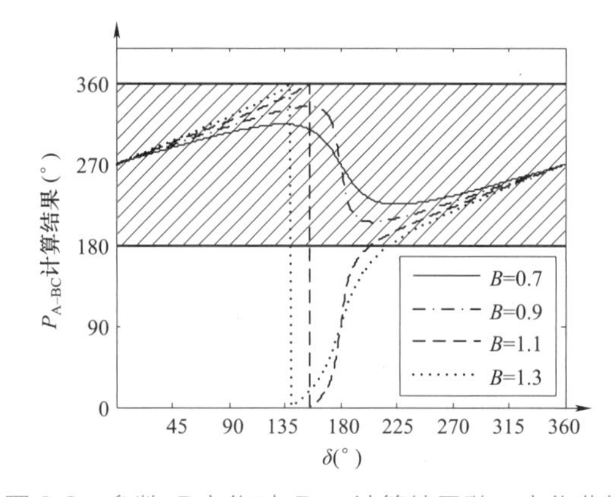

图 3.2　参数 B 变化时 $P_{\text{A-BC}}$ 计算结果随 δ 变化曲线

当系统发生振荡时，δ 在 0°～360° 之间变化。观察图 3.2 可知，大部分情况下 $P_{\text{A-BC}}$ 仍能够在故障时可靠动作。只有当 $B>1$ 时有可能在 $\delta=180°$ 附近发生区内故障拒动，拒动范围和 B 的值有关。取 $A=1$，解不等式（3－8）得 $m>0.5$。

$$B=\frac{Am}{1-m}>1 \tag{3-8}$$

由式（3－6）中 m 的定义知，$m>0.5$ 意味着保护范围末端到保护安装侧电源距离大于到对侧电源距离，或者说保护范围末端在振荡中心外。在此情况下，当振荡发展到两端电源摆开角度在 180° 附近时有可能发生区内拒动情况。电力系统振荡时 δ 在 0°～360° 范围内周期性变化，对于瞬时动作的Ⅰ段来说，当振荡角度变小时Ⅰ段保护依然可以正确动作。在电力系统振荡情况下可以适当放宽保护的速动性，因此Ⅰ段保护的拒动情况是可以接受的。

但对于延时动作的Ⅱ、Ⅲ段保护来说，若在振荡周期内正确动作的时间长度小于Ⅱ、Ⅲ段的整定时间长度，则继电器在振荡且区内单相接地故障情况下将发生拒动。由对式（3－8）的分析可知，保护范围末端到本侧电源距离越是大于到对侧电源距离，$P_{\text{A-BC}}$ 的正确动作时间越短。在式（3－7）中 B 取不同值时 $P_{\text{A-BC}}$ 的正确动作角度范围见表 3.1。δ 由小变大的过程中，定义 $P_{\text{A-BC}}$ 从不正确动作到正确动作时的角度为正动初始角；P_{A-BC} 从正确动作到不正确动作时的角度为正动结束角；两者之间的角度范围为正动角度范围。

表 3.1　　P_{A-BC} 的正确动作范围

B	正动初始角（°）	正动结束角（°）	正动角度范围（°）
5	258	102	204
10	265	96	191
15	266	94	188
20	267	92	185

由表 3.1 可知，随着 B 的增大 P_{A-BC} 的正确动作角度范围逐渐缩小。当 B 取值增大到一定程度后，正确动作范围变化不大。因此认为 P_{A-BC} 的正确动作范围最小为 B 取 20 时的 185° 左右。文献［219］指出，振荡周期通常为 0.2～2s。按照振荡周期最小 0.2s 计算，P_{A-BC} 的正确动作时间最短为 0.1s。这一动作时间不能满足Ⅱ、Ⅲ段延时动作的要求。因此，若以多相补偿距离继电器构成距离保护的Ⅱ、Ⅲ段，则在振荡周期小、电力系统振荡且发生区内单相接地故障、保护范围末端在振荡中心外的情况下保护有可能拒动。对于该问题的解决方法为：在Ⅱ、Ⅲ段计时的同时加入计数，若检测到保护在某个时间段内反复进出Ⅱ、Ⅲ段达到一定次数，即给出Ⅱ、Ⅲ段跳闸信号。

对于反映非故障相的元件 P_{B-CA}，求出相应的补偿电压后得到动作方程如式（3－9）所示。

$$\begin{cases} \arg\dfrac{\dot{U}'_{B}}{\dot{U}'_{CA}}=\dfrac{(1-m)e^{-j120^\circ}+mAe^{-j(\delta+120^\circ)}}{(1-m)e^{j120^\circ}+mAe^{-j(\delta-120^\circ)}+T} \\ T=\dfrac{Z_{set}-Z_{f}}{Z_{f}+Z_{M}}>0 \end{cases} \tag{3-9}$$

由式（3－9）可知，P_{B-CA} 的动作范围与参数 T、A、k 均有关系。T 为故障点到保护范围末端和到保护安装侧电源的相对电气距离；A 为对侧电源幅值与保护安装侧电源幅值比；m 为保护范围末端到保护安装侧电源的电气距离。

为了研究每个参数对于 P_{B-CA} 计算结果的影响，分别绘出 P_{B-CA} 计算结果随三个参数变化曲线。根据 m、A 定义，合理设置 A=1，m=0.8。取 T 的变化范围为 0.3～0.9，绘出 P_{B-CA} 在参数 T 不同取值情况下的计算结果随 δ 的变化曲线如图 3.3 所示。

由图 3.3 可知，当参数 T 较大时，反映非故障相的元件 P_{B-CA} 会在 δ=270° 附近发生误动。即发生大电源出口故障时 P_{B-CA} 在电力系统振荡情况下有误动可能性。在其他情况下（包括系统单纯故障无振荡情况），反映非故障相的元件 P_{B-CA} 均能够可靠不动作。

设置 T=0.7，A=1。根据 m 的定义，取 m 的范围为 0.1～0.7，绘出继电器 P_{B-CA} 在参数 m 不同取值情况下的计算结果随 δ 的变化曲线如图 3.4 所示。

由图 3.4 可以看出，当 m 取值在 0.5 附近时，反映非故障相的元件 P_{B-CA} 会在电力系统振荡且发生区内故障时发生误动。这意味着，当保护范围末端（即整定点）在振荡中心附近时，P_{B-CA} 会在系统两侧电源摆开角在一定范围内时误动，越是接近振荡中心，误动的范围越大。而当整定点远离振荡中心时，P_{B-CA} 在各种振荡角度下均能可靠不误动。

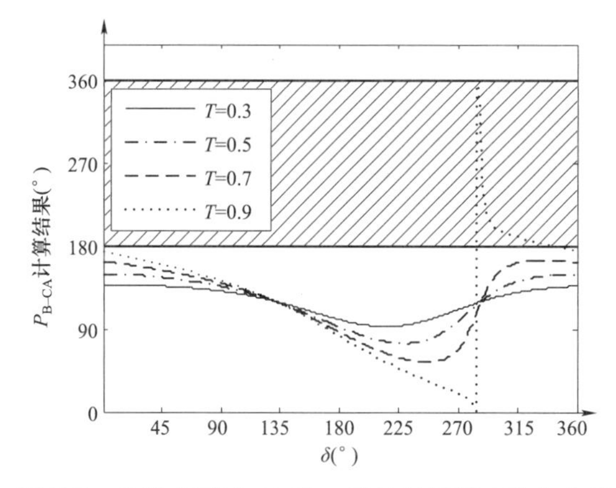

图 3.3　参数 T 变化时 P_{B-CA} 计算结果随 δ 变化曲线

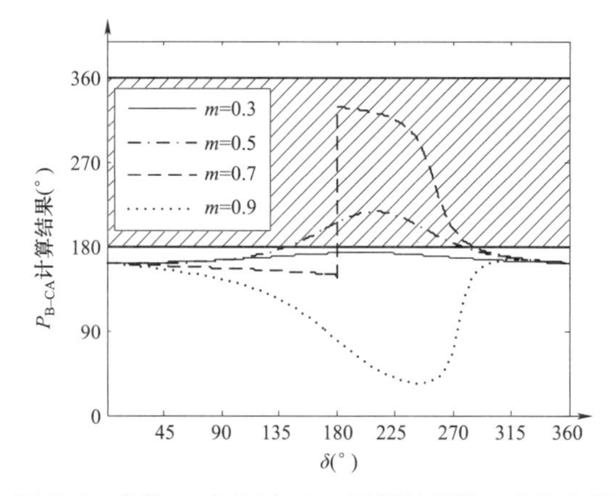

图 3.4　参数 m 变化时 P_{B-CA} 计算结果随 δ 变化曲线

考虑到极端情况下电压的大幅跌落，同时为了分析的完整性，设定 T=0.7，m=0.8，A 的变化范围为 0.5～1.1。绘出继电器 P_{B-CA} 在参数 A 不同取值情况下的计算结果随 δ 的变化曲线如图 3.5 所示。

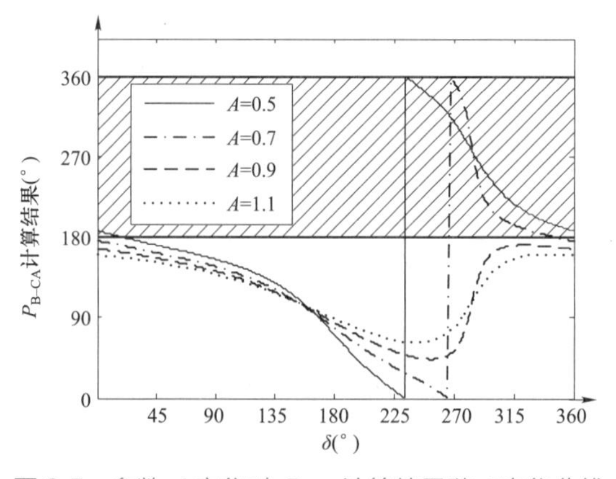

图 3.5　参数 A 变化时 P_{B-CA} 计算结果随 δ 变化曲线

由图 3.5 可以看出，当 A 取值过小时，P_{B-CA} 会在电力系统振荡且区内故障时发生误动。A 值过小意味着保护安装在送电侧，且送电侧的电源电动势远大于受电侧电源电动势。图 3.5 所示情况中 T=0.7，m=0.8，A<0.7 时会发生误动。除非电压崩溃，否则一侧电压跌落到另一侧电压的 70%的情况在电力系统中几乎不可能发生。

P_{C-AB} 具有和 P_{B-CA} 类似的结论，只是发生误动的振荡角不同。

综合分析可知，在大部分振荡中发生单相接地故障情况下反映非故障相的比较元件均有正确的动作结果。只有达到以下三个条件，且这三个条件达到某种配合时，才有可能发生误动。这三个条件为：

（1）发生大电源出口故障；

（2）保护范围末端在振荡中心附近；

（3）保护安装在送电侧，且送电侧的电源电动势远大于受电侧电源电动势。

系统中发生两相接地故障时有类似结论。略去分析过程，直接写出结论如下：

当发生区内故障时若保护范围末端到本侧电源距离大于到对侧电源距离，则当振荡发展到两端电源摆开角度在 180° 附近时反映故障相的比较元件 P_{A-BC} 有可能发生区内拒动。由于发生 BC 相故障，另外两个比较元件 P_{B-CA} 和 P_{C-AB} 也能够反映故障。在保护安装侧两侧电源角度领先对侧电源角度小于 90° 的时候，这两个元件也能够动作，其他情况下这两个元件不动作。

2. 振荡伴随正向区外故障

类似于前边分析，此处只给出单相接地故障情况下的系统示意图和结论。系统发生正向区外故障时，示意图如图 3.6 所示，图中各符号意义和图 3.1 相同。

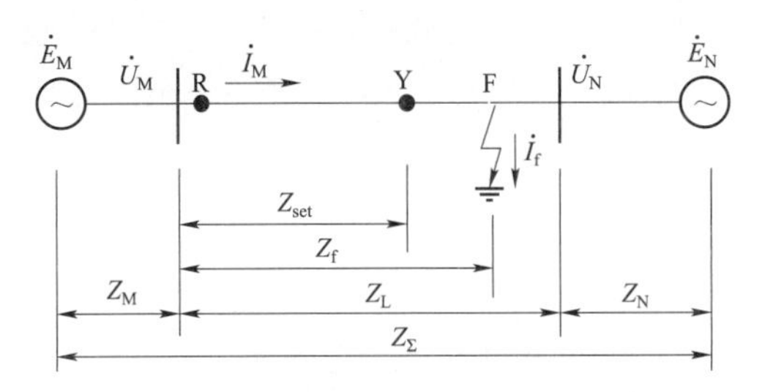

图 3.6　正向区外故障系统示意图

在电力系统振荡且发生正向区外故障时，多相补偿距离继电器的三个元件有如下性能：

（1）保护范围末端在振荡中心内的情况或振荡角度 δ<135° 或 δ>225° 的情况下，反映故障相的元件均能可靠不动作，更精确的正确动作范围跟保护范围末端和振荡中心的相对位置有关。

（2）保护范围末端在振荡中心外且振荡发展到两端电源摆开角 135°<δ<225° 时，反映故障相的元件可能发生误动，更精确的误动范围跟保护范围末端和振荡中心的相对位置有关。

（3）保护范围末端不在振荡中心附近或振荡角度 δ<90° 或 δ>225° 的情况下，反映非故障相的元件均能可靠不动作，更精确的正确动作范围跟保护范围末端和振荡中心的相对位置有关。

（4）当发生大电源出口故障且保护范围末端在振荡中心附近时，反映非故障相的元件有可能在 90°＜δ＜225°情况下发生误动。

3. 振荡伴随反向区外故障

此处仍然只给出单相接地故障情况下的系统示意图和结论。系统发生反向区外故障时，示意图如图 3.7 所示，图中各符号意义和图 3.1 中相同。

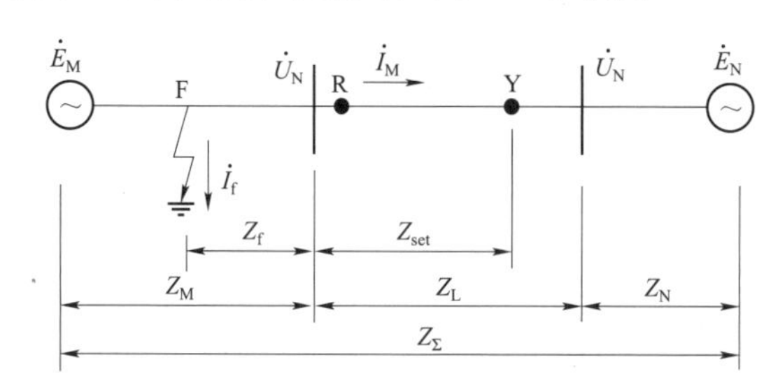

图 3.7 反向区外故障系统示意图

在电力系统振荡且发生反向区外故障时，多相补偿距离继电器的三个元件有如下性能：

（1）在保护范围末端在振荡中心外或振荡角度 δ＜135°或 δ＞225°的情况下，反映故障相的元件均能可靠不动作，更精确的正确动作范围跟保护范围末端和振荡中心的相对位置有关。

（2）保护范围末端在振荡中心内且振荡发展到两端电源摆开角 135°＜δ＜225°时，反映故障相的元件可能发生误动，更精确的误动范围跟保护范围末端和振荡中心的相对位置有关。

（3）在保护范围末端在振荡中心内侧或振荡角度 δ＜135°或 δ＞270°的情况下，反映非故障相的元件均能可靠不动作，更精确的正确动作范围跟保护范围末端和振荡中心的相对位置有关。

（4）当保护范围末端在振荡中心内侧，对侧电源是大电源或发生远距离反向故障，且两端电源摆开角度在 135°＜δ＜270°时，有可能发生反向区外故障误动情况。

3.2.4 过渡电阻对多相补偿距离继电器的影响

上节的分析中略去了过渡电阻对多相补偿距离继电器的影响。本节将分析带过渡电阻情况下的动作情况。

以 A 相故障为例，R_g 为过渡电阻，写出三相补偿电压形式如式（3－10）～式（3－12）所示，在 A 相接地故障情况下元件 P_{A-BC} 的动作方程如式（3－13）所示。

$$\dot{U}'_A = (1-m)\dot{E}_{MA} + m\dot{E}_{NA} - \frac{m(1-t)(2Z_\Sigma + Z_\Sigma^0)[(1-t)\dot{E}_{MA} + t\dot{E}_{NA}]}{3R_g + t(1-t)(2Z_\Sigma + Z_\Sigma^0)} \tag{3-10}$$

$$\dot{U}'_B = \alpha^2[(1-m)\dot{E}_{MA} + m\dot{E}_{NA}] - \frac{m(1-t)(Z_\Sigma^0 - Z_\Sigma)[(1-t)\dot{E}_{MA} + t\dot{E}_{NA}]}{3R_g + t(1-t)(2Z_\Sigma + Z_\Sigma^0)} \tag{3-11}$$

$$\dot{U}'_{\mathrm{C}}=\alpha[(1-m)\dot{E}_{\mathrm{MA}}+m\dot{E}_{\mathrm{NA}}]-\frac{m(1-t)(Z_{\Sigma}^{0}-Z_{\Sigma})[(1-t)\dot{E}_{\mathrm{MA}}+t\dot{E}_{\mathrm{NA}}]}{3R_{\mathrm{g}}+t(1-t)(2Z_{\Sigma}+Z_{\Sigma}^{0})} \tag{3-12}$$

$$\begin{cases}\dfrac{\dot{U}'_{\mathrm{A}}}{\dot{U}'_{\mathrm{BC}}}=\dfrac{\mathrm{j}}{\sqrt{3}}+\dfrac{m(1-t)(2Z_{\Sigma}+Z_{\Sigma}^{0})[(1-t)\dot{E}_{\mathrm{MA}}+t\dot{E}_{\mathrm{NA}}]}{\mathrm{j}\sqrt{3}\left[3R_{\mathrm{g}}+t(1-t)(2Z_{\Sigma}+Z_{\Sigma}^{0})\right]\left[(1-m)\dot{E}_{\mathrm{MA}}+m\dot{E}_{\mathrm{NA}}\right]}\\ t=\dfrac{Z_{\mathrm{M}}+Z_{\mathrm{f}}}{Z_{\Sigma}}=\dfrac{Z_{\mathrm{M}}^{0}+Z_{\mathrm{f}}^{0}}{Z_{\Sigma}^{0}}\\ m=\dfrac{Z_{\mathrm{M}}+Z_{\mathrm{set}}}{Z_{\Sigma}}\end{cases} \tag{3-13}$$

过渡电阻对式（3－13）的影响体现在第二项。在第二项中，$\dot{E}_{\mathrm{MA}}$、$\dot{E}_{\mathrm{NA}}$ 以同样的形式存在于分子、分母中。故可忽略其实际值，取 $\dot{E}_{\mathrm{MA}}=1\mathrm{p.u.}$、$\dot{E}_{\mathrm{NA}}=1\angle10^{\circ}\mathrm{p.u.}$。$Z_{\Sigma}$、$Z_{\Sigma}^{0}$、$R_{\mathrm{g}}$ 的相对大小及参数 m、t 的取值对式（3－13）的计算结果都有很大影响。这些参数的取值和实际系统参数密切相关。因此，下面以实例说明过渡电阻对多相补偿距离继电器的影响。

仿真系统结构如图 3.1 所示，其中正序参数为 $Z_{\mathrm{M}}=1.8+\mathrm{j}2.8\Omega$，$Z_{\mathrm{N}}=1.8+\mathrm{j}2.8\Omega$，$Z_{\mathrm{L}}=3.6+\mathrm{j}5.6\Omega$；零序参数为 $Z_{\mathrm{M}}^{0}=16+\mathrm{j}7.47\Omega$，$Z_{\mathrm{N}}^{0}=16+\mathrm{j}7.47\Omega$，$Z_{\mathrm{L}}^{0}=32+\mathrm{j}14.94\Omega$。被保护线路长度为 200km，正序整定值 $Z_{\mathrm{set}}=25.6+\mathrm{j}11.95\Omega$，相当于 160km。将以上参数代入式（3－13）中，并取过渡电阻 R_{g} 从 0Ω 变化到 400Ω进行计算。在不同过渡电阻取值的情况下，绘出能够使 $P_{\mathrm{A-BC}}$ 动作的最远故障距离（本书称其为动作边界），如图 3.8 所示。

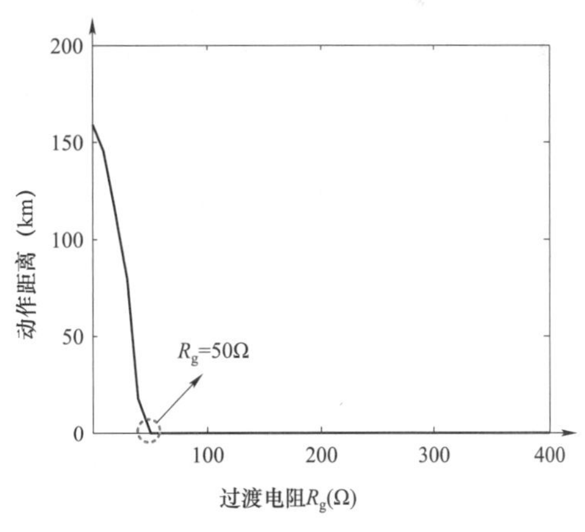

图 3.8　R_{g} 取不同值时 $P_{\mathrm{A-BC}}$ 的动作边界

由图 3.8 可知，保护范围（即动作边界）随着过渡电阻的增加而急剧缩短。当过渡电阻为 0Ω 时，保护范围为 160km，恰为整定距离。而当过渡电阻仅仅增加到 50Ω时，该继电器完全失去保护范围。由此可见，过渡电阻对该继电器有极大的影响。

3.3　不受电力系统振荡影响的距离保护

3.3.1　改进的多相补偿距离保护

1．具有抗过渡电阻能力的多相补偿距离继电器

观察式（3－11）、式（3－12）可知，由于 $\dot{U}'_{\mathrm{B}}$ 和 $\dot{U}'_{\mathrm{C}}$ 的第二项相等，在计算 $\dot{U}'_{\mathrm{BC}}$ 时会抵消。因此过渡电阻 R_{g} 对 $\dot{U}'_{\mathrm{BC}}$ 并没有影响，它对 $P_{\mathrm{A-BC}}$ 的影响主要是影响了 $\dot{U}'_{\mathrm{A}}$ 第二项分

母的实部。将$\dot{U}'_{A}$第二项单独提出，定义为*RES*，如式（3－14）所示。则R_g通过影响*RES*分母的实部，影响了P_{A-BC}的结果。如能将这一影响消除，则可消除过渡电阻对P_{A-BC}的影响。当$R_g=0$时，$RES=-m/t$，即若能得到$-m/t$就可消除过渡电阻的影响[220]。

$$RES=-\frac{m(1-t)(2Z_{\Sigma}+Z_{\Sigma}^{0})[(1-t)\dot{E}_{MA}+t\dot{E}_{NA}]}{3R_g+t(1-t)(2Z_{\Sigma}+Z_{\Sigma}^{0})} \tag{3-14}$$

若要消除R_g对*RES*分母实部的影响，需要解决以下两个问题：

（1）在只能采集保护安装处三相电压、三相电流的条件下，如何得到*RES*；

（2）得到*RES*后，如何准确消除R_g对其分母部分的影响。

若要提取出*RES*，需寻找到某个可测量或可计算的电气量，该电气量拥有和式（3－14）相似的形式。同时，该电气量应为整定范围末端附近的量（即补偿点附近电量），以保证多相补偿距离继电器不失去不受振荡影响的良好特性。

式（3－15）给出了零序补偿电压$\dot{U}'_{0}$的解析表达，对比式（3－14）和式（3－15）可知，$\dot{U}'_{0}$与*RES*形式极相似，二者仅仅相差一个与Z_{Σ}^{0}、Z_{Σ}相关的系数。这个系数可由式（3－2）中定义的、距离保护必需的参数k得到。利用参数k和零序补偿电压$\dot{U}'_{0}$共同表示出*RES*，如式（3－16）所示。

$$\begin{aligned}\dot{U}'_{0}&=\frac{\dot{U}'_{A}+\dot{U}'_{B}+\dot{U}'_{C}}{3}\\&=\left(-\frac{m(1-t)Z_{\Sigma}^{0}}{3R_g+t(1-t)(2Z_{\Sigma}+Z_{\Sigma}^{0})}\right)[\dot{E}_{MA}(1-t)+\dot{E}_{NA}t]\end{aligned} \tag{3-15}$$

$$RES=\frac{3k+3}{3k+1}\dot{U}'_{0} \tag{3-16}$$

观察式（3－14）可知，*RES*的分子中包含两端电源电动势项，该项是一旋转项，会以工频变化，若要去除R_g对*RES*的影响，则应首先去除此项。在*RES*中此项为$(1-t)\dot{E}_{MA}+t\dot{E}_{NA}$，是发生故障前故障点的电压，不可计算也不可测量。$(1-m)\dot{E}_{MA}+m\dot{E}_{NA}$（即$\dot{U}'_{A}-RES$）为整定点电压，考虑到系统正常运行时线路各点电压相差不大[312]，可用它代替$(1-t)\dot{E}_{MA}+t\dot{E}_{NA}$，消除两端电源电动势造成的旋转项。旋转项被消除后得到的部分定义为*COM*：

$$\begin{cases}COM=\dfrac{RES}{\dot{U}'_{A}-RES}=-\dfrac{m(1-t)Ze^{j\varphi}}{3R_g+t(1-t)Ze^{j\varphi}}\\Ze^{j\varphi}=2Z_{\Sigma}+Z_{\Sigma}^{0}\end{cases} \tag{3-17}$$

当有式（3－18）的假设时，对式（3－17）中的*COM*取倒数，得到形如式（3－19）所示的复数。若能通过某种计算消除式（3－19）中A，则可消除过渡电阻对继电器的影响。

$$\begin{cases}A=-\dfrac{3R_g}{m(1-t)Z}\\B=-\dfrac{t}{m}\end{cases} \tag{3-18}$$

$$\frac{1}{COM}=(A\cos\varphi+B)-\mathrm{j}A\sin\varphi \tag{3-19}$$

将 COM 做形如式（3－20）的变换，即可消除 R_g 的影响。

$$COM'=\frac{1}{real\left(\dfrac{1}{COM}\right)+imag\left(\dfrac{1}{COM}\right)\mathrm{ctan}\,\varphi} \tag{3-20}$$

最终，改进的补偿电压如式（3－21）所示，改进的 $P_{\text{A-BC}}$ 的动作方程如式（3－22）所示。

$$\dot{U}'_{\text{AComp}}=(COM'+1)(\dot{U}'_{\text{A}}-RES) \tag{3-21}$$

$$P_{\text{A-BC}}:360^\circ > \arg\frac{\dot{U}'_{\text{AComp}}}{\dot{U}'_{\text{BC}}} > 180^\circ \tag{3-22}$$

对于 B、C 相，补偿电压可做类似处理，但 COM 与 A 相不同，分别为：

$$\begin{cases} COM_{\text{B}}=\dfrac{RES}{\alpha^2(\dot{U}'_{\text{A}}-RES)} \\ COM_{\text{C}}=\dfrac{RES}{\alpha(\dot{U}'_{\text{A}}-RES)} \end{cases} \tag{3-23}$$

值得注意的是，在某些情况下会出现 $\dot{U}'_0=0$，这会导致 COM=0，从而使得倒数计算出现无穷大，故而在实际应用中应加入 $\dot{U}'_0$ 存在的判据。另外，虽然本书的改进方法用到了保护整定点电压来代替故障点电压，但这并不会破坏多相补偿距离继电器原来的“电力系统振荡但无故障情况下可靠不动作”的良好特性。因为当系统单纯振荡时，并无零序电压的产生，动作方程不会受到修正。这种情况下改进后的特性和原来特性一样。

上文中用 $(1-m)\dot{E}_{\text{MA}}+m\dot{E}_{\text{NA}}$ 代替 $(1-t)\dot{E}_{\text{MA}}+t\dot{E}_{\text{NA}}$ 进行了近似，在实际系统中这两个值有一定偏差。以下分析这一偏差给改进的多相补偿距离继电器带来的误差。假设：

$$\mathrm{e}^{\mathrm{j}\theta}=\frac{(1-t)\dot{E}_{\text{MA}}+t\dot{E}_{\text{NA}}}{(1-m)\dot{E}_{\text{MA}}+m\dot{E}_{\text{NA}}} \tag{3-24}$$

则式（3－20）变为：

$$COM'=\frac{\sin\varphi}{\dfrac{3R_g}{m(1-t)Z}\sin\theta-\dfrac{t}{m}\sin(\varphi-\theta)} \tag{3-25}$$

式中：φ 为系统阻抗角；θ 为系统无故障时故障点电压和整定点电压的相角差。当保护安装在送电侧时，θ 随着故障距离的增大而减小；当保护安装在受电侧时 θ 随着故障距离的增大而增大。

对比观察式（3－21）、式（3－22）和式（3－25）可知：COM' 的分母越大保护越倾向于动作，COM' 的分母越小保护越倾向于不动作。由于正弦函数在 -90°～90° 之间是增函数，因此 $\varphi-\theta$ 越小保护越容易动作，$\varphi-\theta$ 越大保护越不容易动作。

保护安装在送电侧时，θ 随着故障距离的增大而减小，在区内故障时保护更倾向于动作，区外故障时保护更倾向于不动作。电压近似的误差使得改进的多相补偿距离继电器效果更好。

保护安装在受电侧时，θ 随着故障距离的增大而增大，在区内故障时保护更倾向于不动作，区外故障时保护更倾向于动作。电压近似的误差使得改进的多相补偿距离继电器效果变差。但这并不说明本书的方法不能应用于受电侧，只是受电侧的效果不如送电侧效果好。

改进的多相补偿距离继电器中用到了线路阻抗角 φ。尽管线路阻抗角在现场很容易得到，但为了分析的完整性，仍给出当线路阻抗角 φ 的取值和实际值有偏差（α）时，给改进的多相补偿距离继电器带来的误差。

当线路阻抗角取为 $\varphi+\delta$ 时，式（3－25）变为：

$$COM'=\frac{\sin(\varphi+\alpha)}{\dfrac{3R_{\mathrm{g}}}{m(1-t)Z}\sin(\theta-\alpha)-\dfrac{t}{m}\sin(\varphi-\theta+\alpha)} \tag{3-26}$$

如前文分析，$\varphi-\theta+\alpha$ 越小保护越容易动作，$\varphi-\theta+\alpha$ 越大保护越不容易动作。即相对于线路阻抗角的实际值，若估计值较大则保护倾向于区内拒动，若估计值较小则保护倾向于区外误动。因此，实际应用中应在尽可能准确估计线路阻抗角的前提下取稍微大些的估计值。同时也可看出，φ 越大，α 对 φ 的影响越小。因此改进的多相补偿距离继电器适用于线路电阻相对较小、线路较长的线路，即适用于高压线路。

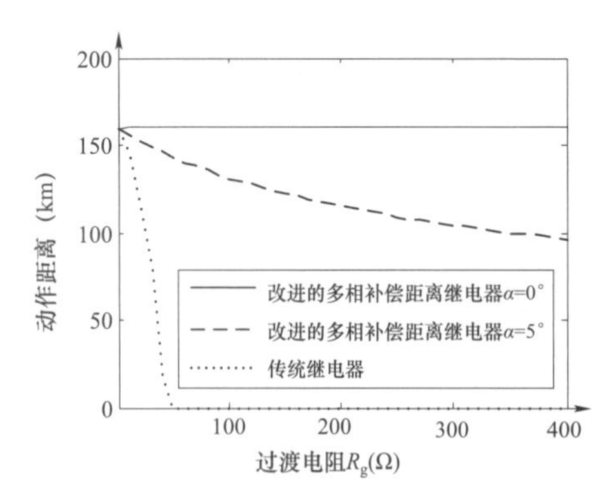

图 3.9　改进的多相补偿距离继电器的动作边界

将改进的多相补偿距离继电器应用于 3.2 节的算例中，给出改进的多相补偿距离继电器的动作边界如图 3.9 所示。

图 3.9 中实线为准确估计线路阻抗角情况下多相补偿距离继电器的动作边界。明显看出，当准确估计线路阻抗角情况下改进的多相补偿距离继电器完全不受过渡电阻的影响，而准确估计故障阻抗角是很容易的。即使对线路阻抗角的估计有误差，如图 6.9 中虚线，其性能也远远优于传统多相补偿距离继电器（点虚线）。

2. 区外误动闭锁元件

据第二节分析，当系统发生振荡时若发生正向、反向区外故障，则多相补偿距离继电器会误动。为了避免这一情况，需设置区外误动闭锁元件。

对于正向区外误动情况，设置闭锁元件 Q。Q 元件的动作判据为：

$$\begin{cases}Q_{\varphi}:\left|Z_{\mathrm{Y}}(\dot{I}_{\varphi}+k\dot{I}_{0})\right|>\left|\dot{U}_{\varphi}\right|,\varphi=\mathrm{A,B,C}\\ Q_{\varphi\varphi}:\left|Z_{\mathrm{Y}}\dot{I}_{\varphi\varphi}\right|>\left|\dot{U}_{\varphi\varphi}\right|,\varphi\varphi=\mathrm{AB,BC,CA}\end{cases} \tag{3-27}$$

式中：Z_{Y} 为 P 元件 I 段整定阻抗 Z_{set} 的 2～2.5 倍，$\dot{U}_{\varphi}$、$\dot{U}_{\varphi\varphi}$ 为保护安装点电压。以 A 相故障和 BC 相故障为例，在 $P_{\mathrm{A-BC}}$ 动作的前提下，若 Q_{A} 动作而 Q_{BC} 不动作，认为发生

A 相故障；若 Q_{BC} 动作而 Q_A 不动作，认为发生 BC 相故障；若 Q_A 和 Q_{BC} 同时动作，认为是振荡或三相故障。只有 Q_A 和 Q_{BC} 中的一个动作而另一个不动作时才开放 $P_{A\text{-}BC}$ 的计算结果。同时，Q 元件还可以辅助 P 元件区分单相故障和两相故障，起到选相的作用。

为解决振荡且发生反向区外故障的误动情况，只需简单地设置方向元件即可。在反映单相故障的元件中设零序方向元件 D_0，在反映两相故障的元件中设负序方向元件 D_2。D_0、D_2 的动作判据为：

$$180^\circ < \arg\frac{\dot{U}_s}{\dot{I}_s} < 360^\circ \tag{3-28}$$

式中：$\dot{U}_s$、$\dot{I}_s$ 分别为保护测量点的零序（负序）电压、电流。

图 3.10、图 3.11 给出了反映单相故障和反映相间故障的元件构成逻辑图（以反映 A 相故障和 BC 相故障的元件为例）。

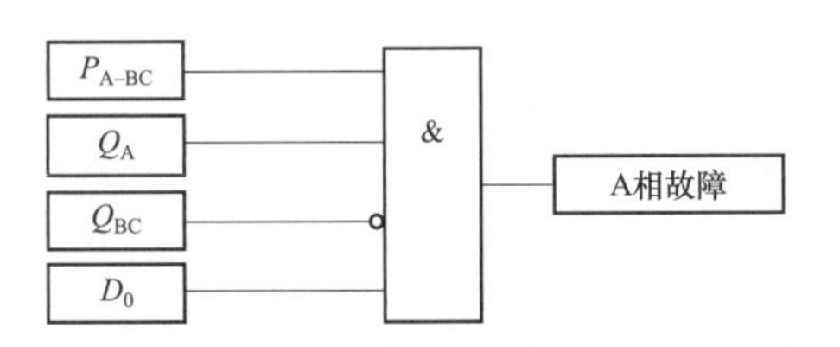

图 3.10 反映单相接地故障的元件构成逻辑图

$P_{A\text{-}BC}$ Q_{BC} Q_A D_2 & BC相故障

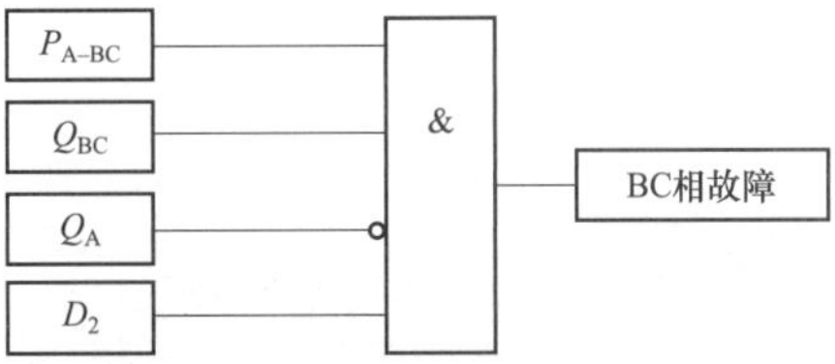

图 3.11 反映相间故障的元件构成逻辑图

3. 对称性故障检测元件

多相补偿距离继电器只能反映不对称故障而无法反映三相故障。尽管三相故障发生极少，但为了保护的完整性，本书仍给出一种检测三相故障的保护构成方案。

由于发生三相故障时三相电流、三相电压是对称的，可以采用任意相间电流和相间电压来进行测量。为了区分三相故障和单相故障、两相故障，需要用单相判据和两相判据共同判定。本书用 A 相相角和 BC 相间相角作为判据：

$$\begin{cases} M_A: 90^\circ < \arg\dfrac{\dot{U}_{A|0|}}{\dot{U}'_A} < 270^\circ \\ M_{BC}: 90^\circ < \arg\dfrac{\dot{U}_{BC|0|}}{\dot{U}'_{BC}} < 270^\circ \end{cases} \tag{3-29}$$

式中：$\dot{U}'_A$、$\dot{U}'_{BC}$ 分别为当前时刻 A 相、BC 相的补偿电压；$\dot{U}_{A|0|}$、$\dot{U}_{BC|0|}$ 分别为当前时刻 40ms 前的保护测量点 A 相、BC 相电压；两判据逻辑关系为“与”。

当系统中发生振荡而无故障时，上述判据会误动，为了防止这一情况的发生，用比相式工频变化量距离元件 ΔM 和上述判据组成“与”逻辑。ΔM 的判据为：

$$\Delta M: 90^\circ < \arg\frac{\dot{U}'_{BC|0|}}{\dot{U}'_{BC}} < 270^\circ \tag{3-30}$$

式中：$\dot{U}'_{BC}$ 为当前时刻 BC 相补偿电压；$\dot{U}'_{BC|0|}$ 为当前时刻 40ms 前的 BC 相补偿电压。若系统处于正常运行状态，BC 相间当前的补偿电压 $\dot{U}'_{BC}$ 和 40ms 前的补偿电压 $\dot{U}'_{BC|0|}$ 应完全

相等，ΔM 的判据计算结果为 0°，ΔM 不会动作。当系统处于振荡而无故障状态时，考虑到振荡的周期长，通常在秒级，$\dot{U}'_{BC}$ 和 $\dot{U}'_{BC|0|}$ 仅相差 40ms，不会产生特别大的相角差，ΔM 也不会动作。反映三相故障的元件 M 的构成逻辑图如图 3.12 所示。

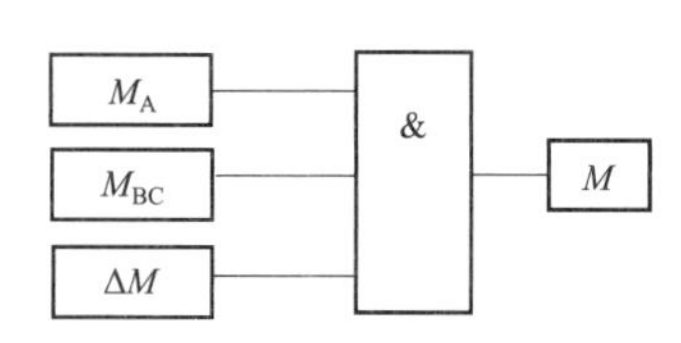

图 3.12　元件 M 的构成逻辑图

4. 继电器整体动作逻辑

综合以上各节分析，给出本书所提不受电力系统振荡影响、不受过渡电阻影响的距离继电器整组动作逻辑框图如图 3.13 所示。所有的不对称故障均由改进的多相补偿距离继电器（P）配合正向区外误动闭锁元件（Q）和反向区外误动闭锁元件（D）检测，三相故障由对称性故障检测元件（M）检测。

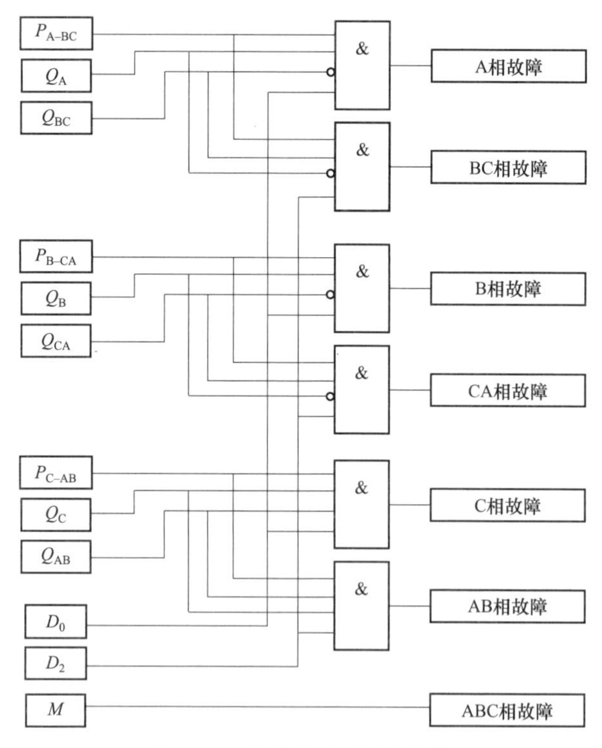

图 3.13　距离继电器逻辑框图

3.3.2　基于两端信息的距离保护

无论是多相补偿距离保护还是上述提出的改进的多相补偿距离保护，实际上均是通过比较 1 与 m/t 的大小来区分区内与区外故障。改进的多相补偿距离保护虽然提高了耐过渡电阻能力，但仍有一定不足：在推导过程中为了简化计算提出较强的假设，认为系统各部分的阻抗角一致、系统正负序网结构一样；在计算 m/t 的过程中需要对对端系统等效阻抗进行估计。对系统的强假设与实际系统的偏差及对端系统等效阻抗估计的偏差均会使得在实际应用过程中所求出的 m/t 与所期望得到的 m/t 存在较大的偏差，从而影响保护的性能。本小节提出一种不受振荡影响同时具有较强耐过渡电阻能力的距离保护方法。该方法沿用了多相补偿距离保护通过比较 1 与 m/t 的大小实现区分区内与区外故障的思路。

1. 基本原理

仍以图 3.1 所示的两端系统进行相应的说明。在后续的推导过程中仅假设系统正序参数与负序参数相同，定义参数 m_1、m_0、t_1 和 t_0 为：

$$\begin{cases} m_1 = \dfrac{Z_{M1} + Z_{set1}}{Z_\Sigma} \\ t_1 = \dfrac{Z_{M1} + Z_{f1}}{Z_\Sigma} \\ m_0 = \dfrac{Z_{M0} + Z_{set0}}{Z_\Sigma^0} \\ t_0 = \dfrac{Z_{M0} + Z_{f0}}{Z_\Sigma^0} \end{cases} \tag{3-31}$$

式中：下标“1”和“0”分别表示图 3.1 中对应阻抗的正序值和零序值。现推导在单相接地故障、两相短路故障和两相短路接地故障下三相补偿电压的表达式。

当发生单相接地故障时，以 A 相接地故障为例，故障发生后，以 M 侧的电流电压求得的三相补偿电压的表达式为：

$$\begin{cases} \dot{U}'_{AM} = \dot{E}_m - \dfrac{\left[2m_1\left(1-t_1\right)Z_\Sigma + m_0\left(1-t_0\right)Z_\Sigma^0\right]}{3R_g + 2t_1\left(1-t_1\right)Z_\Sigma + t_0\left(1-t_0\right)Z_\Sigma^0}\dot{E}_t \\ \dot{U}'_{BM} = \alpha^2\dot{E}_m + \dfrac{\left[m_1\left(1-t_1\right)Z_\Sigma - m_0\left(1-t_0\right)Z_\Sigma^0\right]}{3R_g + 2t_1\left(1-t_1\right)Z_\Sigma + t_0\left(1-t_0\right)Z_\Sigma^0}\dot{E}_t \\ \dot{U}'_{CM} = \alpha\dot{E}_m + \dfrac{\left[m_1\left(1-t_1\right)Z_\Sigma - m_0\left(1-t_0\right)Z_\Sigma^0\right]}{3R_g + 2t_1\left(1-t_1\right)Z_\Sigma + t_0\left(1-t_0\right)Z_\Sigma^0}\dot{E}_t \end{cases} \tag{3-32}$$

式中：$\dot{E}_m = (1-m)\dot{E}_{MA} + m\dot{E}_{NA}$，$\dot{E}_t = (1-t)\dot{E}_{MA} + t\dot{E}_{NA}$。由式（3－32）可求得 M 侧所对应的零序补偿电压为：

$$\dot{U}'_{0M} = -\frac{m_0(1-t_0)Z_\Sigma^0}{3R_g + 2t_1(1-t_1)Z_\Sigma + t_0(1-t_0)Z_\Sigma^0}\dot{E}_t \tag{3-33}$$

若将 $Z_L - Z_{set}$ 视作线路 N 侧保护的整定值，则以 N 侧的电流电压求得的三相补偿电压的表达式为：

$$\begin{cases} \dot{U}'_{AN} = \dot{E}_m - \dfrac{\left[2t_1\left(1-m_1\right)Z_\Sigma + t_0\left(1-m_0\right)Z_\Sigma^0\right]}{3R_g + 2t_1\left(1-t_1\right)Z_\Sigma + t_0\left(1-t_0\right)Z_\Sigma^0}\dot{E}_t \\ \dot{U}'_{BN} = \alpha^2\dot{E}_m + \dfrac{\left[t_1\left(1-m_1\right)Z_\Sigma - t_0\left(1-m_0\right)Z_\Sigma^0\right]}{3R_g + 2t_1\left(1-t_1\right)Z_\Sigma + t_0\left(1-t_0\right)Z_\Sigma^0}\dot{E}_t \\ \dot{U}'_{CN} = \alpha\dot{E}_m + \dfrac{\left[t_1\left(1-m_1\right)Z_\Sigma - t_0\left(1-m_0\right)Z_\Sigma^0\right]}{3R_g + 2t_1\left(1-t_1\right)Z_\Sigma + t_0\left(1-t_0\right)Z_\Sigma^0}\dot{E}_t \end{cases} \tag{3-34}$$

由式（3－34）可求得N侧所对应的零序补偿电压为：

$$\dot{U}'_{0N}=-\frac{t_0(1-m_0)Z_{\Sigma}^0}{3R_g+2t_1(1-t_1)Z_{\Sigma}+t_0(1-t_0)Z_{\Sigma}^0}\dot{E}_t \tag{3-35}$$

由式（3－33）及式（3－35）可计算得到：

$$\frac{\dot{U}'_{0M}}{\dot{U}'_{0N}}=\frac{m_0(1-t_0)}{t_0(1-m_0)}=\frac{Z_{M0}+Z_{set0}}{Z_{M0}+Z_{f0}}\cdot\frac{Z_{N0}+Z_{L0}-Z_{f0}}{Z_{N0}+Z_{L0}-Z_{set0}} \tag{3-36}$$

分析式（3－36）可知，当发生区内故障时，式（3－36）计算结果的幅值大于1；当发生区外故障时，则小于1。因此通过检测$\dot{U}'_{0M}/\dot{U}'_{0N}$的幅值可以区分区内和区外的单相接地故障。此外，比较式（3－33）及式（3－35）可发现，在两个表达式中含有过渡电阻的项均在分母，因此利用式（3－36）区分区内与区外故障时可以不受过渡电阻的影响。

同样，当发生两相短路故障时，以BC相短路故障为例，可求得系统两侧对应的负序补偿电压为：

$$\dot{U}'_{2M}=\frac{1}{2}\frac{m_1(1-t_1)Z_{\Sigma}}{t_1(1-t_1)Z_{\Sigma}+R_p}\dot{E}_t \tag{3-37}$$

$$\dot{U}'_{2N}=\frac{1}{2}\frac{(1-m_1)t_1Z_{\Sigma}}{t_1(1-t_1)Z_{\Sigma}+R_p}\dot{E}_t \tag{3-38}$$

式中：R_p为相间的过渡电阻；$\dot{E}_t=(1-t)\dot{E}_{MA}+t\dot{E}_{NA}$。由式（3－37）及式（3－38）可计算得到：

$$\frac{\dot{U}'_{2M}}{\dot{U}'_{2N}}=\frac{m_1(1-t_1)}{t_1(1-m_1)}=\frac{Z_{M1}+Z_{set1}}{Z_{M1}+Z_{f1}}\cdot\frac{Z_{N1}+Z_{L1}-Z_{f1}}{Z_{N1}+Z_{L1}-Z_{set1}} \tag{3-39}$$

当发生两相接地短路故障时，以BC相接地短路故障为例，可求得系统两侧对应的零序补偿电压为：

$$\dot{U}'_{0M}=\frac{m_0(1-t_0)Z_{\Sigma}^0}{6R_g+3R_p+2t_0(1-t_0)Z_{\Sigma}+t_1(1-t_1)Z_{\Sigma}^0}\dot{E}_t \tag{3-40}$$

$$\dot{U}'_{0N}=\frac{(1-m_0)t_0Z_{\Sigma}^0}{6R_g+3R_p+2t_0(1-t_0)Z_{\Sigma}+t_1\left(1-t_1\right)Z_{\Sigma}^0}\dot{E}_t \tag{3-41}$$

由式（3－40）及式（3－41）可计算得到：

$$\frac{\dot{U}'_{0M}}{\dot{U}'_{0N}}=\frac{m_0(1-t_0)}{t_0(1-m_0)}=\frac{Z_{M0}+Z_{set0}}{Z_{M0}+Z_{f0}}\cdot\frac{Z_{N0}+Z_{L0}-Z_{f0}}{Z_{N0}+Z_{L0}-Z_{set0}} \tag{3-42}$$

由式（3－36）、式（3－39）和式（3－42）可知，当发生不对称故障时，可通过计算$\dot{U}'_{0M}/\dot{U}'_{0N}$或$\dot{U}'_{2M}/\dot{U}'_{2N}$的幅值来区分区内及区外故障，且不受过渡电阻的影响。此外，考虑振荡中发生故障的情况，与仅发生线路故障的情况相比，在振荡中发生A相接地故障、BC 相短路故障、BC 相短路接地故障时 M 侧及 N 侧对应的三相补偿电压的表达式与单纯故障时的表达式是相似的，仅是各式中的 $\dot{E}_m$ 和 $\dot{E}_t$ 的幅值及相位会出现周期性变化。但在利用 $\dot{U}'_{0M}/\dot{U}'_{0N}$ 或 $\dot{U}'_{2M}/\dot{U}'_{2N}$ 来识别故障时，$\dot{E}_m$ 和 $\dot{E}_t$ 均在计算过程中被消除，不会影响到最后的计算结果。因此，利用 $\dot{U}'_{0M}/\dot{U}'_{0N}$ 或 $\dot{U}'_{2M}/\dot{U}'_{2N}$ 区分区内与区外故障的方法也不会受到系统振荡的影响。

基于上述分析，可以写出区分区内与区外故障的判据为：

$$K_0=\left|\frac{\dot{U}'_{0M}}{\dot{U}'_{0N}}\right|>1 \text{ 或 } K_2=\left|\frac{\dot{U}'_{2M}}{\dot{U}'_{2N}}\right|>1 \tag{3-43}$$

若 $\dot{U}'_{0M}/\dot{U}'_{0N}$ 或 $\dot{U}'_{2M}/\dot{U}'_{2N}$ 的幅值满足式（3-43），则认为发生了区内故障；反之则认为是区外故障。值得注意的是，判据用到了负序分量和零序分量，因此在使用式（3-43）时需要对 $\dot{U}'_{0M}$、$\dot{U}'_{0N}$、$\dot{U}'_{2M}$ 和 $\dot{U}'_{2N}$ 的大小进行判断，即只有当它们的大小达到一定值时才使用式（3-43）去识别故障。当然，该保护也无法识别三相短路故障，仍然需要三相短路故障识别模块。

2. 保护流程图

该保护相应的流程图如图 3.14 所示。保护起动后，计算利用本侧的电流电压计算相应的负序及零序补偿电压，并接受来自对侧的补偿电压信息。将计算所得的负序或零序补偿电压与门槛值比较，若小于门槛值则返回，若大于门槛值则计算 $\dot{U}'_{0M}/\dot{U}'_{0N}$ 或 $\dot{U}'_{2M}/\dot{U}'_{2N}$ 的幅值并与 1 比较，若幅值大于 1 保护动作，反之则不动作。

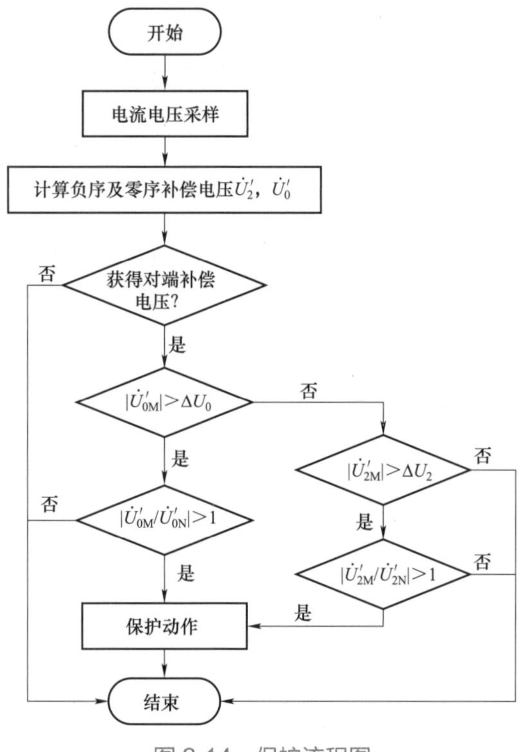

图 3.14 保护流程图

3.4 EMTP 仿真实验

3.4.1 仿真系统

为验证本章所提出的不受电力系统振荡影响的、不受过渡电阻影响的距离继电器的正确性，在 PSCAD 中建立仿真模型进行仿真实验。仿真系统示意图如图 3.15 所示。

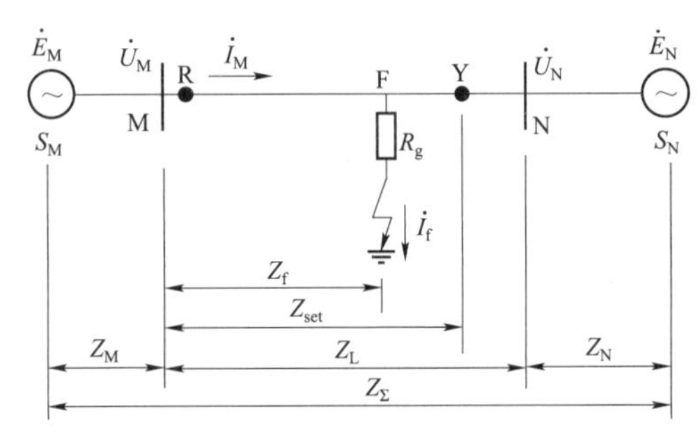

图 3.15　仿真系统示意图

图 3.15 中 R 点为保护安装点，F 点为故障点，Y 点为Ⅰ段保护末端；S_M、S_N 分别为系统两端电源，其电动势分别为 $\dot{E}_M$、$\dot{E}_N$；M、N 分别为被保护线路两端母线；$\dot{U}_M$、$\dot{I}_M$ 为保护测得的电压、电流值；$\dot{I}_f$ 为故障电流；R_g 为过渡电阻；Z_M、Z_L、Z_N、Z_f、Z_{set} 和 Z_Σ 分别在图中对应线路的阻抗值。被保护线路长度为 200km，Ⅰ段整定距离为 160km。

为了仿真电力系统振荡，取 S_M 的频率为 50.4Hz，S_N 的频率为 49.6Hz，因此振荡频率为 0.8Hz。$\dot{E}_M$、$\dot{E}_N$ 之间的初始相角差为 30°，$\dot{E}_M$ 领先 $\dot{E}_N$。各段线路阻抗值见表 3.2。

表 3.2　各段线路阻抗值

线路阻抗	正序（Ω）	零序（Ω）
Z_M	0.8+j28	16+j75
Z_L	0.8+j28	16+j75
Z_N	1.6+j56	32+j150
Z_f	0.4+j14	8+j37.5
Z_{set}	1.44+j22.4	12.8+j60

3.4.2 电力系统振荡而无故障情况

当发生电力系统振荡而无故障的情况时，绘出线路两端电动势差（反映电力系统振荡情况）及改进的多相补偿距离继电器的三个元件的动作情况如图 3.16 所示，图中阴影部分为动作区域。继电器各个元件的动作曲线如图中标注。

由图 3.16 可以看出，在系统单纯振荡而无故障的情况下，无论电力系统振荡角为何值，三个元件都能够可靠不动作。这正是多相补偿距离继电器在克服电力系统振荡影响方面的优势。

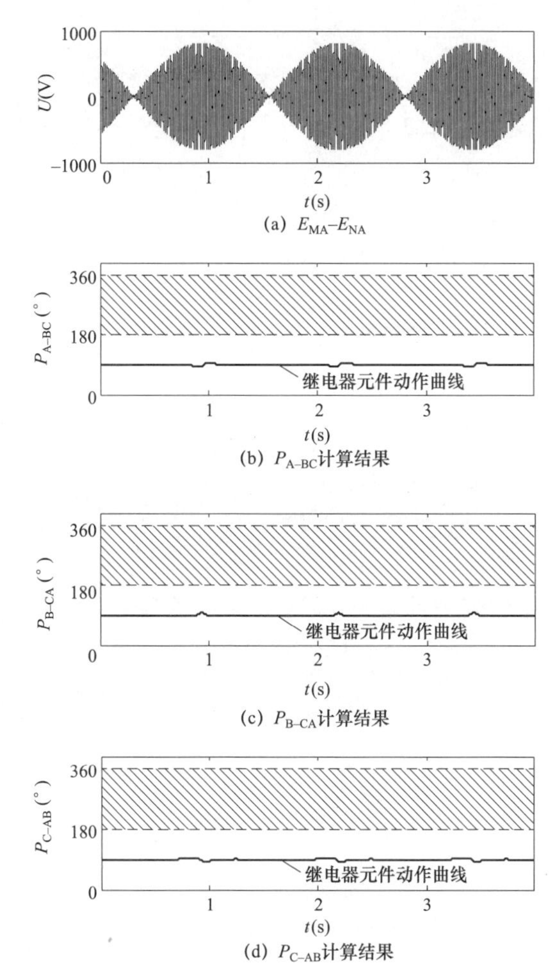

图 3.16 系统单纯振荡而无故障情况下改进的多相补偿距离继电器计算结果

3.4.3 电力系统振荡且发生区内单相接地故障情况

以系统在振荡中发生区内 A 相接地故障为例进行仿真实验。A 相金属性故障发生在 0.5s，故障距离为 100km，在保护范围之内。

图 3.17 绘出系统两侧电动势的差（用以反映电力系统振荡情况）以及改进的多相补偿距离保护判断 A 相接地的相关元件 P_{A-BC}、Q_A、Q_{BC} 的计算结果。图 3.18 给出了基于两端信息的距离保护的动作情况。图中阴影区域为动作区，继电器各个元件的动作曲线如图中黑色实线标注（下同），当黑色实线进入阴影区时，响应的元件动作。

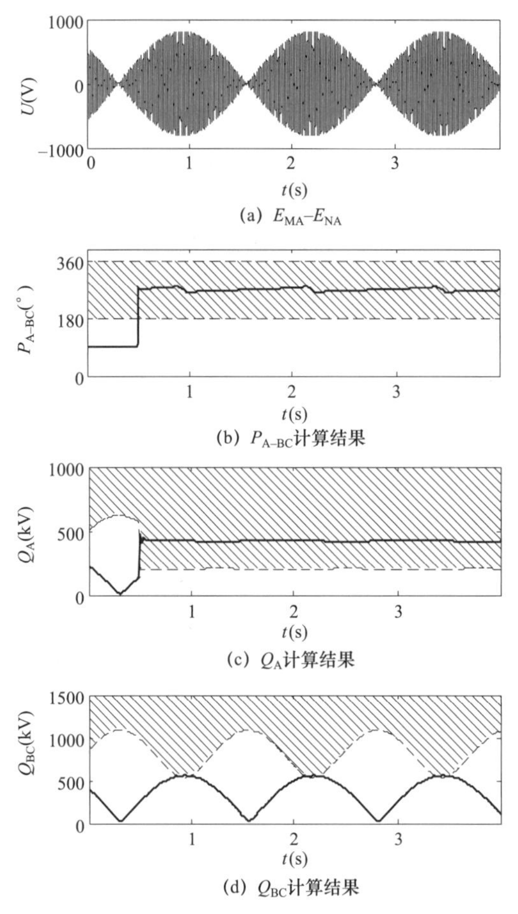

(a) E_{MA}–E_{NA}

(b) P_{A-BC}计算结果

(c) Q_A计算结果

(d) Q_{BC}计算结果

图 3.17 振荡中发生区内 A 相接地故障情况下各元件计算结果

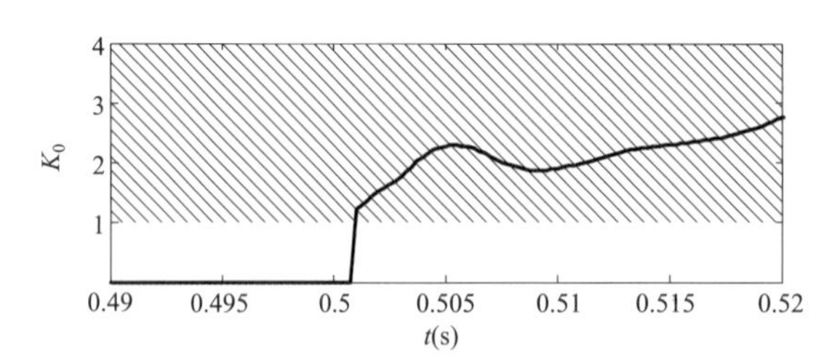

图 3.18 振荡中发生区内 A 相接地故障情况下基于两端信息的距离保护动作情况

3.4.4 电力系统振荡且发生区外单相接地故障情况

以系统在振荡中发生正向区外 A 相接地故障为例进行仿真实验。A 相金属性正向区外故障发生在 0.5s，故障距离为 210km，在 I 段保护范围之外。

图 3.19 绘出了系统两侧电动势的差（用以反映电力系统振荡情况）以及判断 A 相接地的相关元件 P_{A-BC}、Q_A、Q_{BC} 的计算结果。从图 3.19 中可以看出，当发生 A 相正向区外故障时，元件 P_{A-BC} 在振荡角度达到 180° 左右时发生周期性的误动，图中用纵向的黑虚线标出了误动区域。这符合 3.2 节中对多相补偿距离继电器在电力系统振荡且伴随正

向区外故障情况下的动作性能分析。元件 Q_{BC} 随着电力系统振荡周期性地动作，其动作区域如图中标注，正好是元件 P_{A-BC} 的误动区域。在整个故障持续时间中元件 Q_A 始终动作。依据图 3.13 给出的动作逻辑，当元件 Q_A 和 Q_{BC} 同时动作的情况判断为三相故障或电力系统振荡时，保护不动作。该仿真算例说明了区外故障闭锁元件 Q 能够有效地闭锁元件 P 在电力系统振荡且发生正向区外故障时的误动情况。

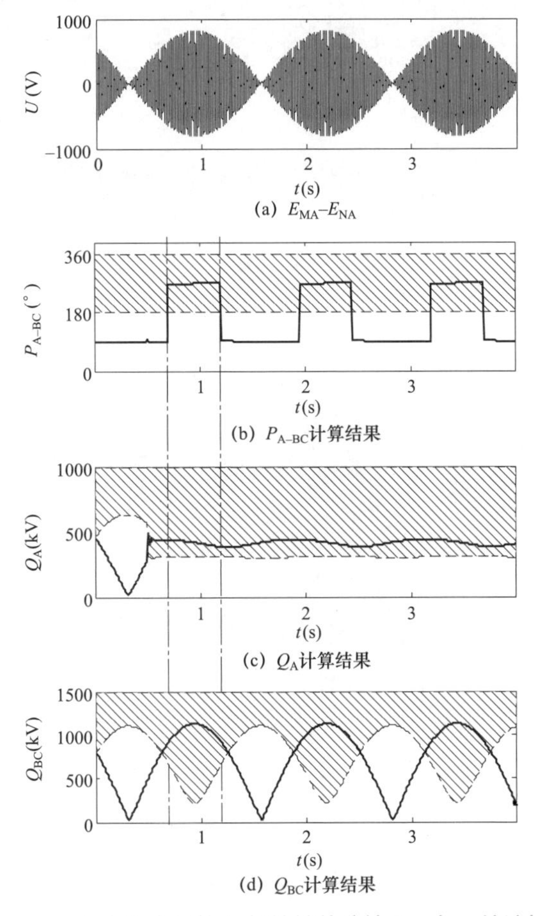

图 3.19 振荡中发生区外 A 相接地故障情况下各元件计算结果

图 3.20 绘出了基于两端信息的距离保护的动作情况，由图 3.20 可以看出，当振荡中发生区外 A 相接地故障时，该保护不受振荡的影响，可靠不动作。

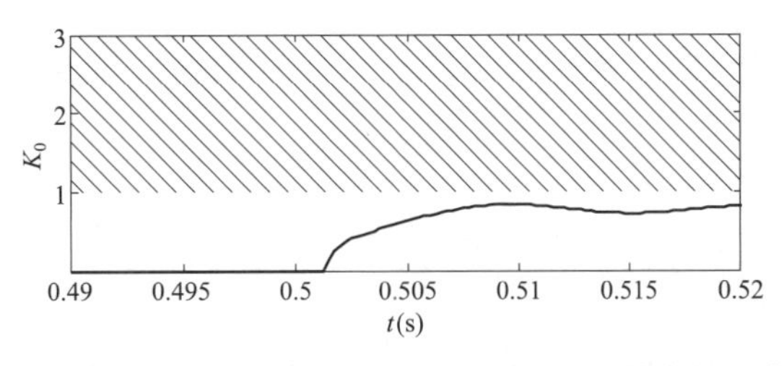

图 3.20 振荡中发生区外 A 相接地故障情况下基于两端信息的距离保护动作情况

3.4.5　抗过渡电阻能力实验

在系统无振荡情况下，考察改进的多相补偿距离继电器抗过渡电阻能力。将图3.15中系统两侧电源S_M、S_N的频率设为50Hz，过渡电阻R_g设置为400Ω。系统中发生A相单相接地故障，故障时刻为0.5s，故障距离为100km。绘出系统两端电源电动势差$\dot{E}_M-\dot{E}_N$、传统多相补偿距离继电器和改进的多相补偿距离继电器的元件P_{A-BC}的动作结果分别如图3.21（a）、（b）、（c）所示。图3.22则给出了基于两端信息的距离保护相应的动作情况。

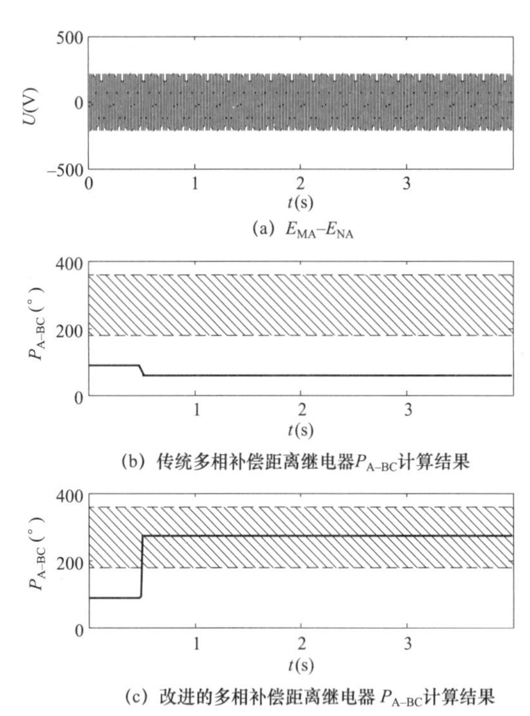

(a) $E_{MA}-E_{NA}$

(b) 传统多相补偿距离继电器P_{A-BC}计算结果

(c) 改进的多相补偿距离继电器 P_{A-BC}计算结果

图3.21　传统和改进的多相补偿距离继电器抗过渡电阻能力对比

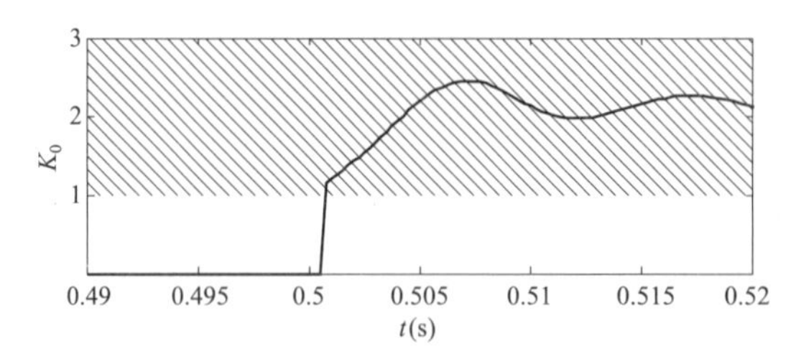

图3.22　基于两端信息的距离保护抗过渡电阻能力

观察图3.21（a）可知，系统未发生振荡。观察图3.21（b）可知，传统的多相补偿距离继电器在400Ω过渡电阻情况下拒动。而图3.21（c）及图3.22示出的改进的多相补偿距离继电器及基于两端信息的距离保护在故障发生时立即动作，在故障持续时间内保持动作，具有良好的抗过渡电阻能力。

考虑到改进的多相补偿距离继电器最终目的是要实现不受电力系统振荡影响的距

离保护，因此有必要在电力系统振荡情况下考察其抗过渡电阻能力。

将 S_M 的频率设定为 50.4Hz，S_N 的频率设定为 49.6Hz，过渡电阻 R_g 设定为 100Ω。系统中发生 A 相单相接地故障，故障时刻为 0.5s，故障距离为 100km。分别绘出系统两端电源电动势差 $\dot{E}_M - \dot{E}_N$、传统多相补偿距离继电器和改进的多相补偿距离继电器的元件 P_{A-BC} 的动作结果，如图 3.23 所示。

观察图 3.23（a）可知，系统发生振荡。观察图 3.23（b）可知，传统的多相补偿距离继电器在 100Ω过渡电阻情况下拒动。图 3.23（c）示出的改进的多相补偿距离继电器随着电力系统振荡发生周期性动作。也就是说，在故障持续期间改进的多相补偿距离继电器会周期性拒动。但对多相补偿距离继电器在振荡且伴随区内故障情况下的分析所指出的：对于瞬时动作的Ⅰ段来说，只要当振荡角度到达某一范围内时保护可以动作，就可以接受其在其他振荡角度范围内的拒动。对于延时动作的Ⅱ、Ⅲ段，本文提出的解决方法仍然有效。

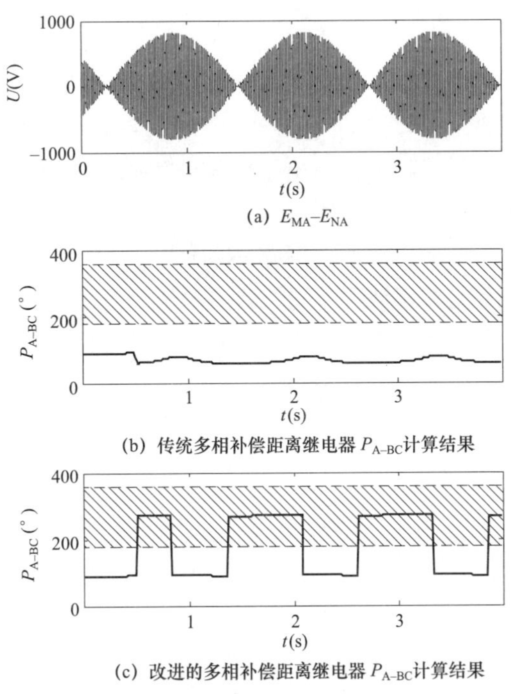

图 3.23 振荡中传统和改进的多相补偿距离继电器抗过渡电阻能力对比

图 3.24 绘出了振荡中基于两端信息的距离保护抗过渡电阻能力。对比图 3.23（c）及图 3.24 可以看出，相对于改进的多相补偿距离保护，基于两端信息的距离保护受振荡及过渡电阻的影响更小，故障发生后，该保护迅速进入动作区并在故障持续时间一直保持在动作区。

通过以上四组仿真结果可以看出，改进的多相补偿距离继电器及由它构成的不受电力系统振荡影响的距离保护、基于两端信息的距离保护均能够在系统单纯振荡而无故障情况下可靠不动作，在系统发生区内故障情况下可靠动作，在电力系统振荡且发生区外故障情况下闭锁元件能够可靠闭锁多相补偿距离继电器的误动，且具有很强的抗过渡电阻能力。

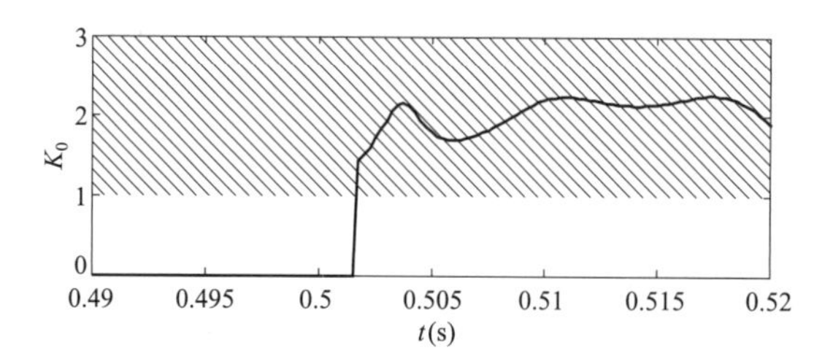

图 3.24 振荡中基于两端信息的距离保护抗过渡电阻能力

3.5 小 结

为提出免疫于振荡的距离保护，本章分析了多相补偿距离保护在面对振荡及故障时的动作特性。分析结果表明，多相补偿距离保护不反映振荡，但在系统振荡中发生故障时，仍然会出现区内拒动、区外误动的情况。此外，还分析了过渡电阻对多相补偿距离保护性能影响的机理。在此基础上，提出了一种改进的多项补偿距离保护及一种基于两端信息的距离保护，仿真结果表明，所提保护均具有以下优点：

（1）在系统单纯振荡无故障情况下可靠不动作；

（2）在系统单纯故障无振荡情况下可靠动作；

（3）在振荡且伴随区内故障情况下可靠动作；

（4）在振荡且伴随区外故障情况下可靠不动作；

（5）具有良好的抗过渡电阻能力。

4 换相失败预防与控制

面对源荷高度逆向分布问题以及大规模可再生能源消纳问题，我国大力发展高压大容量远距离输电技术[221-223]。相比于高压交流输电系统，高压直流输电系统具有更高电压、更大容量、更低成本等优势，并且可以实现不同交流电网的异步互联，被广泛认为是构建能源互联网的关键环节[224]。近年来，多条常规高压直流输电线路（line-commutated converter high-voltage direct current transmission line，LCC－HVDC）在我国投运或在建[225, 226]，交直流混联电网成为电网发展的新形态[227]，以大规模、多电压等级、交直流深度融合等为特点的复杂交直流混联电网已经初具规模[228]。

随着高压直流容量不断增大，以及单一直流落点发展为多直流送出和馈入密集落点，与传统交流电网相比，当前交直流混联电网的特性已发生深刻变化。电力工程界与学术界把这一变化概括为大规模特高压交直流混联电网的强直弱交特性，交流和直流是相互依存关系[248]。这使得简单故障在交流混联电网中的传播特性更为复杂，容易引发电力系统连锁反应，发生连锁故障，最终导致大规模停电事故。

交直流混联电网中的连锁故障（cascading fault）被定义为：在交直流混联电网中，一个设备故障导致其他设备/系统故障或者停运的故障，尤其是指简单故障在交直流电网之间的交叉传播。交直流混联电网连锁故障的诱因是单一简单故障，核心机理是交直流系统的交互作用。由于换流器是连接交直流系统的纽带，它的故障、失效将扮演传播、助推故障连锁过程的作用。在交直流混联电网中，交流线路发生故障，引起直流系统换相失败乃至闭锁是大范围连锁故障的初级阶段。对传统高压直流换相失败抑制的研究是保证交直流混联大电网安全稳定运行的重要前提。

依据换相失败发生的时间顺序，换相失败可以分为首次换相失败和连续换相失败；依据直流落点数量，换相失败可以分为单馈入直流换相失败和多馈入直流换相失败。本章对单馈入直流首次换相失败和连续换相失败的机理进行了分析，介绍了多馈入直流同时换相失败和相继换相失败。基于换相失败的产生机理，介绍了针对这 4 种典型换相失败的预警方法以及抑制措施。

4.1 直流换相失败机理分析

4.1.1 首次换相失败

当两桥臂之间换相结束后，刚退出导通的阀在反向电压作用的一段时间内如果未能恢复阻断能力，或者在反向电压期间换相过程一直未能进行完毕，则在阀电压转变为正向时被换相的阀都将向原来预定退出导通的阀换相，称之为首次换相失败[230]。首次换相失败的根本原因是晶闸管和换相电感的物理特性。晶闸管缺乏自关断能力，需要交流电网提供足够长时间的反向电压使得晶闸管载流子复合，恢复阻断能力。而与电感交链的磁链是不跃变的，导致了电感电流连续。晶闸管的特性曲线如图 4.1 所示。

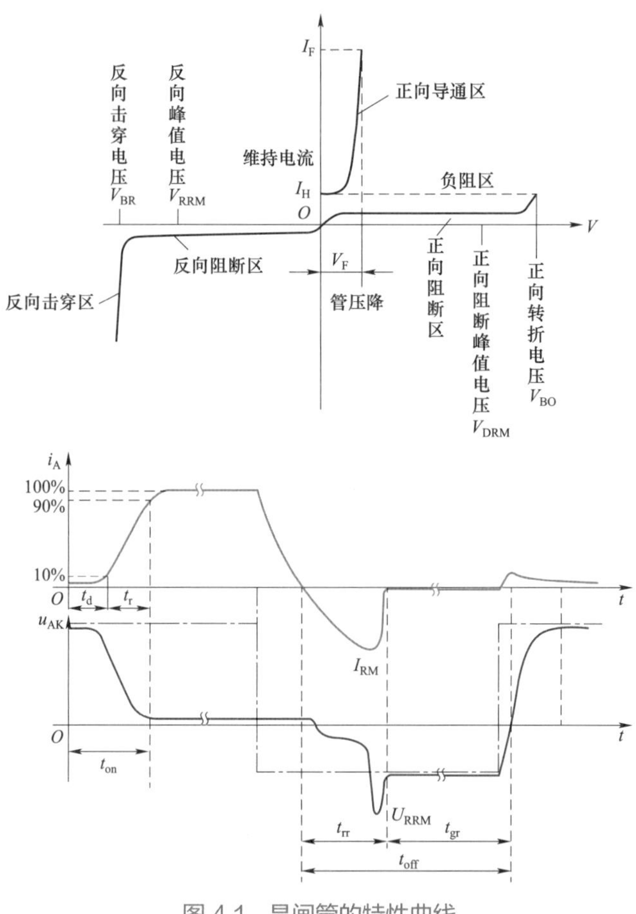

图 4.1　晶闸管的特性曲线

传统高压直流输电系统逆变器（示意图见图 4.2）的 6 个阀 VT1～VT6 按序轮流触发导通。每个阀的导通角均为 120°。当阀导通时，阀电流的幅值为 i_d，上排阀中流通的电流为正，而下排阀中电流为负（或称为返回电流）。图 4.3 为各阀组导通次序。

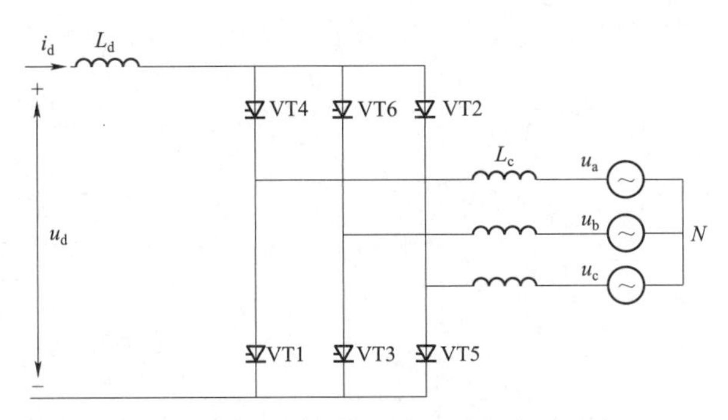

图 4.2 传统高压直流输电系统逆变器示意图

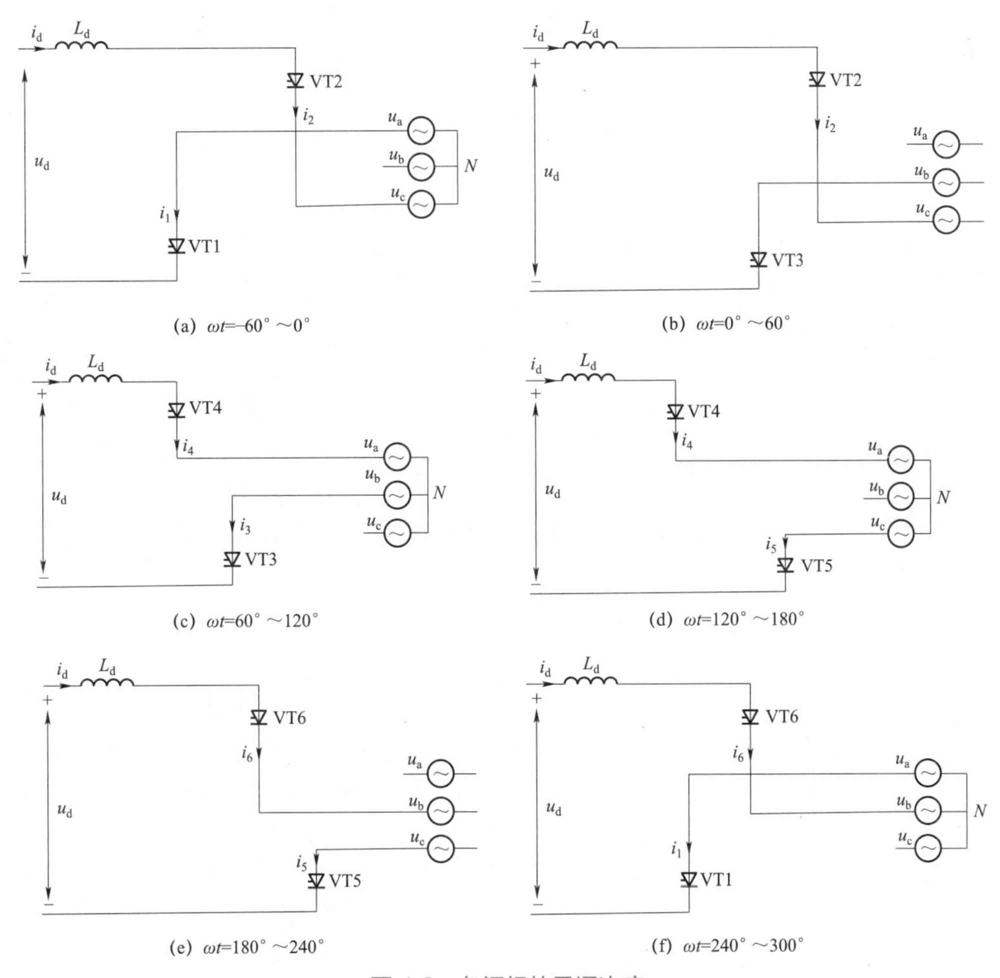

图 4.3 各阀组的导通次序

如果在阀 VT3 触发后发生交流故障，阀 VT1 就无法恢复正向阻断能力。交流故障影响了正常的换流过程，因此，随着阀 VT3 中的电流再次减小到零，而通过阀 VT1 的电流增加，即发生了首次换相失败。图 4.4 和图 4.5 分别说明了正常换相和首次换相失败时的阀电流。

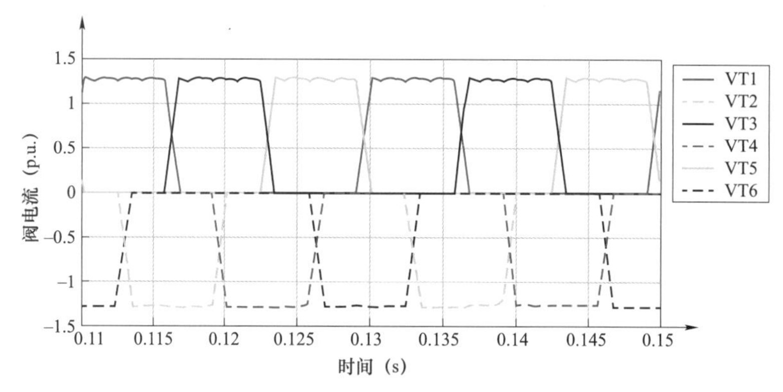

图 4.4　正常换相时的阀电流

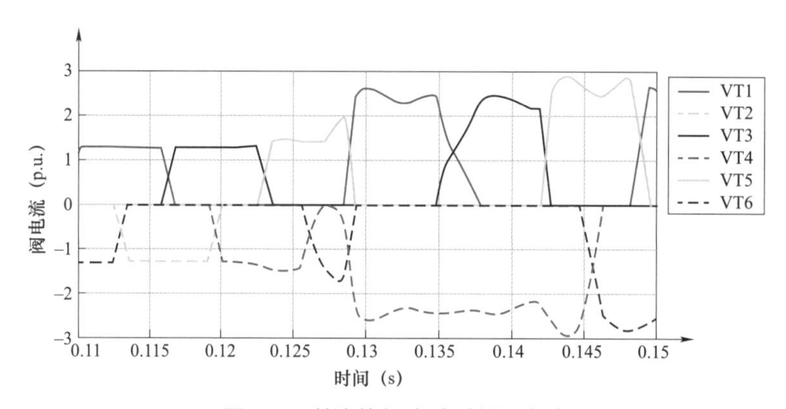

图 4.5　首次换相失败时的阀电流

在逆变器中，阀 VT2 导通，阀 VT1 向阀 VT3 换相原理图如图 4.6 所示。根据基尔霍夫电压定律，可列写微分方程：

$$L_r\frac{di_3}{dt}-L_r\frac{di_1}{dt}=L_r\frac{di_3}{dt}-L_r\frac{d(i_d-i_3)}{dt}=u_b-u_a=\sqrt{2}\frac{U_1\sin\theta}{n} \tag{4-1}$$

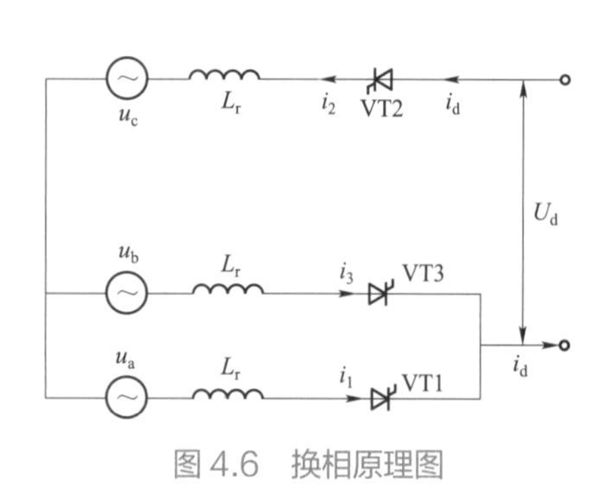

图 4.6　换相原理图

式中：L_r 为等效换相桥臂电感；i_1、i_3、U_1 分别为阀 VT1 与阀 VT3 的阀电流、换流变压器网侧线电压幅值；n 为换流变压器变比；i_d 为直流电流；u_a、u_b、u_c 分别为换流变压器阀侧三相电压。理想情况下，认为直流电流 i_d 为常定值 I_d；换流母线电压为三相对称正弦波。换相开始时刻 t_1（$t_1=\alpha/\omega$）阀 VT3 关断，$i_3=0$；换相结束时刻 t_2（$t_2=\pi-\gamma/\omega$）阀 VT1 关断，$i_3=I_d$，由换相过程对该式两边同时积分可得：

$$i_3(t_2)-i_3(t_1)=\frac{1}{2L_r}\int_{t_1}^{t_2}u_{ba}(t)dt \tag{4-2}$$

系统稳定时，解得关断角 γ 为：

$$\gamma = \arccos\left(\frac{\sqrt{2}nI_{\mathrm{d}}X_{\mathrm{c}}}{U_1} + \cos\beta\right) \quad (4-3)$$

式中：X_c为等效换相阻抗；β（$\beta = \pi - \alpha$）为超前触发角。由式（4－3）可知，换流母线电压、直流电流及触发角对换相过程有直接影响。换流母线电压降落、畸变，直流电流上升，换相阻抗增大，超前触发角减小都会减小系统实际关断角γ，引发首次换相失败。在首次换相失败发生后，流经换流阀的直流电流必然增加，进而可能引发两次换相失败[250]。

4.1.2 连续换相失败

当直流发生首次换相失败后，在其恢复过程中还会再次发生换相失败，导致直流功率二次或多次波动，对系统安全稳定运行带来严重威胁，故将其称为连续换相失败[251]。在工程应用中，如果在200ms内连续检测到换流器发生换相失败，为了避免因控制系统设备故障而造成直流停运，极控系统和 VBE 系统会由值班系统切换到备用系统，这也使得200ms以内发生的换相失败都计为一次换相失败。当200ms之后，再次发生换相失败，则计为连续换相失败。连续换相失败有可能导致直流闭锁。需要注意的是，连续换相失败不同于“两次换相失败”。连续换相失败属于系统级概念，造成的直流功率波动时间长，且与直流控制系统及恢复特性相关[252]。

本质上，连续换相失败发生的原因与首次换相失败相同，均是由于关断角未能达到最小关断角的要求，即换流母线电压、直流电流及触发角未能达到要求。首次换相失败后，交直流控制保护系统开始进行调整动作，因此连续换相失败的发生与交直流控制保护系统存在必然联系。

4.1.2.1 换相电压时间面积理论

换相过程中，电流的转移需要电压作用一定的时间，建立起电感磁链。而换相电压作用在换相支路上，在时间上的累积作用，也就是换相电压时间面积。换相电压时间面积分为两部分：一部分为叠弧面积，叠弧面积为电感建立起电感磁链的过程；另一部分为关断面积，这是晶闸管在电流过零之后，在反向电压的作用下去游离、恢复阻断能力的过程。在触发角恒定的情况下，叠弧面积和关断面积的总和是一定的。当叠弧面积过大，使得关断面积小于所需最小关断面积时，就会造成晶闸管不能完全关断，从而引发换相失败。

电感在交流电压的作用下建立磁链，而电感磁链是由电流的大小决定。当电流增大时，就会使电感磁链增大，进而使交流电压需要更长的时间来建立磁链，也即需要更多的叠弧面积。交流换相电压幅值降低，相角过零点偏移，谐波引起的波形畸变，都会引起叠弧面积提供量的减少，而直流电流或换相电抗的增加，会导致叠弧面积需求量的增加。

换相过程开始于触发延迟角α，结束于熄弧延迟角δ，电流转移过程对应的为换相重叠角μ。换相过程结束后，晶闸管恢复正向阻断能力的熄弧角为γ，β为触发超前角。α、δ、μ、γ、β的相互关系为：

$$
\begin{cases}
\alpha+\mu+\gamma=180^\circ \\
\beta=180^\circ-\alpha \\
\gamma=\beta-\mu \\
\delta=\alpha+\mu
\end{cases} \tag{4-4}
$$

在一次换相过程中，换相支路B相和C相并联，两个支路的电压相等，满足：

$$
L_{\rm c}\frac{{\rm d}i_2}{{\rm d}t}+U_{\rm C}=L_{\rm c}\frac{{\rm d}i_6}{{\rm d}t}+U_{\rm B} \tag{4-5}
$$

在电角度从α到δ的换相过程内，阀臂6的直流电流从$i_{\rm d}$下降为0，阀臂2的直流电流上升为$i_{\rm d}$。电流转移的过程，也即储存在阀臂6电感中的能量转移到阀臂2电感中的过程。电感电流由零增至$i_{\rm d}$，电源对电感所作的功都转换为磁能，储存于电感电流产生的磁场之中。电感电流连续，实际上是与电感交链的磁链是不跃变的。电感中储存的能量可以用方程表示为：

$$
W_{\rm m}=\int_0^{Id}Li_{\rm L}{\rm d}i_{\rm L}=\frac{1}{2}Li_{\rm d}^2=\frac{\psi^2}{2L} \tag{4-6}
$$

为了建立起换相电压幅值与换相过程持续时间之间的制衡关系，在换相过程内对式（4-5）两边进行积分，得到：

$$
\int_{\frac{\alpha}{\omega}}^{\frac{\alpha+\mu}{\omega}}\left(L_{\rm c}\frac{{\rm d}i_2}{{\rm d}t}-L_{\rm c}\frac{{\rm d}i_6}{{\rm d}t}\right){\rm d}t=\int_{\frac{\alpha}{\omega}}^{\frac{\alpha+\mu}{\omega}}\sqrt{2}U_{\rm L}\sin(\omega t){\rm d}t \tag{4-7}
$$

假定直流电流不发生变化，式（4-7）左边变为：

$$
2S_{\mu-{\rm need}}=\int_{\frac{\alpha}{\omega}}^{\frac{\alpha+\mu}{\omega}}\left[L_{\rm c}\frac{{\rm d}i_2}{{\rm d}t}-L_{\rm c}\frac{{\rm d}(i_{\rm d}-i_2)}{{\rm d}t}\right]{\rm d}t=2L_{\rm c}i_{\rm d} \tag{4-8}
$$

其为换相电压面积需求量。式（4-7）右边为换相电压提供量：

$$
2S_{\mu-{\rm pro}}=\int_{\frac{\alpha}{\omega}}^{\frac{\alpha+\mu}{\omega}}U_{\rm L}\sin(\omega t){\rm d}t \tag{4-9}
$$

逆变侧交流系统故障会导致换流阀的换相电压降低，此时：① 如果换相电压降低引发换相失败，则逆变侧存在短路回路，直流电流骤增；② 如果换相电压降低未引发换相失败，但由于在故障初期定电流控制未产生调节作用，直流电流也会因整流、逆变两侧的电压差变大而增大。因此，考虑故障条件下的换相过程时，直流电流$i_{\rm d}$的变化不可忽略，重新整理式（4-8）可得：

$$
L_{\rm c}\left[i_{\rm d}(\alpha)+i_{\rm d}(\alpha+\mu)\right]=\int_{\frac{\alpha}{\omega}}^{\frac{\alpha+\mu}{\omega}}U_{\rm L}\sin(\omega t){\rm d}t=2S \tag{4-10}
$$

由式（4-10）可知，如果考虑直流电流的变化，换相面积不再恒定，其值与换相起止时刻的直流电流有关。据此，定义换相面积需求量：

$$
S_{\rm need2}=\frac{1}{2}L_{\rm c}\{i_{\rm d}(\alpha)_{\rm n}+i_{\rm d}[(\alpha+\mu)_{\rm n}]\} \tag{4-11}
$$

则这时的换相面积缺乏量为：

$$S_{\text{ins}} = S_{\text{need2}} - S_{\text{pro}} \tag{4-12}$$

在正常运行工况下，$S_{\text{ins}} = 0$ 成立，不会发生换相失败。故障后的换相面积需求量可以视为在正常需求量的基础上叠加一个额外需求量，而这时换相面积提供量减少。换相并未完成，需要延长换相过程，直至满足 $S_{\text{ins}} = 0$。则换相电压时间面积 S_μ 向右扩展，关断面积 S_γ 减小，关断角 γ 也随之减小，有可能引发换相失败。

图 4.7 中阴影面积 S_γ 可以用式（4－13）进行计算。根据 PN 结原理知，当晶闸管受到的反向电压偏大时，去离子恢复时间减少，需要的关断时间缩短；当晶闸管收到的反向电压偏小时，去离子恢复时间增多，需要的关断时间延长。

$$S_\gamma = \int_{\frac{\pi-\gamma}{\omega}}^{\frac{\pi}{\omega}} \sqrt{2} U_{\text{L}} \sin(\omega t) \mathrm{d}t \tag{4-13}$$

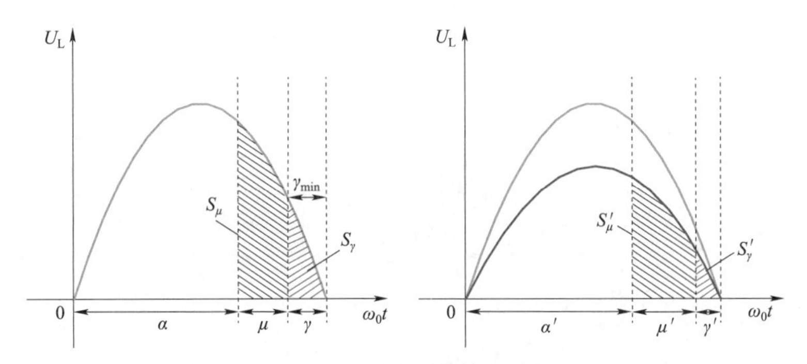

图 4.7　换流器换相电压波形图

4.1.2.2　连续换相失败机理

根据式（4－9），换相面积的提供量为：

$$S_{\mu-\text{pro}} = \frac{1}{2} U_{\text{L}} (\cos\gamma - \cos\beta) \tag{4-14}$$

根据式（4－9）、式（4－11）和式（4－12），可以得到：

$$L_{\text{c}} \left[I_{\text{d}}(\alpha)_{\text{n}} + I_{\text{d}}(\alpha+\mu)_n \right] = U_{\text{L}} \left[\cos(\gamma) - \cos(\beta) \right] \tag{4-15}$$

则可以得到关断角的计算式为：

$$\gamma = \arccos\left\{ \frac{L_{\text{c}}[I_{\text{d}}(\alpha)_n + I_{\text{d}}(\alpha+\mu)_n]}{U_{\text{L}}} + \cos\beta \right\} \tag{4-16}$$

当外界换相条件在时域上连续或者断续失效后，连续换相失败发生。考虑到晶闸管恢复阻断能力所需最小关断角为 $\gamma_{\min}$，一般认为实际关断角 $\gamma > \gamma_{\min}$，否则换流阀将发生换相失败。以关断角 $\gamma < \gamma_{\min}$ 作为评判换相失败标准，则连续换相失败指直流输电系统首次发生换相失败后，系统没有达到原来的或新的平衡点，再一次发生换相失败，对应的关断角就是 γ 多次小于 $\gamma_{\min}$，如图 4.8 所示，由于控制系统的作用，其他电气参数也处于剧烈波动状态。

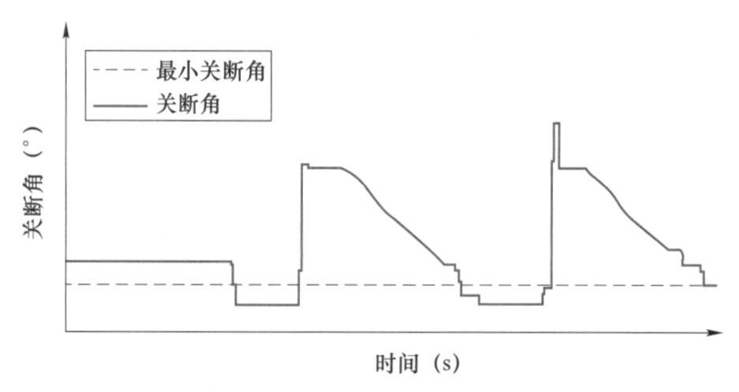

图 4.8　连续换相失败时关断角波形图

根据式（4－16）可知，决定γ大小的主要变量有直流电流、换相电压幅值、超前触发角和换相电抗，对影响γ的变量求偏导数得：

$$\begin{cases}\dfrac{\partial\gamma}{\partial I_{\mathrm{d}}}=\dfrac{-1}{m}\bullet\dfrac{L_{\mathrm{C}}}{U_{\mathrm{L}}}\\ \dfrac{\partial\gamma}{\partial U_{\mathrm{L}}}=\dfrac{1}{m}\bullet\dfrac{L_{\mathrm{C}}}{U_{\mathrm{L}}}\bullet\dfrac{[I_{\mathrm{d}}(\alpha)_n+I_{\mathrm{d}}(\alpha+\mu)_n]}{U_{\mathrm{L}}}\\ \dfrac{\partial\gamma}{\partial\beta}=\dfrac{1}{m}\sin\beta\\ \dfrac{\partial\gamma}{\partial L_{\mathrm{C}}}=\dfrac{1}{m}\bullet\dfrac{[I_{\mathrm{d}}(\alpha)_n+I_{\mathrm{d}}(\alpha+\mu)_n]}{U_{\mathrm{L}}}\end{cases} \tag{4－17}$$

其中：

$$m=\sqrt{1-\left(\frac{L_{\mathrm{c}}[I_{\mathrm{d}}(\alpha)_n+I_{\mathrm{d}}(\alpha+\mu)_n]}{U_{\mathrm{L}}}+\cos\beta\right)^2} \tag{4－18}$$

由式（4－17）可知，在故障情况下，随着换相电压的变化，直流电流的变化将影响关断角的大小，而换相电压对关断角偏导数呈换相电压的指数变化，三者之间相互影响制约，因此，连续换相失败的发生，必然是 3 个电气参数彼此不配合，某一参数突然变化，其他参数来不及调整而造成的换相失败。其中，故障恢复型连续换相失败就是由于逆变侧控制策略配合不当导致的连续换相失败的典型案例。

传统直流输电系统采用分层控制，由上至下分别为主控制级、极控制级和阀组控制级。逆变侧交流系统故障时，直流系统的故障恢复特性主要与极控制级有关。CIGRE－HVDC 标准模型中的控制器即为极控制级，具体结构如图 4.9 所示。

图 4.9 中：$U_{\mathrm{d-inv}}$为逆变侧直流电压；$I_{\mathrm{d-inv}}$为逆变侧直流电流；$I_{\mathrm{d-order}}$为主控制级传递下来的直流指令值；$I_{\mathrm{dr-inv}}$为逆变侧传递至整流侧的电流指令值；$\beta_{\mathrm{inv}-i}$和$\beta_{\mathrm{inv}-\gamma}$分别为逆变侧定电流控制与定关断角控制所输出的超前触发角值。由图 4.9 可知，逆变侧配有定电流控制、定关断角控制以及电流偏差控制（current error controller，CEC）。直流系统运行过程中，定关断角控制和定电流控制所输出的β角在任何时刻只有一个被选中，根据逆变器的运行特点，取两者中较大的β值。而 CEC 可实现定关断角控制和定电流控制间的平滑过渡。

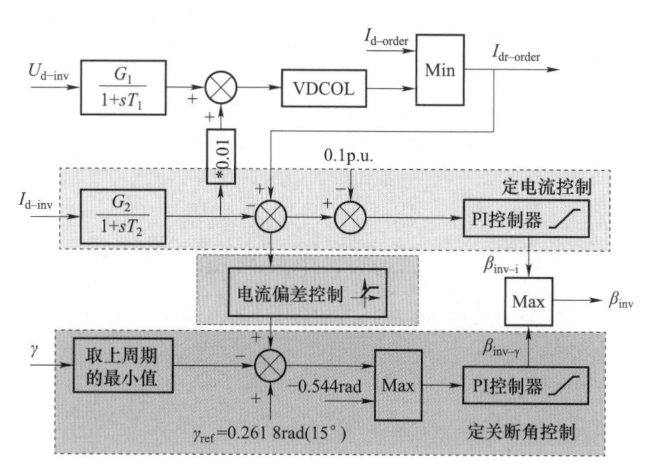

图 4.9　直流系统逆变侧控制结构框图

在正常运行工况时，逆变器运行状态由定关断角控制闭环调节，使关断角γ保持在整定值，一旦逆变侧交流系统发生故障导致换相失败发生，逆变器运行状态将切换至定电流控制，并在低压限流控制的作用下，恢复至故障状态的运行点，最终切换到定关断角控制。在该恢复过程中，存在定电流控制、电流偏差控制与定关断角控制的相互切换，很可能引发连续换相失败。

当交流系统发生故障时，直流输电系统极控制级能够快速响应，并使得故障后的直流电流运行到新的稳定运行点，该故障恢复过程受到整流侧与逆变侧多个控制器的共同作用。为了将该过程更为清晰地刻画，根据逆变侧控制器的状态切换将该过程分为 3 个阶段，对不同阶段控制器的作用进行逐一分析。为得到机理层面的结论，不依赖仿真分析，以 CIGRE－HVDC 标准测试模型为例，从其稳态运行曲线入手，分析逆变侧系统运行点的轨迹，从而得到连续换相失败的机理。稳态运行曲线如图 4.10 所示，其中U_d和I_d分别为直流电压和电流的标幺值。

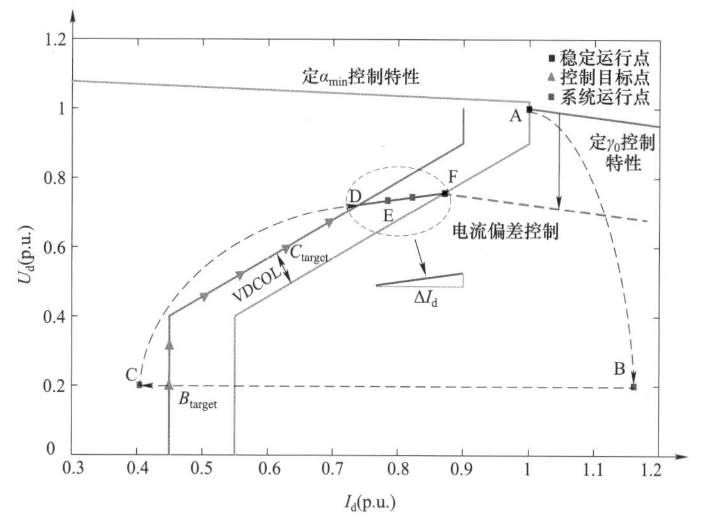

图 4.10　CIGRE－HVDC 标准测试模型稳态运行曲线

整流侧外特性由定直流电流控制含低压限流环节和定 α_{min} 最小触发角两部分组成，其中定直流电流控制含低压限流环节的外特性方程可以用函数 $I=f(U)$ 表示为：

$$I=\begin{cases}0.55, & U\leqslant 0.4\\ 0.9U+0.19 & 0.4<U\leqslant 0.9\\ 1 & 0.9<U\end{cases} \tag{4-19}$$

式中：U 为低压限流环节的启动电压值；I 为定电流控制的目标值。

定 α_{min} 最小触发角控制的外特性方程式为：

$$U_{dr}=1.3E_r\cos\alpha_{min}-(3/\pi)X_rI_d \tag{4-20}$$

式中：U_{dr} 为整流侧直流电压；E_r 为整流侧换流变压器阀侧空载电压有效值；X_r 为整流侧等值换相电抗。

逆变侧外特性由定关断角、定直流电流以及电流偏差控制三段组成。其中定关断角控制的外特性方程为：

$$U_{di}=1.3E_i\cos\gamma-(3/\pi)X_iI_d \tag{4-21}$$

式中：U_{di} 为逆变侧直流电压；E_i 为逆变侧换流变压器阀侧空载电压有效值；X_i 为逆变侧等值换相电抗。

逆变侧定电流控制的外特性只是比整流侧定电流控制的外特性小一个电流裕度值 ΔI_d，通常 ΔI_d 取额定直流电流的 10%。

当直流系统在额定状态运行时，其直流电流是由整流侧的定电流控制决定，直流电压由逆变侧的定关断角控制决定，系统运行在 A 点。当逆变侧交流系统发生故障并导致换相失败发生时，其故障恢复过程可分为 3 个阶段：

（1）阶段 1：换相失败发生，逆变侧系统运行点偏移。逆变侧交流系统故障引发换相失败后，逆变器上下桥臂换流阀很快发生短路，导致逆变侧直流电压 $U_{d\text{-}inv}$ 大幅度减小，逆变侧直流电流 $I_{d\text{-}inv}$ 增大，逆变侧系统运行点偏移至 B 点，此时逆变侧直流电流 $I_{d\text{-}inv}$ 与定电流控制的目标点偏差增大，电流偏差控制启动，逆变侧由定关断角控制切换至定电流控制，此时运行点 B 所对应的控制目标点应位于定电流控制中的 B_{target} 点。因此逆变侧运行点 B 在控制系统的作用下向 B_{target} 运动。

（2）阶段 2：低压限流作用，换流阀恢复正常换相。当运行点 B 在定电流控制中的低压限流环节作用下，运行至 C 点时，此时逆变侧直流电流 $I_{d\text{-}inv}$ 大幅度减小，换流阀实现正常换相，则逆变侧直流电压 $U_{d\text{-}inv}$ 升高，此时的系统控制目标点已经运行至 C_{target} 点，因此系统运行点 C 将继续在定电流控制的作用下向 C_{target} 运动。在该运动过程中逆变侧直流电流 $I_{d\text{-}inv}$ 将继续增大，会导致逆变侧直流电压 $U_{d\text{-}inv}$ 相继增大，致使 C_{target} 点将会在逆变侧低压限流曲线上运动。

（3）阶段 3：逆变侧系统运行点与定电流控制目标点重合，进入电流偏差控制。系统运行点 C 在控制系统作用下将逐渐向其目标点 C_{target} 靠近，直至相遇。此时逆变侧系统运行点位于 D 点，逆变侧直流电流 $I_{d\text{-}inv}$ 与整流侧目标电流 $I_{d\text{-}order}$ 差值为标幺值 0.1p.u.，逆变器进入电流偏差控制，由 D 点运行至 F 点，即由定电流控制转换为定关断角控制，则 F 点为逆变侧和整流侧共同决定的稳定运行点。

在阶段 1 和阶段 2 中，低压限流控制起到至关重要的作用。由式（4－19）可知，低压限流控制的$U-I$特性曲线斜率越大，直流系统恢复速度越快，直流电流恢复水平较高，发生连续换相失败的可能性越大。因此，只要保证低压限流参数设置的合理性，即可保证直流电流的恢复速度和水平，同时在阶段 1 和阶段 2 中不会发生故障恢复型连续换相失败。因此，可知故障恢复型连续换相失败发生在阶段 3 中，即电流偏差控制环节。

电流偏差控制的主要作用是当逆变器定关断角控制的特性曲线斜率大于整流器定α_{min}控制的特性曲线斜率时，两端电流调节器的定值之间没有稳定运行点，直流电流将在两个值之间来回振荡[234,235]。为了避免该情况的发生，在实际控制系统中设计了电流偏差控制，当直流电流在逆变侧电流定值和整流侧电流定值之间时，使逆变器的外特性变为正斜率的直线，即：

$$\gamma=\gamma_{ref}+K(I_{d0}-I_d)/I_{d0} \tag{4-22}$$

式中：γ_{ref}为逆变侧关断角整定值；I_{d0}为整流侧电流定值；I_d为逆变侧电流值；K为常数，适当地选取K值，可以使电流偏差控制的外特性斜率为正值。电流偏差控制可以同时实现定电流控制与定关断角控制的平滑切换，其外特性曲线如图 4.11 所示。

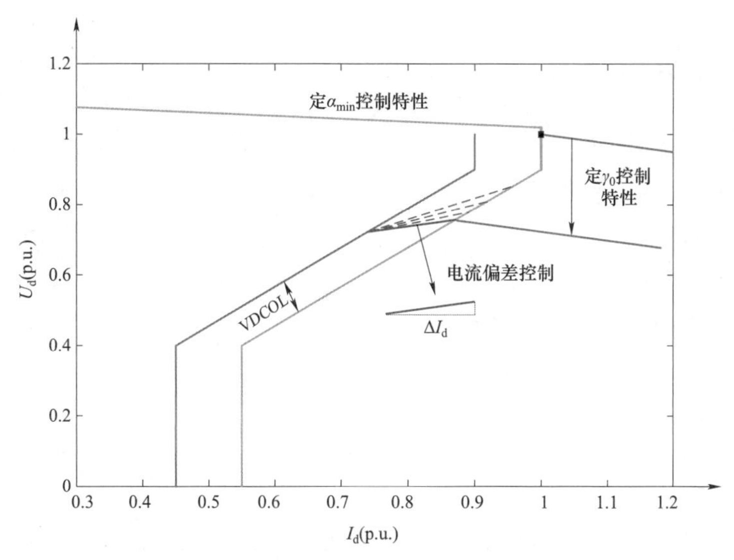

图 4.11　电流偏差控制稳态运行曲线

由图 4.11 中的虚线可知，当整流侧与逆变侧的电流裕度为标幺值 0.1p.u.时，电流偏差控制的外特性斜率越大，则阶段 3 的过程越长，可能导致逆变侧运行于电流偏差控制，而不是由定电流控制平滑切换到定关断角控制。因此，电流偏差控制的外特性曲线斜率需保持在一个较低的水平，可采用定触发超前角β控制，其电压电流特性表示为：

$$U_{di}=E_i\cos\beta+\frac{3X_i}{\pi}I_d \tag{4-23}$$

上述两种电流偏差控制的实现方案虽然有所差异，但功能相同，特性曲线均保持正斜率。则可认为电流偏差控制过程中，无论哪一种实现方式，其控制目标可近似地认为是保持逆变侧触发超前角β恒定。由第 3 阶段可知，逆变侧直流电流在第 3 阶段中逐渐增加，且增加量$\Delta I_{\mathrm{d}}>0.1$p.u.，由换相面积理论可得，换相面积可以分为换相需求面积S_{need}和换相供应面积S_{supply}，即：

$$S_{\mathrm{need}}=2X_{\mathrm{C}}I_{\mathrm{d}} \tag{4-24}$$

$$S_{\mathrm{supply}}=\int_{\alpha}^{\alpha+\mu}U_{\mathrm{n}}\mathrm{d}\omega_0 t=\int_{\pi-\beta}^{\pi-\beta+\mu}\sqrt{2}E\sin(\omega t)\mathrm{d}\omega_0 t \tag{4-25}$$

式中：X_{C}为等值换相电感；U_{n}为换相电压；E为换相电压的有效值；ω为交流系统频率；α为触发延迟角。

将式（4-25）展开，可得：

$$S_{\mathrm{supply}}=\sqrt{2}E\left[\cos(\beta-\mu)-\cos\beta\right] \tag{4-26}$$

由式（4-23）可知，在阶段 3 中，I_{d}持续增大，则换相需求面积S_{need}持续增大，为保证成功换相，换相供应面积S_{supply}也应持续增大，然而由于阶段 3 中，其超前触发角β应向其指令值不断靠近，为了判断β变化对S_{supply}的影响，将式（4-26）对β偏导，可得：

$$\frac{\partial S_{\mathrm{supply}}}{\partial\beta}=\sqrt{2}E\left[\sin\beta-\sin(\beta-\mu)\right] \tag{4-27}$$

由式（4-26）以及超前触发角β和换相角μ的取值范围可知$\partial S_{\mathrm{supply}}/d\beta>0$，则$S_{\mathrm{supply}}$随着$\beta$的减小而减小。通过仿真分析可知在阶段 3 中，$\beta$呈下降趋势，并向目标值靠近，变化范围不大。因此可得，在阶段 3 中，换相需求面积S_{need}持续增大，而β略微减小，会导致S_{supply}减小，为了保持成功换相，只有μ持续增大，才能保证S_{supply}持续增大，并与S_{need}相等。由式（4-26）可知，当β略微减小，μ逐渐增大，则关断角γ会在阶段 3 中逐渐减小，当γ小于固有极限关断角$\gamma_{\min}$时，故障恢复型连续换相失败将会发生，这是故障恢复型连续换相失败发生的根本原因。

由上述分析可知，故障恢复型连续换相失败的发生与故障的严重程度有很大关系，其往往会发生在非严重故障场景下，这是因为在非严重故障时，直流系统在首次换相失败后直流电流恢复程度较高，导致逆变侧进入电流偏差控制时发生连续换相失败的风险也将增大。

借助基于 CIGRE 直流输电标准模型建立的测试系统可以进一步描述连续换相失败的机理。额定触发角α_{N}选取 142°，最小关断角$\gamma_{\min}$选取 7°，模型的其他控制参数、故障设置与原标准系统均完全相同。在逆变侧换流母线处设置三相接地故障，故障发生时间设置在 1.5s，故障持续时间为 0.5s，故障经 0.5H 电感接地，结果如图 4.12 所示。

由上文机理分析可知，连续换相失败产生的主要原因是阶段 3 中电流偏差控制阶段直流电流的增大，导致关断角的持续减小。由图 4.12（c）可以看出 D 点所对应的时刻，逆变侧电流的实际值已经达到逆变侧定电流控制的目标值，系统运行点位于图 4.12 中的 D 点，即逆变侧系统已经进入电流偏差控制。而图 4.12（d）中 F 点所对应时刻，逆变侧电流的实际值已经达到整流侧定电流控制的目标值，系统运行点位于图 4.12 中的 F 点，即逆变侧系统已经处于定关断角控制。因此，图 4.12 的阴影部分即代表上文机理分析中的阶段 3。由图 4.12（c）、（d）可知，阶段 3 中，逆变侧直流电流会持续增大，而由图 4.12（b）可以发现，在阶段 3 中其逆变侧的触发角α逐渐增大，但变化幅度很小，为

10°左右，导致触发超前角β减小，即换相裕度变小，因此只有换相角μ的不断增大，才能保证在直流电流增大的情况下成功换相，这导致关断角γ在阶段 3 中逐渐减小，由图 4.12（a）可以观察到逆变侧关断角在阶段 3 会持续下降，直至小于临界关断角γ_{min}，因此导致连续换相失败的发生。

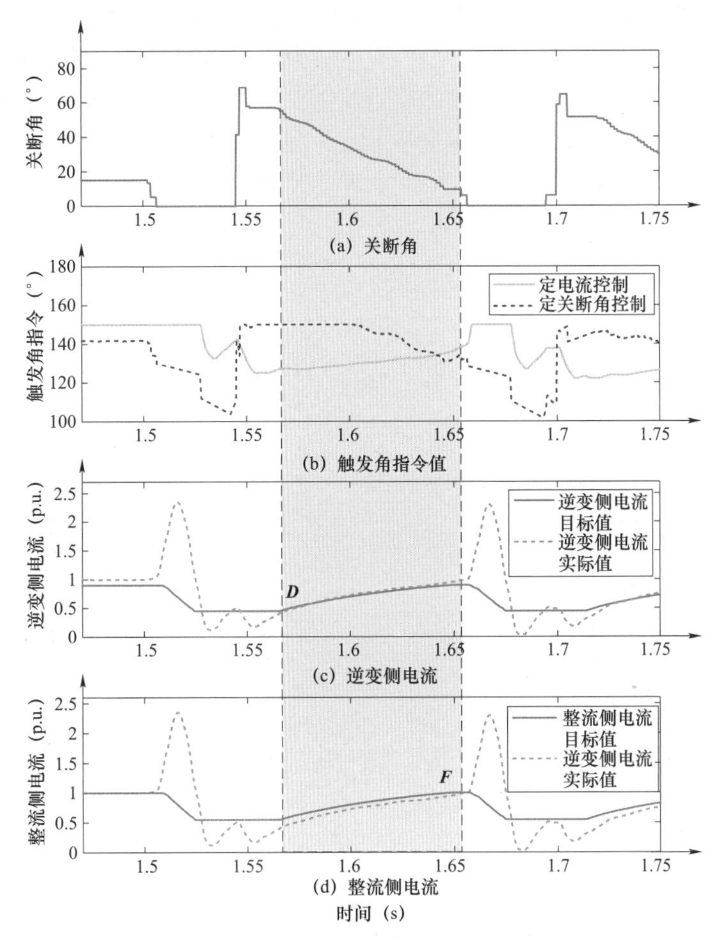

图 4.12 故障后逆变侧控制系统响应过程

4.1.3 多馈入直流换相失败

随着电网的建设，多回 LCC－HVDC 集中馈入某一地区的多馈入 LCC－HVDC 输电格局已经大量出现[236]。尽管多馈入 LCC－HVDC 增大了输送容量并提高了运行方式的灵活性，但是由于逆变站落点密集，使得不同 LCC－HVDC 输电系统与交直流系统之间的交互作用变得十分复杂[237]。如果各直流落点之间的电气距离较小，受端交流系统强度不够，受端交流电网故障易导致多回 LCC－HVDC 发生换相失败，严重时甚至会导致多回 LCC－HVDC 功率传输的中断，威胁整个交直流系统的安全稳定运行。在多馈入 LCC－HVDC 中，由于交直流系统间的交互作用，换相失败问题变得更加复杂。交流故障可能引发多回直流系统同时换相失败，也可能在引发某回直流换相失败后导致系统状态发生改变进而引起其他直流系统发生换相失败，即多馈入直流相继换相失败。

4.1.3.1 同时换相失败

实际系统的多馈入直流输电系统结构如图 4.13 所示，受端电网馈入多回直流输电系统，各换流站落点相对密集，且存在电气联系。因此，当某一换流站附近发生故障或电压扰动时，很可能引起邻近换流站的电压波动，导致多回直流系统发生同时换相失败（concurrent commutation failure，CCF），其造成的巨大功率缺额会对受端电网的稳定性造成巨大威胁。多馈入直流同时换相失败的发生机理与单回直流线路发生的换相失败机理相同，其关键点在于逆变侧交流系统中不同母线发生故障时，在直流系统的影响下，其他母线的电压变化情况不同，即多馈入直流同时换相失败的发生是存在边界条件的，这与交直流系统结构参数有关，以下分别介绍。

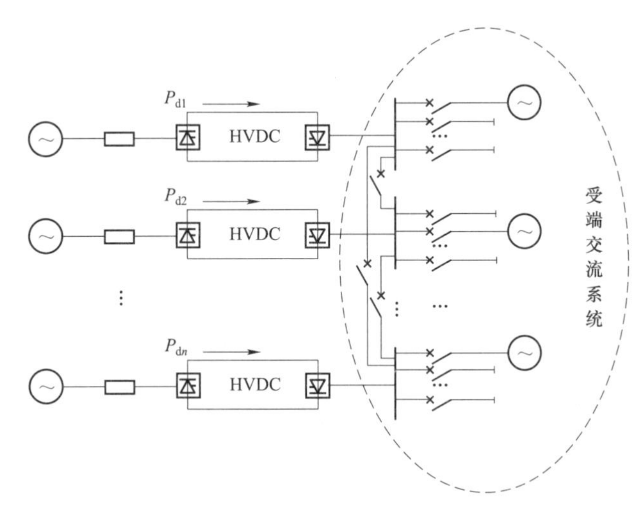

图 4.13 多馈入直流输电系统结构

1. 多馈入交互作用因子

多馈入交互作用因子（multi-infeed interaction factor，MIIF）的概念是由国际大电网工作组提出[238]，其初衷是刻画多馈入直流输电系统中逆变侧换流母线间电压相互影响的水平。其定义和计算方法是：通过人为并联电抗元件使得换流母线节点 i 的电压降落大约 1%，此时观察其他逆变站交流节点 j 的电压变化情况，则两节点电压变化量的比值为 $MIIF_{ji}$，即：

$$MIIF_{ji} = \frac{\Delta V_j}{\Delta V_i} \tag{4-28}$$

式中：ΔV_i 为逆变站换流母线 i 的电压降落值；ΔV_j 为逆变站换流母线 j 的电压降落值。当 MIIF 等于 0 时，则代表两个节点的距离无穷远；当 MIIF 等于 1 时，则代表两个节点是同一节点。因此可知，MIIF 值越大，代表两个节点间电压的相互作用能力越强，同时 MIIF 可以定量刻画多馈入直流输电系统中某一换流母线电压跌落对其他换流母线电压的影响。当两节点间 MIIF 值大于 0.6 时，属于强相互作用；当两节点间 MIIF 值小于 0.15 时，属于弱相互作用。

该定义直观、简洁，对于小规模系统具有较好的适应性，但其最大的缺点是物理意义不清晰，仅能通过仿真分析得出结果，不能从理论上推导网络结构、直流系统控制方式等因素对节点间电压相互作用的影响，同时在面向复杂大系统时也具有较大的局限性。为此，很多学者在探究多馈入直流输电系统电压交互关系的物理解释上做了一些研究，不再局限于 MIIF 等类似的实验性指标，依据受端电网结构推导了电压交互因子、暂态电压支撑指标等相关参数，但上述指标均仅考虑了受端电网结构对电压交互关系的影响，并未考虑直流系统自身的功率及控制特性，计算结果不够精确。在考虑直流系统功率特性的基础上，针对不同控制模式可以得到多馈入交互作用因子的解析计算方法。逆变站换流母线间的电压相互作用不但与交流系统的结构与参数相关，还受直流系统功率特性的影响，基于受端电网稳态潮流的 MIIF 解析表达可以更为准确地量化逆变侧母线间的电压交互影响，且物理意义更加明确。

2. 同时换相失败边界条件

提出多馈入交互作用因子的目的是分析同时换相失败的边界条件。在多馈入直流输电系统中，若逆变侧换流母线 i 发生三相金属性短路，则该节点电压 $U_{\mathrm{L}i}=0$，导致馈入该节点的换流站必然发生换相失败，而逆变侧其他换流母线的电压幅值变化量由多馈入交互作用因子 MIIF 定义可得：

$$\Delta U_{\mathrm{L}j}=MIIF_{ji}\Delta U_{\mathrm{L}i}\frac{U_{\mathrm{L}j\mathrm{N}}}{U_{\mathrm{L}i\mathrm{N}}}=MIIF_{ji}U_{\mathrm{L}i0}\frac{U_{\mathrm{L}j\mathrm{N}}}{U_{\mathrm{L}i\mathrm{N}}} \tag{4-29}$$

式中：$U_{\mathrm{L}i\mathrm{N}}$ 和 $U_{\mathrm{L}j\mathrm{N}}$ 分别为逆变侧交流母线 i 和 j 的额定线电压。

由式（4－29）可以得到故障后逆变侧交流母线 j 的电压 $U_{\mathrm{L}j}$，如式（4－30）所示：

$$U_{\mathrm{L}j}=U_{\mathrm{L}j0}-\Delta U_{\mathrm{L}j}=U_{\mathrm{L}j0}-MIIF_{ji}U_{\mathrm{L}i0}\frac{U_{\mathrm{L}j\mathrm{N}}}{U_{\mathrm{L}i\mathrm{N}}} \tag{4-30}$$

式中：$U_{\mathrm{L}i0}$ 和 $U_{\mathrm{L}j0}$ 分别为故障前逆变侧交流母线 i 和 j 的额定线电压。

当受端交流电网发生故障时，会导致临近换流站直流电流增大，从而使换相裕度减小，因此在分析同时换相失败边界条件的时候，应充分考虑故障后直流电流的变化情况。设 I_{d}' 为故障后直流系统 j 的直流电流，故障发生后的关断角为 γ'，由式（4－3）可得：

$$I_{\mathrm{d}}'=\frac{\sqrt{2}U_{\mathrm{L}j}}{2nX_{\mathrm{L}}}(\cos\gamma'-\cos\beta) \tag{4-31}$$

为探究换相失败边界条件，本小节所关注的时段为故障发生后到第一次换相失败发生前，后文中所提到的“故障后”皆为该时段。由于逆变侧采用定关断角控制方式，其中关断角 γ 是将直流系统所测得的逆变侧 γ 角取最小值，因此定关断角控制所给出的 β 控制命令在第一次换相失败发生前并不会变化，可认为故障发生到第一次换相失败的短时间内，β 角并不会发生变化。因此，可将故障前、后的式（4－3）和式（4－31）进行比值处理，可得到式（4－32）：

$$\frac{U_{\mathrm{L}j}}{U_{\mathrm{L}j0}}=\frac{I_{\mathrm{d}}'}{I_{\mathrm{d}}}\cdot\frac{\cos\gamma-\cos\beta}{\cos\gamma'-\cos\beta} \tag{4-32}$$

由于故障发生在逆变侧，对于非直接故障节点 j 来说，直流系统的传输功率在短时间内不变，因此可得：

$$\frac{I'_{\mathrm{d}}}{I_{\mathrm{d}}}=\frac{U_{\mathrm{d}}}{U'_{\mathrm{d}}} \tag{4-33}$$

由换流器特性，可以得到直流电压与换相电压的关系为：

$$U_{\mathrm{d}}=\frac{3\sqrt{2}U_{\mathrm{L}j0}}{2\pi}(\cos\gamma+\cos\beta) \tag{4-34}$$

将稳定情况下的直流电压 U_{d} 和故障后的直流电压 U'_{d} 依据式（4－34）进行比值处理，可得：

$$\frac{U_{\mathrm{d}}}{U'_{\mathrm{d}}}=\frac{U_{\mathrm{L}j0}}{U_{\mathrm{L}j}}\cdot\frac{\cos\gamma+\cos\beta}{\cos\gamma'+\cos\beta} \tag{4-35}$$

由上述推导，可将式（4－30）、式（4－32）、式（4－33）、式（4－35）联立求解得到受端交流电网逆变站 j 故障后的关断角 γ'_j：

$$\begin{aligned}\gamma'_j&=\arccos\left(\sqrt{\frac{\cos^2\gamma-\cos^2\beta}{\left(U_{\mathrm{L}j}/U_{\mathrm{L}j0}\right)^2}+\cos^2\beta}\right)\\&=\arccos\left(\sqrt{\frac{\cos^2\gamma-\cos^2\beta}{\left[\left(U_{\mathrm{L}j0}-MIIF_{ji}U_{\mathrm{L}i0}\dfrac{U_{\mathrm{L}j\mathrm{N}}}{U_{\mathrm{L}i\mathrm{N}}}\right)/U_{\mathrm{L}j0}\right]^2}+\cos^2\beta}\right)\end{aligned} \tag{4-36}$$

由式（4－36）可知，故障后受端交流电网逆变站的关断角大小不仅与换流母线电压相关，还与换流站故障发生前的运行方式相关，即故障前的超前触发角和关断角相关，同时还受相邻换流站与本换流站间的多馈入交互作用因子影响，显然 $MIIF_{ji}$ 越大，换流站关断角 γ'_j 就越小，换流站 j 发生同时换相失败的可能性越大。

参考最小关断角准则，当 $\gamma'_j=\gamma_{\min}$ 8°时，由式（4－36）可以计算得出最小关断角所对应的多馈入交互作用因子，将其定义为同时换相失败交互因子（concurrent commutation failure iteraction factor，CCFIF）。因此，由式（4－36）可知，当 $MIIF_{ji}>CCFIF_{ji}$ 时，则 γ'_j 将小于最小关断角 8°，此时假如逆变站交流母线 i 发生三相金属性短路，逆变站 i 因换相电压降落导致换相失败，由上述分析可知逆变站 j 的关断角小于固有极限关断角也会发生换相失败。故 $CCFIF_{ji}$ 的计算式为：

$$CCFIF_{ji}=\frac{1-\sqrt{\dfrac{\cos^2\gamma-\cos^2\beta}{\cos^2\gamma\cos^2\beta_{\min}}}}{\dfrac{U_{\mathrm{L}i0}U_{\mathrm{L}j\mathrm{N}}}{U_{\mathrm{L}j0}U_{\mathrm{L}i\mathrm{N}}}} \tag{4-37}$$

4.1.3.2 相继换相失败

由于各回 LCC－HVDC 参数和运行状态不同，受端交流系统故障可能引发某回 LCC－HVDC 发生换相失败，而其相邻的 LCC－HVDC 未发生换相失败[239]。发生换相失败后，直流功率、电压等发生显著变化，特别是 LCC－HVDC 控制系统的陆续启动将进一步加剧电气量的变化。因此，发生换相失败的 LCC－HVDC 必然通过近距离的电磁耦合影响相邻正常运行的 LCC－HVDC，造成正常运行的 LCC－HVDC 出现继发性的响应，严重的可能导致换相失败。这被称为多馈入直流相继换相失败。相比于同时换相失败，对相继换相失败机理与后果的相关研究较少。

1. 相继换相失败机理

受端交流电网故障后，第 i 回 LCC－HVDC 换流母线电压下降至 $U_{\mathrm{Lf}i}$。交流滤波器发出的无功降低，而控制系统启动导致第 i 回 LCC－HVDC 无功消耗量上升，其无功消耗的变化量由受端系统和相邻 LCC－HVDC 共同承担。故障后第 i 回 LCC－HVDC 的逆变站无功消耗量 $Q'_{\mathrm{l}i}$ 满足：

$$Q'_{\mathrm{l}i}=Q'_{\mathrm{ac}i}+Q'_{\mathrm{f}i}+\Delta Q_{\mathrm{ex}j} \tag{4-38}$$

式中：$Q'_{\mathrm{ac}i}$ 为故障后逆变站从受端电网吸收的无功功率；$Q'_{\mathrm{f}i}$ 为故障后第 i 回 LCC－HVDC 逆变站滤波器提供的无功，可写为 $Q'_{\mathrm{f}i}=B_{\mathrm{f}i}U_{\mathrm{Lf}i}^2$，$B_{\mathrm{f}i}$ 为逆变站滤波器等效电纳，$U_{\mathrm{Lf}i}$ 为故障后第 i 回 LCC－HVDC 换相电压值；$\Delta Q_{\mathrm{ex}j}$ 为故障后与相邻第 j 回 LCC－HVDC 的无功交换量。

$Q'_{\mathrm{ac}i}$ 决定了换流母线的电压跌落量以及受端等值系统的短路容量[240]。第 i 回 LCC－HVDC 发生换相失败后，其与相邻第 j 回 LCC－HVDC 的无功交换量可表示为：

$$\Delta Q_{\mathrm{ex}j}=\left(Q'_{\mathrm{l}i}-Q_{\mathrm{l}i}\right)-\left(B_{\mathrm{f}i}U_{\mathrm{Lf}i}^2-B_{\mathrm{f}i}U_{\mathrm{L}i}^2\right)-\frac{\Delta U_i S_{\mathrm{ac}i}}{U_{\mathrm{LN}i}} \tag{4-39}$$

式中：$Q_{\mathrm{l}i}$ 为故障前第 i 回 LCC－HVDC 逆变站的无功功率；$U_{\mathrm{L}i}$ 为故障前第 i 回 LCC－HVDC 换相电压值；ΔU_i 为第 i 回 LCC－HVDC 换流母线电压跌落量；$S_{\mathrm{ac}i}$ 为第 i 回 LCC－HVDC 受端系统短路容量；$U_{\mathrm{LN}i}$ 为第 i 回 LCC－HVDC 换相电压额定值。

根据计算可以得到，逆变站无功消耗量始终与换流母线电压、直流电流正相关，并且随着超前触发角的增加而上升[241,242]。交流电网故障后，换流母线电压的下降导致逆变站无功消耗量的下降。随着低压限流环节（voltage dependent current order limiter，VDCOL）的启动，直流电流指令值的降低使得直流电流减小，无功消耗量随之降低。因此，故障后直流电流变化时，逆变站无功消耗先增加后减小。VDCOL 的启动电压越小，在故障后投入越迟，则逆变站无功消耗量越大。随着入 VDCOL 将直流电流限制在较低水平，定关断角控制（constant-extinction-angle control，CEAC）持续作用，特别是当 VDCOL 作用使得直流电流小于指令值时，CEAC 将使超前触发角突增。CEAC 作用下，超前触发角不断上升，造成逆变站无功消耗量增加。在控制系统的作用下，逆变站无功消耗呈“2 次上升”趋势。

稳态运行下，交流滤波器提供的无功功率能够满足逆变站的无功消耗量，逆变站从受端系统吸收的无功基本为 0。交流滤波器的投切一般为秒级[243]，逆变站控制系统的投入为毫秒级。逆变站无功消耗量的“2 次上升”发生在 50ms 以内，交流滤波器的无功补偿无法及时跟踪逆变站无功消耗量的变化。当受端电网为弱系统时，换相失败期间系统向逆变站提供的无功功率十分有限[244]。相邻 LCC－HVDC 提供的无功总量与第 i 回 LCC－HVDC 无功消耗量基本一致。电网故障后，受端弱电网下第 i 回 LCC－HVDC 逆变站无功消耗量的“2 次上升”导致相邻 LCC－HVDC 无功交换量同样呈现“2 次上升”。

受端交流电网故障后，多回 LCC－HVDC 的换流母线电压均会发生跌落。若电压跌落引发多回 LCC－HVDC 的换相失败，即目前所熟知的同时换相失败。各 LCC－HVDC 逆变站与故障点的距离不同，故障后换流母线电压跌落量不同。交流电网故障可能仅导致部分 LCC－HVDC 发生换相失败。当某回 LCC－HVDC 发生换相失败后，其控制系统启动引发相邻 LCC－HVDC 无功交换量出现“2 次上升”，会造成相邻 LCC－HVDC 逆变站换流母线电压出现再次跌落。电压再次跌落引发相邻 LCC－HVDC 逆变站关断角出现再次下降，即可能发生了新的换相失败。此换相失败是相邻 LCC－HVDC 的换相失败引发的继发性换相失败，即相继换相失败。相继换相失败是多回 LCC－HVDC 之间具有因果关系的继发性换相失败，其中，故障和控制器响应通过交流系统的耦合作用造成了相邻 LCC－HVDC 换相电压跌落是相继换相失败发生的主要原因之一。

2. 典型相继换相失败过程分析

图 4.14 为受端交流电网故障下两回 LCC－HVDC 关断角、交换无功功率和直流电流情况。两回 LCC－HVDC 受端系统多馈入有效短路比（multi-infeed effective short circuit ratio，MIESCR），记为 M_{IESCR}，其值分别为 1.3 和 1.7。1s 时在距离第 i 回换流母线 30km 处发生三相短路，故障持续 0.5s。图 4.14 中蓝色虚线为第 i 回 LCC－HVDC 电气量；红色实线为第 j 回 LCC－HVDC 电气量。由图 4.14 可见，第 i 回 LCC－HVDC 在 1.012s 时发生换相失败。此时，第 j 回 LCC－HVDC 关断角略有下降但未发生换相失败。直至 1.034s 后，第 j 回 LCC－HVDC 关断角跌落至临界关断角以下，发生换相失败。第 j 回 LCC－HVDC 的换相失败较第 i 回 LCC－HVDC 滞后了 22ms，两次换相失败具有明显的时延，不是由电网故障导致的同时换相失败。由无功交换量和直流电流可见，第 j 回 LCC－HVDC 关断角呈现 3 次显著不同的变化过程，可分为 3 个阶段：

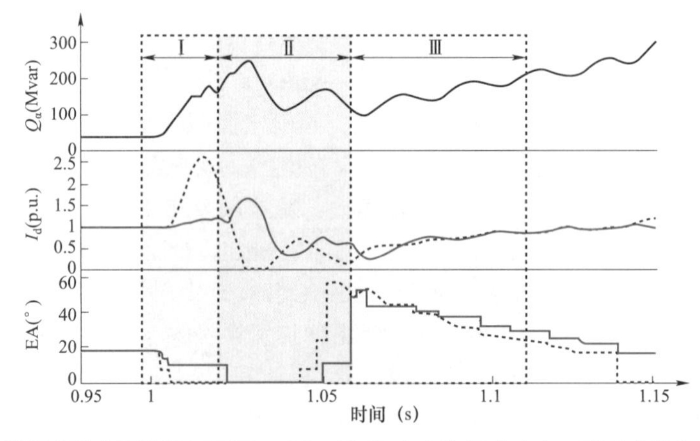

图 4.14　受端交流电网故障下两回 LCC－HVDC 交换无功功率、直流电流和关断角情况

阶段 1：第 i 回 LCC－HVDC 发生换相失败，第 j 回 LCC－HVDC 关断角稍有降低。受端交流系统故障引发第 i 回 LCC－HVDC 发生换相失败后，关断角瞬间下降导致直流电流剧烈上升。在 VDCOL 的作用下，第 i 回 LCC－HVDC 电流随之减小，因而无功交换量持续上升后稍下降。

阶段 2：第 j 回 LCC－HVDC 发生换相失败。CEAC 使超前触发角持续上升，导致第 i 回逆变站无功消耗量再次增大，两回 LCC－HVDC 的无功交换量再次上升。无功交换量的增加引发第 j 回换流母线电压及关断角出现再次跌落，导致第 j 回 LCC－HVDC 的换相失败。第 j 回 LCC－HVDC 关断角的第一次跌落与第 i 回关断角跌落时刻基本一致，均由交流电网故障引发。第二次跌落则伴随着无功交换量的上升，这表明第 j 回 LCC－HVDC 的换相失败是由第 i 回 LCC－HVDC 的换相失败所引发的相继换相失败。

阶段 3：系统恢复，逆变站恢复正常换相。第 j 回 LCC－HVDC 控制系统投入作用，无功交换量略有增加。

4.2 交直流混联电网的换相失败预警措施

换相失败的检测方法可以分为实测型和预测型两种。其中实测型方法通过检测换相电压过零时刻和阀电流过零时刻，来实际检测关断角（γ）。当检测到的关断角小于最小值时，就判断有换相失败发生。预测型换相失败检测方法，则通过检测电压跌落来预测交流故障是否引发换相失败，又称为换相失败预警措施。有效的换相失败预警有利于换相失败抑制措施的快速投入，对防止换相失败的产生和进一步发展有着至关重要的作用。本节将以换相失败的类型为区分，介绍几种针对首次换相失败、连续换相失败和多馈入直流换相失败的预警措施。

4.2.1 针对首次换相失败的预警措施

4.2.1.1 基于换相面积预测的换相失败预警研究

基于直流换相全过程，以换相电压时间面积为理论基础，推导出换相需求面积和可供应最小换相面积的数学解析，并以此为换相失败预测判据，通过三点法对故障前后电压波形进行拟合，从而实现换相失败的快速预警。关于换相电压时间面积理论，在本章 4.1.2 节有较为详细的介绍。

1. 基于换相面积的换相失败预测判据

根据换相面积理论，分别定义决定换相过程成功与否关键的两个换相面积指标，即 S_{need} 为换相需求面积，S_{min} 为可供应最小换相面积。换相失败的判据为：当 $S_{min}>S_{need}$ 时，逆变器不会发生换相失败；当 $S_{min}<S_{need}$ 时，逆变器会发生换相失败。因此，基于换相面积的换相失败预测准确性取决于 S_{need}、S_{min} 计算的准确性。

由式（4－8）可知，考虑直流电流的变化情况，换相需求面积 S_{need} 不再恒定，然而该小节所述方法是针对故障发生后第一次换相失败发生的预测，由于换相失败发生前直流电流的变化速度较慢，同时直流侧的平波电抗器也会降低直流电流的增加速度，因此取换相起止时刻的 I_d 为采样时刻 t_0 所对应的 $I_d(\omega_0 t_0)$，据此可将换相需求面积 S_{need} 定义为：

$$S_{need} = 2X_c I_d(\omega_0 t_0) \tag{4-40}$$

式中：X_c 为换相电抗。依据换相面积理论，可供应最小换相面积 S_{min} 的大小主要取决于故障后的线电压曲线，假设故障后交流电压频率 ω_0 保持不变且仍为正弦波，可将故障后的最小线电压曲线 $u_{L\,min}$ 定义为：

$$u_{L\,min} = U_{L\,min}\sin(\omega_0 t + \varphi_1) \tag{4-41}$$

由式（4－8）和式（4－41），可供应最小换相面积 S_{min} 定义为：

$$S_{min} = \int_{\omega_0 t_1}^{\omega_0 t_2} U_{Lmin}\,\mathrm{d}\omega_0 t = \frac{U_{Lmin}}{\omega_0}\left[\cos(\omega_0 t_1 + \varphi_1) - \cos(\omega_0 t_2 + \varphi_1)\right] \tag{4-42}$$

由式（4－40）和式（4－42）可知，在 S_{min} 和 S_{need} 的数值求解过程中，需要对换相起始时刻 t_1 和换相终止时刻 t_2 进行求解，如图 4.15 所示。

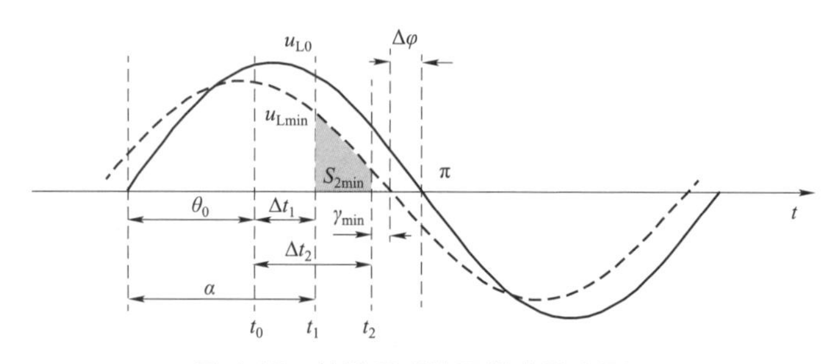

图 4.15　故障后系统可供应最小面积

图 4.15 中：t_0 为采样时刻；α 为逆变侧触发延迟角；θ_0 为系统正常运行时线电压曲线 t_0 时刻的电压相角，$\theta_0 = \omega_0 t_0 + \alpha_0$。换相起始时间 t_1 由图 4.15 得：

$$\begin{cases} t_1 = t_0 + \Delta t_1 \\ \Delta t_1 = \dfrac{\alpha_1 - \theta_0}{\omega_0} \end{cases} \tag{4-43}$$

系统故障前正常运行时线电压为：

$$u_L = U_{L0}\sin(\omega_0 t + \varphi_0) \tag{4-44}$$

依据换相过程的物理特性，使采样时刻 t_0 的取值范围为各换相线电压正半周期中（0，90°）的区间，可保证对故障后下一次换相实现准确预测，将采样时刻 t_0 代入式（4－44），可解得 θ_0 为：

$$\theta_0 = \arcsin\left[U_{L0}\sin(\omega_0 t_0 + \varphi_0)\right] \tag{4-45}$$

换相终止时间 t_2 由图 4.15 可得：

$$\begin{cases} t_2 = t_0 + \Delta t_2 \\ \Delta t_2 = \dfrac{\pi - \gamma_{\min} - \theta_0 - \Delta\varphi}{\omega_0} \end{cases} \tag{4-46}$$

式中：$\gamma_{\min}$ 为最小关断角；$\Delta\varphi$ 为线电压换相偏移角，可由故障前线电压曲线和故障后线电压曲线的初相位求得：

$$\Delta\varphi = \varphi_1 - \varphi_0 \tag{4-47}$$

由式(4-47)，可以求得换相起始时间 t_1 和换相终止时间 t_2。由式(4-40)和式(4-42)可求得换相需求面积 S_{need} 和可供应最小换相面积 $S_{\min}$。即可通过比较 S_{need} 和 $S_{\min}$ 的大小，从而实现在故障后很短的采样时间内预测换相失败的发生。

由上述分析可知，本节所提方法在 S_{need} 和 $S_{\min}$ 求解过程中的所需参数基本都已求解，仅有故障后的最小线电压曲线 u_{Lmin} 仍是未知的，因此在后文中将对最小电压曲线 u_{Lmin} 进行求解。

2. 基于电压波形拟合的换相失败快速预测

基于电压波形拟合的换相失败预测方法的可靠性与快速性主要取决于拟合电压曲线的准确性和快速性，而电压曲线的准确性主要影响因素有系统采样值的准确性、拟合曲线的计算方法及受端系统的强度，受端系统越强则受端系统的频率偏差越小，电压波形越接近于正弦，因此换相失败预测的准确性越高；本预测方法的快速性主要受所用电压采样点的个数影响，所用采样点越少，预测速度越快。

三点法的原理是通过正弦曲线的三个采样点，计算出正弦曲线幅值、频率、相角。假设故障后交流系统频率不变，仍为工频频率 50Hz，角频率为 $\omega_0 = 2\pi \times 50\text{rad/s}$，则通过两个采样点求出电压曲线的幅值和相角，就可以确定电压曲线。设故障后交流侧线电压 u 表达式为：

$$u = k_1 \sin\omega_0 t + k_2 \cos\omega_0 t = A\sin(\omega_0 t + \varphi) \tag{4-48}$$

逆变侧交流母线线电压两个采样点分别为（t_1，u_1）和（t_2，u_2），则有：

$$\begin{cases} u_1 = k_1 \sin\omega_0 t_1 + k_2 \cos\omega_0 t_1 \\ u_2 = k_1 \sin\omega_0 t_2 + k_2 \cos\omega_0 t_2 \end{cases} \tag{4-49}$$

为使式（4-49）表达更简略，构造矩阵：

$$\boldsymbol{U} = \begin{bmatrix} u_1 \\ u_2 \end{bmatrix} \qquad \boldsymbol{K} = \begin{bmatrix} k_1 \\ k_2 \end{bmatrix} \qquad \boldsymbol{\Phi} = \begin{bmatrix} \sin\omega_0 t_1 & \cos\omega_0 t_2 \\ \sin\omega_0 t_2 & \cos\omega_0 t_2 \end{bmatrix}$$

则式（4-49）可以表达为：

$$\boldsymbol{U} = \boldsymbol{\Phi}\boldsymbol{K} \tag{4-50}$$

可求出系数矩阵 $\boldsymbol{K}$ 为：

$$\boldsymbol{K} = \boldsymbol{\Phi}^{-1}\boldsymbol{U} \tag{4-51}$$

通过电压曲线的系数矩阵，可进一步求得电压曲线的幅值及相位为：

$$A = \sqrt{k_1^2 + k_2^2} \tag{4-52}$$

$$\varphi=\begin{cases}\arctan\dfrac{-k_1}{k_2} & k_2\geqslant 0\\ \arctan\dfrac{-k_1}{k_2}+\pi & k_2<0\end{cases} \tag{4-53}$$

即可确定故障后工频电压曲线的表达式。

基于三点法拟合正弦曲线的方法属于直接求解法，采样点数量与电压曲线未知量个数相同，所需采样点个数最少，所用采样时间最短，计算量最小，具有快速性的优点。通过仿真分析与理论计算相对比，三点法拟合的电压曲线与系统电压变化的趋势基本一致，并能够更快速地响应故障后电压的降落，三点法输出的电压幅值响应电压降落的速度均比所测电压有效值的响应速度快，克服了电压有效值测量无法满足控制系统调节快速性的要求。

通过三点法预测故障后的交流电压波形，并且采样实时的直流电流值，可以实现对 LCC－HVDC 型直流输电系统换相需求面积 S_{need} 和可供应最小换相面积 S_{min} 的数值解析，从而实现换相失败的快速预测，换相失败预测示意图如图 4.16 所示。

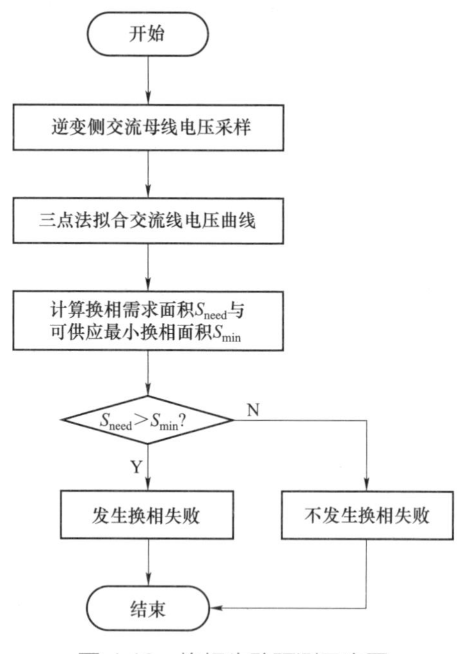

图 4.16　换相失败预测示意图

在逆变侧交流母线得到故障后线电压的采样点，通过三点法计算出当前采样时刻的线电压幅值和相角，同时通过延迟环节拟合故障前的线电压参数，并将逆变侧触发延迟角、直流电流、采样时间等参数均输入到换相面积计算单元，其输出为系统换相需求面积 S_{need} 和可供应最小面积 S_{min} 的差值，当此差值大于 0 时，判断逆变器即将发生换相失败，换相失败预测信号（commutation failure prediction signal，CFPS）输出为 1；当差值小于或等于 0 时，判断逆变器不会发生换相失败，换相失败预测信号（CFPS）输出为 0。具体的控制结构框图如图 4.17 所示。

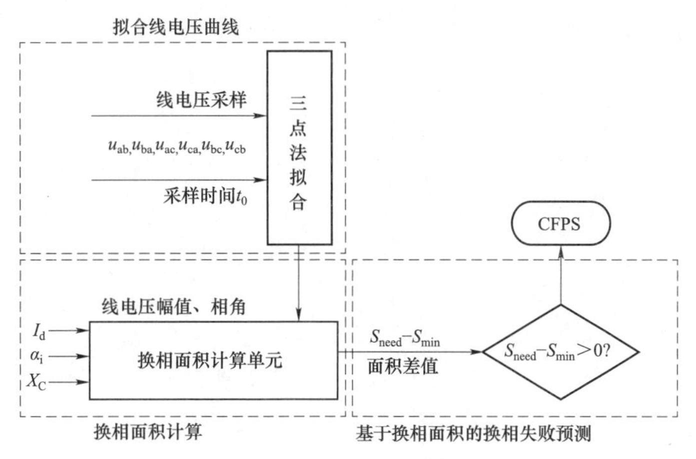

图 4.17　控制结构框图

4.2.1.2　基于戴维南等效阻抗的换相失败预警措施

根据戴维南定理，对于一个网络，某一端口的戴维南等效阻抗即为从该端口看去的无源网络的阻抗值。

图 4.18 显示的是故障阻抗为 Z_F 的短路故障下由 A、B 端口看去的戴维南等效阻抗，此时，上游和下游等效电压源均设为 0。在图 4.18 中：Z_U 和 Z_D 分别为上游和下游等效阻抗；x 为故障点至端口 AB 的距离。端口 AB 看去的戴维南等效阻抗 Z_t 为：

$$Z_t = Z_U \| \{xZ_D + [Z_F \| (1-x)Z_D]\} \tag{4-54}$$

由式（4－54）可以看出，当故障严重程度增加时，Z_t 会减小。

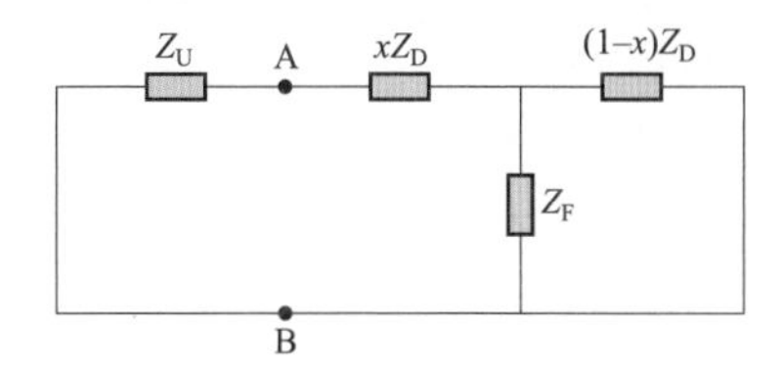

图 4.18　故障阻抗为 Z_F 的短路故障下由 A、B 端口看去的戴维南等效阻抗

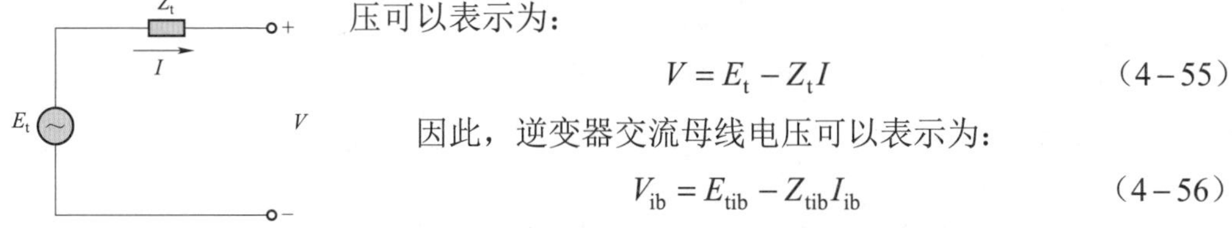

图 4.19　戴维南等效模型

基于图 4.19 所示的戴维南等效模型，电网任意节点处的电压可以表示为：

$$V = E_t - Z_t I \tag{4-55}$$

因此，逆变器交流母线电压可以表示为：

$$V_{ib} = E_{tib} - Z_{tib} I_{ib} \tag{4-56}$$

式中：E_{tib} 和 Z_{tib} 分别为由逆变器交流母线看去的戴维南等效电压源和戴维南等效阻抗。图 4.20 所示的是故障期间由同一台安装在逆变器交流母线上的相量测量装置（phasor measurement unit，PMU）在两个不同时刻测量的两组数据 (V_{ib}, I_{ib}) 的相位图。E_{tib} 的幅值在两次测量中应当是完全一致的，但是由于系统频率的波动，E_{tib} 的相位存在偏移。

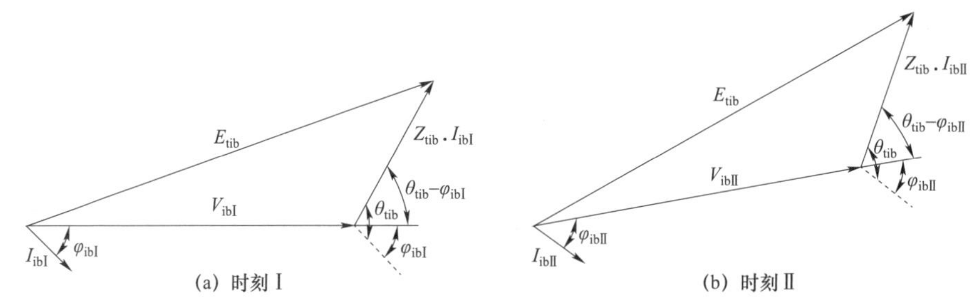

图 4.20　逆变侧交流母线不同时刻的两组 PMU 测量值相位图

由图 4.20 可以得到，第一次测量的 E_{tib} 可以表示为：

$$E_{tib}^2 = V_{ibI}^2 + I_{ibI}^2 Z_{tib}^2 + 2V_{ibI} I_{ibI} Z_{tib} \cos(\theta_{tib} - \varphi_{ibI}) \tag{4-57}$$

通过扩展 $\cos(\theta_{tib} - \varphi_{ib}) = \cos\theta_{tib}\cos\varphi_{ibt} + \sin\theta_{tib}\sin\varphi_{ibI}$，并改写 $\cos\theta_{tib} = R_{tib} / Z_{tib}$，$\sin\theta_{tib} = X_{tib} / Z_{tib}$，$\cos\varphi_{ibI} = P_{ibI} / (V_{ibI} I_{ibI})$，$\sin\varphi_{ibI} = Q_{ibI} / (V_{ibI} I_{ibI})$，可以得到：

$$E_{tib}^2 = V_{ibI}^2 + I_{ibI}^2 Z_{tib}^2 + 2P_{ibI} R_{tib} + 2Q_{ibI} X_{tib} \tag{4-58}$$

式中：R_{tib}、X_{tib}、P_{ibI}、Q_{ibI} 分别为逆变器交流母线处的戴维南等效电阻、戴维南等效电抗、有功功率和无功功率。

通过相同的计算可以得到第二次测量的 E_{tib} 为：

$$E_{tib}^2 = V_{ibII}^2 + I_{ibII}^2 Z_{tib}^2 + 2P_{ibII} R_{tib} + 2Q_{ibII} X_{tib} \tag{4-59}$$

两次测量值相减可以得到：

$$V_{ibI}^2 - V_{ibII}^2 + (I_{ibI}^2 - I_{ibII}^2) Z_{tib}^2 + 2(P_{ibI} - P_{ibII}) R_{tib} + 2(Q_{ibI} - Q_{ibII}) X_{tib} = 0 \tag{4-60}$$

改写 $Z_{tib} = \sqrt{R_{tib}^2 + X_{tib}^2}$ 后得到：

$$\begin{aligned} &\left(R_{tib} + \frac{P_{ibI} - P_{ibII}}{I_{ibI}^2 - I_{ibII}^2}\right)^2 + \left(X_{tib} + \frac{Q_{ibI} - Q_{ibII}}{I_{ibI}^2 - I_{ibII}^2}\right)^2 \\ &= \frac{V_{ibI}^2 - V_{ibII}^2}{I_{ibI}^2 - I_{ibII}^2} + \left(\frac{P_{ibI} - P_{ibII}}{I_{ibI}^2 - I_{ibII}^2}\right)^2 + \left(\frac{Q_{ibI} - Q_{ibII}}{I_{ibI}^2 - I_{ibII}^2}\right)^2 \end{aligned} \tag{4-61}$$

这是一个半径为 $r_{I,II} = \sqrt{\frac{V_{ibI}^2 - V_{ibII}^2}{I_{ibI}^2 - I_{ibII}^2} + \left(\frac{P_{ibI} - P_{ibII}}{I_{ibI}^2 - I_{ibII}^2}\right)^2 + \left(\frac{Q_{ibI} - Q_{ibII}}{I_{ibI}^2 - I_{ibII}^2}\right)^2}$、圆心为 $Q_{I,II} = \left(\frac{P_{ibII} - P_{ibI}}{I_{ibI}^2 - I_{ibII}^2}, \frac{Q_{ibII} - Q_{ibI}}{I_{ibI}^2 - I_{ibII}^2}\right)$ 的圆的表达式，这个圆在阻抗平面上，表示逆变器交流母线处的戴维南等效阻抗，可以看出，两次不同时刻的测量值相减无法给出 Z_{tib} 的准确值。因此，我们需要再进行一次测量，利用同样的方法得到三个阻抗圆来给出 Z_{tib} 的准确值，即三个阻抗圆的交点。需要注意的是故障位置和类型、接地阻抗、逆变侧交流电网结构等参数均会影响测量到的逆变器交流母线的电压和电流值，因此，这些参数均包含在了 Z_{tib} 中。由此可以通过计算 Z_{tib} 是否发生突变来判定逆变侧交流系统是否发生短路故障，为进一步预测关断角做准备[254]。

4.2.2 针对连续换相失败的预警措施

逆变侧交流系统故障容易引发首次换相失败，而在交流故障清除之前，高压直流系统通常就开始进入首次换相失败的恢复阶段，并且还可能存在发生连续换相失败的风险，同时将会再次对送受端电力系统造成进一步的功率冲击。因此，利用实时采集的高压直流系统相关运行参数来评估连续换相失败发生的风险，并正确预警连续换相失败的发生，则可以通过适当的提前紧急控制手段，实现连续换相失败的主动干预和抑制，保障直流系统的安全稳定恢复，进一步阻断交直流混联电力系统连锁故障的发生和蔓延。关于连续换相失败机理，在本章第 4.1.2 节有较为详细的介绍。

4.2.2.1 基于恢复特性的换相失败预警措施

在故障持续期间，连续换相失败的发生与恢复过程中的控制器调节和系统响应密切相关。除了诱发首次换相失败的常见相关因素之外，还需要考虑电流误差控制器的输出波动、逆变器直流电流在不对称故障下的周期振荡等因素。因此，可以通过监测控制系统反应和主电路电气量状态，来提前感知连续换相失败发生的风险。

当 6 脉波换流器工作于“2－3”模式时，根据换相过程中的准稳态分析，某个换相过程的电压时间面积（voltage time area，VTA）需求量可表示为：

$$VTA_{\mathrm{d}} = \omega L_{\mathrm{c}} I_{\mathrm{di}\langle\pi-\gamma\rangle} + \omega L_{\mathrm{c}} I_{\mathrm{di}\langle\pi-\beta\rangle} \tag{4-62}$$

式中：$I_{\mathrm{di}\langle\pi-\gamma\rangle}$ 和 $I_{\mathrm{di}\langle\pi-\beta\rangle}$ 分别为换相开始和结束时刻的逆变器直流电流；ω 为系统额定角频率；L_{c} 为换相电抗；β 和 γ 分别为实际触发超前角和关断角。如果时间轴用电角度表示，交流电源提供的电压时间面积是换相电压对于时间的积分，并可以表示为：

$$VTA_{\mathrm{s}} = \int_{\pi-\beta}^{\pi-\gamma} U_{\mathrm{com}}(\omega t)\,\mathrm{d}\omega t \tag{4-63}$$

式中：$U_{\mathrm{com}}(\omega t)$ 为换相电压的基波瞬时值。通常充足的 VTA_{s} 有利于成功换相，因此考虑高压直流系统主电路电气量变化的换相成功必要条件为：

$$2\omega L_{\mathrm{c}}\left(I_{\mathrm{dr}} + |\dot{I}_{\mathrm{di}}|\right) < \int_{\pi-\beta+\varphi}^{\pi-\gamma_0} \sqrt{2}E_{\min}\sin\omega t\,\mathrm{d}\omega t \tag{4-64}$$

在式（4－64）中：左边和右边分别表示换相电压时间面积的最大需求量和供给量；I_{dr} 为整流器直流电流；$|\dot{I}_{\mathrm{di}}|$ 是不对称故障下逆变侧振荡电流的幅值；γ_0 为阀最小关断时间对应的电角度；φ 为交流故障导致的阀侧换相电压最大相位偏移；$E_{\min}$ 为最小换相电压的有效值。因此，可以进一步推出连续换相失败预警的归一化判据为：

$$\cos(\beta_{\mathrm{EWS}} - \varphi) < \cos\gamma_0 - \frac{\sqrt{2}\omega L_{\mathrm{c}}(I_{\mathrm{dr}} + |\dot{I}_{\mathrm{di}}|)}{E_{\min}} \tag{4-65}$$

式中：左边反映了控制器边界，用 $B_{\mathrm{C}}(\beta_{\mathrm{EWS}})$ 表示；右边反映了电路边界，用 $B_{\mathrm{E}}(\gamma_0)$ 表示；β_{EWS} 为考虑控制器结构和调节风险的角度，其表示为：

$$\beta_{\mathrm{EWS}} = \beta_{\mathrm{iCEA\_Ki}} - K_{\mathrm{PCEA}} \cdot \sigma_{\mathrm{iCEC}} \tag{4-66}$$

式中：$\beta_{\mathrm{iCEA\_Ki}}$ 为 CEA 控制器的积分环节输出；K_{PCEA} 为 PI 调节器的比例系数；σ_{iCEC} 为电流误差控制器的输出。综上所述，所搭建的预警系统原理图如图 4.21 所示。预警系统的核心是式（4－65）所表述的连续换相失败预警的归一化判据。

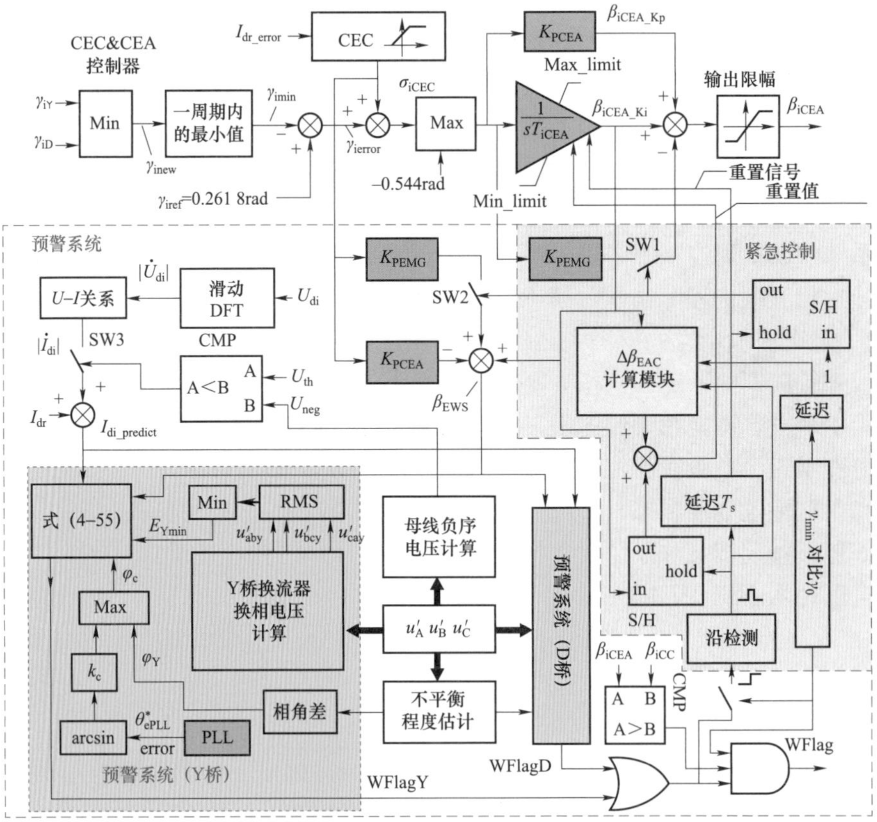

图 4.21　高压直流系统连续换相失败的预警系统原理图

图 4.21 中：γ_{iY} 和 γ_{iD} 分别为逆变侧 Y 桥和 D 桥的关断角；γ_{imin} 为一个周期内逆变侧关断角最小值；γ_{iref} 为关断角参考值；U_{th} 为负序电压参考值；WFlagY、WFlagD 和 WFlag 分别为预警系统输出的判定结果；k_c 为裕度系数。

4.2.2.2　基于统计学习方法的换相失败预警措施

连续换相失败故障是具有一定的发展过程的，最长持续时间可达数秒，该过程中交直流系统因强耦合相互扰动、控制系统快速跳变，其涉及的换相机理不像单次换相过程那样明晰，具有交直流强耦合、非线性等复杂特性，物理机理层面不具解析性，难以人工预设规则以实现预警。针对该问题，基于统计学习方法的连续换相失败预警的基本思路是将该问题考虑成一个根据局部已知测量量的模式识别问题：即以故障早期的部分测量信号作为识别特征，依据特征做出故障动态全程连续换相失败是否会发生的推断，以达到提前预知及预警的目的。

统计学习的目的，是基于数据层面得到一个最优的强拟合能力的参数化映射函数，从而挖掘数据的特征与其对应的标记之间的关联性映射关系，这种关联性关系理论上可以是非线性的，甚至是任意复杂的。在连续换相失败的预警系统原理图中，特征对应于故障早期的部分测量信号，标记则对应于基于该特征直流系统后续是否会发生连续换相失败的指示值，连续换相失败的特征与标记的最优参数化映射函数是通过现场运行故障数据或离线仿真的数据训练得到的。基于统计学习算法以解决关联性的统计映射，可以从连续换相失败的机理分析中解放出来，不再需要针对物理过程进行解析分析而人工给出判断阈值，而是着眼于如何得到充分的描述信息，通过合理地建立学习器模型，来得到一个令人满意的预警算法并运用于工程实践。

统计学习方法中，集成学习方法一般比单一的方法泛化能力更强，且擅长于解决小数据学习以及样本不平衡之下的学习难题。因此，集成学习被广泛运用于计算机视觉和图像处理、生物、医疗和工程等多个领域。具体而言，集成学习方法指的是通过某种规则，构建并且结合多个弱学习器的输出以完成学习任务，从而显著提升弱学习器的学习性能的学习方法。集成学习方法中的弱学习器可以是目前所流行的任意一种学习算法，比如“神经网络”“决策树”和“支持向量机”等。而连续故障预警问题，为一个模式识别的二分类问题，即预警系统根据早期的测量特征输出一个“0－1”预警信号，分别代表着“会发生连续换相失败”或“不会发生连续换相失败”。集成学习方法中，传统的 Boosting 方法最擅长于解决拥有者分线性决策平面的二分类问题，而 Boosting 算法族中，Adaboost 最为著名，其可以使用“加性模型”进行推导，即 Adaboost 学习器的输出是若干个弱学习器输出的线性组合。

假设初始训练样本为 m 个样本序列 $\boldsymbol{D}=\{(x_1,y_1),(x_2,y_2),\cdots,(x_m,y_m)\}$，其中 $y_i\in\{-1,+1\}$，L 为弱学习器对应的基学习算法，$f(\bullet)$ 为假设存在的真实函数，$h_i(\bullet)$ 为第 i 轮迭代生成的弱学习器对应的判别函数。

（1）每个训练样本赋予初始权值，其中 $\mathcal{D}_{ij}$ 为第 j 个样本在第 i 轮训练中的样本权值，计算方法为：

$$\mathcal{D}_{1l}=\frac{1}{m},l=1,2,\cdots,m \tag{4-67}$$

（2）for $i=1,\cdots,T$，循环执行步骤（3）～步骤（6）：

（3）针对训练集 $\boldsymbol{D}$ 与训练集权值 $\mathcal{D}_i$ 训练得到第 i 次迭代的弱学习器判别函数：

$$h_i(\bullet)=L(\boldsymbol{D},\mathcal{D}_i) \tag{4-68}$$

（4）根据式（4－69）计算该弱学习器的残差：

$$\varepsilon_i=\frac{1}{m}\sum_{j=1}^{m}I[h_i(x)\neq y_i]\mathcal{D}_{ij} \tag{4-69}$$

（5）如果残差大于 0.5，算法中止，否则对于第 i 轮训练所得的弱分类器赋予分类器权值 α_i，计算方法为：

$$\alpha_i=\frac{1}{2}\ln\left(\frac{1-\varepsilon_i}{\varepsilon_i}\right) \tag{4-70}$$

（6）依照式（4－71）重新分配训练样本权值。

$$\mathcal{D}_{i+1}(x)=\mathcal{D}_i(x)\mathrm{e}^{-\alpha_i f(\boldsymbol{x})h_i(\boldsymbol{x})} \tag{4-71}$$

在这里，弱分类器是指准确率不太高的分类器，分类准确率一般在 60%～80%之间。

弱分类器在 Adaboost 的作用仅仅是提供了一个训练方向，然后在这个方向上面增强训练权值，即所谓强训练。最后组合起来的就是最终的结果。经过 T 轮训练后，Adaboost 根据准确度投票，加权组合 T 个基学习器的输出并通过一个符号函数作为最后的输出，计算方法如式（4－72）所示：

$$H(x)=\operatorname{sign}\left(\sum_{i=1}^{T}\alpha_i h_i(x)\right) \tag{4-72}$$

根据先前所述的换相机理，换相失败发生与否与换相过程中的交流换线电压及直流电流有直接的关系。连续换相失败本质上为多次单次换相失败的序贯发生，故影响单次换相失败的因素同样会影响连续换相失败。以交流电压、直流电压、直流电流构造特征量，包括交流电压 $\dot{U}_{\mathrm{a}}$、$\dot{U}_{\mathrm{b}}$、$\dot{U}_{\mathrm{c}}$，逆变侧直流电流 I_{dr}，逆变侧直流电压 v_{dr}，组成 Adaboost 学习器的特征向量。

为了实现快速的连续换相失败故障预警，用于预警的特征向量数据长度不宜过长，否则用于故障预警的信息冗余，加大预警算法的计算量与学习器的训练难度。因此，需要对特征向量内的每个特征量进行加窗操作；同时，为了可靠预警，特征量的数据窗不能过小，否则可能导致用于预警的信息不足，从而增大误判的概率；最后，为了简化模型以减少分类器训练难度，对所有测量量采用标幺值记值。

为了与单层决策树的数据结构相对应，将这几个加窗且标幺化记值的特征量首位相接为一个列向量，具体表示为：

$$\boldsymbol{x}^{*}=[\dot{U}_{\mathrm{a}}^{*\mathrm{T}},\dot{U}_{\mathrm{b}}^{*\mathrm{T}},\dot{U}_{\mathrm{c}}^{*\mathrm{T}},I_{\mathrm{dr}}^{*\mathrm{T}},v_{\mathrm{dr}}^{*\mathrm{T}}]^{\mathrm{T}} \tag{4-73}$$

为了与现场实际相结合并且使特征数据加窗的问题具体化，做出如下假设：

（1）直流预警系统有能力在可忽略的时间代价内判断出第一次换相失败的发生并标定其发生时刻。

（2）预警系统对测量数据有一定的记录能力。

根据以上假设，给出基于训练好的 Adaboost 学习器的数据加窗操作及后续预警流程，结合图 4.22 所示，具体流程如下：

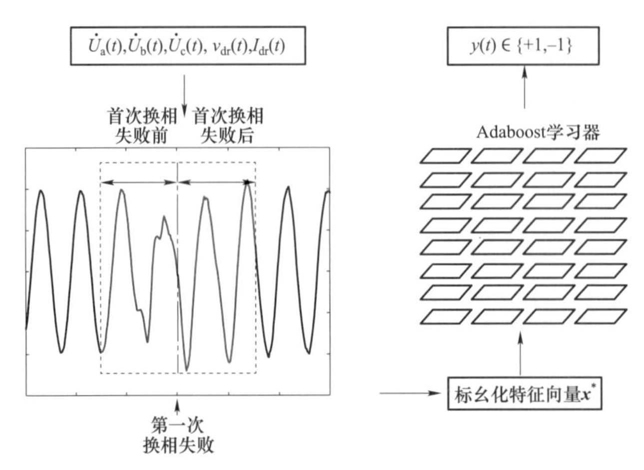

图 4.22　预警系统数据加窗方法及预警流程

（1）逆变侧交流系统大扰动，预警系统瞬间判断出第一次换相失败发生，并且标定第一次换相失败的发生时刻，启动故障预警系统。

（2）预警系统从先前的测量数据记录中，读取第一次换相失败的发生时刻之前半个周波的交流电压$\dot{U}_a$、$\dot{U}_b$、$\dot{U}_c$，逆变侧直流电流I_{dr}，逆变侧直流电压v_{dr}的录播数据，并且继续对特征变量进行维持半个周波的测量录播，完成测量数据的加窗操作。

（3）根据式（4-73）所述的特征向量设计，构建标幺化的特征向量，输入至预先训练好的Adaboost学习器中进行式（4-72）的映射计算，并根据Adaboost学习器的输出做出第一次换相失败之后是否会发生连续换相失败的预警。

前面所述的应用场景是在假想存在一个已经训练完成的 Adaboost 学习器的情况下给出的。而在训练过程中，为了保证训练过程与现场工程应用的统一性，分类器训练过程中使用的训练样本与测试样本的数据加窗方法及标记方法与上述现场运行假设所提及的方法保持一致[24]。

4.2.2.3 其他预警措施

针对连续换相失败的预警措施的相关研究较少，除了基于恢复特性的预警措施外，未见到其他根据连续换相失败特点提出的只针对连续换相失败的预测方法。连续换相失败发生的本质是多次连续发生的单次换相失败，因此，针对首次换相失败的预警措施同样可以用于预测连续换相失败中的各次换相失败的发生。连续换相失败的发生是因为关断角多次小于最小值：

$$\gamma_K < \gamma_{\min} \tag{4-74}$$

式中：K表示周期数。

另外，4.1.3.2节对多馈入直流相继换相失败的机理和特征进行了分析，认为恢复过程中某一回直流线路吸收无功功率是导致其相邻直流线路发生换相失败的原因。这个机理在单馈入直流系统中同样适用：该直流线路在恢复期间内会吸收大量无功，当交流系统的无功不足以支撑其消耗时，会引发换流母线电压二次跌落，有可能发生换相失败，即单馈入直流连续换相失败。因此也可以通过在线实时评估系统的动态无功备用从另一个侧面反映连续换相失败的风险[245]。

发电机动态无功备用通常定义为某一故障下发电机在暂态过程中实际能够增发的无功功率。对于连续换相失败需求而言，显然交流故障消失前发电机增发的无功功率不是关注的重点，对抑制换流母线电压二次跌落起主要作用的是故障清除后发电机增发的无功功率，因此将其定义为应对连续换相失败的有效动态无功备用：

$$Q_{\text{DRRj}} = K_{\text{qlsj}}(Q_{\text{jmax}} - Q_{\text{j0}}) \tag{4-75}$$

式中：Q_{j0}为故障前发电机输出无功功率；Q_{jmax}为发电机输出的最大无功功率；K_{qlsj}为将无功备用等效至换流母线处需考虑的无功网损修正系数。

在不同的运行工况下，上述定义的发电机有效动态无功备用的数值不同。随着直流输送功率的增加，故障后直流功率恢复需要更多的无功功率，相应发电机增发更多的无功功率。而随着直流受端电网负荷功率的增加，可以等效为直流近区无功补偿容量的减少，换流母线电压二次跌落幅度更大，也需要发电机提供更多的无功功率。换流母线电压跌落对发电机有效无功备用的影响如图4.23所示。

4.2.3 针对多馈入直流换相失败的预警措施

针对多馈入直流换相失败的预警措施的相关研究较少。多馈入直流同时换相失败的机理与首次换相失败相同，各回直流换流站之间的电气距离接近，因此，在各回直流换流站利用针对首次换相失败的预警措施就可以有效预测同时换相失败的发生风险。另外，也可以利用多馈入交互作用因子和同时换相失败边界条件，在某回直流发生换相失败后直接对其临近直流进行判别，这对各回直流间的通信有一定的要求。而对于多馈入直流相继换相失败的预测，除了利用针对首次换相失败的预警措施外，目前暂无从机理分析出发的有针对性的措施。有相关研究提出了基于神经网络的换相电压预测方法来进行预测关断角，但这种方法比较依赖样本数据集[246]。

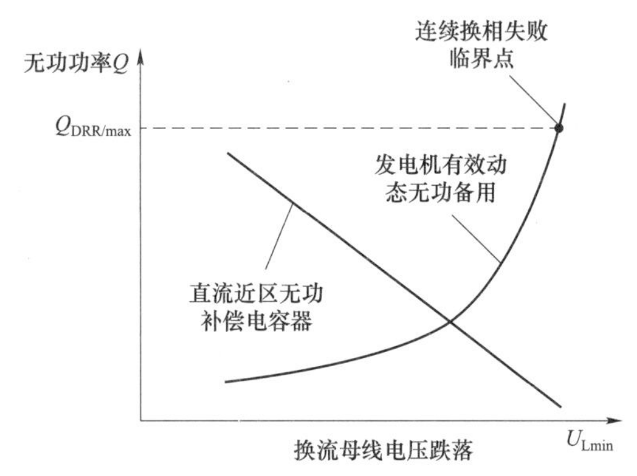

图 4.23 最大有效动态无功备用

对于某一次特定参数的故障，故障过程中的换相电压和熄弧角均是唯一确定的。如图 4.24 所示，将一次故障过程按照时间分成两个阶段，用一组特征 $\{x_1,x_2,\cdots,x_n\}$ 来表征阶段 I 的换相电压，用另一组特征 $\{y_1,y_2,\cdots,y_n\}$ 来表征阶段 II 的熄弧角，那么在特征提取得足够完备的情况下，$\{x_1,x_2,\cdots,x_n\}$ 与 $\{y_1,y_2,\cdots,y_n\}$ 之间应该是相互对应的。这种对应关系与故障参数无关，因此可以用于后续的熄弧角预测。

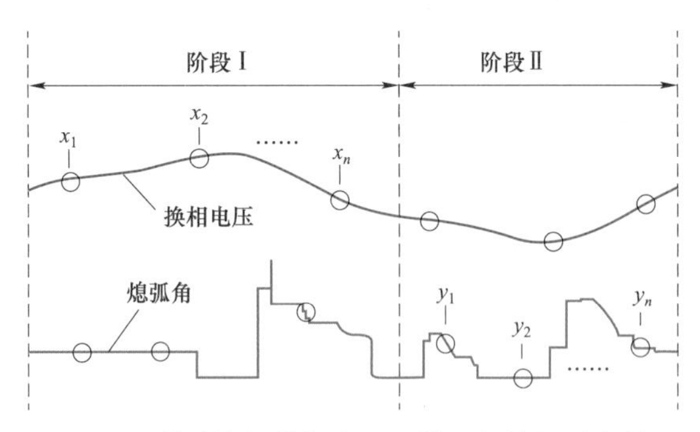

图 4.24 故障期间换相电压和熄弧角特征对应关系

数据驱动就是从样本中去找到这种对应关系，其效果的好坏取决于特征提取的完备度以及训练样本的数量。对于换相失败预测而言，实际可用的故障样本通常较少，且由于采样精度的限制，换相电压可提取的特征数量也相当有限。因此，数据驱动直接应用于换相失败预测难以较好反映数据间映射关系，但是可作为补充和强化机理驱动方法中所忽略的映射关系。数据物理融合的换相失败预测方法示意图如图 4.25 所示。

基于数据物理融合的换相失败预测方法可以分为误差修正模型的训练和实际换相失败预测两部分。误差修正模型的训练过程可以分为以下步骤：

（1）根据历史故障样本收集的各电气量故障期间数据，基于机理驱动的方法得到熄弧角预测值；

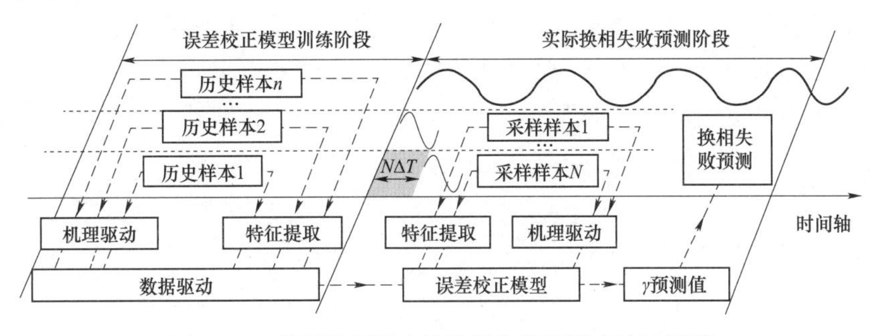

图 4.25 数据物理融合的换相失败预测方法示意图

（2）从历史故障样本中提取与熄弧角相关的输入特征，将其与真实熄弧角及机理驱动的熄弧角预测值一同作为训练样本；

（3）选用合适的算法训练得到误差修正模型。

在实际换相失败预测过程中，以固定时间间隔 ΔT 对故障初期的换相电压进行采样，每次采样均为一周波，得到 N 组采样样本。用同样的方法得到机理驱动的熄弧角预测值及输入特征，将此二者输入到误差修正模型中，即可得到校正后的熄弧角预测值。

4.3 交直流混联电网的换相失败抑制措施

当检测到或预测到换相失败发生时，可以采用增大换相面积提供量、降低换相面积需求量、增大关断面积提供量、串联限流装置等方法来抑制换相失败[247]。换相面积提供量减少时，可以采用提前触发法增加电压时间波形的导通时间，也可以采用 SVC、STATCOM 等无功补偿设备来增加电压时间波形的电压幅值，增大换相面积的提供量，从而避免换相过程未完成造成的换相失败。直流电流的上升会造成换相面积需求量上升，通过低压限流环节（VDCOL）等可以限制直流电流。串联限流装置可以限制故障电流、减缓电压跌落，从而增大换相面积。也可以增大关断角整定值来维持换相所需最小关断面积，进而避免因晶闸管未能关断引起的换相失败发生。本节将以换相失败的类型为区分，介绍针对单馈入直流首次换相失败、连续换相失败及多馈入直流换相失败的典型抑制策略。

4.3.1 针对首次换相失败的抑制措施

4.3.1.1 基于提前触发控制的换相失败抑制

以往的换相失败预测控制是根据不对称接地故障的零序电压和三相对称故障的克拉克变换静止坐标系电压大小来作为换相失败的判断标准，本身不同故障类型的换相失败判断标准就不可能相同，而相同故障类型的故障电压受故障时间和故障距离的影响，也无法完全统一。这导致现有的换相失败预测控制存在不足，主要体现在其预测判据过度依赖仿真，缺乏理论层面的定量分析，同时该控制对触发角的减小很可能超调，导致无功消耗增大，不利于对换相失败的抑制[248,249]。

然而基于提前触发控制的抑制措施可以不受故障类型、故障时间及故障距离等因素的影响，使得换相失败的判断标准达到统一，因此在基于电压波形拟合的换相失败快速预测方法的理论基础上，在不同故障类型和程度下，借助换相成功时的临界换相面积，实时采样计算得出相应的延迟触发角，实现提前触发，从而抑制换相失败的发生。

根据换相电压时间面积理论，若换相失败不发生，即 $S_{need}<S_{min}$，γ_{min} 一般取 7°～10°，该小节取 $\gamma_{min}=7°$。当 $S_{need}=S_{min}$ 时，可以求得满足换相成功条件的逆变侧最大延迟触发角 α_{imax}。由换相面积可得：

$$2X_C I_d=\int_{\alpha_{imax}}^{\pi-\gamma_{min}-\Delta\varphi}u_{Lmin}\mathrm{d}\omega_0 t=\int_{\alpha_{imax}}^{\pi-\gamma_{min}-\Delta\varphi}U_{Lmin}\sin(\omega_0 t+\varphi_1)\mathrm{d}\,\omega_0 t \tag{4-76}$$

求得逆变侧最大延迟触发角 α_{imax} 为：

$$\alpha_{imax}=\arccos\left[\frac{2X_C I_d}{U_{Lmin}}+\cos(\pi-\gamma_{min}-\Delta\varphi)\right] \tag{4-77}$$

式中：X_C 为逆变侧换相电抗；I_d 为直流电流；U_{Lmin} 和 $\Delta\varphi$ 由三点法拟合曲线求得。

由式（4-77）可知，故障后逆变侧触发角可以通过换相面积量化，不再依靠经验值给出，具有较强的普适性，可以满足不同运行和故障条件下的对延迟触发角的动态调节需求。

换相失败快速抑制方法控制模块通过换相失败预测模块输出的换相失败预测信号（CFPS）触发，最后与原控制系统定关断角控制和定电流控制等输出的触发角比较，取它们的最小值作为逆变侧最终的延迟触发角。基于换相面积的触发角控制框图如图 4.26 所示。

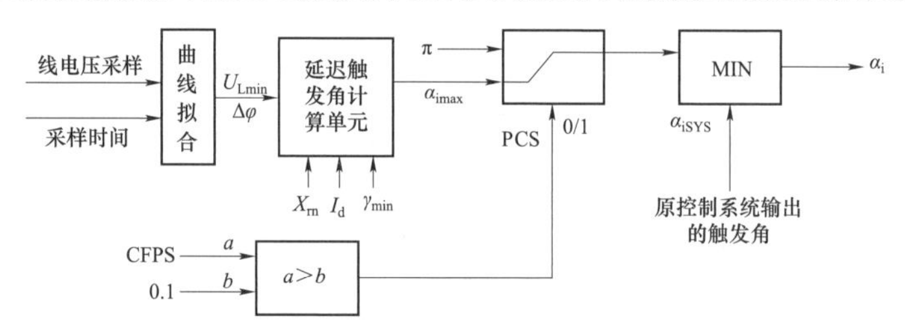

图 4.26　基于换相面积的触发角控制框图

当直流系统正常运行时，换相失败预测模块输出的 CFPS 始终为 0，预测控制信号 PCS 也始终为零，这时逆变侧的触发角 α_i 为原控制系统输出的触发角 α_{iSYS} 和 π 两者中的最小值，由于逆变侧触发角的取值范围为 π/2～π，因此，在这种情况下逆变侧的触发角 α_i 一定为 α_{iSYS}，确保基于换相面积的换相失败控制策略不会影响直流系统的正常运行。当换相失败预测模块输出的 CFPS 从 0 变为 1 后，预测控制信号 PCS 为 1，逆变侧的触发角 α_i 为原控制系统输出的触发角 α_{iSYS} 和基于换相面积求得的 α_{imax} 两者中的最小值。

为了检验该小节所提出方法的有效性，在 PSCAD/EMTDC 中基于 CIGRE 直流输电标准模型建立测试系统，实现了所提出的换相失败快速预测与抑制措施。信号采样频率为 20kHz，最小关断角 γ_{min} 选取 7°，模型的其他控制参数、故障设置与原标准系统均完全相同。

分别在逆变侧换流母线上设置单相接地故障、相间故障和三相故障，统计在不同时刻和不同程度的故障条件下，CIGRE 标准测试模型和基于临界换相面积的预测控制模型发生换相失败的情况。其中，单相接地故障以 A 相接地故障为例；相间短路故障以 B、C 两相短路为例。统计结果如图 4.27 所示。

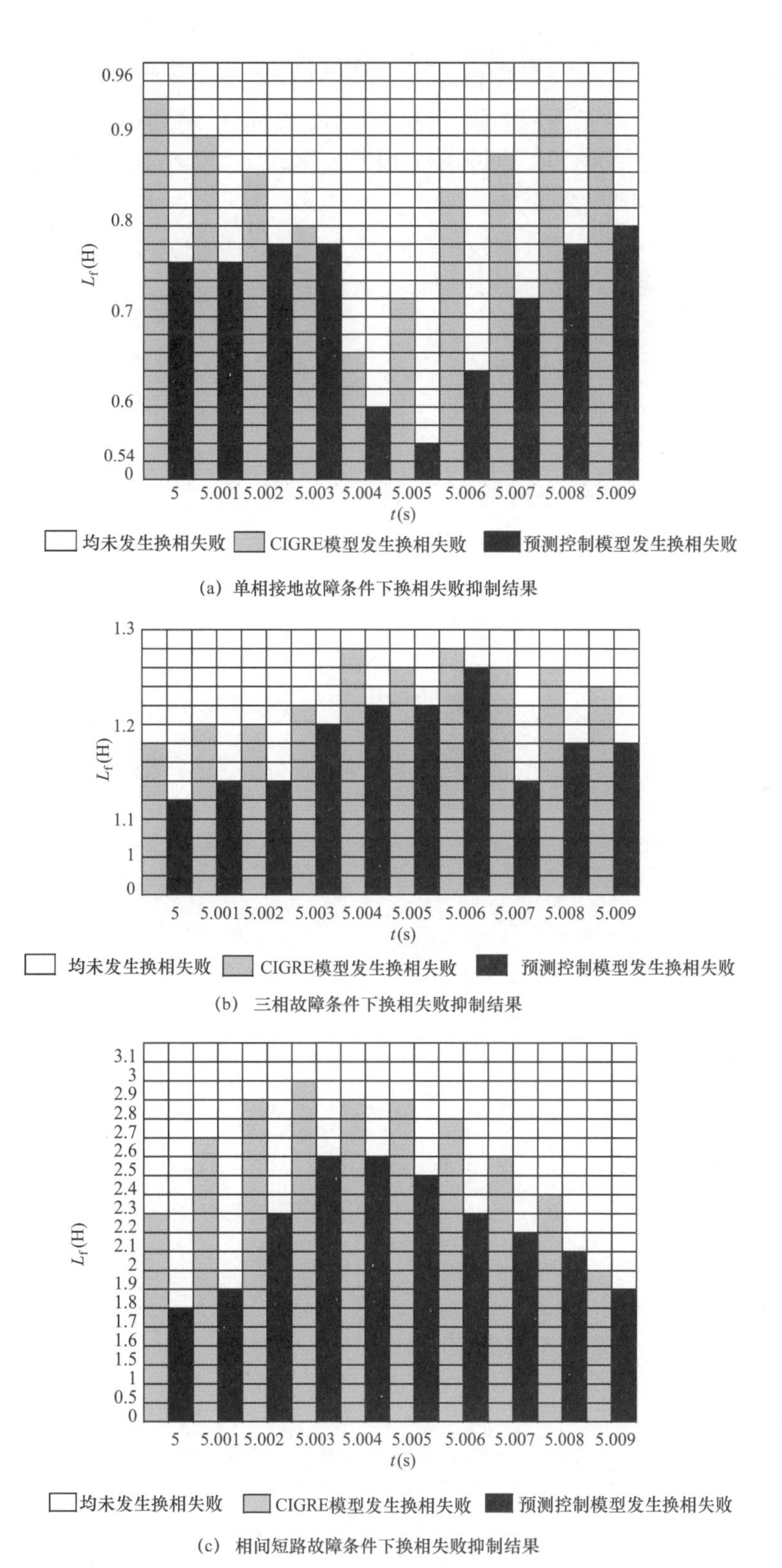

(a) 单相接地故障条件下换相失败抑制结果

(b) 三相故障条件下换相失败抑制结果

(c) 相间短路故障条件下换相失败抑制结果

图 4.27 不同类型故障下换相失败控制策略抑制结果

由图 4.27 可知，在不同类型交流侧故障下，该预测控制模型降低了临界换相失败的接地电感值，说明基于换相面积的触发角控制策略可有效抑制换相失败的发生。由数据看出，单相故障时临界电感值最高减小 0.2H，三相故障时减小 0.12H，相间故障时减小 0.7H，系统抵御换相失败的性能有了明显提升。

为了更加直观地观察系统抵御换相失败的能力，引入换相失败免疫因子（commutation failure immunity index，CFII）[250]，将其作为系统抵御换相失败能力的评价指标。CFII 的计算式如式（4－78）所示：

$$\mathrm{CFII}=\frac{U_{\mathrm{acN}}^{2}}{Z_{\max}\times P_{\mathrm{dcN}}}\times 100 \tag{4-78}$$

式中：U_{acN} 为逆变侧换流母线额定电压值；$Z_{\max}$ 为换相失败临界阻抗；P_{dcN} 为直流线路额定功率。CFII 值越大说明故障临界阻抗越小，引起换相失败的故障越严重，系统抵御换相失败的能力越强。由图 4.27 提供的换相失败临界电感可计算出不同故障类型、不同故障时刻的换相失败免疫因子 CFII，如图 4.28 所示。

可以看出，交流系统发生不同类型故障时，基于换相失败面积的量化触发角控制模型抵御换相失败的能力均高于 CIGRE 标准模型，尤其在单相接地和相间短路故障情况下，系统对换相失败的抵御能力有明显提升；在三相故障情况下，抵御能力提升相对较小，是因为三相故障一般较严重，交流母线电压下降剧烈，不利于换相失败的抑制。

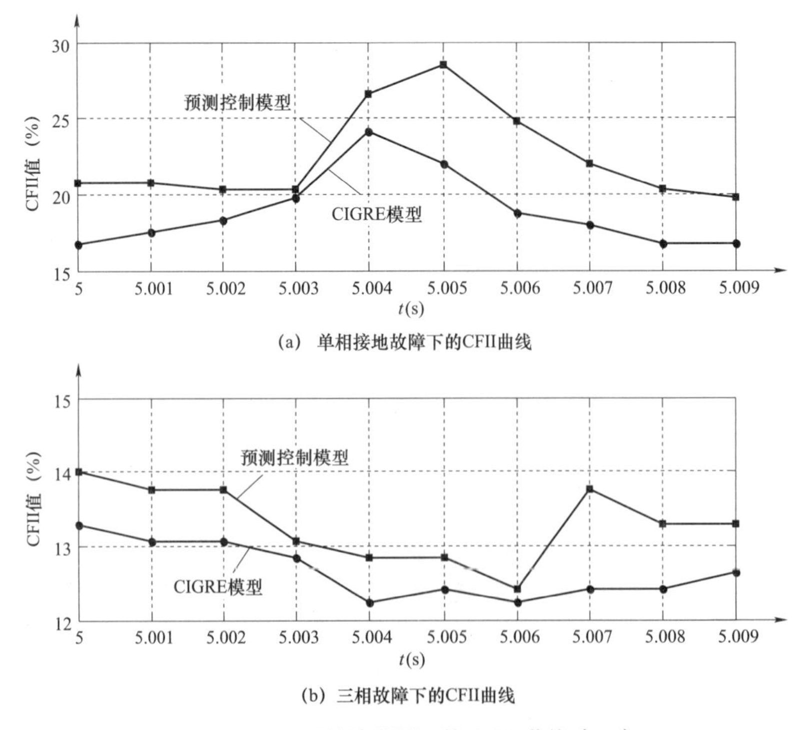

图 4.28　不同故障类型下的 CFII 曲线（一）

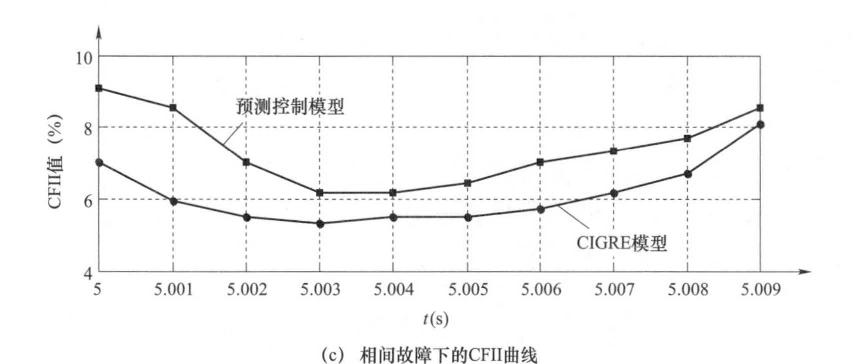

(c) 相间故障下的CFII曲线

图 4.28 不同故障类型下的 CFII 曲线（二）

4.3.1.2 基于故障限流的换相失败抑制措施

串联限流装置可以很好地弥补触发角调节范围和速度有限带来的不足，有助于抑制严重故障引起的换相失败。除了交流侧外，限流装置可以应用在直流线路上用于限制直流短路电流，可以用于抑制直流故障引起的换相失败。限流装置是具有电阻特性的装置，如电阻器或超导限流器。

1. 电阻器

图 4.29 所示的是交直流混联电网中的基于电阻器的换相失败抑制措施原理图[251]，该措施提出了一种换向失败保护模块（commutation failure prevention module，CFPM）。由图中可以看出，该措施主要包含五个部分：

（1）变比为 a 的三相变压器，该变压器串联在受端交流电网中。

（2）三相不可控桥式整流器。

（3）一个可关断开关并联一个大电阻，该电阻用于限制故障电流。

（4）控制器，用于判定最佳的电阻投切比例以在故障期间增大关断角。

（5）一个小电感，用于限制电流变化率。由于电感值较小，可以设计为空芯。

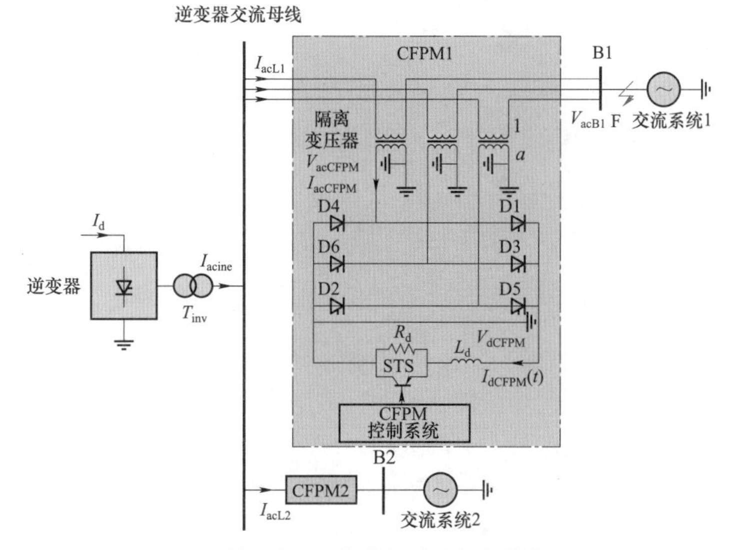

图 4.29 基于电阻器的换相失败抑制措施原理图

该措施的核心思想是利用可关断开关设计一个可控电阻串联在故障电流通路上，用来抑制换相失败。在系统正常运行时，开关闭合，电阻被旁路，电感可以认为被短路。忽略电力电子器件和电感上的压降，不可控桥式整流器的压降几乎为 0。因此，在电网正常运行时，该措施对电网几乎不产生影响。当 F 点发生故障时，控制器通过测量 B1 母线电压检测到故障发生。在故障期间，可关断开关受控制器控制而动作。

以 6 脉动换流器为例，忽略换相重叠，逆变器交流侧电流可以表示为：

$$I_{\text{1acinv}} = \frac{1}{\sqrt{2}\pi}\int_{-\pi}^{\pi} I_{\text{d}} \cos\omega t \text{d}\omega t = \frac{\sqrt{6}}{\pi} I_{\text{d}} \tag{4-79}$$

根据直流电流、交流电流之间的关系，由式（4－79）可以得到：

$$I_{\text{1acCFPM}} = \frac{\sqrt{12}kV_{\text{LL}}}{2\pi a X_{\text{i}}}(\cos\alpha + \cos\gamma) \tag{4-80}$$

式中：k 为一个范围为 0～1 的常数。考虑到不可控整流器两端的电流关系，式（4－80）可以改写为：

$$\gamma = \arccos\left(\frac{\sqrt{2}aX_{\text{i}}I_{\text{dCFPM}}}{kV_{\text{LL}}} - \cos\alpha\right) \tag{4-81}$$

通过控制可关断开关，控制器可以实现对 I_{dCFPM} 的调节，进而可以控制关断角 γ。

图 4.30 所示的是基于电阻器的换相失败抑制措施控制框图，主要由两部分组成：故障检测部分和可关断开关门极信号发生器。故障检测部分可以检测三相对称和不对称故障。门极信号发生器可以控制可关断开关的开断，达到控制电流的目的，如图 4.31 所示。

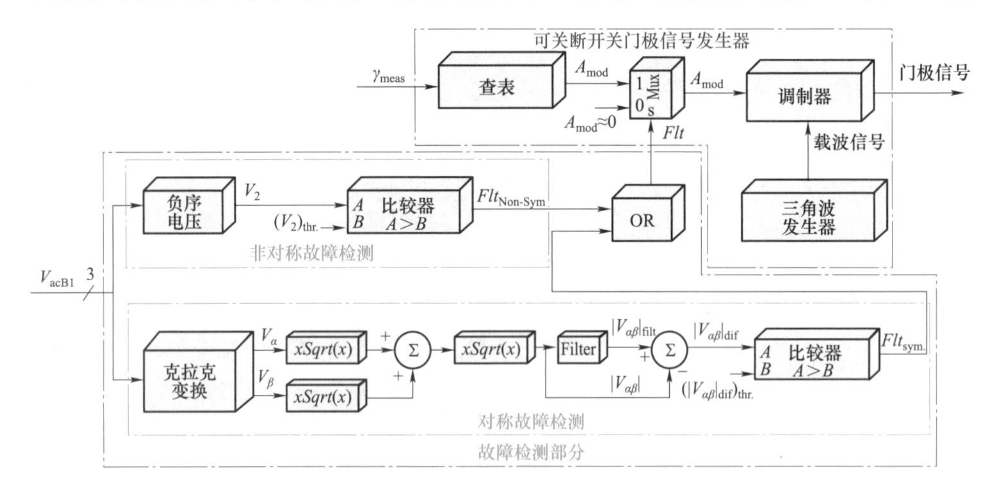

图 4.30　基于电阻器的换相失败抑制措施控制框图

2. 超导限流器

高温超导体的商业化为超导限流器的实际应用奠定了基础。按照工作原理，超导限流器可以分为失超型和非失超型，失超型超导限流器利用的是超导体自身由超导态向正常态转化的过程。电网正常运行时，超导限流器工作在超导态，不影响电网的正常运行；在电网短路故障时，超导限流器失超，工作在正常态，形成一个阻抗串入电路中，从而实现限制短路电流的功能。利用超导体的超导特性，超导限流器在正常运行时阻抗几乎

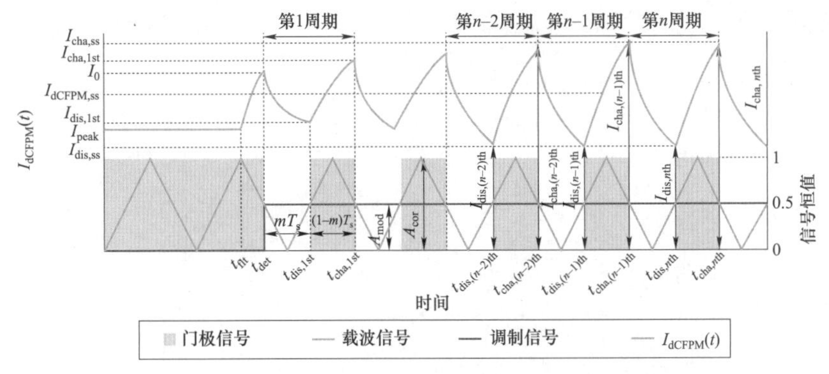

图 4.31 可关断开关信号与电流关系

为零，出现故障时阻抗自动增大，迅速将短路电流限制到断路器或系统可接受的水平，并且具有响应速度快等特点。从限制故障电流的角度来说，超导限流器与电阻器的原理相同，都是依靠自身电阻限制电流，不同点在于超导限流器具有过流自动失超的功能，在系统稳态运行时即可保持串联在线路中，不会影响系统正常运行，还可以承担部分故障检测的功能。图 4.32 为电阻器与超导限流器的对比。

电阻型超导限流器（resistance superconducting fault current limiter，RSFCL）是一种单纯依靠失超电阻进行限流的装置。在电网处于正常运行状态时，超导线圈处于超导态，对电网正常运行的影响可以忽略不计；在故障突然发生时，超导线圈受故障电流触发，由超导态转变为正常态，产生一定电阻并有效地抑制短路电流；在短路故障消除以后，超导线圈自动恢复至超导状态。基于超导限流器的换相失败抑制措施如图 4.33 所示。

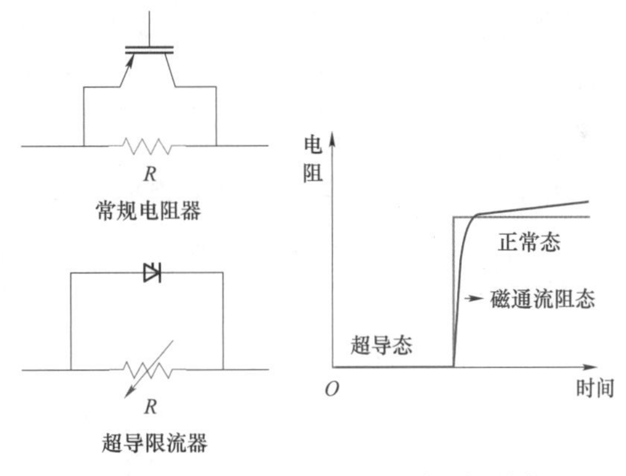

图 4.32 电阻器与超导限流器的对比

图 4.33 中：VT1～VT6、VTB 和 VTF 均为晶闸管组；SupDC 和 SupBri 分别为晶闸管控超导直流模块和晶闸管控超导桥臂模块，其中包含超导限流单元，晶闸管控超导直流模块和晶闸管控超导桥臂模块的电路拓扑如图 4.34 所示。所有元件名后标中的 Y 和 D 表示所属 2 个不同的换流桥；a、b、c 表示所属交流三相；IN 和 OUT 分别表示与超导限流单元并联和串联；Zinv 和 Zfil 分别为逆变侧交流线路等效阻抗和逆变侧滤波器的等效阻抗；SupCoil 为超导限流单元。

一个 12 脉动换流器共需要 2 个超导直流模块和 6 个超导桥臂模块，每个模块包含 1 个超导限流单元和 2 组晶闸管阀组。超导限流单元结构如图 4.35 所示，每一个超导限流单元均是由多个超导线圈串并联组成的，以满足系统稳态运行时超导限流单元不失超和系统发生故障时超导限流单元电阻足够大的要求。超导直流模块有 2 个端口，图 4.35 左端连接直流整流侧，图 4.35 右端连接直流逆变侧。超导桥臂模块有 3 个端口，图 4.35 上端和下端分别与上桥臂和下桥臂相连，中间端口与换流变压器二次绕组相连。

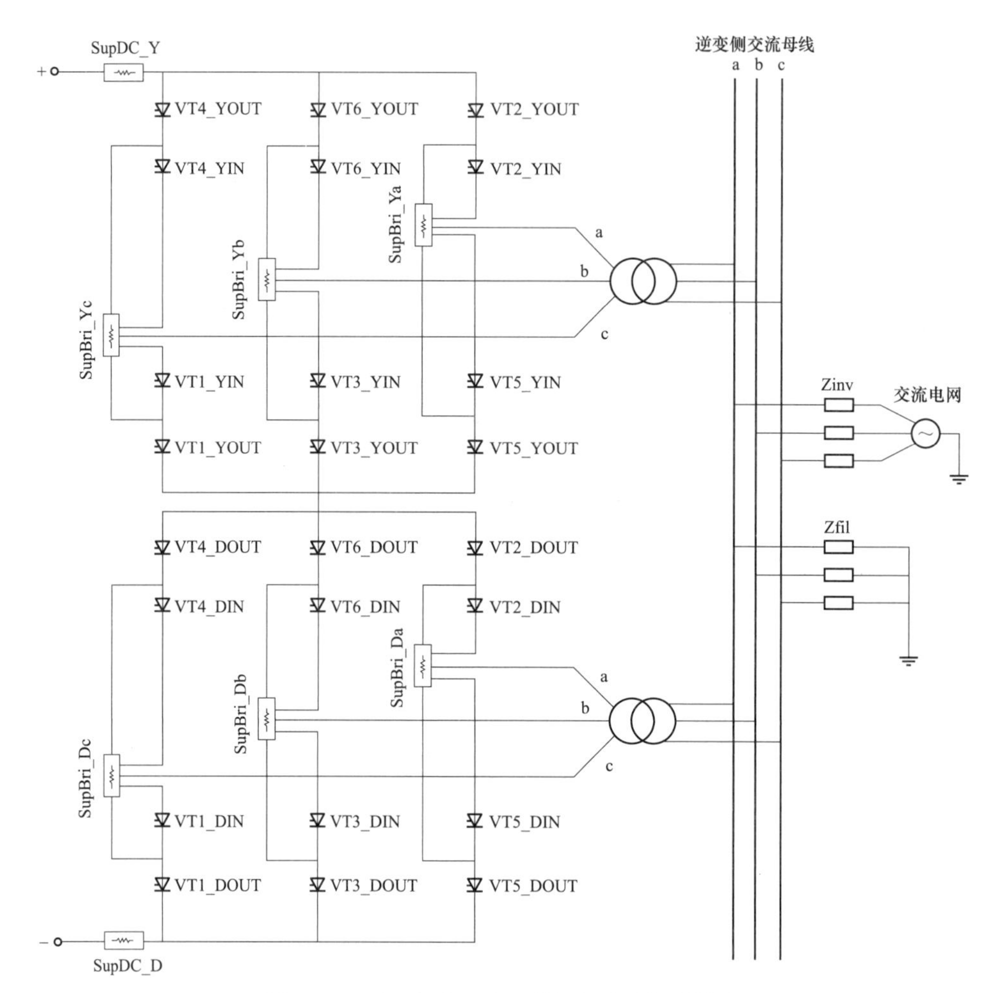

图 4.33　基于超导限流器的换相失败抑制措施

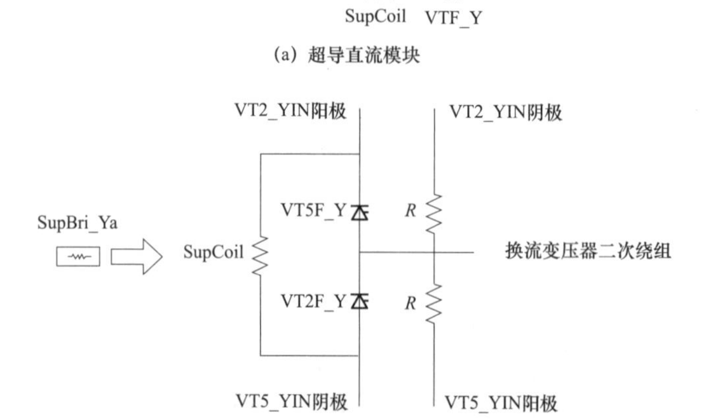

图 4.34　晶闸管控超导限流模块

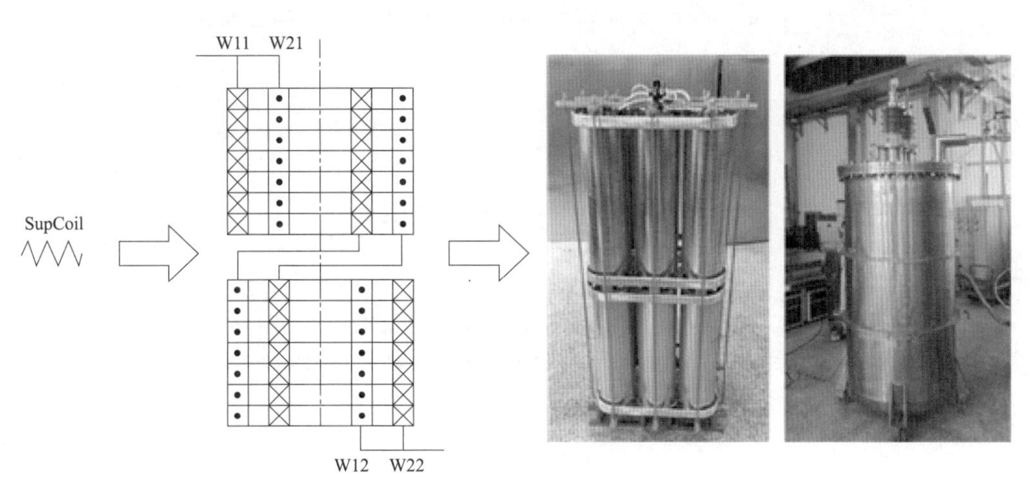

图 4.35 超导限流单元结构

超导限流单元可以表现出两种状态：超导态和正常态。当流经超导限流单元的电流小于其临界电流时，超导限流单元处于超导态，电阻为 0；当流经超导限流单元的电流大于其临界电流时，超导线圈失超，超导限流单元处于正常态，对外体现电阻特性；当流经超导限流单元的电流被晶闸管旁路后，超导限流单元在液氮环境下逐渐恢复至超导态。

4.3.2 针对连续换相失败的抑制措施

4.3.2.1 考虑谐波和换相电压过零点偏移的换相失败抑制措施

高压直流输电系统中，定关断角控制器的策略目标是控制逆变器的关断角为额定值，一般设置最小关断角为 18° 左右。而定关断面积的控制策略为通过控制关断角整定值的大小，使得关断面积为最小关断面积。考虑谐波和换相电压过零点偏移的连续换相失败抑制算法流程图如图 4.36 所示。通过换流母线三相电压的采样值，计算得到零序电压和克拉克变换后的三相电压幅值。当零序电压高于阈值或者三相电压低于阈值时，启动换相失败控制模块。首先计算最大相角偏移量，同时谐波分量计算模块启动，计算谐波含量，根据最大相角偏移量、谐波含量、电压幅值下降程度计算关断角参考值。由于电流控制器和定关断角控制器使用取小策略，当定关断角控制器的输出触发角大于电流控制器的输出触发角时，增大关断角控制器的整定值。可以追踪电流控制器的输出，避免输出突变，确保关断角控制器触发脉冲作用于高压直流阀组上，从而控制直流输电系统，避免连续换相失败的发生[252]。

当高压直流输电系统快速变化时，注入谐波频率主要分布在 90～350Hz。因此选取对高压直流系统影响较大的 2 次谐波及（$nk\pm1$）次谐波进行计算，其中 n 为换流器脉动数。12 脉动换流器则选取 2 次谐波、11 次谐波、13 次谐波进行计算。以高压直流输电系统运行过程中的 2 次谐波为例，计算得到：

$$\gamma = \pi + \frac{\varphi_2}{2} - \frac{1}{2}\arccos\left[\frac{2U_N}{U_2}(1-\cos\gamma_{min0}) + \cos\varphi_2\right] \tag{4-82}$$

二次谐波的幅值和相角可以用滑窗迭代离散傅里叶算法进行计算：

$$x_2(k\tau) = A_2\cos(2\omega k\tau) + B_2\sin(2\omega k\tau) \tag{4-83}$$

$$A_2 = \frac{2}{N}\sum_{i=N_{\mathrm{Cur}}}^{N_{\mathrm{Cur}}-N+1} x(i\tau)\cos(2\omega i\tau) \tag{4-84}$$

$$B_2 = \frac{2}{N}\sum_{i=N_{\mathrm{Cur}}}^{N_{\mathrm{Cur}}-N+1} x(i\tau)\sin(2\omega i\tau) \tag{4-85}$$

式中：$\tau = T/N$；N_{Cur} 为最新的采样数据点。

将所提算法应用于换相失败控制模块其流程图如图 4.36 所示。零序分量用于检测不对称故障，$\alpha-\beta$ 变换后的模值用于检测三相故障。当检测到交流系统有故障发生时，启动换相失败控制模块，增大关断角[253−255]。

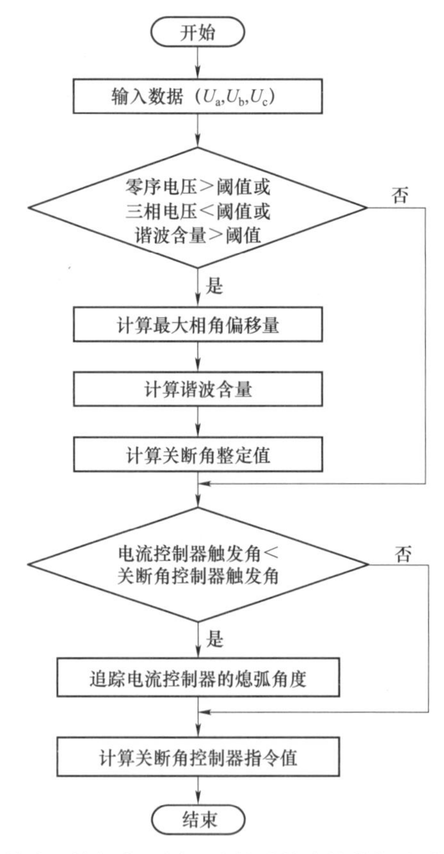

图 4.36 考虑谐波和换相电压过零点偏移的连续换相失败抑制算法流程图

为了更直观表述，基于 CIGRE benchmark 模型搭建了测试模型，测试模型对控制系统进行了修改。测试模型整流侧配备定电流控制器和定电压控制器，逆变侧配备定关断角控制器、定电流控制器和定电压控制器[256,257]。当系统发生故障时，控制系统中含有低压限流环节可以让系统恢复[258]。

对所建立直流电压控制模块进行了仿真，直流电压分别是 0.9、0.95、1.0p.u.三种状态，仿真结果如图 4.37 所示。

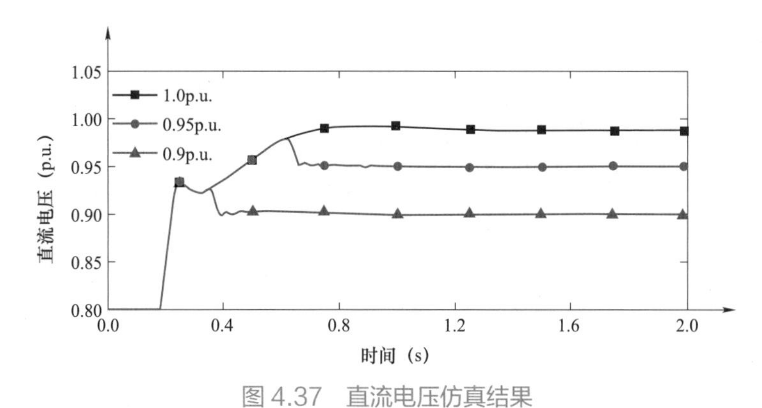

图 4.37 直流电压仿真结果

逆变侧交流母线含有三组滤波器，分别滤除 11 次谐波、13 次谐波及提供无功补偿。

仿真时，在 1.0s 时切除 13 次谐波滤波器，逆变侧交流母线电压波形如图 4.38 所示。在滤波器切除时刻和切除后 150ms 均发生了较为明显的波形畸变。

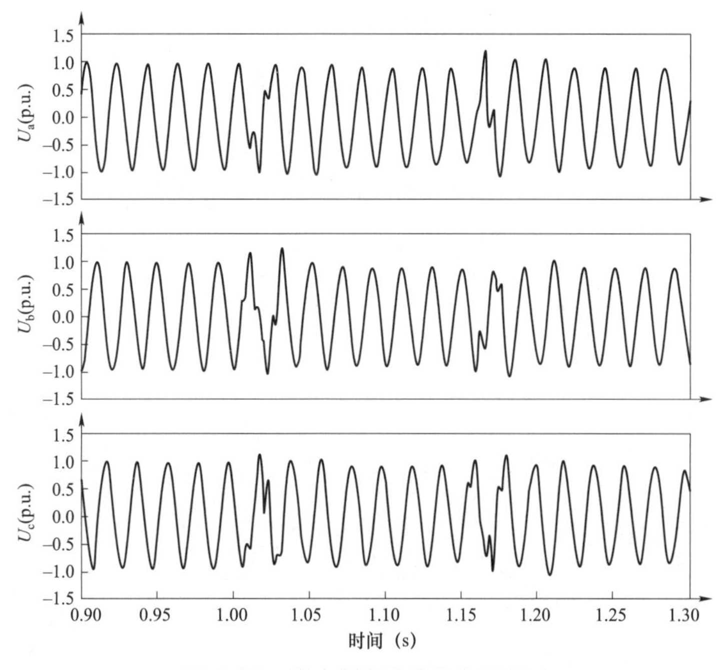

图 4.38 逆变侧交流母线电压波形

滤波器投切过程中，高压直流输电线路出现了连续换相失败现象。滤波器切除过程中，出现了第一次换相失败，切除后 200ms 左右发生了第二次换相失败。对应的直流电流和关断角波形如图 4.39 所示。直流电流在发生换相失败的时候迅速上升，而后下降并缓慢恢复。关断角下降为零，换相失败发生。

换相失败时换流阀的电流如图 4.40 所示，可以看出发生了两次换相失败。

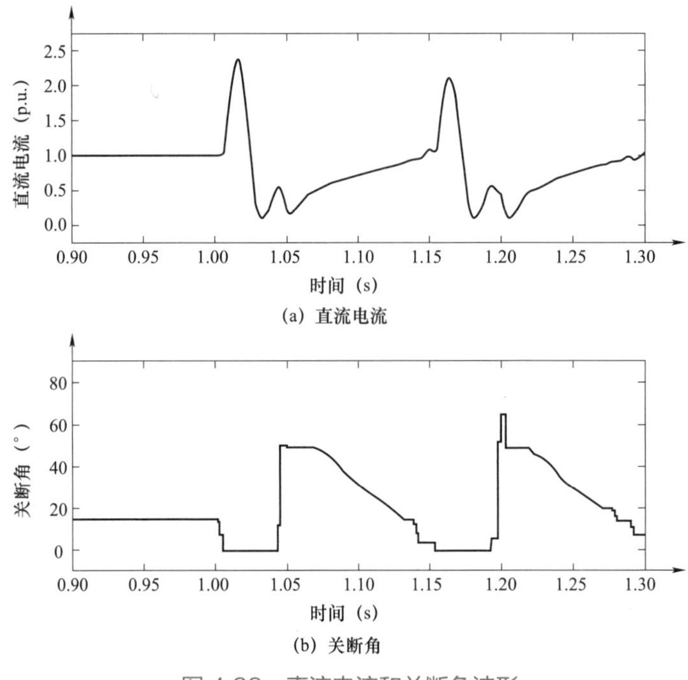

图 4.39　直流电流和关断角波形

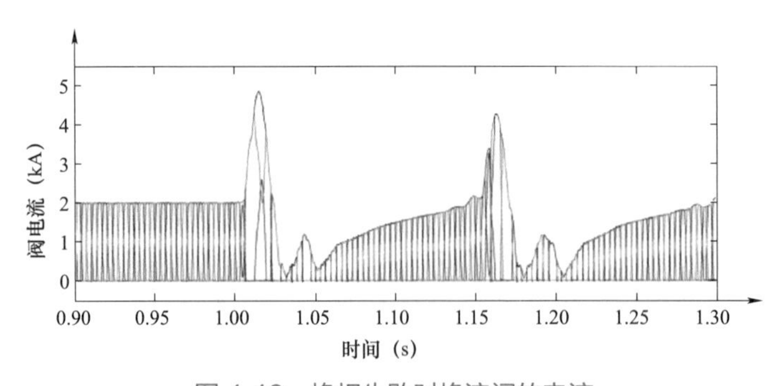

图 4.40　换相失败时换流阀的电流

对换流母线进行傅里叶分解，得到各次谐波电压的幅值，如图 4.41 所示。滤波器投切造成了大量的谐波，基波电压幅值下降，谐波电压幅值上升，引发了首次换相失败。

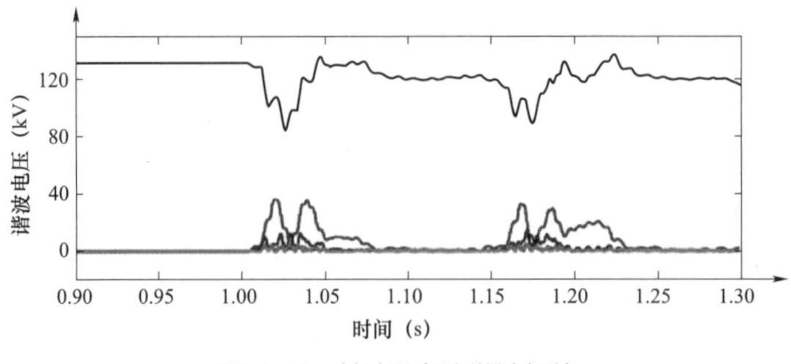

图 4.41　基波及各次谐波幅值

换相电压的谐波总畸变率（total harmonics distortion，THD）如图 4.42 所示，可见发生了两次换相失败时，谐波畸变率上升，可以判断是谐波导致的第一次换相失败。而第二次换相失败期间，谐波总畸变率也上升较大。

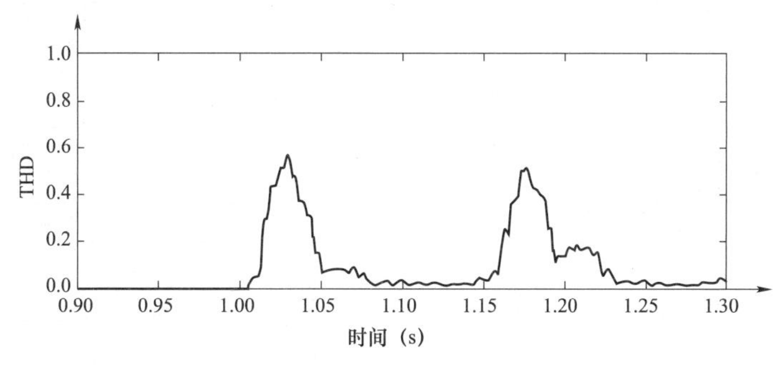

图 4.42 换相电压谐波总畸变率

对第 2 次、第 11 次、第 13 次谐波幅值进行提取，如图 4.43 所示。可见在首次换相失败后，2 次谐波幅值迅速上升，可以判断为直流电流上升导致了换流变压器的饱和，进而造成大量谐波导致了第二次换相失败。

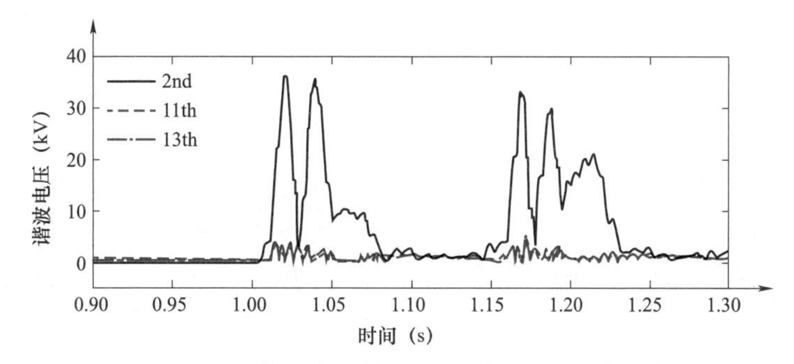

图 4.43 第 2 次、第 11 次、第 13 次谐波幅值

为了抑制谐波引起的连续换相失败，对提出的算法在 PSCAD/EMTDC 中建模，在滤波器组投切时进行关断角控制器整定值动态计算，仿真结果如图 4.44 所示。可见当滤波器组切除时，关断角整定值迅速增大，提高后续阀组的关断裕度。随后为了追踪定电流控制器，关断角整定值继续增大，最后趋于平稳。

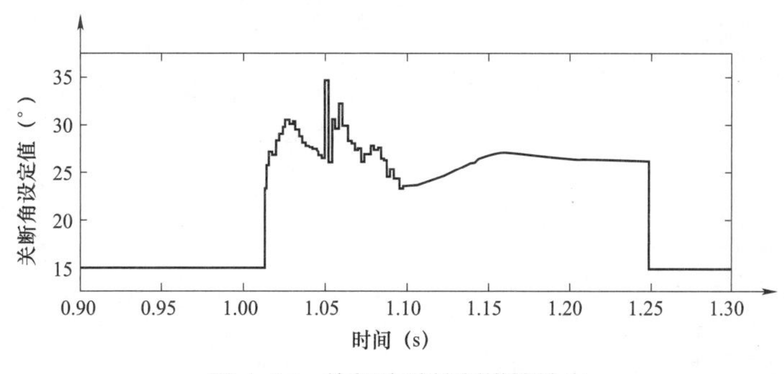

图 4.44 换相失败控制模块输出

高压直流系统的响应如图 4.45 所示。应用了所提算法后，直流电流的过冲较小，恢复更加平稳。而关断角在交流滤波器切除时下降为零，发生了第一次换相失败，而后关断角迅速增大并保持为较大的值，保证了换相裕度，从而有效避免了第二次换相失败。

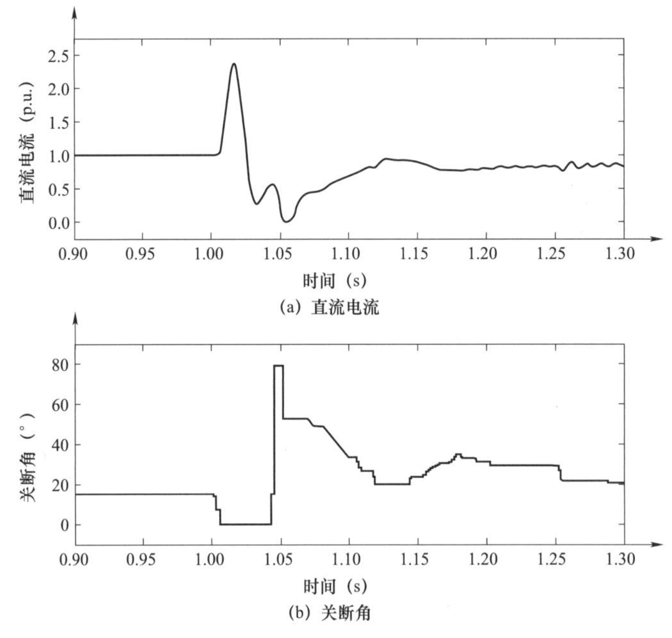

图 4.45　高压直流系统的响应

高压直流控制系统的响应如图 4.46 所示。换相失败发生后，逆变侧控制系统从定关断角控制器切换为定电流控制器。所提算法追踪电流控制器的输出，作用于关断角整定值，高压直流控制系统又从定电流控制器切换为定关断角控制器，确保了换相失败控制模块发挥主导作用。

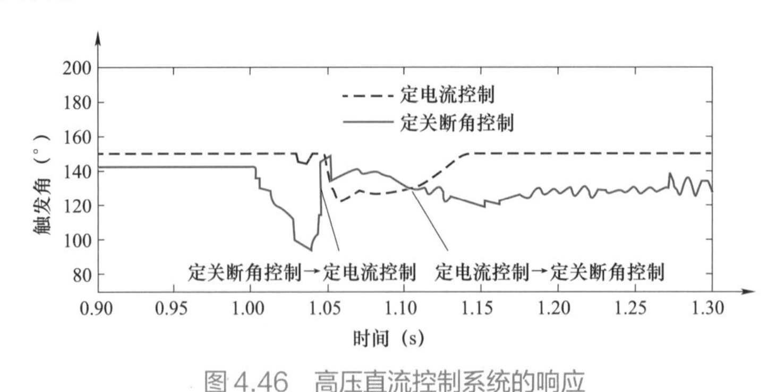

图 4.46　高压直流控制系统的响应

4.3.2.2　基于交流保护优化的换相失败抑制措施

LCC－HVDC 的换流器件承受故障冲击能力较差、自身不具备关断能力，逆变侧换流站近区交流系统的简单故障如果清除不及时，易诱发多换流站同时、后续换相失败，直流系统单/双极闭锁等连锁事故。现有换相失败的研究，对于交流保护造成的后续换相失败，考虑较少。交流故障发生后，按照现有直流控制系统逻辑，容易引发直流闭锁。而交流保护对故障进行切除后，直流系统尚不能恢复。交流保护中，方向元件、重合闸、死区保护与失灵保护，都有可能使得高压直流从首次换相失败演化为连续换相失败。因此，基于交流保护优化避免连续换相失败的发生是交直流混联电网抑制换相失败的新思路，增加交流保护速动性，如失灵保护、高阻故障快速切除等，可以避免因故障切除延时导致的换相失败。以高阻故障为例，由于故障电流较小，影响了保护启动元件的灵敏性，在故障发展速度较慢的情况下，保护出口时间可达 120ms 以上，导致换相面积长时间缩小，容易引发连续、后续换相失败，增加直流站闭锁的风险。此外，电弧电流的非线性特征会导致换相电压产生波形畸变，换相面积减小，当谐波总畸变率高于 4%时即可能引起直流系统换相失败。

基于伏安特性的 LCC 换流站近区交流线路高阻故障保护是避免高阻故障切除延时导致换相失败的措施之一[259]。利用伏安特性曲线的畸变特征构造高阻故障启动元件，可有效加快启动速度。算法流程为：

步骤一：对保护安装处三相电压 $u_a(t)$、$u_b(t)$、$u_c(t)$ 和零序电流 $i_0(t)$ 的一周波数据分别以最大值为基准进行标幺化处理。

步骤二：利用相电压与零序电流工频相角差选相，若存在某个相角差绝对值 $\Delta\varphi$ 在 $0°\sim15°$，则该相为故障相，进行步骤三，否则重复步骤一。

步骤三：对零序电流进行相移，使其与故障相电压相位差最小；用最小二乘法分段线性拟合故障相电压和零序电流的伏安特性关系，故障相电压过零点附近的直线斜率计作 k_1，最大值点附近的直线斜率计作 k_2，并计算故障相电压 $u_\varphi(n)$ 和零序电流 $i_0(n)$ 的相关系数 R_c 为

$$R_c = \frac{\sum_{k=1}^{N} i_0(k)u_\varphi(k)}{\sqrt{\sum_{k=1}^{N} i_0^2(k) \sum_{k=1}^{N} u_\varphi^2(k)}} \tag{4-86}$$

步骤四：若 $0 < k_2 < 1$，且 $k_1 > k_{set}$，且 $R_c > 0.966$，则判断发生了疑似高阻接地故障。其中 k_{set} 为整定值，取大于 1 的实数，本节中取 $k_{set} = 1.05$；考虑到测量点处故障相电压与零序电流的相位误差一般不超过 $10°$，再考虑一定的裕度，取 R_c 的阈值为 $15°$，对应的数值 $\cos15° = 0.966$。

步骤五：重复步骤一至步骤四，若疑似高阻接地故障持续时间超过一个周期，则判断为高阻接地故障，保护启动。

在启动元件识别出高阻故障的基础上，可利用伏安特性曲线在第一、四象限包围的总面积 S 判断故障方向，S 本质上表征的是电弧的耗散能量。计算方法为：

$$S_1 = \sum_{k=1}^{N/4} \text{sign}[i_0(k)]\, u_\varphi(k) \left| i_0(k+1) - i_0(k) \right| \tag{4-87}$$

$$S_2 = \sum_{k=N/4+1}^{N/2} \text{sign}[i_0(k)]\, u_\varphi(k) \left| i_0(k+1) - i_0(k) \right| \tag{4-88}$$

$$S = \text{sign}(S_1 + S_2) \left| S_1 - S_2 \right| \tag{4-89}$$

式中：S_1 为零序电流从零增大到最大值过程中伏安特性曲线包围的面积；S_2 为零序电流

从最大值反方向变化时伏安特性曲线包围的面积；$i_0(k)$ 为标幺化的零序电流序列；$u_\varphi(k)$ 为标幺化的故障相电压序列。计算总面积 S 时，伏安特性曲线位于第一象限的部分面积为正值，位于第四象限的部分面积为负值。

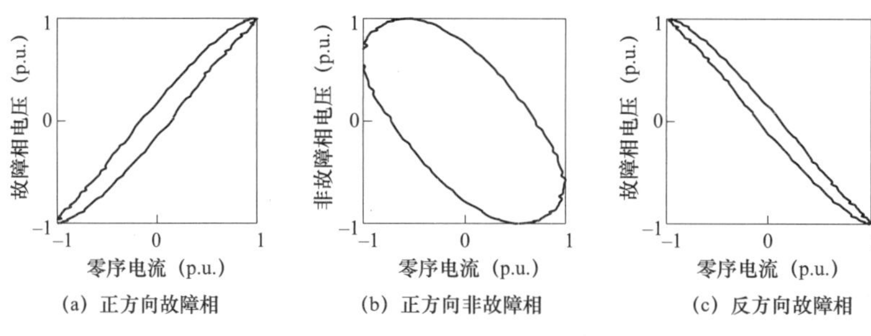

图 4.47 高阻接地故障的故障相和非故障相伏安特性曲线

根据图 4.47（a）、（c），正方向高阻故障的伏安特性曲线主要分布在第一、第三象限，且位于第一象限的面积远大于第四象限的面积，总面积 $S>0$；反方向高阻故障的伏安特性曲线则主要分布在第二、第四象限，位于第四象限的面积远大于第一象限的面积，总面积 $S<0$。故设置方向元件整定值 S_{set}，若 $S>S_{set}$，则判定为正方向高阻故障；反之，判定为反方向高阻故障。$S_{set}>0$，其值越小，方向元件越灵敏；在电压、电流数据均标幺化处理的情况下，考虑到第一象限的总面积为 1，而正方向高阻故障时相电压与零序电流几乎同相，伏安特性曲线为细长条状，包围面积很小，故整定值应为一远小于 1 的值，可设 $S_{set}=0.01$。

4.3.3 针对多馈入直流相继换相失败的抑制措施

相继换相失败其实是严重故障场景下多馈入直流输电系统故障演化的结果，导致其发生的原因有两个：

（1）多馈入直流输电系统中换流母线间的电压交互影响：国际上通常采样多馈入交互作用因子（MIIF）来衡量这一影响，本小节通过数学推导实现了对 MIIF 的解析计算，也证明了故障近端换流站的电压波动确实对相邻换流站的电压产生一定的影响，因此若故障近端换流站发生换相失败，其换流母线故障电压的变化会直接影响相邻换流母线电压。

（2）故障过程中交、直流系统间的交互作用：通过对故障演化机理的分析可以发现受端交流故障的故障特性在很大程度上受直流控制系统的影响，若直流系统处于常规的控制策略下，交、直流系统间存在着负面的交互作用，则直流控制策略会引发换流母线电压的二次跌落。

综上所述，相继换相失败发生的诱因是交、直流系统间的交互作用导致的换流母线故障电压二次跌落，而相继换相失败发生的场景取决于换流母线间电压交互作用的强弱。因此，抑制相继换相失败的技术思路主要有两个方向：① 通过改进直流系统控制策略从而削弱故障过程中交、直流系统间的负面交互影响，减小换流母线故障电压的二次跌落，从诱因上减小相继换相失败发生的可能性；② 通过合理规划直流落点从而削弱换流母线间的电压交互影响，破坏相继换相失败的发生场景。

4.4 小　结

本章针对交直流混联电网交流侧故障引发的直流换相失败问题，根据其故障特性，分别分析了直流首次换相失败和连续换相失败，以及多馈入直流同时换相失败和相继换相失败的产生机理，为直流换相失败预警方法及抑制措施研究提供了理论基础。基于换相失败的产生机理，以换相失败的类型为区分，介绍了几种针对首次换相失败、连续换相失败和多馈入直流换相失败的预警措施和抑制措施，为实现交直流混联电网的连锁故障预警与保护、保证交直流混联大电网安全稳定运行奠定基础。

5 直流参与紧急潮流控制

随着高压直流输电技术的发展与应用，我国大型区域电网多回直流互联的场景日益增多，我国电网已成为世界上规模最大、电压等级最高、运行工况最复杂的大型交直流混联电网。在高压直流输电带来诸多技术优势的同时，直流系统的非线性离散控制过程也使得交流电网的动力学特性发生了变化，多种类型约束相互制约，控制变量与状态变量耦合机理复杂，不同控制目标存在冲突的可能，使得系统运行与控制的难度急剧增大。同时直流系统对故障表现出的脆弱性，也使得故障影响范围发生了改变，显著提高了电力系统运行的复杂程度，给电网调度运行和安全控制带来极大挑战，故迫切需要针对交直流电网的不同运行状态，多层次、分阶段地制订相应的控制目标和控制策略。

我国部分区域已形成多条外区直流馈入同一受端交流电网的结构，即多馈入直流系统结构。在含有 LCC 和 VSC 的混合直流电网中，LCC 受端电网电压支撑能力是影响系统稳定性的重要因素。实际运行中，LCC－HVDC 与 VSC－HVDC 间的交互作用，主要表现在 VSC 对 LCC 的无功支撑作用。多条直流的集中馈入在丰富了系统的控制手段的同时，也给系统的安全稳定运行带来了挑战。考虑到高压直流的功率快速调整特性，有必要针对实际运行场景下 HVDC 的最大输送功率及受端系统的电压支撑能力进行分析，从而为设计系统运行控制策略提供参考。多馈入系统中 HVDC 其最大输送功率受相邻 HVDC 运行状态影响，缩短其最大输送功率计算时间对于制订在线控制策略具有重要意义。基于 HVDC 外特性等效方法，将多馈入系统等效为双母线系统，得到其最大输送功率计算模型，变量与方程数量大大减少。原多馈入短路比（multi-infeed short circuit ratio，MISCR）指标基于系统网架和 HVDC 的额定参数评估系统强度，在用于实际系统评估时会导致评估结果不准确。在保证等效前后 HVDC 外特性不变的前提下，将 HVDC 等效为接地阻抗。通过网架变换将多馈入系统等效为双母线系统，提出多馈入运行短路比（multi-infeed operating short circuit ratio，MIOSCR）指标，用于评估系统运行状态和裕度。多条 HVDC 同时调整其输送功率时，由于无功不足，可能会导致 HVDC 无法调整其输送功率至指令值，需要动态无功补偿设备的接入来提升其输电能力。本章还分别研究了相同功率支援需求下调相机接入容量与网架参数的关系，以及相同网架参数下功率支援需求对调相机接入容量的影响。

传统电力系统的计算与分析方法往往是采用“逐点法”，即在系统的不同运行场景下进行逐一校验和分析，判断系统当前是否属于安全状态。这就导致系统运行分析的计算量大、耗时长，而且现有交直流协调控制策略的制定大多依赖于仿真计算，因此在调整过程中难以把控与量化系统整体的安全状态。安全域方法实现了对系统安全状态的整体评判，不仅可以通过运行点是否位于安全域内来判定系统是否安全，调度人员还可以获得运行点在不同方向上的安全裕度作为下一步采取安全控制措施的重要依据。因此安全域理论为当前复杂交直流混联电网的安全性评估及控制提供了新思路。

针对在大型交直流混联系统中，直流系统的灵活可控性使交直流混联电网的动力学特性产生根本变化、运行控制难度急剧增大的特点，本章研究基于安全域理论，提出了 LCC、VSC 型交直流混联电网多目标安全域的定义并研究了其刻画方法，并以此提出了运行点的安全性判断方法及安全裕度的计算方法；提出了交直流混联电网静态安全域断面的定义及刻画方法，并研究了直流系统不同控制方法对静态安全域产生的影响，即静态安全域的演化特征；提出了解耦安全域的定义并研究了其刻画方法，利用解耦安全域研究了多换流站间的协同静态安全控制；提出了计及时间特性的控制安全域，利用其研究了直流传输有功和无功之间的时序耦合关系，保证直流调整过程的安全性；基于静态安全域研究了交直流混联电网的校正控制策略、预防控制和校正控制措施协同控制策略，以及校正控制后的优化调度策略。上述研究利用静态安全域的几何优势与连续刻画系统运行状态的能力为交直流混联电网的运行与控制提供一定的理论基础与应用指导。

5.1 交直流混联电网多维度耦合机理研究

针对多馈入系统，计及各条直流其 P_d、I_d 与电压等电气量间的耦合关系，本节提出了 HVDC 最大输送功率计算方法；在此基础上计及 HVDC 最大输送功率和临界换相角的运行约束，提出了多馈入运行短路比和多馈入运行裕度系数，对系统实际运行状态进行评估；为实现多条 HVDC 达到所需的功率支援能力，提出了该控制目标下调相机定容计算方法。

5.1.1 不同控制方式下混合直流电网换流母线电压相互作用程度评估方法

在含 LCC 和 VSC 的混合直流电网中，LCC 受端电网电压支撑能力是影响系统稳定性的重要因素。LCC－HVDC 与 VSC－HVDC 间的交互作用规律为：① 从 LCC 的角度出发，VSC 控制方式的不同使得其对 LCC 的支撑作用也不一样；② 对于多馈入直流，LCC 站间控制方式的改变同样会影响其交互作用。由上分析可知，LCC 与 VSC 控制方式的改变使得其交互作用也会发生变化。

混合直流电网扰动前后系统增量形式的潮流方程为：

$$\begin{bmatrix}\Delta\boldsymbol{P}\\\Delta\boldsymbol{Q}\end{bmatrix}=\begin{bmatrix}\boldsymbol{J}_{P\theta} & \boldsymbol{J}_{PU}^{*}\\\boldsymbol{J}_{Q\theta} & \boldsymbol{J}_{QU}^{*}\end{bmatrix}\begin{bmatrix}\Delta\boldsymbol{\theta}\\\Delta\boldsymbol{U}\end{bmatrix} \tag{5-1}$$

式中：由于直流系统输送的功率与交流系统的相角相关性小，因此接入直流，$\boldsymbol{J}_{P\theta}$、$\boldsymbol{J}_{Q\theta}$ 保持不变，为原交流雅克比矩阵对应的子矩阵；$\boldsymbol{J}_{PU}^{*}$、$\boldsymbol{J}_{QU}^{*}$ 为加入直流后修正的雅克比矩阵。式中共有 $4n$ 个变量、$2n$ 个方程，需要事先确定两个变量才能进行求解。假设换流母线 i 出现无功扰动，可以根据系统参数确定相关节点注入有功和无功的变化量，共 $2n-1$ 个变量，假设换流母线 i 电压幅值变化量已知，那么仅剩 $2n$ 个变量待求，即可通过式（3－1）求得。而注入有功和无功的变化量与换流站的控制方式有关：

$$\begin{cases} \Delta P_j = \Delta P_{j\text{d}} \\ \Delta Q_j = \Delta Q_{j\text{d}} \end{cases} \tag{5-2}$$

换流站不同控制方式下，换流站节点有功和无功的变化量不同，需要对多端直流不同控制方式的组合进行分别讨论。

对于 LCC 与 VSC 混合连接的直流电网，假设整流站为 LCC，逆变站为 LCC、VSC，其控制方式主要有：① 整流站定直流电流，逆变站 VSC 定直流电压，逆变站 LCC 定熄弧角；② 整流站定直流电流，逆变站 LCC 定熄弧角，逆变站 LCC 及逆变站 VSC 定电流；③ 整流站定电流，逆变站 LCC 及逆变站 VSC 采用下垂控制。现以控制方式为整流器定电流/逆变器定熄弧角为例，此时逆变器的特性方程为：

$$\begin{cases} I_\text{d} = I_\text{order} \\ \gamma = \gamma_\text{order} \\ U_{\text{do}i} = \dfrac{3\sqrt{2}}{\pi} N_\text{b} K_i U_i \\ U_{\text{d}i} = U_{\text{do}i} \cos\gamma - \dfrac{3}{\pi} N_\text{b} X_{\text{c}i} I_\text{d} \\ P_{\text{d}i} = U_{\text{d}i} I_\text{d} \\ Q_{\text{d}i} = -I_\text{d}\sqrt{U_{\text{do}i}^2 - U_{\text{d}i}^2} \end{cases} \tag{5-3}$$

式中：I_d 与 I_order 分别为直流电流与其给定值；γ 与 γ_order 分别为熄弧角与其给定值；$U_{\text{do}i}$ 为空载直流电压；$U_{\text{d}i}$ 为直流电压；N_b、K_i 分别为每个换流站的 6 脉动换流桥个数、换流变压器变比；$P_{\text{d}i}$ 与 $Q_{\text{d}i}$ 分别为换流站所吸收的有功、无功功率。

根据多元函数的泰勒展开式，得到扰动前后增量形式的直流功率表达：

$$\begin{cases} \Delta P_{\text{d}i} = \left(\dfrac{3\sqrt{2}}{\pi} N_\text{b} K_i \cos\gamma_\text{order} I_\text{order}\right)\Delta U_i \\ \Delta Q_{\text{d}i} = \left(\dfrac{3\sqrt{2}}{\pi} N_\text{b} K_i \cos\gamma_\text{order} I_\text{order} \dfrac{U_{\text{d}i} - U_{\text{do}i}}{\sqrt{U_{\text{do}i}^2 - U_{\text{d}i}^2}}\right)\Delta U_i \end{cases} \tag{5-4}$$

假设换流母线 2 出现无功扰动，计算对母线 1 的电压影响。联立式（5－4）可得：

$$\begin{bmatrix} \Delta\theta_1 \\ \Delta\theta_2 \\ \Delta\theta_3 \\ \Delta\theta_4 \end{bmatrix} = \begin{bmatrix} C_1 \\ C_2 \\ C_3 \\ C_4 \end{bmatrix} \Delta U_2 \tag{5-5}$$

$$\Delta U_1 = C_3 \Delta U_2 \tag{5-6}$$

$$MIIF_{12} = C_3 \tag{5-7}$$

$$MIIF_{12} = \begin{bmatrix} J_{11}J_{12}(A_{33}-J_{33})+J_{11}J_{32}J_{23}-J_{21}J_{12}(A_{33}-J_{33})+J_{21}J_{32}(A_{13}-J_{13}) \\ -J_{31}J_{12}J_{23}-J_{31}J_{22}(A_{13}-J_{13}) \end{bmatrix}^{-1} \cdot \left[(J_{21}J_{23}-J_{31}J_{22})J_{14}+(J_{31}J_{12}-J_{11}J_{32})(J_{24}-A_{24})+(J_{11}J_{22}-J_{21}J_{12})J_{34}\right] \tag{5-8}$$

$$\begin{cases} A_{13} = \dfrac{3\sqrt{2}}{\pi} N_{\mathrm{b}} K_1 \cos\gamma_{\mathrm{order1}} I_{\mathrm{order1}} \\ A_{24} = \dfrac{3\sqrt{2}}{\pi} N_{\mathrm{b}} K_1 \cos\gamma_{\mathrm{order}} I_{\mathrm{order}} \dfrac{U_{\mathrm{d}i} - U_{\mathrm{do}i}}{\sqrt{U_{\mathrm{do}i}^2 - U_{\mathrm{d}i}^2}} \\ A_{13} = \dfrac{3\sqrt{2}}{\pi} N_{\mathrm{b}} K_2 \cos\gamma_{\mathrm{order2}} I_{\mathrm{order2}} \end{cases} \tag{5-9}$$

式中：A_{ij} 是由式（5－4）所确定的。

在含有 VSC 的直流电网中，受电压作用影响的直流可能为 LCC、VSC 或是 LCC－VSC 混合直流，在此给出 LCC 与 VSC 混合直流的无功—电压外特性计算方法，这里把 STATCOM 看作是 VSC 的一种特殊形式。

VSC 定无功功率控制方式时，$\mathrm{d}Q_{\mathrm{VSC}} / \mathrm{d}U = 0$，VSC 换流器的无功—电压特性为：

$$\frac{\mathrm{d}Q_{\mathrm{d}}}{\mathrm{d}U} = \frac{P_{\mathrm{LCC.N}} \mathrm{d}Q_{\mathrm{LCC}}}{(P_{\mathrm{LCC.N}} + P_{\mathrm{VSC.N}})\mathrm{d}U} \tag{5-10}$$

（1）VSC 定交流电压控制。

此时有 $\mathrm{d}Q_{\mathrm{VSC}} / \mathrm{d}U = +\infty$，VSC 换流器的无功—电压特性也为正无穷。

（2）STATCOM 控制。

此时有：

$$\frac{\mathrm{d}Q_{\mathrm{ST}}}{\mathrm{d}U} = \frac{\Delta I}{\Delta U} U + I \tag{5-11}$$

式中：$\Delta U / \Delta I = k$ 为 STATCOM 的 $U-I$ 特性。

基于 LCC 与 VSC 混合直流的无功—电压外特性，同理可以推出其他控制方式下电压的相互作用程度。

仿真基于 CIGRE 标准测试模型组成的双馈入直流系统，直流系统受端通过交流系统连接，其中一条直流为定电流定熄弧角控制，ESCR 均为 4，在另一条直流母线上加装 STATCOM，改变其容量和 $U-I$ 特性比，分别基于仿真法和上述解析法计算 MIIF，结果如表 5.1 所示。可以看出 STATCOM 可以明显降低 MIIF 值，两种方法所得结果误差较小，同理把 STATCOM 换成 VSC，当 VSC 用相同的控制方式控制时，效果是相似的；当 VSC 为其他控制方式时，方法是可行的。

表 5.1 MIIF 计算结果

容量（Mvar）	$U-I$ 特性比	仿真结果	解析结果
100	0.015	0.244	0.229
	0.02	0.285	0.278
	0.025	0.320	0.310
150	0.015	0.186	0.178
	0.02	0.229	0.217
	0.025	0.256	0.246
200	0.015	0.149	0.144
	0.02	0.180	0.175
	0.025	0.209	0.204

5.1.2 基于等效阻抗的 HVDC 最大输送功率计算

将 HVDC 等效为阻抗后，单馈入系统如图 5.1 所示。

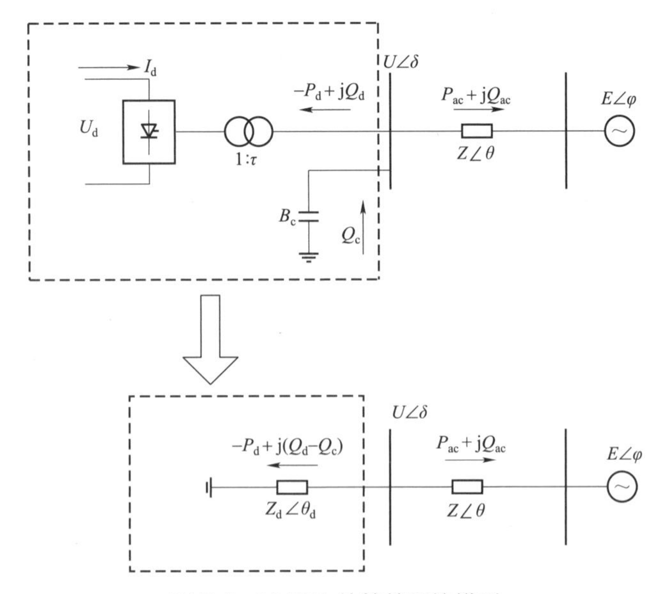

图 5.1 HVDC 的等效阻抗模型

τ—换流变压器变比；δ—直流受端母线电压相角；E、φ—受端交流系统等效电压幅值、相角；Z、θ—受端系统等值阻抗、相角；B_c、Q_c—换流站无功补偿电纳、补偿无功；Z_d、θ_d—直流系统等值阻抗、相角；P_{ac}、Q_{ac}—换流母线传向受端交流系统的有功、无功功率

HVDC 注入有功功率可表示为式（5－12）。式中，Z_{dc} 和 θ_{dc} 均为只和 μ 相关的变量，式中其余量为常数。因此式（5－12）为仅与 μ 相关的表达式。可以推出 $\mathrm{d}I_d / \mathrm{d}u > 0$ 在正常运行范围内成立，而 $\mathrm{d}P_d / \mathrm{d}\mu = (\mathrm{d}P_d / \mathrm{d}T_d) \cdot (\mathrm{d}I_d / \mathrm{d}\mu)$，且 $\mathrm{d}P_d / \mathrm{d}I_d = 0$ 对应于最大输送功率点。因此 $\mathrm{d}P_d / \mathrm{d}\mu = 0$ 同样对应于最大输送功率点。通过求解 $\mathrm{d}P_d / \mathrm{d}\mu = 0$ 对应的 μ 代入式（5－12），即可求得 HVDC 最大输送功率。与传统方法相比，可以有效降低计算量，仅需求解一次即可得到 HVDC 最大输送功率，大大减少了计算量。

$$P_d = -\frac{\dfrac{1+Z^2}{Z} \cdot \dfrac{Z_{dc}}{Z} \cos\theta_{dc}}{1+\left(\dfrac{Z_{dc}}{Z}\right)^2 + 2\dfrac{Z_{dc}}{Z}\sin\theta_{dc}} \tag{5-12}$$

将 HVDC 等效为阻抗后，基于网络变换可将多馈入系统等效到各母线，如图 5.1 所示。对于各换流母线有：

$$[\dot{\boldsymbol{U}}] = [\boldsymbol{A}_{Eeq}][\dot{\boldsymbol{E}}_{eq}] \tag{5-13}$$

其中

$$[\boldsymbol{A}_{Eeq}] = \left(\begin{bmatrix} 1 & & 0 \\ & \ddots & \\ 0 & & 1 \end{bmatrix} + \begin{bmatrix} \dfrac{\dot{z}_{eq11}}{\dot{z}_{d1}} & \cdots & \dfrac{\dot{z}_{eq1n}}{\dot{z}_{dn}} \\ \vdots & \ddots & \vdots \\ \dfrac{\dot{z}_{eqn1}}{\dot{z}_{d1}} & \cdots & \dfrac{\dot{z}_{eqnn}}{\dot{z}_{dn}} \end{bmatrix} \right)$$

$$[\dot{\boldsymbol{E}}_{eq}] = \begin{bmatrix} \dot{z}_{eq11} & \cdots & \dot{z}_{eq1n} \\ \vdots & \ddots & \vdots \\ \dot{z}_{eqn1} & \cdots & \dot{z}_{eqnn} \end{bmatrix} \begin{bmatrix} \dot{I}_{ac1} \\ \vdots \\ \dot{I}_{acn} \end{bmatrix}$$

式中：$[\boldsymbol{A}_{Eeq}]$各项仅与 μ 有关，而 $[\boldsymbol{U}^2] = [\dot{\boldsymbol{U}}]^T[\dot{\boldsymbol{U}}^*]$，因此对于换流母线 i，有 $U_i^2 = g_i(\mu_2, \cdots, \mu_n)$ 成立。网络中所有换流母线方程表示为：

$$\begin{cases} f_1^2(\mu_1) = g_1(\mu_1, \cdots, \mu_n) \\ \quad \vdots \\ f_i^2(\mu_i) = g_i(\mu_1, \cdots, \mu_n) \\ \quad \vdots \\ f_n(\mu_n) = g_n(\mu_1, \cdots, \mu_n) \end{cases} \tag{5-14}$$

式（5－14）共 n 个方程，n 个未知数。原模型包含 $3n$ 个方程和 $3n$ 个未知数。与之相比，变量和方程个数大大减少，从而计算效率得到提升。

对于单馈入系统，改变系统阻抗，比较本书方法和原模型计算所需时间。由表 5.2 可见，与原方法相比，本书方法大大减少了计算时间，同时保证了计算结果的准确性。针对多馈入系统，改变系统网架参数与相邻 HVDC 运行状态，基于本书方法和传统方法计算 P_{dmax}，如表 5.3 和表 5.4 所示。

表 5.2 不同 SCR 下单馈入系统 P_{dmax} 计算结果比较

SCR	传统方法		本书方法	
	P_{dmax}（p. u.）	时间（s）	P_{dmax}（p. u.）	时间（s）
2.5	1.008 7	2.205 6	1.008 7	0.000 5
3	1.042	2.166 6	1.042	0.000 5
3.5	1.085 7	2.136 4	1.085 7	0.000 5
4	1.133	2.118 8	1.133	0.000 6
4.5	1.180 8	2.164 7	1.180 8	0.000 5
5	1.227 8	2.170 7	1.227 8	0.000 6

表 5.3 不同 MISCR 下多馈入系统 P_{dmax} 计算结果比较

MISCR	传统方法		本书方法	
	P_{dmax}（p. u.）	时间（s）	P_{dmax}（p. u.）	时间（s）
2.333 3	1.059 8	4.415 6	1.059 8	2.645 5
2.466 7	1.077 4	4.311 8	1.077 4	2.505 5
2.6	1.095 7	4.360 5	1.095 7	3.060 5
2.733 3	1.114 3	4.364 4	1.114 3	3.132 2
2.866 7	1.133 1	4.338 4	1.133 1	2.835 1
3	1.152 1	4.321 3	1.152 1	2.851 9
3.133 3	1.171 0	4.315 4	1.171 0	2.669 0

表 5.4 相邻 HVDC 不同运行状态下多馈入系统 P_{dmax} 计算结果比较

I_d（p. u.）	传统方法		本书方法	
	P_{dmax}（p. u.）	时间（s）	P_{dmax}（p. u.）	时间（s）
0.8	1.217 8	4.307 1	1.217 8	2.653 1
0.85	1.201 7	4.331 0	1.201 7	2.630 0
0.9	1.185 4	4.338 4	1.185 4	2.653 2
0.95	1.168 8	4.313 5	1.168 8	2.847 5
1	1.152 1	4.321 3	1.152 1	2.867 2
1.05	1.135 1	4.300 0	1.135 1	2.895 7
1.1	1.118 1	4.290 5	1.118 1	3.064 4

由表 5.2～表 5.4 可见，各场景下两种方法计算结果相同，本书所提方法大大缩短了计算时间。

5.1.3 基于等效阻抗的多馈入运行短路比及运行评估方法

对于一个对地导纳 Y_{d}，若其并联母线电压为 $U\angle\delta$，则该对地导纳注入母线的功率为：

$$\dot{S}_{\mathrm{d}} = -U^2 \overset{*}{Y}_{\mathrm{d}} = -U^2(G_{\mathrm{d}} - \mathrm{j}B_{\mathrm{d}}) \tag{5-15}$$

联立 HVDC 注入功率和对地导纳注入功率表达式，得到该对地导纳表达式为：

$$G_{\mathrm{d}} = -C[\cos 2\gamma - \cos(2\gamma + 2\mu)] \tag{5-16}$$

$$B_{\mathrm{d}} = B_{\mathrm{c}} - C[2\mu + \sin 2\gamma - \sin(2\gamma + 2\mu)] \tag{5-17}$$

$$\mu = \arccos\left(\cos\gamma - \frac{I_{\mathrm{d}}}{KU}\right) - \gamma \tag{5-18}$$

相应地，也可用对地阻抗表示。等效阻抗实际上是和 HVDC 运行状态相关的可变阻抗，式（5-16）～式（5-18）即为等效阻抗的数学模型。

$$Z_{\mathrm{d}} = R_{\mathrm{d}} + \mathrm{j}X_{\mathrm{d}} = \frac{1}{Y_{\mathrm{d}}} = \frac{1}{G_{\mathrm{d}} + \mathrm{j}B_{\mathrm{d}}} \tag{5-19}$$

对于多馈入系统，通过戴维南等效消去电压源节点。对于等效后的系统有：

$$\left|Z_{\mathrm{deq}i}\right| = \left|Z_{\mathrm{deq}i}^{*}\right| = \left|\frac{-U_i^2}{\dot{S}_{\mathrm{deq}i}}\right| = \frac{U_i^2}{\left|\dot{S}_{\mathrm{deq}i}\right|} \tag{5-20}$$

等效后的多馈入系统如图 5.2 所示。

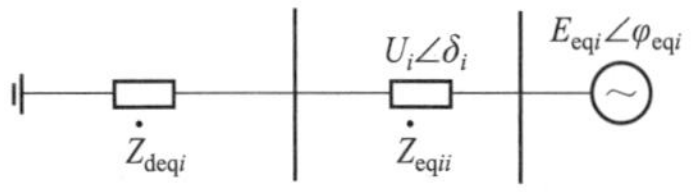

图 5.2 等效后的多馈入系统

定义多馈入运行短路比指标，即：

$$MIOSCR_i = \frac{\left|Z_{\mathrm{deq}i}\right|}{\left|Z_{\mathrm{eq}ii}\right|} = \frac{U_i^2}{\left|Z_{\mathrm{eq}ii}\right|\left|\dot{S}_{\mathrm{deq}i}\right|} \tag{5-21}$$

同样，可认为多馈入系统额定运行状态下，各 HVDC 逆变站吸收无功功率均被并联电容器正好完全补偿。可得额定运行状态下各 HVDC 注入换流母线 i 的等效功率：

$$\left|\dot{S}_{\mathrm{deq}i\mathrm{N}}\right| = \frac{\sum\left|Z_{ij}\right|P_{\mathrm{deq}j\mathrm{N}}}{\left|Z_{\mathrm{eq}ii}\right|} \tag{5-22}$$

$$MIOSCR_i = \frac{U_{i\mathrm{N}}^2}{\left|Z_{\mathrm{eq}ii}\right|\left|\dot{S}_{\mathrm{deq}i\mathrm{N}}\right|} = \frac{U_{i\mathrm{N}}^2}{\sum\left|Z_{ij}\right|P_{\mathrm{deq}j\mathrm{N}}} = MISCR_i \tag{5-23}$$

因此 *MISCR* 实际上是本书所提 *MIOSCR* 指标在额定运行情况下的特例。

HVDC 运行主要受临界换相角和最大输送功率两个因素限制。强系统中，随着 I_d 的增加，HVDC 其 μ 先达到 30°，随后达到其输送功率最大值，弱系统则随之相反。因此 HVDC 运行边界取决于两个约束的运行点哪个先到达，如图 5.3 所示。对应两个运行点分别定义临界多馈入运行短路比，记为 $CMIOSCR\_P_{dmax}$ 和 $CMIOSCR\_cri$。

随着 I_d 的增长，*MISCR* 和 *MIOSCR* 变化趋势如图 5.4 所示。由于 *MISCR* 仅与网架参数相关，因此特定网架下其为固定值。而 *MIOSCR* 随着 I_d 的增加逐渐下降，其与系统电压支撑能力变弱的实际情况相符。

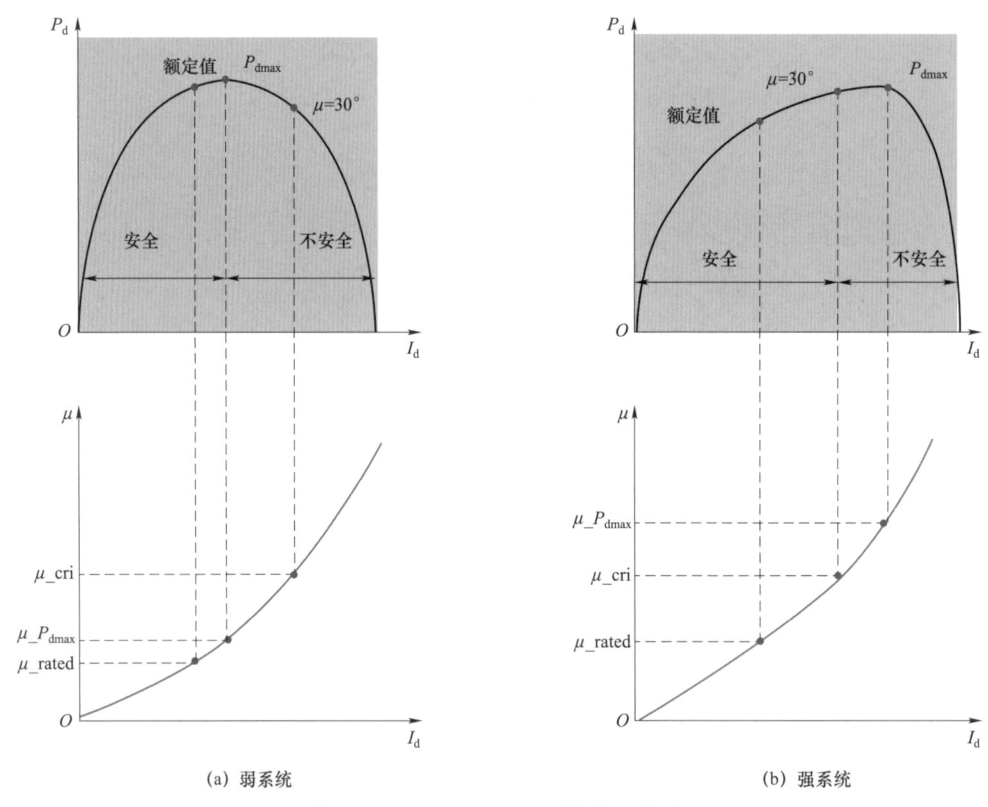

图 5.3 LCC-HVDC 系统运行边界

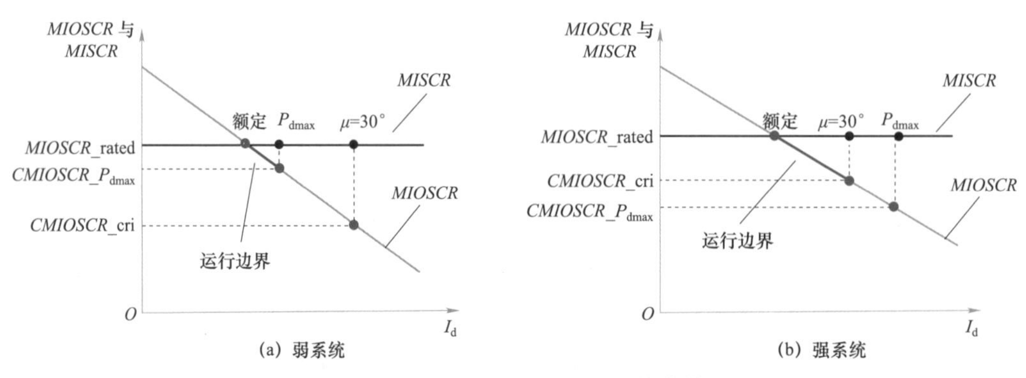

图 5.4 *MISCR* 和 *MIOSCR* 的比较

为了评估多馈入直流系统运行裕度，提出多馈入系统运行裕度系数指标 $MIOMC$：

$$MIOMC_i = \frac{MIOSCR_i - \max(CMIOSCR\_P_{\mathrm{d}\max i}, CMIOSCR\_\mathrm{cri}_i)}{\max(CMIOSCR\_P_{\mathrm{d}\max i}, CMIOSCR\_\mathrm{cri}_i)} \qquad (5-24)$$

建立三馈入直流系统，固定 I_{d2} 和 I_{d3} 保持不变，得到各场景下 HVDC1 其 $P_{\mathrm{d1}}-I_{\mathrm{d1}}$ 曲线，以及各场景下 $I_{\mathrm{d1}}=1$ 时的 $MIOSCR_1$ 如图 5.5（a）所示。各场景下 $MIOSCR_1$ 数值与 I_{d1max} 对应，而 $MISCR$ 为定值，无法反映系统实际电压支撑能力，如图 5.5（b）所示。

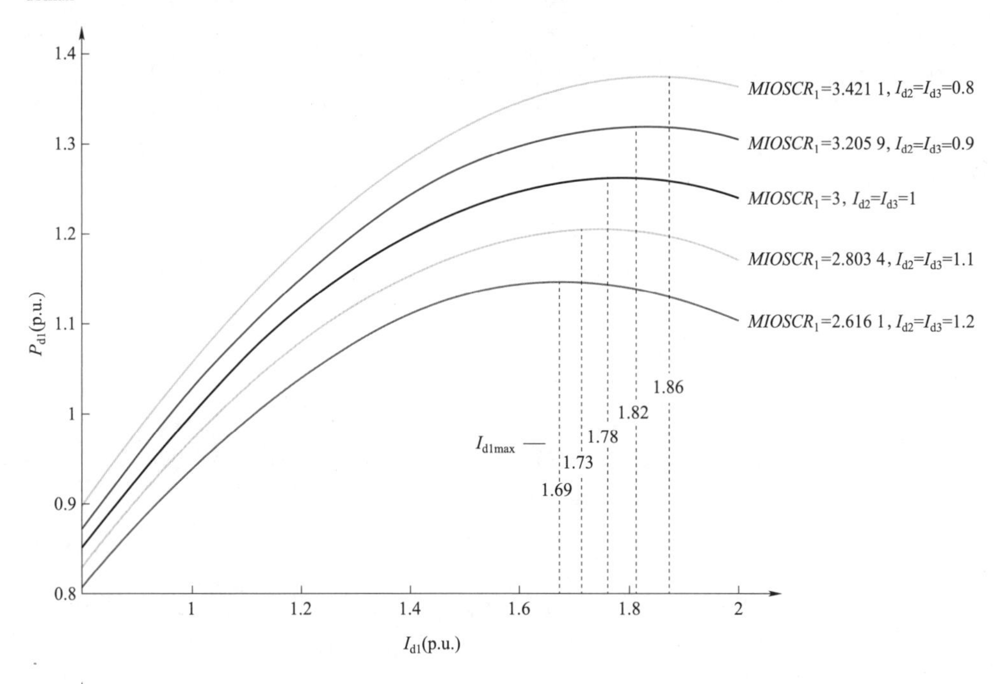

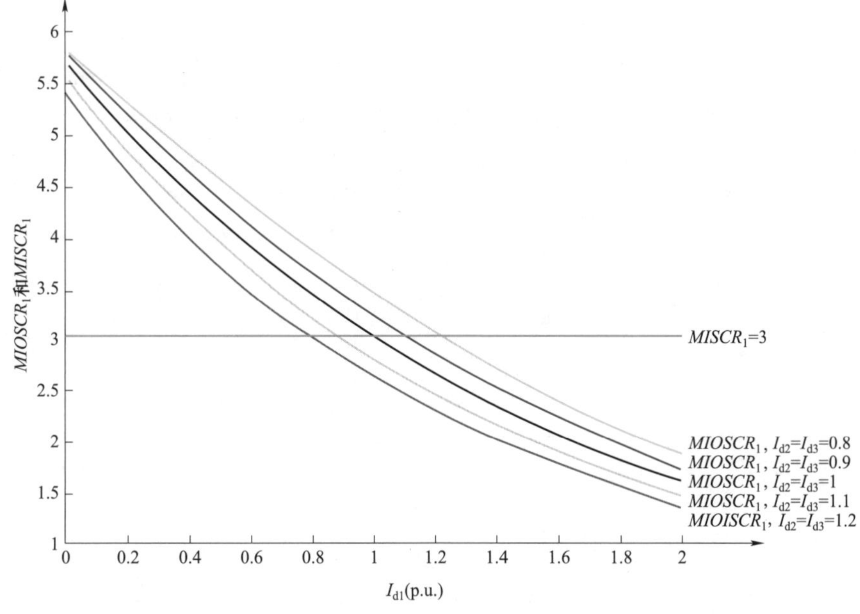

图 5.5 各场景下 HVDC1 最大功率曲线及 $MIOSCR_1$ 和 $MISCR_1$ 的变化

针对三馈入系统，选择 $Z_1=Z_2=Z_3=1/2$，$Z_{12}=Z_{13}=Z_{23}=1/6$，更改相邻 HVDC 运行状态及并联电容器容量，计算 $I_{d1}=1$ 及边界点处 *MIOSCR* 数值，如表 5.5 所示。

表 5.5　各场景下 $MIOMC_1$ 和 $CMIOSCR\_P_{dmax1}$

P_{d2}	P_{d3}	B_{c1}	B_{c2}	B_{c3}	$MIOSCR_1$ ($I_{d1}=1$)	I_{d1max}	$CMIOSCR\_P_{dmax1}$	$MIOMC_1$	$\Delta I_{d1P_{d\ max}}$
1	1	0.592	0.592	0.592	2	0.96	2.163 2	−7.54%	−0.04
1	0.9	0.592	0.592	0.592	2.319 5	1.06	2.156 5	7.56%	0.06
1	0.8	0.592	0.592	0.592	2.509 1	1.16	2.134 8	17.53%	0.16
0.9	0.9	0.592	0.592	0.592	2.513 7	1.16	2.145 6	17.16%	0.16
0.9	0.8	0.592	0.592	0.592	2.664 7	1.25	2.147 9	24.06%	0.25
1.05	1	0.592	0.592	0.592	1.827 7	0.9	2.193 5	−16.68%	−0.1
1.1	1	0.592	0.592	0.592	1.867 8	0.84	2.219 8	−15.86%	−0.16
1	1	0.65	0.592	0.592	2.158 5	1	2.158 5	0%	0
1	1	0.7	0.592	0.592	2.254 9	1.02	2.198 1	2.58%	0.02
1	1	0.65	0.62	0.592	2.217 6	1.01	2.187 7	1.37%	0.01
1	1	0.65	0.62	0.62	2.268 8	1.03	2.184 5	3.86%	0.03
0.9	0.9	0.65	0.592	0.592	2.565 7	1.19	2.158 2	18.88%	0.19
0.9	0.9	0.7	0.592	0.592	2.601 6	1.21	2.181 6	19.25%	0.21
1.1	1	0.65	0.65	0.592	1.866 9	0.92	2.227 4	−16.18%	−0.08
1.1	1	0.65	0.65	0.62	1.945	0.94	2.226 2	−12.63%	−0.06

针对三馈入系统，选择 $Z_1=Z_2=Z_3=1/2$，$Z_{12}=Z_{13}=Z_{23}=1/6$，更改相邻 HVDC 运行状态及并联电容器容量，计算 $I_{d1}=1$ 及边界点处 *MIOSCR* 数值，如表 5.6 所示。

表 5.6　各场景下 $MIOMC_1$ 和 $CMIOSCR\_cri_1$

P_{d2}	P_{d3}	B_{c1}	B_{c2}	B_{c3}	I_{d_cri1}	$MIOSCR_1$ ($I_{d1}=1$)	$CMIOSCR\_cri_1$	$MIOMC_1$	ΔI_{d1cri}
1	1	0.592	0.592	0.592	1.37	3.794 6	2.982 6	27.22%	0.37
1.1	1.1	0.592	0.592	0.592	1.32	3.408 1	2.698	26.32%	0.32
0.9	1.2	0.592	0.592	0.592	1.35	3.603 7	2.829 2	27.38%	0.35
1.1	0.9	0.592	0.592	0.592	1.37	3.779 4	2.963 5	27.53%	0.37
0.9	0.9	0.592	0.592	0.592	1.41	4.146 5	3.234 1	28.21%	0.41
1	1.1	0.592	0.592	0.592	1.35	3.610 3	2.842 7	27.00%	0.35
1.1	1.2	0.592	0.592	0.592	1.29	3.191 5	2.520 2	26.64%	0.29
1.1	1.2	0.592	0.65	0.68	1.32	3.336 2	2.620 8	27.3%	0.32
1.1	1.2	0.64	0.62	0.62	1.31	3.303 8	2.601 8	26.98%	0.31
1.2	1	0.592	0.65	0.62	1.33	3.465 7	2.733 9	26.77%	0.33
1.2	1	0.64	0.65	0.62	1.34	3.514 2	2.766 5	27.03%	0.34
1.2	1	0.592	0.68	0.592	1.34	3.469 4	2.717 3	27.68%	0.34
1.2	1.2	0.63	0.65	0.65	1.28	3.119 5	2.432 2	28.26%	0.28

由上述结果可见，*MIOMC* 可以准确反映多馈入系统运行裕度，与 $\Delta I_{\mathrm{dlcri}}$ 相比，其除了能够反映系统运行裕度外，还反映了系统实际运行状态和运行范围，因此，其适用性更广。

5.1.4 基于功率支援需求的多馈入系统调相机定容计算方法

HVDC 运行时需要吸收大量无功功率，因此其输送功率受母线电压支撑能力影响较大。对于多馈入系统而言，多条 HVDC 同时调整其输送功率时，其与交流系统间的电压和无功相互耦合作用可能会导致 HVDC 无法调整其输送功率到目标值。接入的并联电容器通常已接近全部投入，且其投切速度太慢不满足实时的要求。因此需要接入调节速度较快的动态无功补偿装备，从而提供附加无功功率以提升 HVDC 输送功率值。本节以同步调相机为例分析目标功率需求下所需的调相机容量。

调相机运行受定子绕组电流限制。随着直流电流从额定值不断提升，同步调相机会发出无功功率稳定交流母线电压，在同步调相机输出的无功功率达到额定容量前，同步调相机的外特性表现为可控电压源，此时母线电压可以维持在额定值，直流功率随着直流电流不断增加。在同步调相机输出的无功功率达到额定容量后，同步调相机的外特性转变为电流源，直流电压因母线电压无法继续维持而持续下降，导致直流功率达到最大值之后开始下降。

当系统电压支撑能力较强时，HVDC 输送功率极限由 $\mu=30°$ 对应的运行点决定。相同输送功率下，维持换流母线电压为 1 所需调相机容量显然大于工作于电流源模式的调相机容量。同时相同输送功率下 μ 越小，意味着 U 越大，同样所需投入调相机容量越大。因此当各 HVDC 同时达到其目标输送功率值时，μ 为 $30°$ 的场景对应最小的调相机接入容量。

以两馈入系统为例，研究网架参数和目标输送功率值对调相机接入容量的影响。建立两馈入系统模型，如图 5.6 所示。设置目标功率 $P_{\mathrm{dset1}}=P_{\mathrm{dset2}}=1.2$，$Z_2=1/3$，$Z_{12}=1/6$，改变 Z_{11}，计算对应调相机容量，结果如图 5.6 所示。图中 Q_{sc1} 表示调相机接入容量。

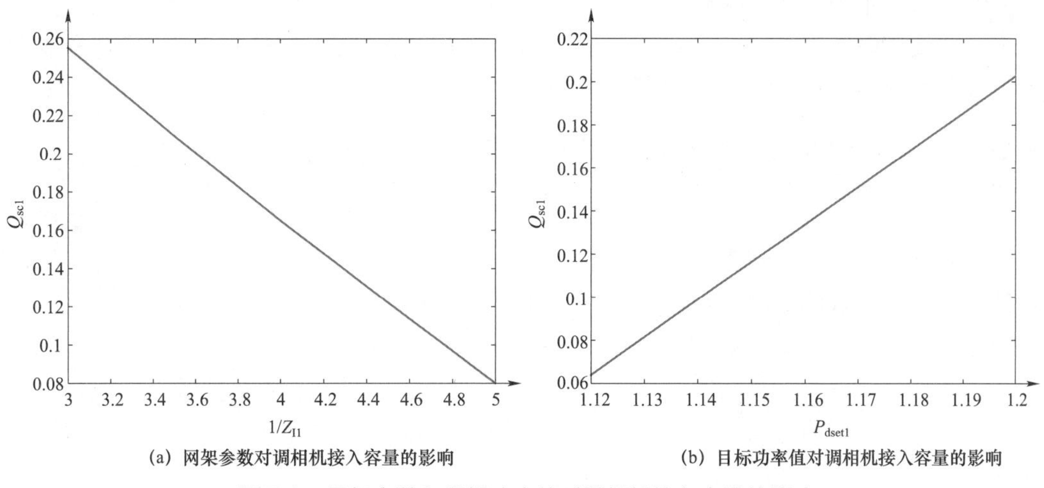

(a) 网架参数对调相机接入容量的影响　　(b) 目标功率值对调相机接入容量的影响

图 5.6 网架参数和目标功率值对调相机接入容量的影响

由图5.6(b)可见，所需调相机容量随着目标功率的增大而增大。算例中$MISCR_1=3.5$，当$P_{dset1}=1.2$时，$Q_{scmax1}=0.22$，其无功补偿量太大。因此，对于$MISCR_1=3.5$来说，设置$P_{dset1}=1.2$不太合理。应当在强化当前系统网架基础上，计及系统网架与调相机容量，合理设计HVDC目标功率，制订功率支援策略。

5.2 交直流混联电网多指标静态安全域

现阶段，我国已形成全球电压等级最高、规模最大的交直流混联电网，交直流系统的安全运行将是重大和紧迫的国家需求。

在交直流系统的安全校验和监视中，传统的方法往往是采用"逐点法"，其计算量大，耗时长，难以从全局角度得到系统的安全信息反馈，也较难对当前运行状态给出安全裕度值。由于电力系统的数学模型可由代数方程和微分方程所构建，而数学方程组与几何拓扑图形又是互为相通的，因此可将电力系统的研究转化为对高维几何问题的研究。

在电力系统数学模型的基础上，计及各项约束条件，即可得到"安全域"。当前运行状态对应于空间内的一个运行点，当运行点位于安全域内部时，可判定系统在当前运行状态下是安全稳定的；若运行点与安全域的边界有较大的距离，可认为系统在当前运行状态下具有较大的安全裕度。安全域概念的引入拓宽了电力系统学科的研究思路，由于几何学在研究问题上所具有的特殊优势，安全域能提供系统的安全性测度，有利于安全监视和安全控制。

根据研究对象的不同，交直流混联电网的安全域是潮流运行约束的静态安全域，小干扰稳定域，计及暂态稳定、电压稳定等动态稳定性问题的动态安全域，次同步振荡安全域等域的交集。由于交直流电网的稳态运行控制将是各类研究和电网运行调控的基础，因此静态安全域将是本节内容的研究重心。静态安全域的研究需要在欧氏空间中所构建的高维直角坐标系的基础上，建立电力系统准稳态模型和该坐标系中图形的关系，形成所定义的静态安全域，并完成静态安全域的求解及分析，从而揭示交直流混联电网运行中存在的安全性问题，找到直流输电对交直流大电网安全运行的影响机理。

5.2.1 交直流混联电网多指标静态安全域的定义与模型

由于静态安全域只计及电力系统的代数方程，因此首先给出交流系统、LCC直流系统和VSC直流系统的准稳态模型，然后对交直流系统的各项运行约束作详细分析，以此为基础，完成交直流混联电网静态安全域的定义、几何描述与方程组描述。

设系统共有n+1个节点和n_l条交流支路，设节点n+1为平衡节点，把节点分为纯交流节点和直流节点，换流站的一次侧连接的节点即为直流节点，而纯交流节点是指没有与任何换流站相连的节点。设共有n_a个纯交流节点，n_d个直流节点，记其中$1, 2, 3, \cdots, n_a$为纯交流节点，$n_a+1, n_a+2, \cdots, n$为直流节点。

对于纯交流节点，满足式（5-25）所示的潮流方程组。

$$\begin{cases} P_i = U_i \sum\limits_{j \in i} U_j (G_{ij} \cos\theta_{ij} + B_{ij} \sin\theta_{ij}) \\ Q_i = U_i \sum\limits_{j \in i} U_j (G_{ij} \sin\theta_{ij} - B_{ij} \cos\theta_{ij}) \\ i = 1, 2, 3, \cdots, n_a \end{cases} \tag{5-25}$$

式中：$j \in i$ 表示与 i 节点相连的 j 节点（包含 i 节点），j 有可能是纯交流节点或直流节点；U_i 为第 i 个节点的电压幅值；θ_{ij} 为节点 i 和 j 的相角差；G_{ij} 和 B_{ij} 分别为节点导纳矩阵第 i 行第 j 列元素的实部和虚部。

对于 n_d 个直流节点，将 LCC 直流输电和 VSC 直流输电同时写入同一个潮流方程组中，忽略换流损耗，有：

$$\begin{cases} P_i = U_i \sum\limits_{j \in i} U_j (G_{ij} \cos\theta_{ij} + B_{ij} \sin\theta_{ij}) \pm U_{dk} I_{dk} + P_{sk} \\ Q_i = U_i \sum\limits_{j \in i} U_j (G_{ij} \sin\theta_{ij} - B_{ij} \cos\theta_{ij}) \pm U_{dk} I_{dk} \tan\varphi_k + Q_{sk} \\ i = n_a + 1, n_a + 2, \cdots, n \end{cases} \tag{5-26}$$

式中：k 为第 k 个换流站；U_{dk} 和 I_{dk} 分别为 LCC 直流换流站的直流电压和直流电流；φ_k 为第 k 个换流站交流侧的功率因数角；P_{sk} 和 Q_{sk} 分别为 VSC 直流换流站向交流母线传输的有功功率和无功功率；$U_{dk}I_{dk}$ 和 $U_{dk}I_{dk}\tan\varphi_k$ 前的正负号分别对应逆变站和整流站。

第 k 个 LCC 换流站的单线图示意图如图 5.7 所示。

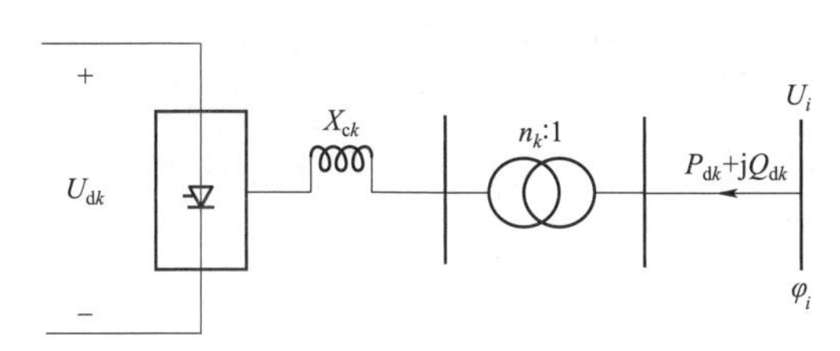

图 5.7　第 k 个 LCC 换流站的单线图示意图

对于 LCC 直流换流站的整流侧，直流电压方程为：

$$U_{dk} = \frac{3\sqrt{2}}{\pi} n_k U_i \cos\alpha_k - \frac{3}{\pi} X_{ck} I_{dk} \tag{5-27}$$

式中：n_k 为换流变压器的变比；α_k 为换流站的阀桥点火角；X_{ck} 为换相电抗。

对于 LCC 直流换流站的逆变侧，满足式（5-28）的直流电压方程：

$$U_{dk} = \frac{3\sqrt{2}}{\pi} n_k U_i \cos\gamma_k - \frac{3}{\pi} X_{ck} I_{dk} \tag{5-28}$$

式中：γ_k 为逆变侧换流站的熄弧角。本章中 U_i 均为交流母线线电压。

整流站和逆变站交流侧的功率因素分别为：

$$\cos\varphi_{1k} = \frac{U_{d1k}}{\dfrac{3\sqrt{2}}{\pi} n_k U_i} \tag{5-29}$$

$$|\cos\varphi_{2k}|=\frac{U_{\mathrm{d}2k}}{\frac{3\sqrt{2}}{\pi}n_kU_i} \tag{5-30}$$

式中：$U_{\mathrm{d}1k}$ 和 $U_{\mathrm{d}2k}$ 分别为整流侧的直流电压和逆变侧的直流电压；φ_{1k} 和 φ_{2k} 分别为整流侧的功率因数角和逆变侧的功率因数角（$\varphi_{1k}\in$ 第Ⅰ象限，$\varphi_{2k}\in$ 第Ⅱ象限）。

对于多端直流系统，消去直流网络中的联络节点后，可得到式（5-31）的直流网络方程：

$$\Delta I_{\mathrm{d}k}=\pm I_{\mathrm{d}k}-\sum_{j=1}^{n_{\mathrm{d}}}g_{\mathrm{d}kj}U_{\mathrm{d}j}=0 \tag{5-31}$$

式中：$g_{\mathrm{d}kj}$ 为消去联络节点后直流网络的节点电导矩阵 $\boldsymbol{G}_{\mathrm{d}}$ 第 k 行第 j 列的元素；$U_{\mathrm{d}j}$ 为母线 j 所连换流站的直流电压；$I_{\mathrm{d}k}$ 前正负号分别对应整流站和逆变站。特别的是，对于两端直流输电系统有：

$$R_{\mathrm{d}}I_{\mathrm{d}k}=U_{\mathrm{d}1k}-U_{\mathrm{d}2k} \tag{5-32}$$

式中：R_{d} 为直流线路电阻。

第 k 个 VSC 柔性直流输电换流站的单线图示意图如图 5.8 所示。

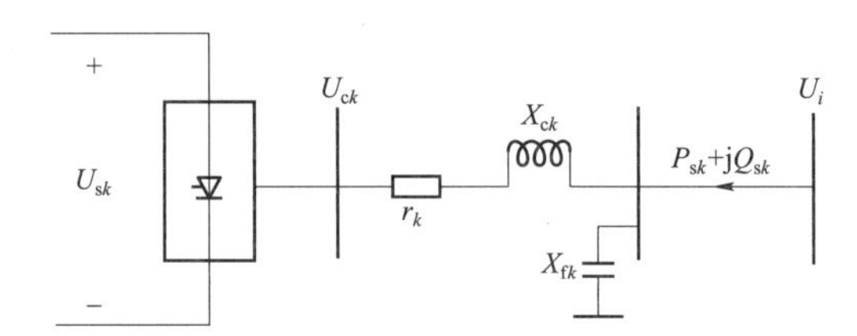

图 5.8　第 k 个 VSC 柔性直流输电换流站的单线图示意图

交流母线向 VSC 直流换流站传输的有功功率和无功功率分别为：

$$P_{sk}=U_iU_{ck}Y_k\sin(\delta_k-\beta_k)+U_i^2Y_k\sin\beta_k \tag{5-33}$$

$$Q_{sk}=-U_iU_{ck}Y_k\cos\delta_k+U_i^2Y_k\cos\beta_k+U_i^2/X_{fk} \tag{5-34}$$

式中：U_{ck} 为换流站交流侧的端口电压幅值；δ_k 为交流母线与换流站端口电压的相角差（即移相角）；β_k 为 VSC 变流器的功率因数角。

忽略换流器的损耗，注入换流器的有功功率应与直流功率平衡，即：

$$U_iU_{ck}Y_k\sin(\delta_k+\beta_k)+U_{ck}^2Y_k\sin\beta_k=U_{sk}I_{\mathrm{s}} \tag{5-35}$$

式中：U_{sk} 和 I_{s} 分别为 VSC 直流换流站的直流电压和直流电流。

换流站端口电压 U_{ck} 与直流电压 U_{sk} 的关系为：

$$U_{ck}=\frac{\mu_kM_k}{\sqrt{2}}U_{sk} \tag{5-36}$$

式中：μ_k 为直流电压利用率；M_k 为调制度。

对于直流网络，同样的有式（5-37）所示的直流网络方程：

$$\Delta I_{\mathrm{d}k}=\pm I_{\mathrm{d}k}-\sum_{j=1}^{n_{\mathrm{d}}}g_{\mathrm{d}kj}U_{\mathrm{d}j}=0 \tag{5-37}$$

系统中第 i 个节点的电压幅值 U_i 应满足式（5－38）的运行约束（包括发电机励磁电压限值），其上标 max 和 min 所对应的符号均分别表示相应约束限值的上限和下限。

$$U_i^{\min} \leqslant U_i \leqslant U_i^{\max} \tag{5-38}$$

节点 i 与节点 j 之间的相角差 $\Delta\theta_{ij}$ 应满足约束（5－39）：

$$\Delta\theta_{ij}^{\min} \leqslant \Delta\theta_{ij} \leqslant \Delta\theta_{ij}^{\max} \tag{5-39}$$

除平衡机外的第 i 台发电机有功功率 P_i 的运行约束为

$$P_i^{\min} \leqslant P_i \leqslant P_i^{\max} \tag{5-40}$$

平衡机有功功率 P_{n+1} 及无功功率 Q_{n+1} 约束分别为

$$P_{n+1}^{\min} \leqslant P_{n+1} \leqslant P_{n+1}^{\max} \tag{5-41}$$

$$Q_{n+1}^{\min} \leqslant Q_{n+1} \leqslant Q_{n+1}^{\max} \tag{5-42}$$

P_{n+1} 和 Q_{n+1} 与平衡节点相连接的支路输出功率和平衡节点的负荷功率有关，需通过潮流计算求得。

对于 LCC 直流输电，点火角过小有很大的不安全性，一般要求点火角大于 5°；若不考虑内电抗的影响，则点火角与整流侧交流母线的功率因数角相等。受无功功率限制，功率因数角不能过大，点火角有相应的上限。

熄弧角必须足够大，以免熄弧时间太少发生换相失败，通常熄弧角控制在 17°～21°。因此点火角 α 和熄弧角 γ 存在以下约束：

$$\alpha^{\min} \leqslant \alpha \leqslant \alpha^{\max} \tag{5-43}$$

$$\gamma^{\min} \leqslant \gamma \leqslant \gamma^{\max} \tag{5-44}$$

LCC 直流输电对交流系统的无功功率支援要求较高，当无功注入不足时，母线电压下降，若电压降低较多而无功补偿速率和容量跟不上会引发电压失稳、换相失败等问题。无功补偿容量一部分由滤波电容提供，整流站的无功补偿容量 Q_{d1} 和逆变站的无功补偿容量 Q_{d2} 分别存在约束：

$$Q_{\mathrm{d1}}^{\min} \leqslant Q_{\mathrm{d1}} \leqslant Q_{\mathrm{d1}}^{\max} \tag{5-45}$$

$$Q_{\mathrm{d2}}^{\min} \leqslant Q_{\mathrm{d2}} \leqslant Q_{\mathrm{d2}}^{\max} \tag{5-46}$$

为保证系统的电压稳定性，一般要求系统运行于高 SCR 的状态（即 SCR 大于 3），当换流母线处短路容量不变时，直流输送功率 P_{d} 不能过大。而因换流站闭锁引起的直流输送功率过小会引发潮流大范围转移导致的功角失稳和频率稳定等问题，因此有：

$$P_{\mathrm{d}}^{\min} \leqslant P_{\mathrm{d}} \leqslant P_{\mathrm{d}}^{\max} \tag{5-47}$$

直流电流 I_{d} 和直流电压 U_{d} 存在运行约束为：

$$I_{\mathrm{d}}^{\min} \leqslant I_{\mathrm{d}} \leqslant I_{\mathrm{d}}^{\max} \tag{5-48}$$

$$U_{\mathrm{d}}^{\min} \leqslant U_{\mathrm{d}} \leqslant U_{\mathrm{d}}^{\max} \tag{5-49}$$

此外，换流变压器的变比 n 存在调整范围的约束，即：

$$n^{\min} \leqslant n \leqslant n^{\max} \tag{5-50}$$

通常当点火角和熄弧角越限数秒后，可用分接头控制将之调回，保证触发角在标称值附近，该变比量为带死区的离散量，为简化分析，本节将其等效为连续量。

以上约束条件建立在LCC直流输电运行在正常工况下，若运行方式为非正常方式和故障方式等，则相应约束条件要作改变，不再详述。

对于VSC直流输电，换流站向交流母线传输的有功功率 P_s 及无功功率 Q_s、换流站直流电压 U_s 和直流电流 I_s 存在如下约束：

$$P_s^{\min} \leqslant P_s \leqslant P_s^{\max} \tag{5-51}$$

$$Q_s^{\min} \leqslant Q_s \leqslant Q_s^{\max} \tag{5-52}$$

$$U_s^{\min} \leqslant U_s \leqslant U_s^{\max} \tag{5-53}$$

$$I_s^{\min} \leqslant I_s \leqslant I_s^{\max} \tag{5-54}$$

对于VSC直流输电，换流器的调制度 M 和移相角 δ 存在如式（5-55）和式（5-56）约束，以保证换流器有合适的运行工况。

$$M^{\min} \leqslant M \leqslant M^{\max} \tag{5-55}$$

$$\delta^{\min} \leqslant \delta \leqslant \delta^{\max} \tag{5-56}$$

交直流混联电网静态安全域 $\boldsymbol{\Omega}$ 可定义为交流系统的各控制量、负荷的有功功率及无功功率、直流系统的各控制量组成的集合，即可表示为：

$$\boldsymbol{\Omega} = \{(\boldsymbol{A}, \boldsymbol{D}) \mid \text{s.t.} \boldsymbol{f}(\boldsymbol{X}) = 0, \boldsymbol{g}(\boldsymbol{X}) \leqslant 0\} \tag{5-57}$$

式中：$\boldsymbol{A}$ 为与交流系统有关的各控制量和扰动量；$\boldsymbol{D}$ 为直流系统的各控制量；$\boldsymbol{X}$ 为全系统的各电气量；$\boldsymbol{f}$ 为交直流潮流方程组；$\boldsymbol{g}$ 为全系统各电气量应满足的运行约束。

由潮流方程可知，静态安全域 $\boldsymbol{\Omega}$ 是一个欧氏空间内由多个高维曲面围成的高维非线性几何体，静态安全域为由有效边界面构成的几何体。

记 d_1 和 d_2 分别为直流系统的控制量和状态量，(P_i, U_i) 为第 i 个发电机的有功出力及端电压幅值励磁设定值，P_j 和 Q_j 为第 j 个负荷的有功功率和无功功率，θ 为节点电压相角。则交直流系统的基本潮流方程可表示为：

$$\begin{cases} d_2 = f_1(U_i, U_j, \boldsymbol{\theta}, d_1) \\ P_i = f_2(U_i, U_j, \boldsymbol{\theta}, d_1, d_2) \\ \quad = f_2[U_i, U_j, \boldsymbol{\theta}, d_1, f_1(U_i, U_j, \boldsymbol{\theta}, d_1)] \\ P_j = f_3(U_i, U_j, \boldsymbol{\theta}, d_1, d_2) \\ \quad = f_3[U_i, U_j, \boldsymbol{\theta}, d_1, f_1(U_i, U_j, \boldsymbol{\theta}, d_1)] \\ Q_j = f_4(U_i, U_j, \boldsymbol{\theta}, d_1, d_2) \\ \quad = f_4[U_i, U_j, \boldsymbol{\theta}, d_1, f_1(U_i, U_j, \boldsymbol{\theta}, d_1)] \end{cases} \tag{5-58}$$

式中：f_1～f_4 为非线性方程组。将 d_2、U_j 和 θ 作为因变量，可将式（5-58）方程组表示为：

$$\begin{cases} d_2 = g_1(P_i, U_i, P_j, Q_j, d_1) \\ U_j = g_2(P_i, U_i, P_j, Q_j, d_1) \\ \theta = g_3(P_i, U_i, P_j, Q_j, d_1) \end{cases} \tag{5-59}$$

式中：$g_1 \sim g_3$为待求方程组。将相角θ转化为支路相角差，并计及d_2、U_j和θ的约束上下限，则式（5-59）中的因变量应满足：

$$\begin{cases} d_2^{\min} \leqslant g_1(P_i,U_i,P_j,Q_j,d_1) \leqslant d_2^{\max} \\ U_j^{\min} \leqslant g_2(P_i,U_i,P_j,Q_j,d_1) \leqslant U_j^{\max} \\ \Delta\theta^{\min} \leqslant A^{\mathrm{T}}\theta = A^{\mathrm{T}} g_3(P_i,U_i,P_j,Q_j,d_1) \leqslant \Delta\theta^{\max} \end{cases} \tag{5-60}$$

再计及系统控制量和平衡节点的约束上下限，则该约束集可转换为式（5-57）中的不等式集$\boldsymbol{g}(\boldsymbol{X}) \leqslant 0$。

将式（5-60）中的不等号转换为等号，则可得到一组高维曲面方程，再计及控制量自身和平衡节点的线性约束对应的线性超平面，则这些边界面构成相应的交直流混联电网静态安全域。

5.2.2 考虑不同控制方式的交直流混联电网全维度静态安全域的刻画方法

本小节采用线性回归拟合方式近似求取边界面表达式。假设系统中的所有 LCC 直流均采用整流侧定直流电流、逆变侧定直流电压的控制方式，拟合表达式为：

$$\begin{aligned} &\sum_{j=1}^{n_1}(\varepsilon_j P_{\mathrm{G}j} + \chi_j U_{\mathrm{G}j}) + \sum_{j=1}^{n_2}(\eta_j P_{\mathrm{L}j} + \xi_j Q_{\mathrm{L}j}) + \\ &\qquad \sum_{j=1}^{n_3}(\lambda_j I_{\mathrm{d}j} + \omega_j U_{\mathrm{inv}j}) + E_i = P_{\mathrm{L}i}^{\max} \end{aligned} \tag{5-61}$$

式中：n_1、n_2和n_3分别为发电机、负荷和直流线路的数量；ε_j、χ_j、η_j、ξ_j、λ_j、ω_j和E_i为待定拟合系数；$P_{\mathrm{G}j}$和$U_{\mathrm{G}j}$分别为发电机功率出力和端电压幅值；$P_{\mathrm{L}j}$和$Q_{\mathrm{L}j}$分别为负荷有功功率和无功功率；$I_{\mathrm{d}j}$和$U_{\mathrm{inv}j}$分别为整流侧电流和逆变侧电压；$P_{\mathrm{L}i}^{\max}$为第i条线路功率传输上限。

对于其他类型的直流控制方式，只需要改变式（5-61）中的直流维度变量，再求取其所对应的系数即可。

线性拟合优度可采用R^2表示。设y_i为拟合方程因变量的实际值，$\hat{y}_i$为拟合得到的因变量实际值，$\overline{y}_i$为拟合得到的因变量平均值。记总离差平方和$TSS = \sum(y_i - \overline{y}_i)^2$，回归平方和$ESS = \sum(\hat{y}_i - \overline{y}_i)^2$，残差平方和$RSS = \sum(y_i - \hat{y}_i)^2$，可将拟合优度$R^2$值表示为：

$$R^2 = \frac{ESS}{TSS} = 1 - \frac{RSS}{TSS} \tag{5-62}$$

在有关电力系统静态安全域的研究中，通常认为系统的无功平衡、网损及电压等级是影响线性拟合精度的重要因素，对于电压等级低、无功潮流重或网损较高的系统，线性拟合法往往很难适用。而本章面向交直流混联电网展开研究，具有较高的电压等级，网损也几乎可以忽略不计。同时考虑到换流站具有较大的无功损耗，为进一步保证线性拟合方法的可行性，系统内换流站皆采取站内自补偿的方式实现无功的就地平衡。

选用改造后 IEEE14 节点交直流混联电网如图 5.9 所示。LCC 直流输电系统和 VSC 直流输电系统的基本运行参数分别见表 5.7 和表 5.8，各运行约束限值见表 5.9，没有标注单位的为标幺值。

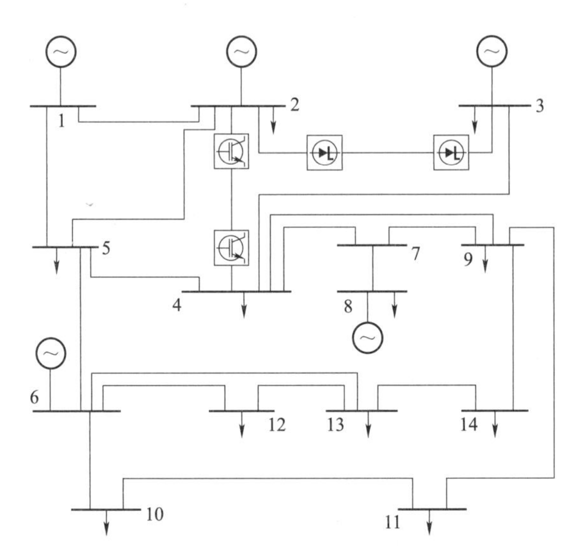

图 5.9　改造后 IEEE14 节点交直流混联电网

表 5.7　　LCC 直流输电系统的基本运行参数

直流电压	200kV	换相电抗	0.067H
直流电流	350A	直流电阻	28.54Ω
点火角	21.79°	滤波电容容量	50Mvar
熄弧角	23.61°	两端换流变压器变比	138kV:166kV

表 5.8　　VSC 直流输电系统的基本运行参数

直流电压	200kV	直流电阻	37.46Ω
直流电流	266.7A	整流侧调制度	1.097
整流侧无功功率	－15.7Mvar	整流侧移相角	1.561 6°
逆变侧无功功率	13.7Mvar	逆变侧调制度	0.997
换相电抗	11.42H	逆变侧移相角	1.594 7°

表 5.9　　各运行约束限值

电气量	上限	下限
母线电压	1.15	0.95
线路相角差	20°	－20°
平衡机有功出力	5	0
平衡机无功出力	2.5	－2.5
LCC 直流电压	1.8	1.2
LCC 直流电流	0.6	0.1
点火角	50°	5°
熄弧角	35°	15°

续表

电气量	上限	下限
LCC 换流站无功补偿容量	0.8	0
VSC 直流电压	1.6	1.0
VSC 直流电流	0.6	0.1
移相角	3°	0°
调制度	1.4	0
VSC 换流站无功设定值	1	−1
VSC 换流站有功设定值	1.1	0

完成 71 个有效边界面方程的拟合求解。特别的是，发电机端电压励磁限值、平衡机有功无功限值、直流电流限值和熄弧角限值所对应的边界面方程系数可直接得到，无需拟合求解。

拟合优度修正值越接近于 1，说明拟合效果越好。由图 5.10 可知，线性多元回归结果的拟合优度修正值均在 0.96 以上，说明交直流混联电网静态安全域的边界面近似呈线性，且各类运行约束所对应的有效边界面的拟合优度无明显差别。

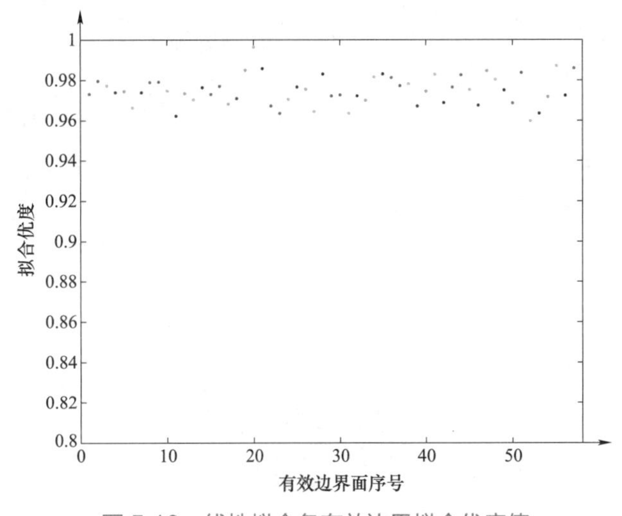

图 5.10　线性拟合各有效边界拟合优度值

5.2.3　交直流混联电网静态安全域低维度重点变量安全断面（剖面）的刻画方法

前文的静态安全域的求解均为在高维空间内提取安全信息，为了得到可视化图形，需要降维处理。本小节在二维断面上（三维断面类似，不再阐述），给出静态安全域边界的精确描绘方法。断面刻画的可视性较强，方便于调度人员的安全控制，但是其耗时较长，无法给出更高维空间的安全信息反馈。二维断面上的静态安全域边界的描绘可转换为非线性优化问题。以二维断面选取 LCC 直流电流和熄弧角为例。在优化求解中，约束条件依然为潮流等式约束、设备限值不等式约束，直流电流控制量按给定步长在一定区间内逐步增大，目标函数为熄弧角的最大值和最小值。最后将各直流电流及其所对应的熄弧角最大值和最小值构成的坐标逐点相连即构成静态安全域的边界。即求解式（5-63）的优化问题。

$$
\begin{aligned}
&\text{目标：}\quad \begin{array}{l} h_1 = \min \gamma \\ h_2 = \max \gamma \end{array} \\
&\text{s.t.}\quad \begin{cases} f(X)=0 \\ g(X)\leqslant 0 \\ (A,D)=(A_0,D_0) & (I_{\mathrm{d}},\gamma)\notin D \\ I_{\mathrm{d}} = I_{\mathrm{dmin}} + \Delta I_{\mathrm{d}} \times k & k=0,1,2,\cdots \end{cases}
\end{aligned}
\tag{5-63}
$$

式中：h_1 和 h_2 为目标函数；A 和 D 分别为静态安全域维度中各交流电气量及直流控制量，但 D 不包括所选取的断面维度变量（即直流电流 I_{d} 和熄弧角 γ 这两个控制量）；A_0 和 D_0 分别为静态安全域维度中各交流电气量和直流控制量的设定值，即将静态安全域降维处理；I_{dmin} 为二维断面横坐标对应的直流电流左边界；ΔI_{d} 为步长；（I_{d}，h_1）和（I_{d}，h_2）为所求的边界点。

在左边界和右边界附近，可减小步长，提高图形精度。通过后文算例可知由于边界线有较好的线性特性，在其余处可适当增大步长，提高计算速度。

算例同前文，以断面 1（母线 5 负荷有功功率和无功功率断面）和断面 2（VSC 直流整流站的有功功率和无功功率设定值断面）为例，完成静态安全域的断面描绘，结果如图 5.11 所示，红点为当前运行点。

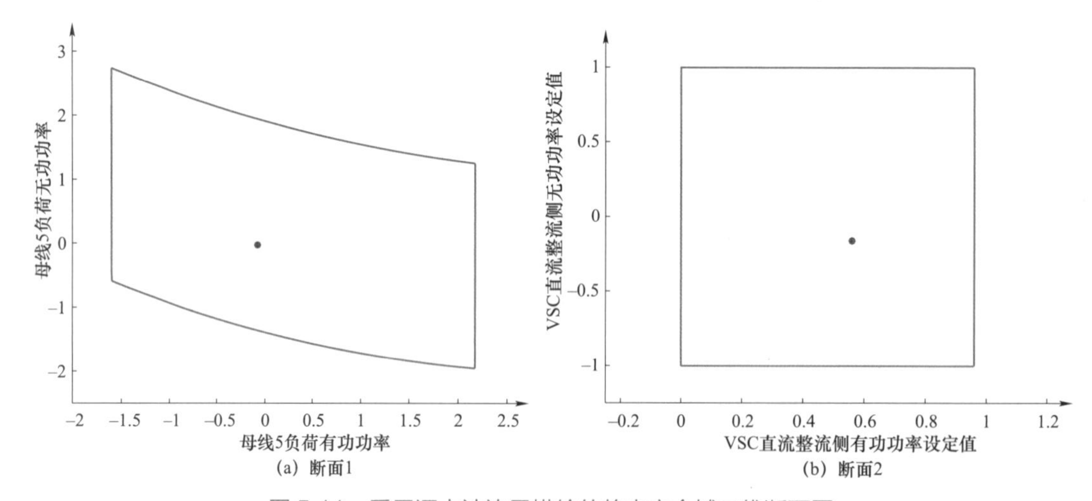

图 5.11　采用逐点法边界描绘的静态安全域二维断面图

在求得所需要的静态安全域二维断面后，需要得知边界线所对应的运行约束，从而判断当前运行点可能存在的越限风险（即何种运行约束会对系统安全性构成较大威胁）；或者改善相应的设备限值，提高运行裕度；或者调节系统控制量，平移断面，直至边界线所对应的运行约束发生改变，从而避开难改善的运行约束。

5.2.4 含可控串联电容换流器的交直流混联电网静态安全域刻画方法

以下分析将以可控串联电容换流器为例，以可视化的静态安全域断面切入，通过判断静态安全域边界与当前运行点的位置关系，定性判断需要采取的协调控制措施，使CSCC直流系统运行时能尽可能降低对交流系统的无功需求、降低换相失败的发生概率、降低阀电压的应力、降低可控电容和换流阀的投资成本、提高各运行约束的安全裕度等。由于这些需求往往是彼此矛盾的，因此需要调度人员或设计人员通过定性判断找到一个“折中”的运行点以完成协调控制。

可控串联电容换流站简化模型示意图如图5.12所示。其在传统LCC直流输电的拓扑结构基础上，在换流变压器和阀组之间串联可控电容。图5.12中：L为换相电抗；C_f为滤波电容；U为交流母线电压；Z为交流系统戴维南等值电路的阻抗。

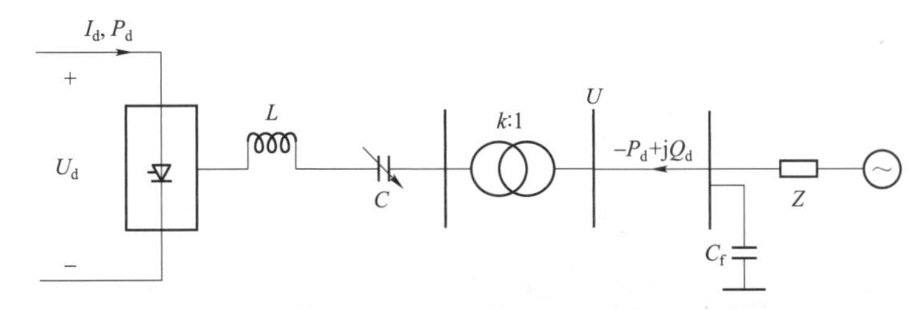

图5.12 可控串联电容换流站简化模型示意图

图5.12中可控电容模块单相电路结构图如图5.13所示。图5.13中：C为电容；L为电感；VT1和VT2为晶闸管，实际工程中可将该模块通过串联增大容量。可控电容可通过对晶闸管的控制独立调节其等效阻抗，本书将其作为静态安全域空间中的一个维度变量。

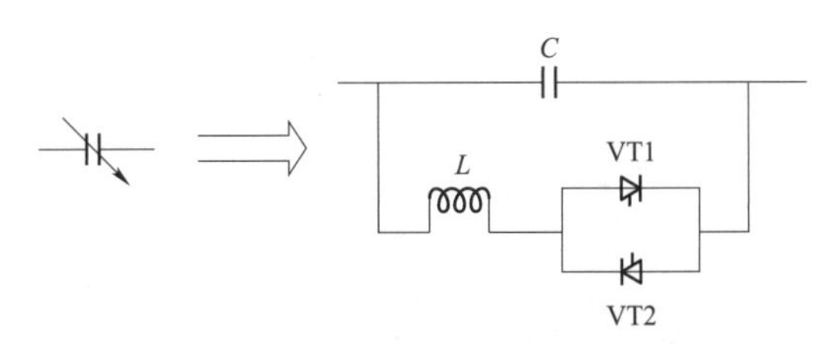

图5.13 可控电容模块单相电路结构图

CSCC直流系统的准稳态模型由式（5-64）～式（5-74）构成：

$$A+\frac{kU\cos\alpha}{\sqrt{2}(K^2-1)X_L}+\frac{I_d}{2}=0 \tag{5-64}$$

$$A\cos(K\mu)+B\sin(K\mu)+\frac{kU\cos(\alpha+\mu)}{\sqrt{2}(K^2-1)X_L}=\frac{I_d}{2} \tag{5-65}$$

$$B=\frac{1}{2KX_L}\left(\frac{2\pi I_d X_C}{3}-\Delta U_1\right)+\frac{kUK\sin(\alpha)}{\sqrt{2}(K^2-1)X_L} \tag{5-66}$$

$$-A\sin(K\mu)+B\cos(K\mu)-\frac{kUK\sin(\alpha+\mu)}{\sqrt{2}(K^2-1)X_L}-\frac{1}{2KX_L}\left(\frac{2\pi I_d X_C}{3}-\Delta U_2\right)=0 \tag{5-67}$$

$$\Delta U_1+\Delta U_2=\mu I_d X_C \tag{5-68}$$

$$U_d=-\frac{3\sqrt{2}}{\pi}kU\frac{\cos\alpha+\cos(\alpha+\mu)}{2}-\left(1-\frac{3\mu}{4\pi}\right)(\Delta U_1-\Delta U_2) \tag{5-69}$$

$$\alpha+\mu+\gamma_{app}=\pi \tag{5-70}$$

$$\sqrt{2}kU\sin(\alpha+\mu+\gamma_{real})+I_d X_C\left(\frac{2\pi}{3}-\gamma_{real}\right)-\Delta U_2=0 \tag{5-71}$$

$$P_d=U_d I_d \tag{5-72}$$

$$\cos\varphi+\frac{\cos\alpha+\cos(\alpha+\mu)}{2}=0 \tag{5-73}$$

$$K=\frac{X_C}{X_L}=\frac{1}{\omega^2 LC}=\frac{\omega_0^2}{\omega^2} \tag{5-74}$$

式中：U 为交流母线线电压平均值；k 为换流变压器变比；α 为触发角；μ 为换相角；X_L 和 X_C 分别为换相电抗和串联电容的阻抗值；I_d、U_d 和 P_d 分别为直流电流、直流电压和直流输送功率；ΔU_1 和 ΔU_2 分别为换相过程中退出导通相和投入导通相相串联的电容上的电压变化量（达到稳态时为恒定值）；γ_{app} 和 γ_{real} 分别为视在熄弧角和实际熄弧角；φ 为交流母线处功率因数角；K 为串联电容补偿度；ω 为谐振角频率；$\omega_0=1/\sqrt{LC}$ 为基波角频率；C 和 L 分别为可控电容和换相电感；A 和 B 为中间变量。

串联电容使得阀电压峰值增大，通常要求换流阀承受的最大电压不超过 LCC 直流系统中最大阀电压的 1.1 倍，并尽可能降低换流阀的投资成本，故阀电压峰值须满足相关限制。

$$\sqrt{2}kU\sin\left(\frac{\pi}{3}+\gamma_{app}\right)+\frac{\pi I_d X_C}{3}+\Delta U_2\leqslant U_{Vmax} \tag{5-75}$$

$$\sqrt{2}kU\sin\left(\frac{\pi}{3}+\gamma_{app}+\mu\right)+\frac{\pi I_d X_C}{3}-2\Delta U_1\leqslant U_{Vmax} \tag{5-76}$$

式中：U_{Vmax} 为允许的最大阀电压峰值。

5.2.5 交直流混联电网解耦安全域的刻画方法

在多馈入交直流混联电网受到大的扰动需要直流子系统紧急功率控制的时候，控制策略的提出往往是限制直流子系统快速响应的主要因素。例如在多馈入交直流混联电网中，如果需要提高直流子系统 i 与直流子系统 j 输送的总功率，目前的逐点法是一种基于多约束的非线性规划问题，往往计算量大，计算时间长，难以快速制订相应控制策略。

即使对于双馈入交直流混联电网，提取直流子系统的功率 P_{di} 与 P_{dj} 为两个关键控制变量，基于前文相关理论刻画出直流功率 P_{di} 与 P_{dj} 在二维空间中的静态安全域断面。图 5.14 中黑色曲线所示的非规则几何体，在静态安全域断面内调节 P_{di} 和 P_{dj} 的大小时，虽然能够直观地看出当前运行点与断面边界线的相对位置关系，但依旧需要考虑彼此之间的耦合关系。当前运行点 $\mathrm{A}(P_{di,0}, P_{dj,0})$，需要调整 HVDC_i 和 HVDC_j 输送的总功率为 $P_{obj} = P_{di} + P_{dj} =$ 常数（图 5.14 中绿色直线所示的位置），如在调整运行点的过程中不考虑 P_{di} 和 P_{dj} 的耦合关系，例如按照虚线只调节 P_{dj} 或 P_{di} 对功率进行快速调节，运行点均迁移至静态安全域断面外，使系统处于一种不安全的运行状态。如果协同调整 P_{di} 和 P_{dj} 的大小，使调整后的运行点位于线段 BC 上，其实质又转变为求解多约束的非线性规划问题。

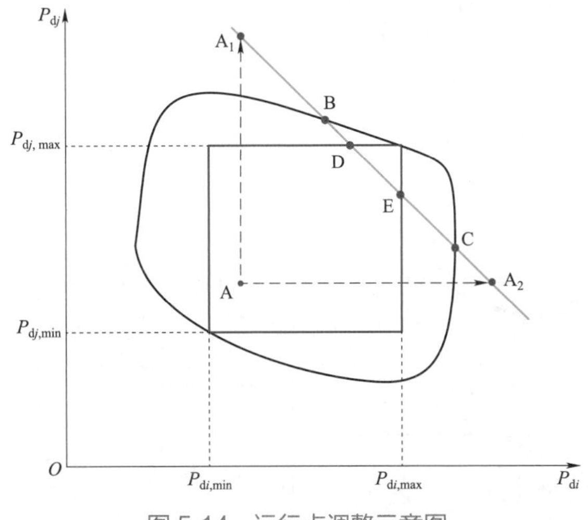

图 5.14　运行点调整示意图

如果在图 5.14 中的非规则几何体内寻找一个边分别平行于坐标轴的矩形。基于矩形求解新的运行点，虽然解的数量降低（由线段 BC 的长度转化为线段 DE 的长度），具有一定的保守性，但是可将复杂的多约束非线性化规划问题转化为如式（5-77）所示的两约束线性规划问题，从而提高计算速度，降低规划时间。同时，在矩形内可以实现两个电气量 P_{di} 和 P_{dj} 之间的解耦控制。

$$
\begin{aligned}
&\text{目标：} P_{obj} = P_{di} + P_{dj} \\
&\text{s.t.} \quad \begin{cases} P_{di,\min} \leqslant P_{di} \leqslant P_{di,\max} \\ P_{dj,\min} \leqslant P_{dj} \leqslant P_{dj,\max} \end{cases}
\end{aligned}
\tag{5-77}
$$

基于上述分析，定义在静态安全域断面内，各边分别平行于坐标轴的内接矩形为解耦安全域。因此解耦安全域是静态安全域断面的子集。同时由于静态安全域断面与多馈入交直流混联电网的运行状态无关，当系统的网络拓扑和约束条件确定时，静态安全域断面便是唯一确定的，进而可以依据不同的求解目标，例如使解耦安全域内运行点的数量最多，便可唯一地确定解耦安全域。

在对直流子系统的功率进行调制的时候，往往会重点关注直流子系统的输电能力，即直流子系统总功率的最大和最小值，其次会关注安全运行点的数量。因此在确定解耦安全域时，首先应使解耦安全域包含总功率的最大和最小值，其次应使解耦安全域内运行点的数量最多，而运行点的数量可由解耦安全域的面积来表征。因此在静态安全域断面内确定解耦安全域的流程如图 5.15 所示。

针对图 5.15 流程图使用枚举法实现“在静态安全域断面 Ω_0 内搜寻包含点 A 且面积最大的内接矩形”。具体的实现方法：假设二维空间中的静态安全域断面如图 5.16 中黑色闭合曲线所示，在点 A $(P_{d1,A},P_{d2,A})$ 处的传输总功率 $P_{d1}+P_{d2}$ 的值最大，则在点 A 处必有 $dP_{d2,A}/dP_{d1,A}\leqslant 0$，因此含点 A 且面积最大的解耦安全域的上边界必将由点 A 开始，并以平行于 P_{d1} 的方向向左延伸。

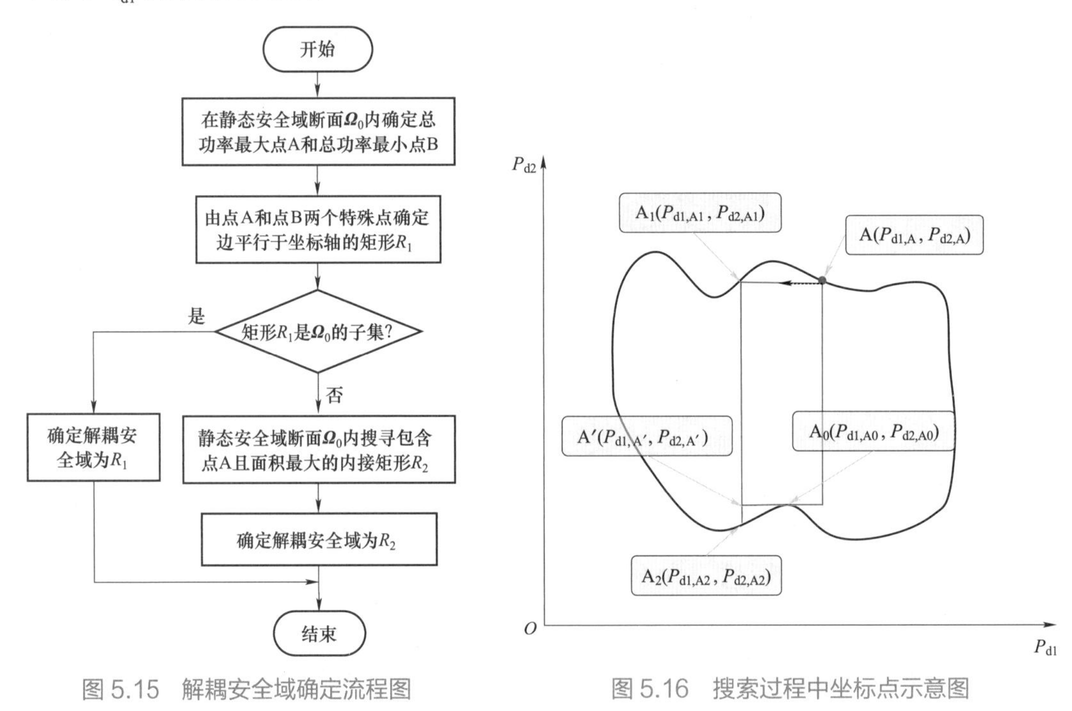

图 5.15 解耦安全域确定流程图

图 5.16 搜索过程中坐标点示意图

若 $A_1(P_{d1,A1},P_{d2,A1})$ 向左搜索，当遇到静态安全域断面的左边界（$P_{d1}=P_{d1,min}$）或者上边界纵坐标的值小于点 $A(P_{d1,A},P_{d2,A})$ 的纵坐标时，则停止搜索过程。每一次搜索均计算当前矩形的面积 S_0，并与当前保存的最大面积 S_{max} 相比较，其搜寻流程图如图 5.17 所示。

5.2.6 交直流混联电网静态安全域的演化特征及影响分析

由于断面刻画方法具有直观可视性较强、精度较高、断面维度选取在分析中重点突出等特点，故本小节将研究各类控制措施对静态安全域断面（为表述方便，小节下文中均用静态安全域简称）的演化特征及影响，最后根据分析结果完成直流输电对静态安全域边界演变的影响规律的归纳总结。

分析 LCC 型直流不同控制方式对静态安全域的演化特征及影响。本节中直流输电对静态安全域的影响分析均以左区输电能力（发电机 1 和 2 的有功出力范围）为例。具有并行直流和交流联络线的两区域系统如图 5.18 所示，LCC 直流系统运行参数见表 5.10，交流系统和 LCC 直流系统各运行约束上下限值见表 5.11，表中未注明单位的电气量均为标幺值。

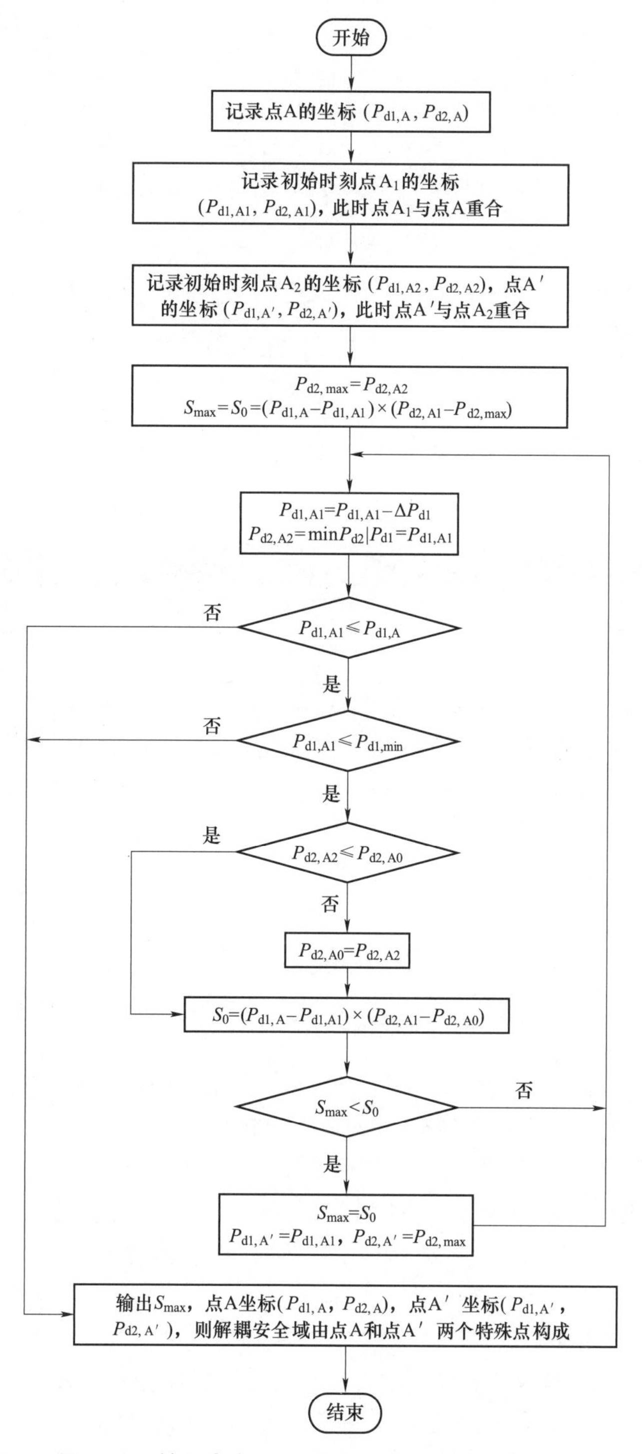

图 5.17　搜寻含点 A 且面积最大解耦安全域流程图

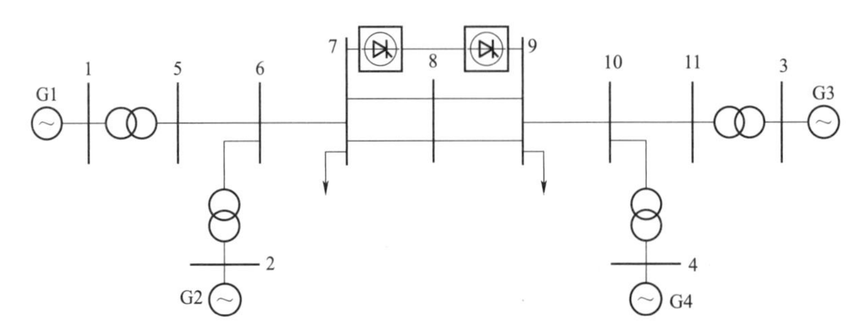

图 5.18　具有并行直流和交流联络线的两区域系统

表 5.10　　LCC 直流系统运行参数

直流电压	400kV	换相电抗	0.067H
直流电流	500A	直流电阻	40.05Ω
点火角	21.36°	滤波电容容量	125Mvar
熄弧角	28.93°	两端换流变压器变比	230kV:345kV

表 5.11　　交流系统和 LCC 直流系统各运行约束上下限值

电气量	上限	下限
节点电压	1.1	0.9
平衡机有功出力	20	0
平衡机无功出力	10	−10
线路相角差	20°	−20°
LCC 直流电压	2.5	1.2
LCC 直流电流	1.8	0.2
点火角	50°	5°
熄弧角	35°	15°
无功补偿容量	2	0

5.2.6.1　LCC 直流输电不同控制方式对静态安全域的演化特征及影响

1. LCC 直流输电的引入对静态安全域的影响

当联络线分别采用纯交流、交直流并行和纯直流时，发电机 1 和 2 的有功出力静态安全域刻画结果如图 5.19 所示。图中：横轴为发电机 1 的有功出力（P_{G1}）；纵轴为发电机 2 的有功出力（P_{G2}）。5.2.6 小节中横轴和纵轴的数值均为标幺值（基准容量 100MVA）。

可以看出，当联络线只采用 LCC 直流输电时，发电机 1 和 2 的有功出力调整范围最小，采用交直流并行时有最大的可调范围，两区域之间能输送更多的功率。LCC 直流输电引入后，交直流混联电网的静态安全域相较于纯交流系统的静态安全域向右上方移动，总面积略有扩大。

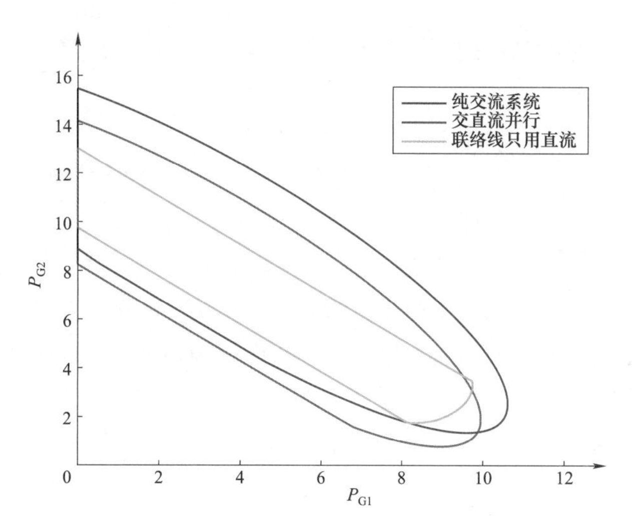

图 5.19 纯交流系统和交直流混联电网静态安全域比较

采用二维断面有效边界的筛查方法可以找出，制约联络线为纯直流系统输送能力上限的运行约束为直流电流上限和点火角下限，为了提高功率输送能力应提高直流线路的通流能力；制约其下限的运行约束为直流电流下限和无功补偿容量下限。

制约交直流并行系统输送能力上限的运行约束为平衡机的无功出力上限，而制约输送能力下限的运行约束为线路 11－10 的相角差上限（当 P_{G1} 较小时）和平衡机无功出力上限（当 P_{G2} 较大时），所以应提高线路 11－10 的通流能力、架设多回线路、增加平衡机无功出力上限或增加无功补偿容量来使发电机 1 和 2 有更大的可调范围。

2. LCC 直流输电不同控制方式对静态安全域的影响

在交直流并联运行系统中，对 LCC 直流输电在正常运行下的基本控制方式进行比较。整流站可采用定电流控制或定功率控制，逆变站可采用定直流电压控制或定熄弧角控制，共 4 种组合方式。

由图 5.20 可以看出，LCC 直流输电的不同基本控制方式对静态安全域的影响可以忽略不计。不同的基本控制方式相当于给定了大致相同的直流电压和直流输送功率，若其

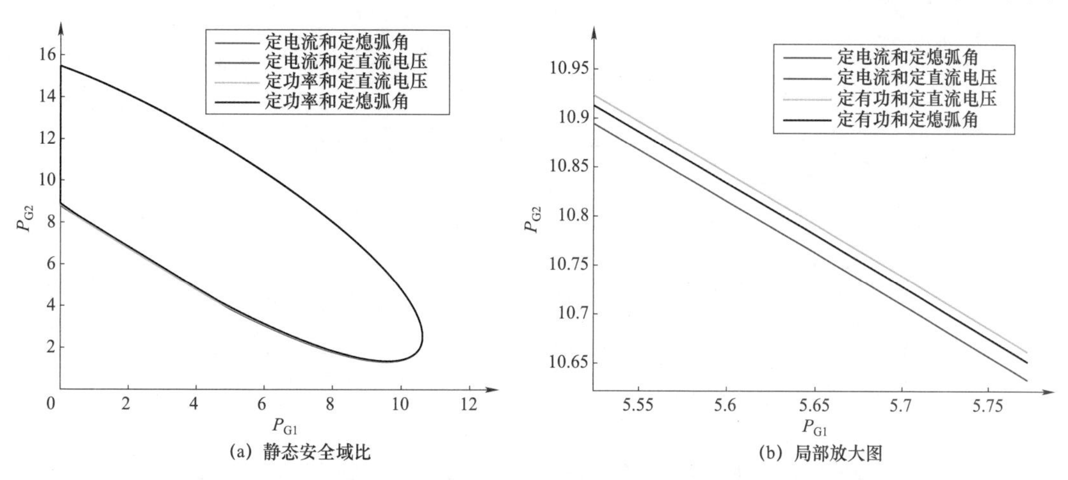

图 5.20 采用不同的基本控制方式时静态安全域比较及其局部放大图

余直流电量具有较大的可调范围，不参与构成静态安全域的有效边界，其对原交流系统静态安全域的影响基本一致。

3. LCC 直流输电不同运行方式对静态安全域的影响

LCC 直流输电可以采用单极运行或双极运行、双极对称运行或不对称运行、大地回线或金属回线运行、功率正送或反送、全压运行或降压运行等。直流输电系统的运行方式即为它们的组合。本小节将完成 LCC 直流输电的不同运行方式分析，VSC 直流输电类似，不再详述。其中大地回线或金属回线运行主要对线路电阻和环境起作用，本小节不再分析；功率正送或反送可参见 5.2.6 节的断面平移分析。当系统运行出现不正常工况时，直流系统的控制方式将发生切换，本小节也将其作为不同运行方式纳入分析（只分析其中一种运行方式的切换，其余情况的分析类似，不再详述）。

首先分析系统在不正常情况下运行方式的切换对静态安全域的影响。当整流侧交流电压较低或逆变侧交流电压过高时，为了避免点火角过小的不安全性，此时整流换流站将采取定点火角（5°）控制，逆变换流站将采取定直流电流（比整流侧原值小 10%）控制，记该运行方式为运行方式二，之前正常情况下为运行方式一。当检测到点火角降到最小点火角限值时，系统将由运行方式一切换到运行方式二，静态安全域也随之改变。两种运行方式的静态安全域比较如图 5.21 所示。

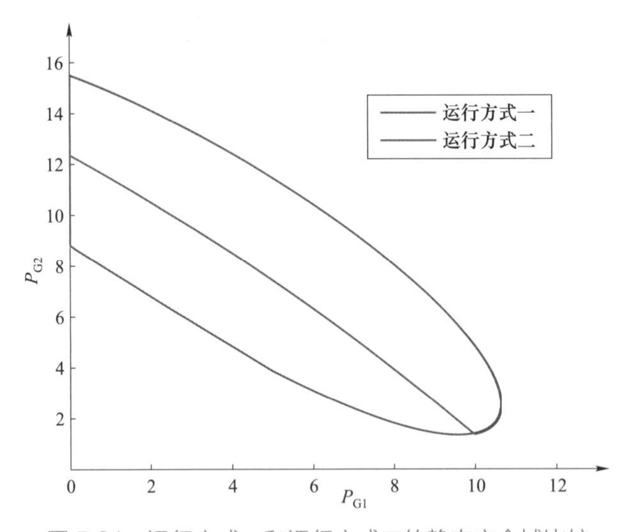

图 5.21　运行方式一和运行方式二的静态安全域比较

由图 5.21 可见，两者上边界重合，运行方式二下系统的静态安全域大大减小，其下边界所对应的运行约束转换为熄弧角下限，从而保证与点火角相配合维持足够高的直流电压。若运行方式为其他非正常方式和故障方式，潮流方程将发生改变。

直流输电的运行特性与阀桥的数目紧密相关。当为单极双桥直流时，直流电压为单极单桥时的两倍，交流电流为原来的两倍，容量为原来的两倍。当为双极双桥时可类似等效。

设直流电流限值保持不变，单桥和双桥的直流电压上限分别设为 400kV 和 800kV。

联络线只采用直流线路时单极单桥、单极双桥和双极双桥（对称运行）的静态安全域如图 5.22 所示。

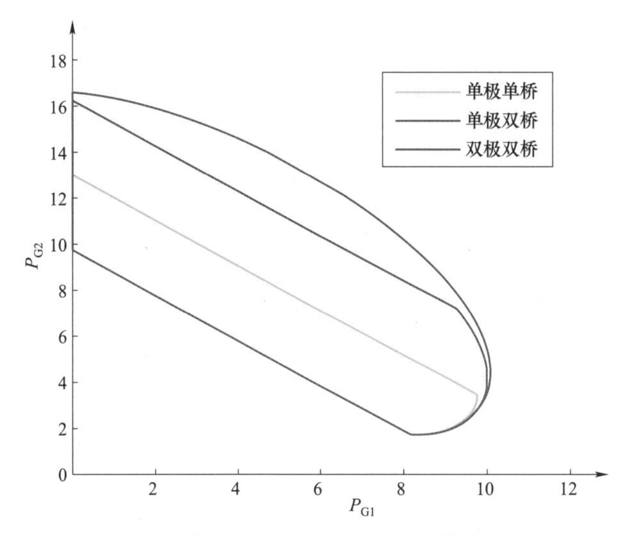

图 5.22 直流输电在不同运行方式下的静态安全域比较

随着阀桥的增多，直流电压增加，系统输送的功率也随之增加，但受交直流系统其他电气量约束的影响，上边界并未平行上移，而是呈现一定弧度。

当直流输送功率为 200MW 保持不变时，分别采用单极和双极对称（每极承担 100MW，直流电压不变）运行时系统的静态安全域如图 5.23 所示。

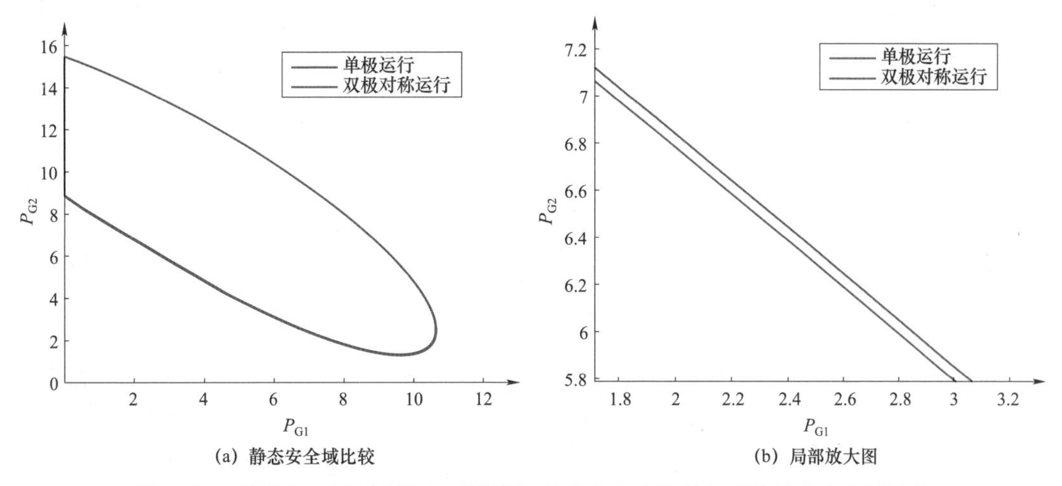

图 5.23 单极和双极对称运行时输送相同功率交直流并行系统静态安全域比较

可以看出，输送相同功率时采用单极直流或双极直流时对静态安全域的影响很小。这是由于交直流并行输电的静态安全域有效边界不包括直流电流约束，影响两者差异的主要因素来源于换流站交流侧电流的大小。

若不限制直流输送功率，在联络线为纯直流系统中，由于其静态安全域上边界对应的运行约束为直流电流上限，故双极直流能比单极直流传输更多的功率。

图 5.24 为联络线只采用 LCC 直流输电时单极运行和双极运行的静态安全域比较。

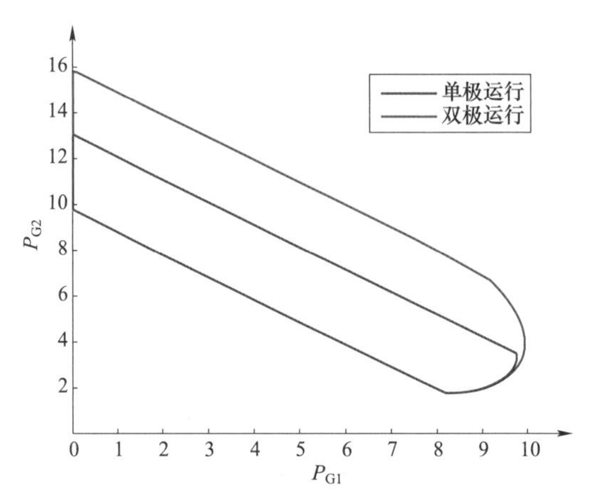

图 5.24 单极运行和双极运行时静态安全域比较

对于双极直流输电，两极可采用对称运行或不对称运行。在交直流并行系统中，设直流输送总功率一致，均为 200MW。双极分别采用对称和不对称运行（两极输送功率分别为 150MW 和 50MW）时，系统的静态安全域及其局部放大图如图 5.25 所示。

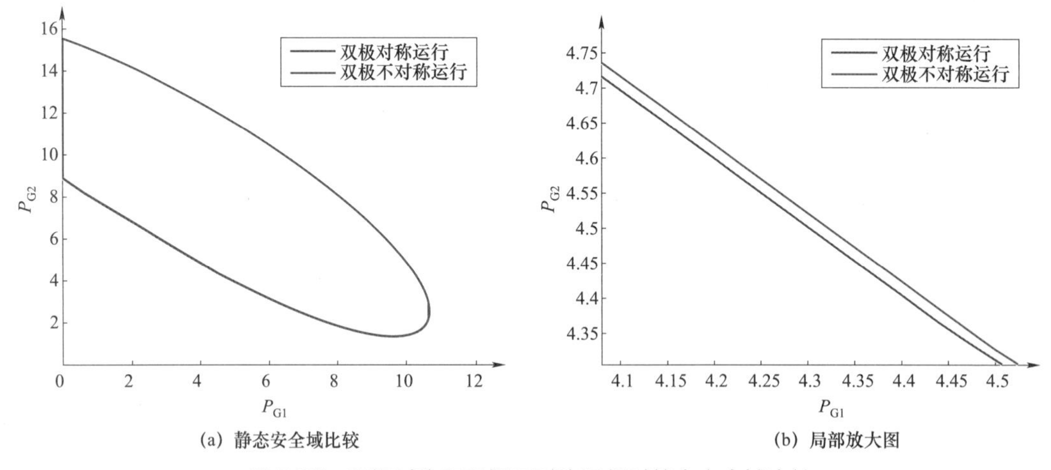

图 5.25 双极对称和双极不对称运行时静态安全域比较

可以看出，同样由于交直流并行输电的静态安全域有效边界所对应的运行约束不包括直流电流约束，故双极对称运行或双极不对称运行时对静态安全域的影响很小。

在联络线只用 LCC 直流输电的系统中，直流系统分别采用全压运行和降压运行（70%直流电压）时系统静态安全域的刻画结果如图 5.26 所示。

降压运行时静态安全域的面积有显著减少，经筛查，此时静态安全域上边界所对应的运行约束已切换为直流电流上限和母线 3 电压下限，下边界所对应的运行约束已切换为熄弧角上限和点火角上限。这是由于为了维持较低的直流电压，换流母线电压降低，同时点火角和熄弧角需运行在较高值上。因此，为了提高降压运行时系统的运行范围，需要增加两端换流站的无功补偿容量。

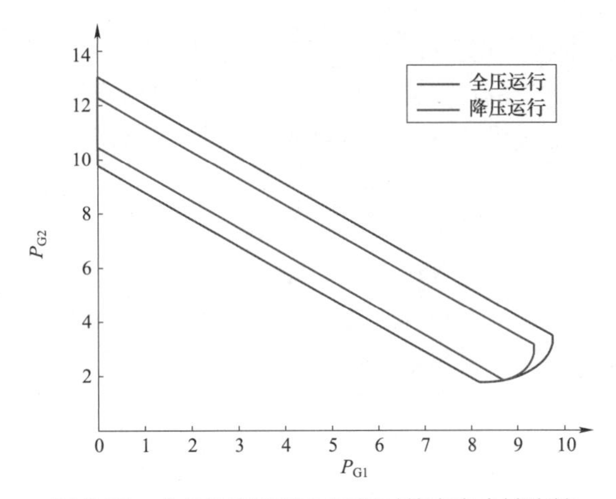

图 5.26 全压运行和降压运行时静态安全域比较

4. LCC 直流输电参与运行控制时静态安全域边界的演化

当 LCC 直流输电参与交直流混联电网的运行控制（本节指调整系统的潮流分布）时，直流输送功率的调整会对静态安全域边界产生影响。在交直流并行系统中，逆变站采用定熄弧角控制，整流站采用定功率控制，直流功率给定值分别为 100、150、200、250MW 和 300MW 时系统的静态安全域如图 5.27（a）所示。

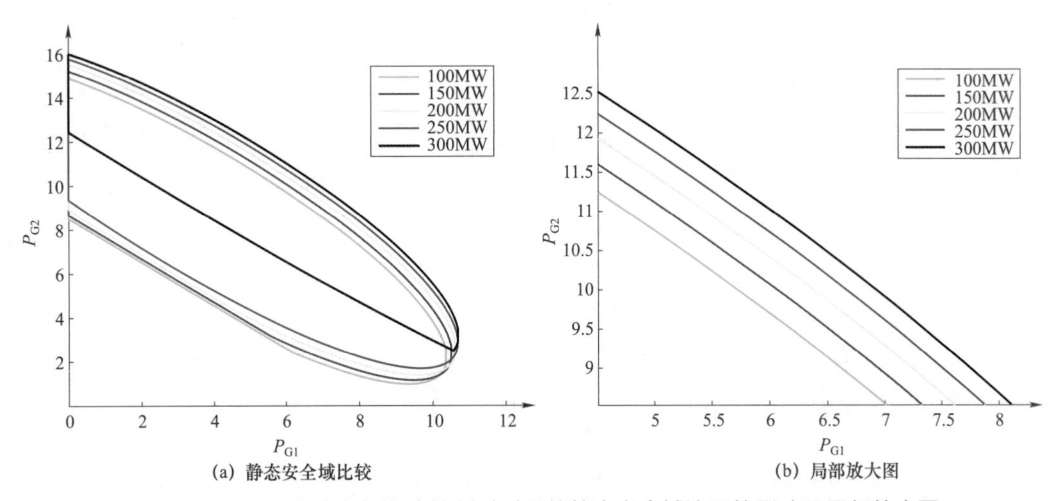

图 5.27 LCC 直流参与潮流控制时对系统静态安全域边界的影响及局部放大图

随着直流输送功率给定值的增大，静态安全域的上边界逐渐上移，该边界对应的运行约束为平衡机无功出力上限。当直流输送功率较小时，下边界对应的运行约束为线路 11－10 的相角差上限，增加直流输送功率会增大该线路的负担。当直流输送功率由 250MW 变为 300MW 时，下边界大幅上移，此时随着运行点在空间内的移动，下边界对应的运行约束已切换为直流电流上限，因为当熄弧角不变时，单纯增加功率的输送已不再满足直流电流约束。故若 LCC 直流输电参与潮流控制，当其输送的功率增加到一定值时，为了保证静态安全域的范围足够大，则交直流系统的各控制量应提前协调控制。

5.2.6.2 VSC 直流输电不同控制方式对静态安全域的演化特征及影响

将 LCC 直流改为 VSC 直流输电线路，设交直流并行时直流输送功率为 200MW，直流电压为 400kV。整流站采用定有功功率和定无功功率控制，逆变站采用定直流电压和定无功功率控制。

1. VSC 直流输电的引入对静态安全域的影响

联络线分别采用纯交流、交直流并行（直流传输功率一定）和纯直流系统静态安全域比较如图 5.28 所示。为了方便比较，图 5.28 中黑线为联络线只采用 LCC 直流输电的静态安全域，绿线和黑线下边界基本重合。

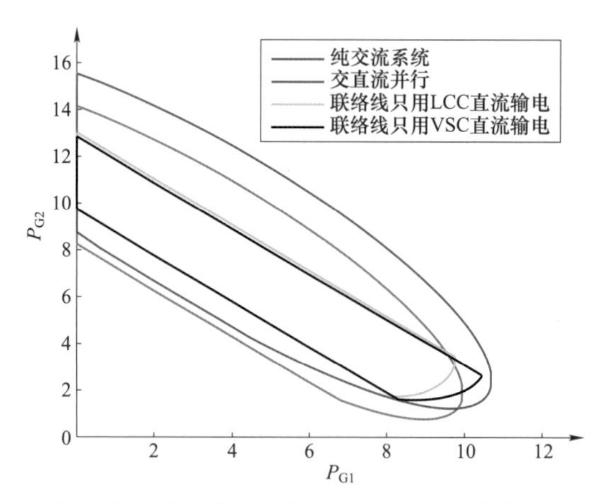

图 5.28 纯交流系统、交直流并行和纯直流系统静态安全域比较

与 LCC 直流输电类似，联络线只采用 VSC 直流输电时，区域间的功率传输可控范围最小，而采用交直流并行时有最大的可控范围，两区域之间能输送更多的功率。VSC 直流输电引入后，交直流混联电网的静态安全域相较于纯交流系统的静态安全域向右上方移动，总面积略有扩大。LCC 直流和 VSC 直流的静态安全域下边界基本重合，上边界较接近，但 LCC 直流的静态安全域总面积稍大。

通过二维断面边界的筛查可以找出，制约联络线为 VSC 直流系统的区域间功率输送能力上限的运行约束为直流电流上限、直流电压上限和整流站无功功率控制上限，为了提高功率输送能力应提高直流线路通流能力、器件耐压水平、改良换流器结构和增加换流站的控制参数上限等。制约功率输送能力下限的运行约束为直流电流下限、移相角下限和换流站有功功率控制下限。

2. VSC 直流输电参与运行控制时静态安全域边界的演化

在交直流并行系统中，换流站参与交直流混联电网的潮流控制，整流站定功率控制的功率设定值分别为 100、150、200MW 和 250MW，而其余控制量保持不变时，系统的静态安全域及局部放大图如图 5.29 所示。

由图 5.29 可以看出，与 LCC 直流类似，随着直流输送功率设定值的增大，平衡机无功出力上限对应的静态安全域上边界逐渐上移，同时线路 11－10 的相角差上限和平衡机无功出力上限所对应的静态安全域下边界也逐渐上移。

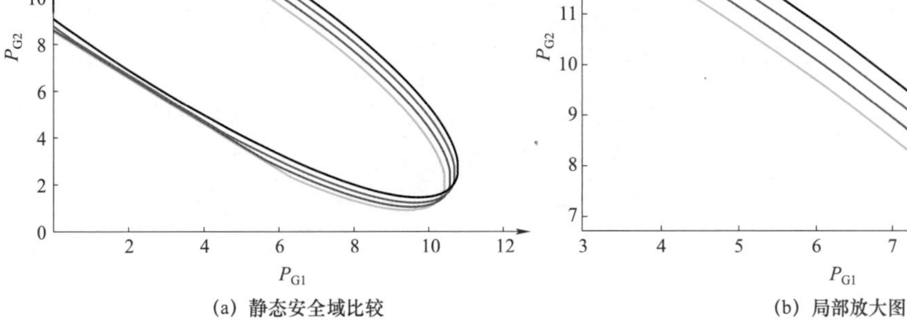

(a) 静态安全域比较

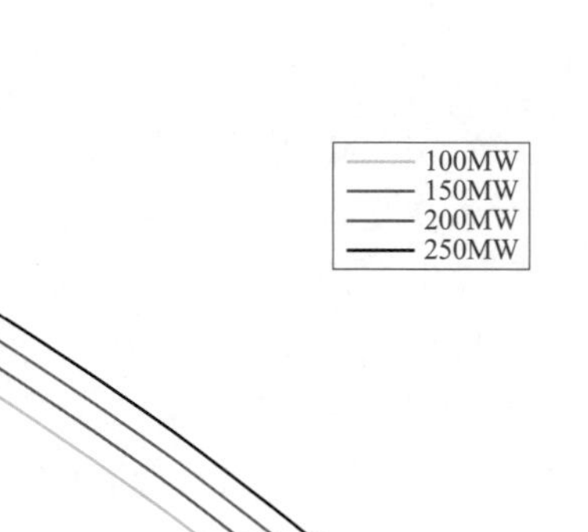

(b) 局部放大图

图 5.29 VSC 直流输电参与潮流控制时对系统静态安全域边界的影响及局部放大图

但当直流输送功率超过 263MW 时，静态安全域断面开始缩小并迅速消失。经检验此时运行点不再满足平衡机无功出力上限约束，从几何学上解释，即该运行约束所对应的高维边界面与包括直流有功控制量在内的三维断面静态安全域相交的切平面与直流功率给定值为 263MW 的超平面近似平行。故直流参与运行控制时，为了避免静态安全域断面的迅速缩小，应提前进行断面刻画与分析，同时交直流系统的各控制量应协调配合。特别的，在负荷或间歇性能源的波动性和随机性较大的场景下，将直流功率改为相关扰动量，同理完成静态安全域断面的演化分析，对系统的运行做好最坏的准备。

3. VSC 和 LCC 直流输电的同时引入对静态安全域的影响

在母线 7 和 9 之间同时并联 VSC 和 LCC 直流输电，不架设交流联络线，参数保持不变。图 5.30 为 VSC 和 LCC 直流输电并联运行与纯交流、只用 LCC 直流输电和只用 VSC 直流输电的系统静态安全域比较。

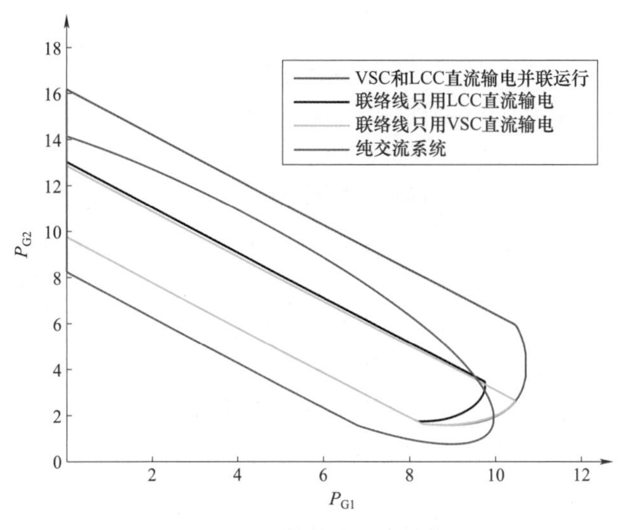

图 5.30 系统静态安全域比较

由图 5.30 可以看出，在当前直流系统运行约束设置下，联络线采用 LCC 和 VSC 直流输电并联运行的静态安全域的面积比单独采用其中一种直流输电的要大。VSC 和 LCC 直流输电同时引入后，交直流混联电网的静态安全域相较于纯交流系统的静态安全域向右上方移动，总面积略有扩大。交直流混联电网的静态安全域上边界对应的运行约束包括 LCC 直流的触发角下限、直流电流上限，VSC 直流输电的整流侧直流电压上限、直流电流上限和整流侧无功功率控制量下限。其下边界对应的运行约束包括 LCC 直流输电的直流电流和无功补偿容量下限，VSC 直流输电的移相角、直流电流、有功功率下限。静态安全域断面均经过这些约束所对应边界面的“相交线”。

为了分析 LCC－VSC 混联直流系统在潮流运行控制中存在的“短板环节”，将并联的 VSC 和 LCC 直流输电中的一个直流系统单独参与电网的潮流运行控制，此时系统的静态安全域边界演变过程如图 5.31 所示。

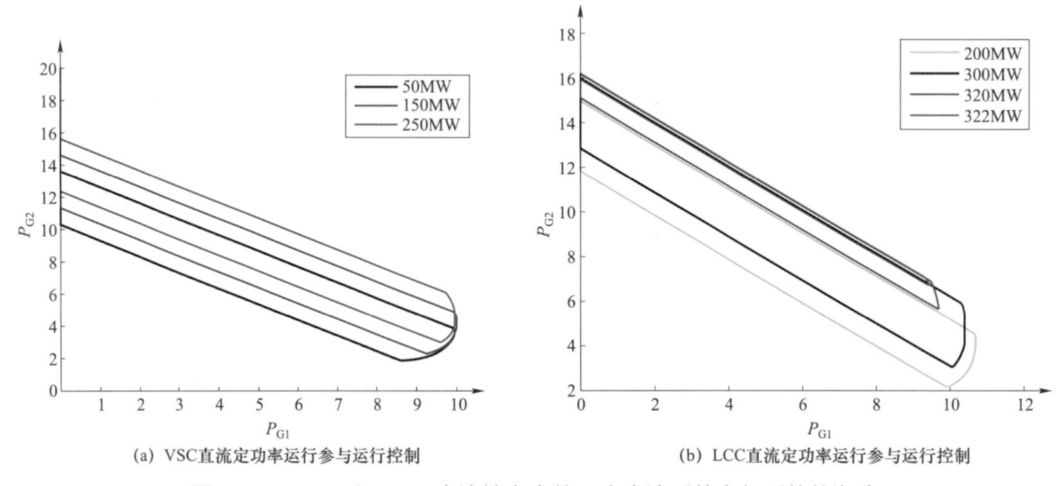

图 5.31　VSC 和 LCC 直流输电中的一个直流系统参与系统的潮流运行控制时静态安全域的边界演变

当 VSC 直流或 LCC 直流输电单独参与潮流调控时，随着直流输送功率的增大，VSC 直流输电比 LCC 直流输电更先越限，静态安全域更早消失。当图 5.31（a）的静态安全域消失后，此时 LCC 直流输电的点火角和直流电流、VSC 直流输电的直流电流将发生越限。因此，与前述相似，一方面需要改善线路通流能力，尽量提高 VSC 直流输电的直流电压设计运行值；另一方面由于 VSC 直流输电在并行直流系统的共同潮流调控中作为“短板环节”存在，需要 LCC 直流或交流系统的控制量相配合扩大发电机 1 和 2 以及并行直流系统共同潮流调控的运行范围，充分发挥交直流的协控潜能。

此外，从图 5.31（b）可以看出，随着 LCC 直流输电输送功率的增加，静态安全域逐渐缩小，当 LCC 直流输送功率超过 323MW 时，静态安全域不再存在。在整个过程中，静态安全域的边界所对应的运行约束也随之发生变化，一开始为直流输送功率上限起作用，当静态安全域断面急剧缩小到消失后的过程中，LCC 直流电流、VSC 直流电压和 VSC 换流站无功功率控制值等约束将起主要作用。为了进一步扩大 LCC－VSC 混联直流系统在潮流共同控制中的运行范围，需要找出当前时刻制约系统运行的薄弱环节并作出改善，同时适度增大熄弧角，达到协调控制。

5.3 多直流系统参与潮流快速控制时的协调控制目标与控制方法

5.3.1 交直流静态安全域下计及时间特性直流有功调整方法

在以往基于静态安全域控制策略的研究中，尽管目标都是将系统运行点调整至静态安全域内部并留有一定的安全裕度，但由于各个控制量的时间尺度、控制速率、响应特性等一般互不相同，甚至具有较大的差异性，因此在向安全域内部“拉动”的过程中运行点有可能偏移至静态安全域的“外部”。这将导致虽所给控制量所对应的系统运行点已满足交直流混联电网的各项安全约束，但在实际系统调整的过程中已发生越限，造成调整指令有效的“表象”。

在图 5.32 中，当维度变量 x_1 需要从当前数值 x_A 增大到 x_B 时，此时只调整 x_1 势必造成运行点相对边界 1 越限，因此需要维度变量 x_2 参与协调控制。若 x_2 的响应速度较慢，即 x_1 比 x_2 调节得更早，此时运行点将沿着曲线 1 运动，调整的过程中运行点将偏移至静态安全域的外部；若 x_2 的响应速度过快，即 x_1 跟不上 x_2 的调节，此时运行点将沿着曲线 2 运动，同样为不安全情况；只有 x_1 的调节过程与 x_2 的时间特性相匹配（如曲线 3），才能保证系统在协调控制全过程中的安全。

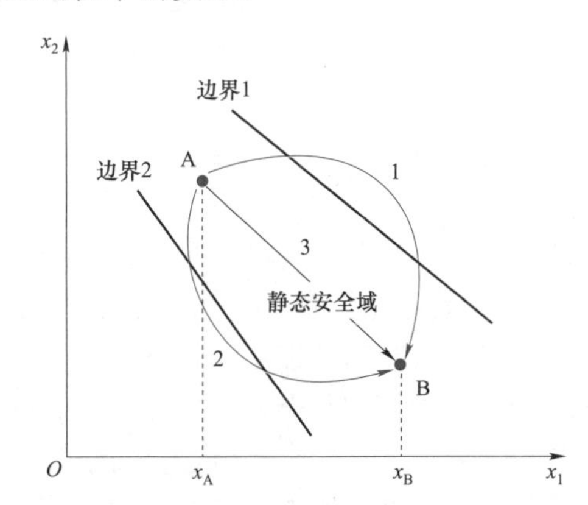

图 5.32 基于不同时间响应设备的运行点调整示意图

根据前述带有时间特性的控制域的定义和描述，若任意时刻下二维控制域均存在，且在所定义的时间范围内控制域保持连续时，则理论上控制域内“拉动”运行点至目标运行点的高维“曲线”有无穷多条。而在电网的实际运行过程中，总会对特定的运行控制目标制订相应的调整策略，故给出控制域内针对不同目标的最优调整曲线计算的通用方法。

在控制域所定义的时间范围 $(t_0 \leqslant t \leqslant t_n)$ 上等距取包含初始时刻点在内的 $m+1$ 个时刻点，第 k $(k=0,1,2,\cdots,m)$ 个时刻点记为 t_m，即为控制量完成控制所需的总时间（$t_m \leqslant t_n$），在时刻 t_k 全系统电气量、时间响应特性已知的维度变量和待调整的控制变量分别为 $\boldsymbol{X}_k$、$\boldsymbol{X}_{\mathrm{a}}^k$ 和 $\boldsymbol{X}_{\mathrm{c}}^k$，$\boldsymbol{x}_{\mathrm{a}0}$ 和 $\boldsymbol{x}_{\mathrm{a}m}$ 分别为初时刻和末时刻时间响应特性已知的维度变量的数值，$\boldsymbol{x}_{\mathrm{c}0}$ 和 $\boldsymbol{x}_{\mathrm{c}m}$ 分别为初时刻和末时刻待调整的控制变量的数值，L 为设定的目标函数。则控制域内最优调整曲线的求解转化为式（5-78）的优化问题。

$$
\text{目标：} S = L(\boldsymbol{X}_0, \boldsymbol{X}_1, \boldsymbol{X}_2, \cdots, \boldsymbol{X}_m)
$$

$$
\text{s.t.} \begin{cases} \boldsymbol{O}(\boldsymbol{X}_k) \leqslant 0 & k=0,1,2,\cdots,m \\ \boldsymbol{h}(\boldsymbol{X}_{\mathrm{a}}^k, t_k) = 0 & k=0,1,2,\cdots,m \\ \boldsymbol{X}_{\mathrm{a}}^k = \boldsymbol{x}_{\mathrm{a}0}, \boldsymbol{X}_{\mathrm{c}}^k = \boldsymbol{x}_{\mathrm{c}0} & k=0 \\ \boldsymbol{X}_{\mathrm{a}}^k = \boldsymbol{x}_{\mathrm{a}m}, \boldsymbol{X}_{\mathrm{c}}^k = \boldsymbol{x}_{\mathrm{c}m} & k=m \end{cases} \tag{5-78}
$$

将式（5-78）求得的 $X_{\mathrm{c}}^k (k=0,1,2,\cdots,m)$ 的各控制量在时刻 t_k 下所对应的数值与时刻 t_k 所构成的二维坐标点逐点相连，即可得到各个控制量与时间关系的最优调整曲线。

由于交直流系统的安全运行，如 LCC-HVDC 是否发生换相失败与电压稳定息息相关，故为了保障在直流提升输送功率时系统中所指定的各母线处电压幅值波动较小，尤其是电压敏感点稳定运行，需要完成控制域内最优调整曲线的求解，给出目标函数：

$$
L = \min \sum_{j=1}^{n_{\mathrm{b}}} \sum_{k=0}^{m} (a(U_j(t_k) - U_{\mathrm{avr}}(j)))^b \tag{5-79}
$$

指定系统中对电压幅值波动要求较高的母线，假设共有 n_{b} 个这样的母线，模型中选取的离散时刻点共 $m+1$ 个。

式中：$U_j(t_k)$ 为第 j 个指定的母线在时刻点 t_k 的电压幅值；$U_{\mathrm{avr}}(j)$ 为第 j 个指定的母线在控制量参与控制的时间范围内的电压幅值平均值；a 和 b 为大于零的系数，表征了该母线的重要程度。为了避免母线电压幅值在运行过程中出现突变，可将 a 和 b 调到较大的值。式（5-79）反映了所有对电压幅值波动要求较高的指定参与考察的母线的总体电压波动程度。

本部分的算例分析中选取待调节的控制变量为直流输送功率，以刻画二维控制域为目标。因 LCC 换流站在运行时对无功支撑具有较高的要求，所以在直流输送有功的调整过程中更需要与各个无功控制设备的时间特性相匹配。

采用前文改造后 Kundur 两区四机算例，交直流并行时初始直流输送功率为 100MW。对该系统进行静态安全域建模，并对其 82 个有效边界面线性拟合。当直流系统的输送功率需由 100MW 提升至 440MW 时，调节终点的 LCC 直流系统运行参数如表 5.12 所示。

表 5.12 调整后 LCC 直流系统运行参数

电气量	整流侧	逆变侧
直流电压（kV）	300	289.8
直流电流（A）	1466.6	1466.6
触发/熄弧角（°）	13.2	16.8

续表

电气量	整流侧	逆变侧
换相角（°）	21.6	22.3
换流变压器变比	1.03	1
无功消耗（Mvar）	225.2	240.7

为简化分析和图示化效果明显，同步调相机和 STATCOM 从 0 时刻开始响应，并使用一阶惯性函数简化表征这两种设备的时间响应特性，其中 STATCOM 在 30ms 时达到其出力目标值，而同步调相机在 750ms 时达到其出力目标值。机械投切电容和换流变压器变比调整均为秒级，设定为：换流变压器抽头的调节时间为 1500ms，整流站和逆变站的机械电容投切时间为 2500ms。

针对该调整需求，给出下述无功协调场景。

场景：整流和逆变两侧的投切电容均提供 150Mvar，其余无功由同步调相机提供，STATCOM 不动作。

在完成直流输送功率控制域（见图 5.33）刻画的基础上，理论上在域内满足有功调整目标的调整路径有无数条，例如图 5.34 中的调整路径 1 和调整路径 2。当目标函数选取为式（5-79）时，由式（5-79）求得的最优调整曲线（仿真中将系统中 5～11 号母线设为电压敏感点）如图 5.34 所示。最优调整曲线可以使整段调节时间内的系统敏感母线电压波动最小，进一步保障交直流系统的安全运行。

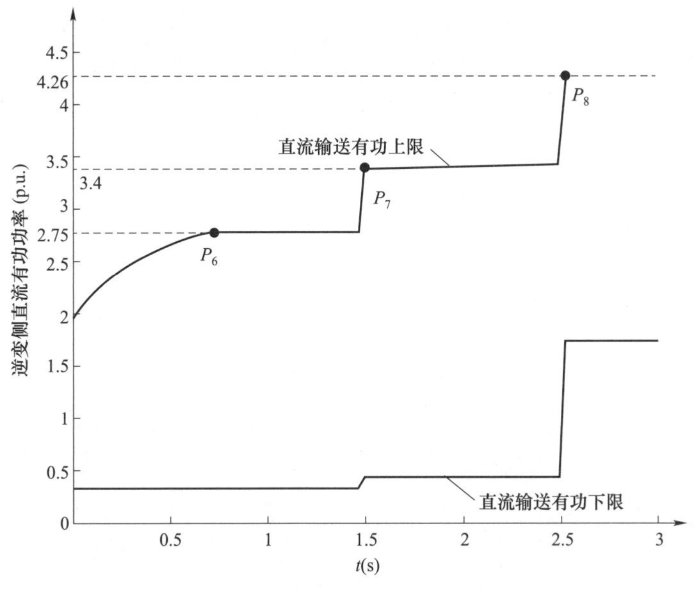

图 5.33 直流输送功率控制域

在当前设置下，直流输送功率提升和无功控制设备配合的全过程至少需要 2500ms。在图 5.34 的控制域内，提升直流输送功率不会发生运行约束的越限，当直流输送功率沿着控制域边界提升时，经过潮流校验及约束条件筛查发现任意时刻至少有一个运行约束达到限值，因此本小节计算所得的控制域是合理的。

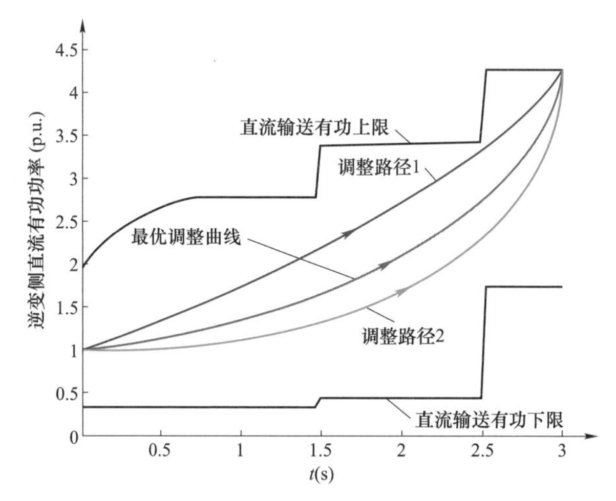

图 5.34　场景 3 直流输送功率控制域及最优调整曲线

5.3.2　基于安全距离灵敏度的交直流混联电网安全校正策略

在边界曲面拟合求解的基础上，求解运行边界面的安全距离。根据潮流方程组及线性拟合关系，系统中各电气量的线性拟合方程可表示为：

$$\boldsymbol{X}=\boldsymbol{C}_1x_1+\boldsymbol{C}_2x_2+\cdots+\boldsymbol{C}_nx_n+\boldsymbol{C}_0 \tag{5-80}$$

式中：$\boldsymbol{X}$ 为全系统电气量的向量；$x_1,x_2,\cdots,x_n$ 为安全域中各维度变量；$\boldsymbol{C}_1,\boldsymbol{C}_2,\cdots,\boldsymbol{C}_n$ 为各维度系数向量；$\boldsymbol{C}_0$ 为常数向量。将各电气量的约束上限和下限代入式（5–80）中，即可转化为拟合边界面，如边界 H_i 可表示为：

$$c_{i,1}x_1+c_{i,2}x_2+\cdots+c_{i,n}x_n+c_{i,0}-e_i=0 \tag{5-81}$$

式中：$c_{i,0},c_{i,1},\cdots,c_{i,n}$ 是系数向量 $\boldsymbol{C}_0,\boldsymbol{C}_1,\cdots,\boldsymbol{C}_n$ 中所对应边界面 $\boldsymbol{H}_i$ 的拟合系数；e_i 为相应的约束限值。则欧氏空间下运行点 $(x_{10},x_{20},\cdots,x_{n0})$ 到第 i 个超平面的边界距离 d_i 可由式（5–82）计算得到：

$$d_i=\frac{c_{i,1}x_{10}+c_{i,2}x_{20}+\cdots+c_{i,n}x_{n0}+c_{i,0}-e_i}{\sqrt{c_{i,1}^2+c_{i,2}^2+\cdots+c_{i,n}^2}} \tag{5-82}$$

由于各电气量的量纲不一致，式（5–82）的距离计算公式不能直接用来表征系统的安全裕度。因此需将各电气量的数值归一化。设将各维度变量的数值变化范围转化为 0–1，记 $b_{j\max}$ 和 $b_{j\min}$ 为第 j 个维度变量的上限和下限，则边界面式（5–81）可变换为：

$$\begin{aligned}&c_{i,1}[(b_{1\max}-b_{1\min})x_1+b_{1\min}]+c_{i,2}[(b_{2\max}-b_{2\min})x_2+b_{2\min}]+\\&\cdots+c_{i,n}[(b_{n\max}-b_{n\min})x_n+b_{n\min}]+c_{i,0}-e_i=0\end{aligned} \tag{5-83}$$

记 $a_{i,j}=c_{i,j}(b_{j\max}-b_{j\min})$，其中 $j=1,2,\cdots,n$，$a_{i,0}=c_{i,0}+c_{i,1}b_{1\min}+\cdots+c_{i,n}b_{n\min}$，则修正后的边界距离可表示成：

$$d_i = \frac{a_{i,1}x_{10} + a_{i,2}x_{20} + \cdots + a_{i,n}x_{n0} + a_{i,0} - e_i}{\|\boldsymbol{N}_i\|} \tag{5-84}$$

$$\boldsymbol{N}_i = \left[a_{i,1}, a_{i,2}, \cdots, a_{i,n}\right] \tag{5-85}$$

式中：$\boldsymbol{N}_i$ 为超平面 H_i 的法向量。

式（5-84）所求的距离 d_i 具有正负性，可以表征运行点相对于超平面的位置关系，即运行点位于安全域的内部还是外部，用于表征系统的安全性。

在交直流混联电网中，由于交直流电气量的强耦合关系，不计系统安全约束调整灵敏度较大的电气量，极有可能使重要的交流潮流断面越限和引起直流系统的继发性换相失败，让系统面临更大的安全威胁，因此，从交直流混联电网静态安全域的角度提出下面的综合度概念。

由式（5-82）～式（5-85）可知，变量 x_j 对于运行点到超平面 H_i 的垂直距离 d_i 的灵敏度为：

$$S_{d_i} = \frac{\partial d_i}{\partial x_j} = \frac{a_{i,j}}{\|\boldsymbol{N}_i\|} \tag{5-86}$$

参照式（5-86）可求得各维度变量对于任意边界的安全距离灵敏度，其可以明确表征各维度变量的变化对边界面所表征电气量的综合影响程度。传统方法就是依此灵敏度对越限边界进行安全校正，但这也就意味着其无法照顾到对其他安全约束的影响，往往会使安全校正控制的效率变低，产生“拉锯”现象。以如图 5.35 所示的安全域二维投影示意图为例，进一步说明安全距离及其灵敏度模型，横坐标为直流传输电流，纵坐标为 1 号发电机的有功出力。

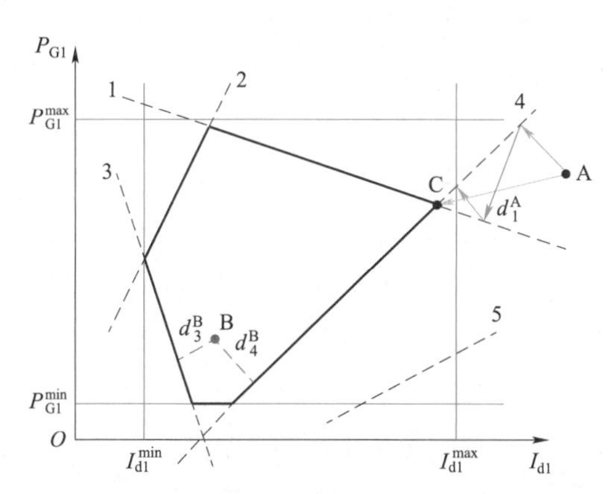

图 5.35 安全距离及其灵敏度二维投影示意图

当运行点位于安全域内部时，d_i 为正，如图 5.35 中运行点 B 到边界 3、边界 4 的距离 d_3^B 和 d_4^B；当运行点处于安全域以外时，d_i 为负，如运行点 A 到边界 1 的距离 d_1^A。假设此时运行点位于域外 A 点，处于不安全状态，现为了将运行点拉至域内，需要制订相应的安全校正策略。传统灵敏度方法是根据观测到的越限量，如图 5.35 中边界 4 越限，将运行点沿着边界 4 所对应的法向量来移动，直至运行点落在该边界 4 上，但此时边界 1 仍然处于越限状态，故之后则根据边界 1 的法向量进行调节，这样就会在 2 条边界之间来回调节，效率较低。利用安全域可对系统安全状态整体评判的优势，可求取路径 $\overrightarrow{AC}$ 作为指导矢量，用以安全校正策略的制订，其定义为运行点到各安全边界的距离的最小值。

对交直流混联电网静态安全域理论进行应用，提出基于安全距离灵敏度的安全校正策略。根据安全域边界面表达式可知，安全域的拟合边界面所需电气量由发电机、直流通道和负荷构成。然而在安全校正时，考虑到不同电气量的调节能力、调节速率和可靠性的不同，须对不同维度变量赋予相应权重，即对原有的静态安全域进行伸缩变换。

$\boldsymbol{\Omega}_3$ 内与变换后初始运行点最短欧式距离 D_i 求解式为：

$$\begin{cases}\text{obj} \;\; D_i = \min\sum_{j=1}^{n}(x'_j - x'_{j0}) \\ \text{s.t.} \;\; \boldsymbol{g}(X') \leqslant 0\end{cases} \tag{5-87}$$

记 $X_{\Omega_1}^n$ 为在 $\boldsymbol{\Omega}_3$ 中所求得的调节终点进行反伸缩变换到 $\boldsymbol{\Omega}_1$ 后所得到的点，指导矢量模值为 v_c，则 $v_c = \|\boldsymbol{V}_c\| = \left\|X_{\Omega_1}^n - X_{\Omega_1}^0\right\|$。根据上述分析，可求所有调整手段对安全距离的静态灵敏度。记 S_{d_j} 为第 j 个控制量对指导矢量 $\boldsymbol{V}_c$ 的灵敏度，其数学模型如下：

$$S_{d_j} = \frac{\boldsymbol{V}_c^{\mathrm{T}}\boldsymbol{e}_j}{\|\boldsymbol{V}_c\|} \tag{5-88}$$

式中：$\boldsymbol{e}_j$ 为单位向量 $[0,\cdots,0,1,0,\cdots,0]^{\mathrm{T}}$，其中 1 为 $\boldsymbol{e}_j$ 的第 j 个元素。根据灵敏度数值的正负性，可将灵敏度矢量分为 3 部分子矢量：$\boldsymbol{S}_d^+$ 由全部数值为正的灵敏度子矢量组成，对应的调整量记作 $\boldsymbol{A}^+$，减少其数值大小可以提升系统的安全裕度；$\boldsymbol{S}_d^-$ 由全部数值为负的灵敏度子矢量组成，对应的调整量记作 $\boldsymbol{A}^-$，增加其数值大小可以提升系统的安全裕度；$\boldsymbol{S}_d^0$ 由全部数值为 0 的灵敏度子矢量组成，对应的调整量记作 $\boldsymbol{A}^0$。

在上述研究基础上，可求得各电气量在实际调节范围内提升安全距离的能力，其计算公式如（5-89）所示。将集合 $\boldsymbol{A}^+$ 和 $\boldsymbol{A}^-$ 中的电气量根据灵敏度绝对值大小按降序排列，当出现灵敏度绝对值相同时，再根据式（5-89）求得的 M_j 按降序排列。假设系统受到扰动后，系统当前运行点处于安全域外。设在进行第 r 轮调整过程中，加出力的调整量集合为 $\boldsymbol{A}_p^{(r)}$（$\boldsymbol{A}_p^{(r)} \in \boldsymbol{A}^-$），减出力的调整量集合为 $\boldsymbol{A}_m^{(r)}$（$\boldsymbol{A}_m^{(r)} \in \boldsymbol{A}^+$）。$\boldsymbol{A}_p^{(r)}$ 中第 j 个控制量的调增量为 Δx_j^+，$\boldsymbol{A}_m^{(r)}$ 中第 k 个控制量的调减量为 Δx_k^-。安全校正模型中的调整量即是决策变量，皆为交直流混联电网静态安全域的注入量，主要包括直流控制量、发电机有功出力、发电机端电压设定值和负荷。

$$M_j = \begin{cases}\boldsymbol{S}_d^+\Delta x_j & \forall x_j \in \boldsymbol{A}^+ \\ 0 & \forall x_j \in \boldsymbol{A}^0 \\ \left|\boldsymbol{S}_d^-\right|\Delta x_j & \forall x_j \in \boldsymbol{A}^-\end{cases} \tag{5-89}$$

需要注意的是，系统在进行直流功率调制时，须考虑外部交流系统强度配以合理的爬坡率以保障直流功率转换不会干扰所连的外部交流电网。为让校正过程中的总调整量最小，建立式（5-90）所示的系统安全校正的线性规划模型，在 MATLAB 编译环境下使用 linprog 中的单纯形法对线性规划模型进行求解：

$$\begin{cases} \min\left(\sum\limits_{x_j\in \boldsymbol{A}_{\mathrm{p}}^{(r)}}\Delta x_j^{+}+\sum\limits_{x_k\in \boldsymbol{A}_{m}^{(r)}}\Delta x_k^{-}\right) \\ \text{s.t.}\quad 0<\Delta x_j^{+}\leqslant x_j^{\max}-x_j^{0} \\ \qquad 0<\Delta x_k^{-}\leqslant x_k^{0}-x_k^{\min} \\ \qquad D_i\left(\boldsymbol{X}+\Delta\boldsymbol{X}\right)\geqslant D_i^{\min}\quad i=1,2,\cdots,m \end{cases} \tag{5-90}$$

式中：$\Delta\boldsymbol{X}$ 为参与此轮调整的电气变化量，安全距离约束是为保证在调整结束后将运行点拉至安全域内，并留有一定的安全裕度。

为验证本节方法的有效性，以改造后 IEEE 39 节点系统为例，并将仿真结果与传统安全校正方法进行对比。假设在初始运行状态，直流线路 14-4 因故障双极闭锁而退出运行，此时线路 11-6 出现过载，过载量为 110.26MW，运行点处于安全域外。现要求对系统进行安全校正，并取运行裕度 $d_i^{\min}$ 为 0.1。

经过计算得到如表 5.13 所示的各电气量对指导矢量的灵敏度及其实际调节能力。由于本算例中单回直流闭锁造成的功率缺失可由两条非故障直流及并联交流完全弥补，所以指导矢量中只含有直流控制量。

经灵敏度绝对值大小排序，调整两条非故障直流线路的直流电流值及熄弧角，即利用直流线路 25-2 和线路 17-18 进行功率支援，代入安全校正模型进行求解，模型有解，得到的调整策略为：直流线路 25-2 的直流电流调整至 646A，熄弧角调整至 17.2°，直流线路 17-18 的直流电流调整至 570A，熄弧角调整至 17.5°，且两线路整流侧电压保持 500kV 不变，即将线路 25-2 的传输功率提升至 323MW，线路 17-18 的传输功率提升至 285MW。该安全校正策略实施后，线路 11-6 负载率由 1.229 7 降为 0.891 7。在此采取定量的方法可兼顾系统的静态安全性并保证调节量最小。单回直流闭锁下各控制量安全距离灵敏度及实际调节能力见表 5.13。

表 5.13　单回直流闭锁下各控制量安全距离灵敏度及实际调节能力

需要调整电气量	安全距离灵敏度	实际调节能力
25-2 直流电流	-0.562 8	170A
25-2 熄弧角	0.537 7	2.7°
17-18 直流电流	-0.501 3	260A
17-18 熄弧角	0.475 1	3.1°

由上述算例可知，当精准切负荷参与校正控制时，可在短时间内消除静态安全越限且调节成本较低。

5.3.3 基于交直流混联电网静态安全域安全校正控制后的优化调度

通过计算各控制量对关键断面传输极限的安全距离灵敏度，确定对关键断面影响显著的敏感机组和直流，并以不同系统安全裕度为约束条件刻画高灵敏度控制量关于优化调度指标、发电成本、电压偏差及关键断面的安全子域投影，为电网调度提供更丰富和更准确的运行信息。

在重载交流线路 $N-1$ 的安全约束下，考虑两条直流传输功率 P_{d1} 和 P_{d2} 为例，分别以 P_{d1} 、P_{d2} 和系统优化调度目标 T_S 为 X、Y、Z 坐标轴，组成三维空间，调度人员可根据系统运行状况实时调整控制目标，完成安全域三维投影的边界刻画。

交直流混联电网在运行与控制中往往受到安全与经济的双重约束，故为了统一协调交直流混联电网运行的安全性与经济性，在计及重载线路 $N-1$ 的静态安全约束下，采用发电成本最小及系统电压偏差最小作为优化目标。

交直流混联系统容量大、发电成本高，故为了保证系统中长期经济运行，将发电成本 F_G 最小作为目标函数对系统中发电机的有功功率进行有效分配，其表达式为：

$$F_G = \sum_{i=1}^{N_G} (\alpha_i P_{Gi}^2 + \beta_i P_{Gi} + \gamma_i) \tag{5-91}$$

式中：N_G 为发电机台数；P_{Gi} 为第 i 台发电机的有功出力；α_i 、β_i 和 γ_i 分别为发电机的各项发电成本系数。

在直流参与紧急功率支援后，交直流并联系统上直流断面传输功率往往较高，从而形成强直弱交的网架结构，不利于系统的长期运行。对于多直流馈入受端电网，受逆变站无功控制策略的约束，在分配直流传输有功时，电网电压会受到较大影响。因此须优化分配多回直流的功率及发电机无功出力来改善多直流馈入受端电网的无功潮流分布，规避交流母线电压越限风险，提升电压质量。因此以系统电压偏差 V_{de} 为目标函数，其表达式为：

$$V_{de} = \sum_{i=1}^{N_1} (U_i - U_{ref,i})^2 + \sum_{j=1}^{N_{dc}} (U_{dc,j} - U_{ref,dc,j})^2 \tag{5-92}$$

式中：U_i 为交流系统节点 i 的电压幅值；$U_{ref,i}$ 为交流系统节点参考电压；$U_{dc,j}$ 为换流站 j 的直流电压幅值；$U_{ref,dc,j}$ 为换流站的参考直流电压。

采用理想点法协调系统的发电成本及电压偏差，其表达式为：

$$F_C^0 = w_1(F_G - F_{G,ide}) + w_2(V_{de} - V_{de,ide}) \tag{5-93}$$

式中：F_C^0 为协同优化调度目标；w_1 和 w_2 分别为系统发电成本和电压偏差的指标权重；$F_{G,ide}$ 和 $V_{de,ide}$ 分别为系统发电成本和电压偏差进行单目标优化的理想点。

由于上述两个指标量纲不一致，须对其进行归一化处理，设将系统发电成本与电压偏差的变化范围转化成 0–1，设在目标优化求最大值过程中，系统发电成本和电压偏差分别为 $F_{G,opt,max}$ 和 $V_{de,opt,max}$ ，则修正后协同优化调度目标为：

$$F_C = \frac{w_1(F_G - F_{G,opt})}{F_{G,opt,max} - F_{G,opt}} + \frac{w_2(V_{de} - V_{de,opt})}{V_{de,opt,max} - V_{de,opt}} \tag{5-94}$$

由于交直流混联电网规模庞大，需要观测的断面较多，而考虑到并联交流线路潮流对交直流混联电网的安全运行具有重要影响，面临承受直流功率冲击的风险，故为了减小观测压力，主要关注对并联交流线路潮流影响较大的敏感发电机组或直流在优化调度过程中的变化对并联交流线路潮流的影响。

依此安全距离灵敏度绝对值大小选取对并联交流断面影响程度较大的敏感机组或直流。在交直流混联电网优化调度的过程中，需要将系统运行点拉至安全域内部，并且调度人员还可根据实际电网运行需求，设置一定的安全裕度，进一步提升系统运行的安全性，即在进行优化调度后，运行点至第 i 个有效边界的距离 D_i 应满足 $D_i \geqslant D_i^{\min}$（$i=1,2,\cdots,m$），其中 m 为静态安全域有效边界面个数，$D_i^{\min}$ 为优化调度后系统运行点应满足的至各个有效边界面最小安全距离裕度。设优化调度后系统运行点为 $(x_{1,\mathrm{d}}, x_{2,\mathrm{d}}, \cdots, x_{n,\mathrm{d}})$，则根据式（5-80），$D_i$ 可表示为：

$$D_i = \frac{a_{i,1}x_{1,\mathrm{d}} + a_{i,2}x_{2,\mathrm{d}} + \cdots + a_{i,n}x_{n,\mathrm{d}} + a_{i,0} - e_i}{\|\boldsymbol{N}_i\|} \tag{5-95}$$

基于 5.2.3 节中 $N-1$ 安全域的三维投影刻画方法求取系统中高灵敏度控制量和优化调度目标之间的关系，并且考虑到并联交流线路潮流对交直流混联电网安全运行的重要影响，面临承受直流功率冲击的风险，故还要进一步刻画高灵敏度控制量变化过程中其与并联交流潮流的对应关系，以便调度人员全方位掌握电网的运行状态，快速直观地制订有效的调度策略。其高灵敏度控制量选为高安全距离灵敏度机组与非故障直流，则计及重载交流线路 $N-1$ 约束的系统优化调度的数学模型如式（5-96）所示，在 MATLAB 编译环境下使用 fmincon 函数对此非线性规划模型进行求解：

$$\begin{aligned}
&\text{目标函数：} && \min F_{\mathrm{C}} \\
&\text{s.t.} && \begin{cases}
\boldsymbol{f}(\boldsymbol{X}) = 0 \\
\boldsymbol{g}(\boldsymbol{X}) \leqslant 0 \\
\boldsymbol{f}_q(\boldsymbol{X}_q) = 0 \\
\boldsymbol{g}_q(\boldsymbol{X}_q) \leqslant 0 \\
D_i(\boldsymbol{X} + \Delta\boldsymbol{X}) \geqslant D_i^{\min} \\
x_a = x_{a\min} + \Delta x_a \times k \quad k = 0,1,2,\cdots \\
x_b = x_{b\min} + \Delta x_b \times k \quad k = 0,1,2,\cdots
\end{cases}
\end{aligned} \tag{5-96}$$

式中：x_a 和 x_b 为被选取的高灵敏度机组或非故障直流；$x_{a\min}$ 和 $x_{b\min}$ 为优化计算初始值；Δx_a 和 Δx_b 为优化计算的步长；$\Delta\boldsymbol{X}$ 为参与优化调度过程中电气量的改变量。

以改造后的 IEEE 39 节点系统和简化实际电网为例进行计算分析，其拓扑结构、直流的额定传输功率与长期超负荷运行能力均与 5.4.2 节相同，构建计及重载线路 $N-1$ 故障静态安全域，以验证所提优化调度策略的可行性。

当直流线路 14-4 双极闭锁，交流线路有功功率传输极限及交直流系统运行约束与 5.4.2 节相同，所有换流站均采用分组投切电容器的无功补偿方式，每组电容器 30Mvar，将初始负载率超过 0.7 的线路列为重载线路，即：2-3、10-11、10-32、16-19 和 22-35 共 5 条，考虑到该电压等级电网的实际运行状况，输电线路通常使用双回线路供电，故本小节所计及的重载线路 $N-1$ 均指单回线路断线。发电机各项发电成本系数 α_i、β_i 和 γ_i 分别为 0.01、0.3 和 0.2，其中 $i=1, 2, \cdots, 10$。

首先进行敏感机组的选取，大型交直流混联电网的并联交流断面对于区域间的能源互通意义巨大，故依据前文中敏感机组选取方法，分析全网各发电机组对线路 L_{11-6} 的安全距离灵敏度值，详细计算结果见表 5.14。由表 5.14 中结果可知，G8 和 G2 是对 L_{11-6} 传输极限安全距离灵敏度绝对值最大的机组，故选为 L_{11-6} 的敏感机组。

表 5.14　　改造后 IEEE 39 节点系统中机组的安全距离灵敏度

机组编号	灵敏度	机组编号	灵敏度	机组编号	灵敏度
G1	0.349 3	G5	−0.178 0	G9	−0.244 5
G2	0.541 5	G6	−0.192 1	G10	0.296 9
G3	−0.157 2	G7	−0.157 2		
G4	−0.180 1	G8	−0.314 4		

根据安全域三维投影的刻画方法，在两敏感机组的可出力范围内搜索当前运行状态下的最优目标函数值，以 G2 和 G8 分别为 X 轴和 Y 轴，并且为了更直观地表达最优运行区间，以优化调度指标 $I_{OD}=1/F_C$ 为 Z 轴，取最小安全距离裕度 $D_i^{\min}$ 为 0，$w_1=w_2=1$，刻画如图 5.36 所示的考虑重载线路 $N-1$ 的优化调度安全子域在此三维空间中的投影。并且与取 $D_i^{\min}$ 为 0.1 的优化调度安全子域对比，考虑到安全裕度取 0.1 时，自身的安全约束已有效降低了系统的电压偏差量，故在优化过程中更偏向于将发电成本最小作为主要优化目标，取 $w_1=20$，$w_2=1$。同时考虑到协同优化目标的抽象性以及弱交流断面对交直流混联电网安全与经济运行的重要影响，因此需要在进行交直流系统优化调度时，实时监测系统的发电成本、电压偏差以及并联交流断面，并注意规避并联交流断面发生急剧变化的区域。故再分别以发电成本、电压偏差和并联交流断面 L_{11-6} 的传输功率为 Z 轴，给出如图 5.37～图 5.39 所示的两个安全子域在不同空间下的三维投影对比图。

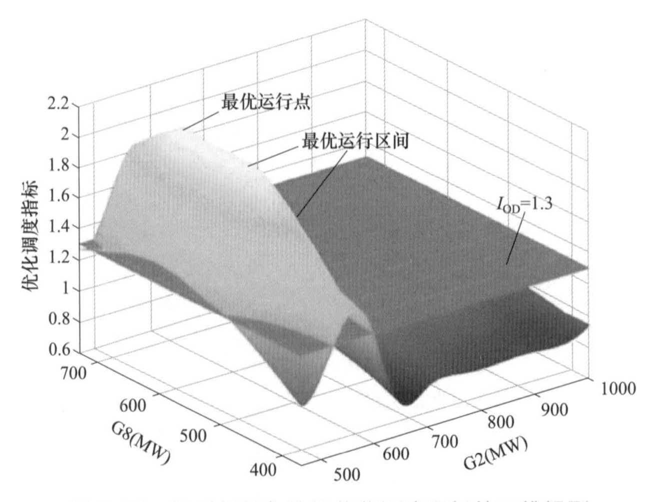

图 5.36　敏感机组与协同优化调度目标的三维投影

设调度参考指标取 $I_{\mathrm{OD}}=1.3$，如图 5.36 中绿色阴影面所示，则调度参考指标以上的优化调度子域部分为当前系统的最优运行区间，呈鞍状，图 5.35 中 $I_{\mathrm{OD}}^{\max}=2.06$ 处为最优运行点，此时 $P_{\mathrm{G2}}=585.2\mathrm{MW}$，$P_{\mathrm{G8}}=651.7\mathrm{MW}$，G8 留有的备用容量较小。最优运行区间主要集中于 G2 有功出力在 470～630MW 之间，当 G2 出力大于 700MW 后，系统的优化调度指标则显著减小，G8 的有功出力对优化调度指标的影响程度则相对较小，将运行点调整至最优运行区间可以合理协调系统运行的安全性与经济性。

因为安全裕度的约束，所以取越高裕度的优化调度子域，其系统控制量的可调范围越小。由图 5.37 和图 5.38 可知，安全裕度 $D_i^{\min}$ 为 0.1 时的系统发电成本总体高于 $D_i^{\min}$ 为 0 时，但其电压偏差总体水平则相对较低，各安全域边界形态总体呈非线性。安全裕度取 0.1 时，系统虽然缩减了注入电气量的可调范围并增加了发电成本，但也全方位地提升了系统运行的安全性，规避了临界安全运行风险，且为机组留有了一定的备用容量。通

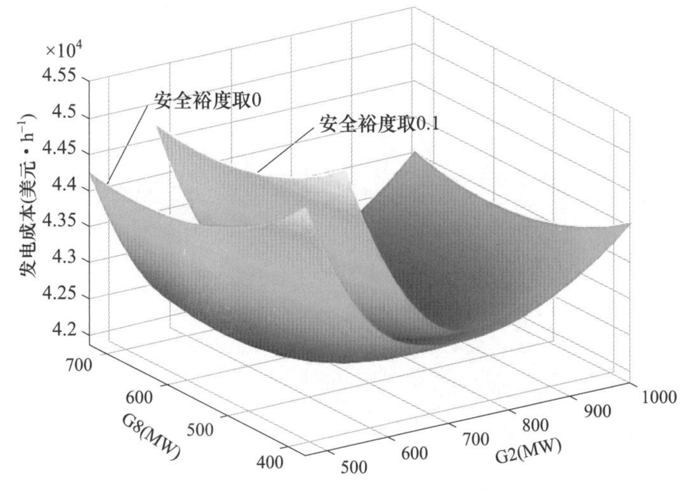

图 5.37 敏感机组与发电成本的三维投影对比图

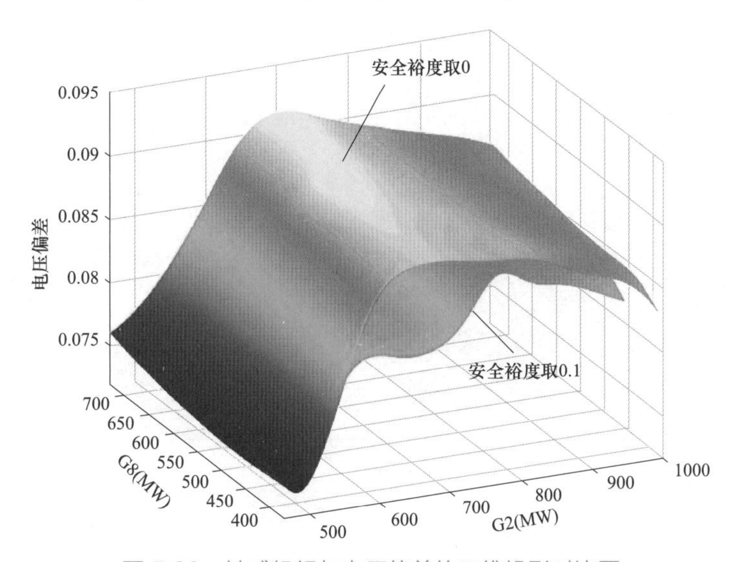

图 5.38 敏感机组与电压偏差的三维投影对比图

过图 5.37 还可以实时监测不同优化调度措施下并联交流断面 L_{11-6} 的传输功率。由图 5.39 可知，当安全裕度取 0 且运行点处于最优运行区间时，系统往往要最大程度利用并联交流断面 L_{11-6} 的传输能力来优化系统的运行状态，这将导致关键断面 L_{11-6} 的负载率超过 0.95，濒临越限，因此若想长期提升系统运行的经济性与安全性，可考虑对线路 L_{11-6} 进行合理扩容。

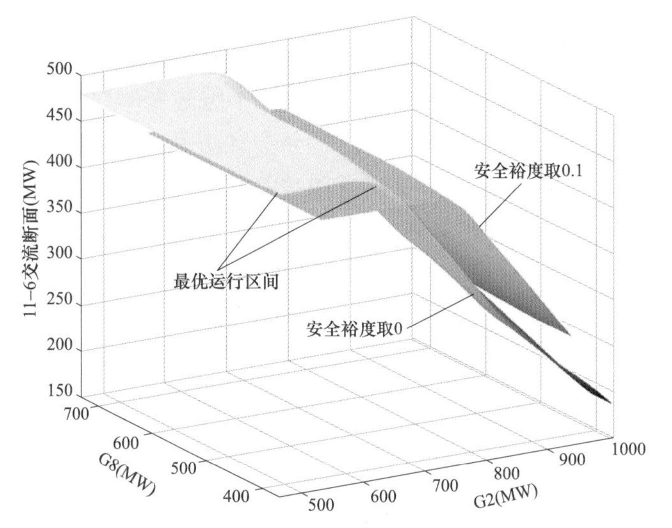

图 5.39　敏感机组与并联交流断面的三维投影对比图

在直流线路 14−4 双极闭锁后，直流线路 2−25、线路 17−18 成为仅剩的两条直流传输通道，考虑到两条线路直流系统在运行与控制上的重要作用，故根据安全域三维投影的刻画方法，在两条直流传输功率的可出力范围内搜索当前运行状态下的最优目标函数值，以直流线路 2−25 和线路 17−18 分别为 X 和 Y 轴，优化调度指标为 Z 轴，刻画如图 5.40 所示的安全子域投影，同时参照高灵敏度机组算例对比分析不同安全裕度下分别

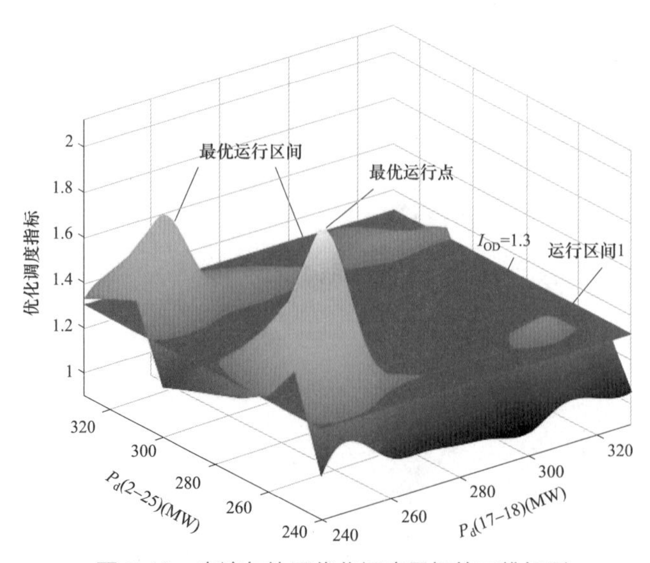

图 5.40　直流与协同优化调度目标的三维投影

以发电成本、电压偏差和并联交流断面 L_{11-6} 的传输功率为 Z 轴的安全子域投影。

如图 5.40 所示，调度参考指标 $I_{\mathrm{OD}}=1.3$ 以上的优化调度子域为当前系统的最优运行区间，不同的是，域中最优运行区间较为分散，呈驼峰状。由于换流站的无功控制策略会导致电容器的不断投切，而电容器的投切又会让注入系统的无功功率不断变化，所以安全域边界也会呈现出较强的凹凸性。通常在含多回直流的交直流并联系统中，直流闭锁后，为了优先考虑系统的安全性，会最大限度地利用非故障直流的快速转带作用以保证送受端的功率平衡，因此非故障直流传输功率通常会满载甚至超额定运行，而这将对系统的长期稳定经济运行埋下重大隐患。由图 5.40 可知，当前系统的最优运行区间主要集中在：P_{d}（2−25）在 240～270MW 之间、P_{d}（17−18）在 240～260MW 之间，即最优运行点（$I_{\mathrm{OD}}^{\max}=2.06$）所在区域，也验证了超额定直流输送功率并非时刻可以保证系统的长期经济安全运行。调度人员在面向多个最优运行区间时，应选择所占区域较大的，可以有效规避调整误差带来的风险。若选择类似图 5.40 中的运行区间 1 进行优化调度，则极有可能无法调整至既定目标值。

本小节从安全域的角度出发，主要考虑到发生直流闭锁故障的交直流混联电网在进行紧急控制后，系统处于临界安全状态，难以满足系统长期安全经济运行的需求，提出一种面向紧急控制后交直流混联电网的优化调度子域刻画方法。依此不仅可以获取当前系统的准确运行信息，而且调度人员还可在优化调度过程中合理规避安全风险，因地制宜优化系统的运行方式，提升系统运行的安全性与经济性。

5.3.4 基于交直流混联电网静态安全域的预防校正协调控制

基于静态安全域的交直流混联电网预防校正协调控制过程主要分为以下 3 步：

（1）将预想事故集 $\boldsymbol{\Gamma}$ 分为预防控制子集 $\boldsymbol{\Gamma}_{\mathrm{p}}$ 和校正控制子集 $\boldsymbol{\Gamma}_{\mathrm{c}}$，预防控制子集 $\boldsymbol{\Gamma}_{\mathrm{p}}$ 由预防控制保证系统的静态安全性，校正控制子集 $\boldsymbol{\Gamma}_{\mathrm{c}}$ 由校正控制保证系统的静态安全性。

（2）制订一种预防控制措施 $\Delta\boldsymbol{x}_{\alpha\mathrm{p}}$，将系统初始运行点 $\boldsymbol{x}_{\alpha0}\notin\bigcap\limits_{\boldsymbol{\lambda}_i\in\boldsymbol{\Gamma}_{\mathrm{p}}}\boldsymbol{\Omega}(\boldsymbol{\lambda}_i)\in\boldsymbol{R}^n$ 迁移至 $\boldsymbol{x}_{\alpha\mathrm{p}}\in\bigcap\limits_{\boldsymbol{\lambda}_i\in\boldsymbol{\Gamma}_{\mathrm{p}}}\boldsymbol{\Omega}(\boldsymbol{\lambda}_i)\in\boldsymbol{R}^n$，即将初始运行点 $\boldsymbol{x}_{\alpha0}$ 迁移至预防控制子集 $\boldsymbol{\Gamma}_{\mathrm{p}}$ 所有预想事故静态安全域的交集内的运行点 $\boldsymbol{x}_{\alpha\mathrm{p}}$。

（3）为校正控制子集 $\boldsymbol{\Gamma}_{\mathrm{c}}$ 中的每一个预想事故 $\boldsymbol{\lambda}_j(\boldsymbol{\lambda}_j\in\boldsymbol{\Gamma}_{\mathrm{c}})$，选择一种校正控制措施 $\Delta\boldsymbol{x}_{\alpha\mathrm{c}j}$，将预防控制后的运行点 $\boldsymbol{x}_{\alpha\mathrm{p}}\notin\boldsymbol{\Omega}(\boldsymbol{\lambda}_j)\in\boldsymbol{R}^n$ 迁移至 $\boldsymbol{x}_{\alpha\mathrm{c}j}\in\boldsymbol{\Omega}(\boldsymbol{\lambda}_j)\in\boldsymbol{R}^n$，进而形成校正控制措施集 $\Delta\boldsymbol{x}_{\alpha\mathrm{c}}=\{\Delta\boldsymbol{x}_{\alpha\mathrm{c}1},\Delta\boldsymbol{x}_{\alpha\mathrm{c}2},\cdots,\Delta\boldsymbol{x}_{\alpha\mathrm{c}j}\}^{\mathrm{T}}$。预防/校正协调控制示意图如图 5.41 所示。

在执行完预防控制之后，系统在正常网络拓扑下仍然需要满足一定的静态安全裕度。为了方便说明，将正常网络拓扑下的运行状态始终作为预防控制集 $\boldsymbol{\Gamma}_{\mathrm{p}}$ 中一个特例。

从经济层面来讲，协调控制目标运行点的求解需要考虑预想事故发生前预防控制调度成本、预想事故发生后的校正控制调度期望成本以及风险成本。因此在本书中主要

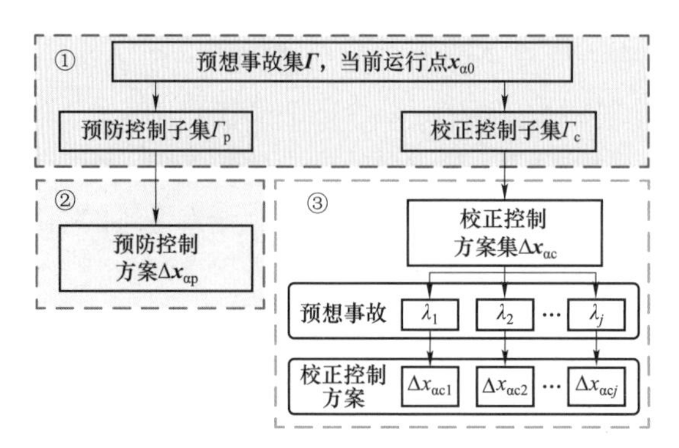

图 5.41　预防/校正协调控制示意图

考虑以下三个方面的成本：预防控制调度成本、校正控制调度期望成本和校正控制风险成本。

5.3.4.1　预防控制调度成本

预防控制是将系统的当前运行点 $\boldsymbol{x}_{\alpha0}$ 拉到预防事故集 $\boldsymbol{\Gamma}_p$ 的静态安全域的交集中。因此预防控制的调度成本可表示为：

$$C_p^d(\boldsymbol{x}_{\alpha0},\boldsymbol{x}_{\alpha p})=\boldsymbol{C}^T\cdot|\boldsymbol{x}_{\alpha p}-\boldsymbol{x}_{\alpha0}| \tag{5-97}$$

式中：$\boldsymbol{C}=[c_1,c_2,\cdots,c_n]$为静态安全域各维度变量的单位调节成本；$\boldsymbol{x}_{\alpha p}=[x_{\alpha p}^1,x_{\alpha p}^2,\cdots,x_{\alpha p}^n]$为预防控制后的运行点；$\boldsymbol{x}_{\alpha0}$ 为初始运行点。

5.3.4.2　校正控制调度期望成本

校正控制的目的是对 $\boldsymbol{\Gamma}_c$ 中每一个预想事故 $\lambda_j(\lambda_j\in\boldsymbol{\Gamma}_c)$ 制订一个相应的校正控制方案 $\Delta\boldsymbol{x}_{\alpha cj}$，将系统预防控制后的运行点 $\boldsymbol{x}_{\alpha p}$ 拉至预想事故 λ_j 对应的静态安全域内，进而形成校正控制措施集 $\Delta\boldsymbol{x}_{\alpha c}$。例如对于预想事故 λ_j，校正控制调度期望成本 $C_c^d(\boldsymbol{x}_{\alpha p},\boldsymbol{x}_{\alpha cj})$ 为：

$$C_c^d(\boldsymbol{x}_{\alpha p},\boldsymbol{x}_{\alpha cj})=P(\lambda_j)\cdot\boldsymbol{C}^T\cdot|\boldsymbol{x}_{\alpha cj}-\boldsymbol{x}_{\alpha p}| \tag{5-98}$$

式中：$P(\lambda_j)$ 为预想事故 λ_j 的发生概率；$\boldsymbol{x}_{\alpha cj}=[x_{\alpha cj}^1,x_{\alpha cj}^2,\cdots,x_{\alpha cj}^n]$为针对预想事故 λ_j 执行校正控制后的运行点。

进而可得到校正控制调度成本的期望值 $C_c^d(\boldsymbol{x}_{\alpha p},\boldsymbol{x}_{\alpha c})$ 为：

$$C_c^d(\boldsymbol{x}_{\alpha p},\boldsymbol{x}_{\alpha c})=\sum_{\lambda_j\in\boldsymbol{\Gamma}_c}C_c^d(\boldsymbol{x}_{\alpha p},\boldsymbol{x}_{\alpha cj}) \tag{5-99}$$

5.3.4.3　校正控制风险成本

将电压越限和潮流越限的风险量化为成本指标，并引用到协调控制的总成本中，来表征在校正控制方案生效前，越限对交直流混联电网的危害程度。其数学模型为：

$$C_r(f)=\sum_{\lambda_j\in\boldsymbol{\Gamma}_c}[R_V(\lambda_j)+R_L(\lambda_j)] \tag{5-100}$$

式中：$R_V(\lambda_j)$ 为预想事故 λ_j 引起的电压越限风险；$R_L(\lambda_j)$ 为预想事故 λ_j 引起的潮流越限风险。下面分别对两种越限风险作出解释。

1. 电压越限风险

定义在预想事故 λ_j 发生后，PQ 节点 m 的电压越限严重性函数 $G_V(\lambda_j,m)$ 为：

$$G_V(\lambda_j,m)=\begin{cases}\omega_m\left(\dfrac{|2V_{m,\lambda_j}-[V_m^{\max}+V_m^{\min})]|}{2(V_m^{\max}-V_m^{\min})}-\dfrac{1}{2}\right)^{e_v} \\ V_{m,\lambda_j}>V_m^{\max}\parallel V_{m,\lambda_j}<V_m^{\min} \\ \\ V_m^{\min}\leqslant V_{m,\lambda_j}\leqslant V_m^{\max}\end{cases} \tag{5-101}$$

式中：V_{m,λ_j} 为预想事故 λ_j 发生时节点 m 的电压值；$V_m^{\max}$ 和 $V_m^{\min}$ 分别为节点 m 电压的最大值和最小值；ω_m 为节点 m 重要度系数；e_v 为电压越限严重性指标因子，其值越大，越容易辨别出严重的预想事故。

定义由预想事故 λ_j 引起的系统电压越限严重性指标 $E_V(\lambda_j)$ 可表示为：

$$E_V(\lambda_j)=\sum\nolimits_{m\in N_B}G_V(\lambda_j,m) \tag{5-102}$$

式中：N_B 为交直流混联电网中所有的 PQ 节点。

因此，交直流混联电网在预想事故 λ_j 发生时电压越限的风险值 $R_V(\lambda_j)$ 为：

$$R_V(\lambda_j)=P(\lambda_j)E_V(\lambda_j) \tag{5-103}$$

2. 潮流越限风险

定义交流线路 n 在预想事故 λ_j 发生时的潮流过载严重性函数 $G_L(\lambda_j,n)$ 为：

$$G_L(\lambda_j,n)=\begin{cases}\omega_n\left[\dfrac{|P_{n,\lambda_j}|-P_n^{\max}}{P_{\max}(n)}\right]^{e_L} & P_{n,\lambda_j}>P_n^{\max} \\ 0 & P_{n,\lambda_j}<P_n^{\max}\end{cases} \tag{5-104}$$

式中：P_{n,λ_j} 为预想事故 λ_j 发生时线路 n 的传输功率；$P_n^{\max}$ 为线路 n 传输功率最大值；ω_n 为线路 n 的重要度系数；e_L 为潮流越限严重性指标因子，其值越大，越容易辨别出严重的预想事故。

定义由预想事故 λ_j 引起的系统潮流越限严重性指标 $E_L(\lambda_j)$ 为：

$$E_L(\lambda_j)=\sum_{n\in N_L}G_L(\lambda_j,n) \tag{5-105}$$

式中：$\boldsymbol{N}_L$ 为系统所有的交流线路。

因此，系统在预想事故 λ_j 发生时的潮流越限风险值 $R_L(\lambda_j)$ 为：

$$R_L(\lambda_j)=P(\lambda_j)E_L(\lambda_j) \tag{5-106}$$

5.3.4.4 协调控制总成本

最优协调控制方案的目的是通过事故前的预防控制和事故后的校正控制来满足所有预想事故静态安全性要求，同时最大限度地降低协调控制的总成本，因此协调控制的数学优化模型可表示为：

$$
\begin{aligned}
\min \ F(\boldsymbol{x}_{\alpha0},\boldsymbol{x}_{\alpha\mathrm{p}},\boldsymbol{x}_{\alpha\mathrm{c}},f) &= C_{\mathrm{p}}(\boldsymbol{x}_{\alpha0},\boldsymbol{x}_{\alpha\mathrm{p}})+C_{\mathrm{c}}(\boldsymbol{x}_{\alpha\mathrm{p}},\boldsymbol{x}_{\alpha\mathrm{c}},f)\\
&= C_{\mathrm{p}}^{\mathrm{d}}(\boldsymbol{x}_{\alpha0},\boldsymbol{x}_{\alpha\mathrm{p}})+C_{\mathrm{c}}^{\mathrm{d}}(\boldsymbol{x}_{\alpha\mathrm{p}},\boldsymbol{x}_{\alpha\mathrm{c}})+C_{\mathrm{r}}(f)
\end{aligned}
$$

$$
\begin{aligned}
&\text{s.t.}\\
&\quad |\boldsymbol{x}_{\alpha\mathrm{c}j}-\boldsymbol{x}_{\alpha\mathrm{p}}| \leqslant k_i\Delta t\\
&\quad \boldsymbol{x}_{\alpha\mathrm{p}} \in \bigcap_{\lambda_i\in\boldsymbol{\Gamma}_{\mathrm{p}}} \boldsymbol{\Omega}(\lambda_i)\\
&\quad \boldsymbol{x}_{\alpha\mathrm{c}j} \in \boldsymbol{\Omega}(\lambda_j) \quad (\forall\lambda_j\in\boldsymbol{\Gamma}_{\mathrm{c}})\\
&\quad D_{\lambda_m,n} \leqslant -D_{\mathrm{ssm}}^{\min} \quad (\forall\lambda_m\in\boldsymbol{\Gamma},n\in\boldsymbol{B}_{\mathrm{up}})\\
&\quad D_{\lambda_m,n} \geqslant D_{\mathrm{ssm}}^{\min} \quad (\forall\lambda_m\in\boldsymbol{\Gamma},n\in\boldsymbol{B}_{\mathrm{down}})
\end{aligned}
\tag{5-107}
$$

式中：$C_{\mathrm{p}}(\boldsymbol{x}_{\alpha0},\boldsymbol{x}_{\alpha\mathrm{p}})$ 为预防控制成本，等于预防控制成本 $C_{\mathrm{p}}^{\mathrm{d}}(\boldsymbol{x}_{\alpha0},\boldsymbol{x}_{\alpha\mathrm{p}})$ ；$C_{\mathrm{c}}(\boldsymbol{x}_{\alpha\mathrm{p}},\boldsymbol{x}_{\alpha\mathrm{c}},f)$ 为校正控制期望成本，包含校正控制调度期望成本 $C_{\mathrm{c}}^{\mathrm{d}}(\boldsymbol{x}_{\alpha\mathrm{p}},\boldsymbol{x}_{\alpha\mathrm{c}})$ 和风险成本 $C_{\mathrm{r}}(f)$ 。

约束条件中，第一式表示校正控制与预防控制之间的耦合关系，其中 k_i 是静态安全域第 i 个维度变量所允许的调节速率，Δt 为校正控制中，事故发生情况下所允许的调度时间；第二式和第三式表示由静态安全域表示的系统静态安全约束；其中，第三式为预防事故集 $\boldsymbol{\Gamma}_{\mathrm{p}}$ 静态安全域的交集，$\boldsymbol{\Omega}(\lambda_j)$ 为预想事故 λ_j 对应的静态安全域；第四式和第五式表示最小静态安全域裕度约束，$D_{\lambda_m,n}$ 为运行点到预想事故 λ_m 边界面 B_{n} 的静态安全距离，$\boldsymbol{B}_{\mathrm{up}}$ 和 $\boldsymbol{B}_{\mathrm{down}}$ 分别为约束上限和约束下限对应的边界面。

若由预防控制满足所有的有效预想事故的静态安全性要求，即 $\boldsymbol{\Gamma}_{\mathrm{p}}=\boldsymbol{\Gamma}$ ，此时预防控制成本最大，而校正控制期望成本最小。为了使协调控制总成本降低，可尝试将 $\boldsymbol{\Gamma}_{\mathrm{p}}$ 中最严重的预想事故（预防控制后，静态安全裕度最小的预想事故），从 $\boldsymbol{\Gamma}_{\mathrm{p}}$ 中剔除，并入到 $\boldsymbol{\Gamma}_{\mathrm{c}}$ 中，此时预防控制成本将会降低，而校正控制期望成本将会增加，协调控制总成本的升降需要进一步观察。

基于上述分析，本书设计了“约束松弛”的外层优化方法：首先将 $\boldsymbol{\Gamma}_{\mathrm{p}}$ 包含所有的有效预想事故，即 $\boldsymbol{\Gamma}_{\mathrm{p}}=\boldsymbol{\Gamma}$ ，计算其协调控制总成本，然后将 $\boldsymbol{\Gamma}_{\mathrm{p}}$ 中静态安全裕度最小的事故从 $\boldsymbol{\Gamma}_{\mathrm{p}}$ 中剔除并入到 $\boldsymbol{\Gamma}_{\mathrm{c}}$ 中，重新进行内层优化并计算协调控制总成本，验证协调控制总成本是否降低。如果不再降低，则上一步求解结果即为最优的协调控制策略；如果继续降低，则继续将 $\boldsymbol{\Gamma}_{\mathrm{p}}$ 中静态安全裕度最小的事故剔除然后并入到 $\boldsymbol{\Gamma}_{\mathrm{c}}$ 中，继续进行内层优化求解。如此反复进行，直至协调控制总成本不再降低为止。

线路和节点重要度系数 ω_m 和 ω_k 均取 2500；电压越限和潮流越限的严重性指标因子 e_{V} 和 e_{L} 均取 1.1；PV 有功出力和电压调整速率均取 2%/min；PQ 节点切负荷量和直流控制变量认为可以瞬间完成；校正控制允许调度时间取 5min。

对基于主导事件原则筛选得到的有效预想事故集 $\boldsymbol{\Gamma}$ ，应用本小节提出的协调控制优化算法，在经过 4 次迭代之后，便得到了最优协调控制策略。迭代过程中，预防控制成本、校正控制成本及协调控制总成本的变化情况如图 5.42 所示；预防控制子集 $\boldsymbol{\Gamma}_{\mathrm{p}}$ 和校

正控制子集 $\boldsymbol{\Gamma}_{c}$ 中预想事故的变化如表 5.15 所示。

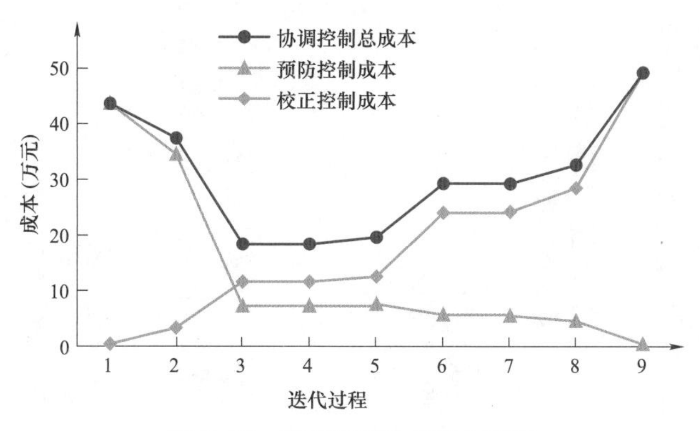

图 5.42 迭代过程中各成本变化

表 5.15 预防控制子集和校正控制子集中预想事故的变化

迭代次数	预防控制子集中预想事故	校正控制子集中预想事故
1	λ_0, λ_8, λ_{12}, λ_{17}, λ_{18}, λ_{22}, λ_{33}, λ_{36}	∅
2	λ_0, λ_8, λ_{12}, λ_{17}, λ_{18}, λ_{33}, λ_{36}	λ_{22}
3	λ_0, λ_8, λ_{12}, λ_{17}, λ_{18}, λ_{27}, λ_{36}	λ_{22}, λ_{33}
4	λ_0, λ_8, λ_{12}, λ_{18}, λ_{27}, λ_{36}	λ_{17}, λ_{22}, λ_{33}
5	λ_0, λ_8, λ_{12}, λ_{27}, λ_{36}	λ_{17}, λ_{18}, λ_{22}, λ_{33}
6	λ_0, λ_8, λ_{27}, λ_{36}	λ_{12}, λ_{17}, λ_{18}, λ_{22}, λ_{33}
7	λ_0, λ_8, λ_{36}	λ_{12}, λ_{17}, λ_{18}, λ_{22}, λ_{27}, λ_{33}
8	λ_0, λ_8	λ_{12}, λ_{17}, λ_{18}, λ_{22}, λ_{27}, λ_{33}, λ_{36}
9	λ_0	λ_8, λ_{12}, λ_{17}, λ_{18}, λ_{22}, λ_{27}, λ_{33}, λ_{36}

在第 3 次迭代过程中，由于 $\boldsymbol{\Gamma}_{p}$ 中预想事故 λ_{33} 被剔除，因此被预想事故 λ_{33} 主导的预想事故 λ_{27} 从第 3 次迭代开始，需要加入 $\boldsymbol{\Gamma}_{p}$ 中参与到协调控制的迭代过程。

在最优协调控制策略中，$\boldsymbol{\Gamma}_{p}$ 中包含 6 个预想事故，为 $\boldsymbol{\Gamma}_{p}=\{\lambda_0,\lambda_8,\lambda_{12},\lambda_{18},\lambda_{27},\lambda_{36}\}$；$\boldsymbol{\Gamma}_{c}$ 中包含 3 个预想事故，为 $\boldsymbol{\Gamma}_{c}=\{\lambda_{17},\lambda_{22},\lambda_{33}\}$，但由于 λ_{17} 被 λ_{18} 主导，因此在最优协调控制策略下，预防控制之后只有 2 个预想事故（λ_{22}，λ_{33}）是不安全的，因此需要针对这 2 个预想事故分别制订相应的校正控制措施。在事故 λ_{22} 或 λ_{33} 真正发生时，执行对应的控制策略，使其满足静态安全性要求。在最优协调控制策略下预防控制涉及的控制量变化如图 5.43 所示，预防控制子集 $\boldsymbol{\Gamma}_{p}=\{\lambda_0,\lambda_8,\lambda_{12},\lambda_{18},\lambda_{27},\lambda_{36}\}$ 中每个预想事故存在越限的电气量，在预防控制前后越限电气量数值变化如表 5.16 所示；校正控制子集 $\boldsymbol{\Gamma}_{c}$ 中每个预想事故对应的校正控制方案及控制前后越限电气量数值变化如表 5.17 所示。

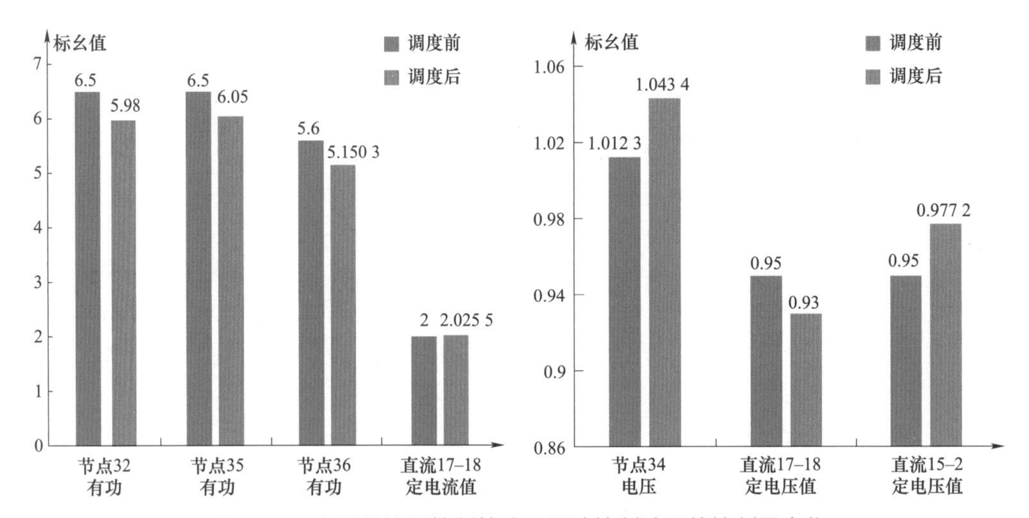

图 5.43　在最优协调控制策略下预防控制涉及的控制量变化

表 5.16　在预防控制前后越限电气量数值变化

预想事故	越限电气量	上限（p.u.）	调度前（p.u.）	调度前 d_{ssd}	调度后（p.u.）	调度后 d_{ssd}
λ_8	P_{6-11} 上限	4.8	6.049 8	0.031 4	4.555 6	−0.005 0
λ_{12}	P_{4-14} 上限	5	6.010 7	0.025 3	4.521 5	−0.015 4
	P_{10-13} 上限	6	6.174 0	0.014 0	5.672 0	−0.032 3
	P_{13-14} 上限	6	6.398 8	0.030 8	5.876 2	−0.021 1
λ_{18}	P_{6-11} 上限	4.8	5.372 8	0.039 3	4.687 7	−0.071 8
	P_{10-11} 上限	6	6.500 0	0.038 5	5.975 0	−0.005 3
λ_{27}	P_{23-24} 上限	6	6.855 8	0.046 0	5.950 2	−0.005 3
λ_{36}	P_{16-21} 上限	6	6.794 8	0.043 2	5.899 0	−0.011 2
	P_{21-22} 上限	9	9.605 1	0.034 0	8.695 9	−0.042 2

表 5.17　校正控制方案及控制前后越限电气量数值变化

预想事故	校正控制方案			校正控制前后电气量变化情况				
	控制变量	调度前（p.u.）	调度后（p.u.）	越限电气量	调度前（p.u.）	调度前 d_{ssd}	调度后（p.u.）	调度后 d_{ssd}
λ_{22}	节点 32 有功出力	5.980	4.862	P_{6-11} 上限	6.398 6	0.123 4	4.766 8	−0.005 0
	节点 33 有功出力	5.151	5.417					
	直流 1 定电压值	0.930	0.865	P_{10-11} 上限	6.174 4	0.014 0	4.609 0	−0.262 2
	直流 2 定电压值	0.977	0.941					
λ_{33}	节点 32 有功出力	5.980	7.877	P_{16-24} 上限	6.300 3	0.016 5	2.796 1	−0.126 2
	节点 35 有功出力	6.050	5.975	P_{22-23} 上限	65 000	0.038 5	5.975 0	−0.005 0
	节点 36 有功出力	5.150	2.478	P_{23-24} 上限	9.584 7	0.201 8	5.955 5	−0.005 2

为了便于对比分析，表 5.18 同时给出了纯预防控制和纯校正控制的控制成本对比结果。在最优协调控制优化求解过程中，第 1 次迭代的结果为纯预防控制结果。第 9 次迭代的结果为纯校正控制结果。

表 5.18　　不同控制方案的控制成本对比

控制方案	预防控制成本（万元）	校正控制期望成本		总成本（万元）
		校正控制调度期望成本（万元）	风险成本（万元）	
纯预防控制	43.208 1	0	0	43.208 1
纯校正控制	0	0.004 7	48.848 7	48.853 4
协调控制	7.533 2	0.002 3	11.144 9	18.680 4

本小节基于交直流混联电网静态安全域，提出了以协调控制成本最低为目标函数的预防校正协调控制双层优化算法。与现有的研究相比，首先基于主导事件原则剔除无效的预想事故，降低模型规模；其次针对具有动态约束的双层优化问题，提出了约束松弛的外层优化方法，有效地避免了穷举法带来的“维数灾”问题；在进行内层优化时，以静态安全域超平面的线性表达式代替非线性潮流方程作为安全约束，提高了优化求解效率。最后通过对改造后的 IEEE 39 交直流混联电网进行分析计算，验证了本小节所提优化方法的有效性和正确性。

5.3.5　基于解耦安全域的快速潮流控制

当系统的网络拓扑结构和约束条件不变时，解耦安全域也便唯一确定，因此解耦安全域可以离线计算在线应用。本章提出的解耦安全域主要有以下两个方面的优势：

（1）实现直流功率之间的解耦控制。每一个直流子系统在调整自身有功功率时，可以忽略与其他直流子系统之间的相互耦合关系，在进行紧急功率调制时，能够大幅提升系统运行状态的改变速度。

（2）可将非线性规划问题转化为线性规划问题。如果需同时调整多条直流子系统的功率，使其总功率为一定值，基于解耦安全域的规划方法能将系统约束转化为线性约束，相比于逐点法能够提高计算效率。

针对优势（2），在事故发生后可由某种信号触发，快速匹配对应的解耦安全域，结合相应的控制目标，便可迅速求解出相应的优化控制策略。例如对三馈入交直流混联电网，当 STATCOM 额定补偿容量为 S_V=0.3p.u. 时，系统在额定运行状态下 $HVDC_3$ 由于自身原因退出运行时，需要紧急调整 $HVDC_1$ 与 $HVDC_2$ 的总功率为 $P_{d1}+P_{d2}=3.5$p.u.，如图 5.44 中的红色直线所示，并求解得到尽可能多的功率组合对。

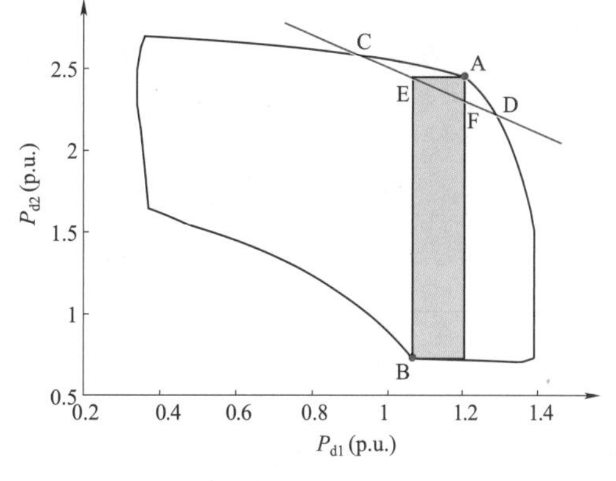

图 5.44　基于解耦安全域功率规划实例

如果是逐点法规划求解，则是先指定 $HVDC_1$ 与 $HVDC_2$ 的直流功率 P_{d1} 与 P_{d2}，然后求解多馈入系统非线性方程组模型，保留满足系统不等式约束的解并形成相应的控制策略表；如果基于解耦安全域规划方法，则是先刻画出解耦安全域，然后求解式（5-108）所示的四个线性约束的规划问题。

$$
\begin{aligned}
&\text{目标：} P_{\text{obj}} = P_{\text{d}i} + P_{\text{d}j} \\
&\text{s.t.} \quad \begin{cases} P_{\text{d}i,\min} \leqslant P_{\text{d}i} \leqslant P_{\text{d}i,\max} \\ P_{\text{d}j,\min} \leqslant P_{\text{d}j} \leqslant P_{\text{d}j,\max} \end{cases}
\end{aligned}
\tag{5-108}
$$

在同一台计算机上，规划时间结果对比如表 5.19 所示。如果解耦安全域离线计算在线应用，则基于解耦安全域求解运行点的时间控制在毫秒级，基本可以忽略。相较于 5.4.2 节基于静态安全域，需要在秒级时间内才能求解出相应的控制策略，充分体现了基于解耦安全域规划方法在计算量和时间上的优势。

表 5.19　规划时间结果对比

规划方法	步骤	实质	解的数量（个）	求解时间（s）	总时间（s）
基于解耦安全域规划方法	刻画解耦安全域	多约束非线性优化	—	40.954 2	40.958 7
	计算可行解	四约束线性规划	1405	0.004 5	
逐点法规划方法	计算可行解	多约束非线性规划	3765	82.354 6	82.354 6

5.4 小　　结

本章提出的改进最大输送功率算法保证了计算结果的准确性，同时大大提升最大输送功率的计算效率，可应用于在线控制策略的设计。与 MISCR 相比，MIOSCR 能够更准确地评估受端系统对当前 HVDC 的实际电压支撑能力，反映系统的运行裕度。现有 MISCR 实际上是 MIOSCR 的特例。相同网架下所需调相机容量随所需功率支援需求的增大而增大。相同功率支援需求下，所需调相机容量随系统强度的增强而减小，因此应该在计及系统强度的基础上合理安排 HVDC 功率需求，合理配置调相机。

本章分别从交直流混联电网静态安全域的刻画方法、静态安全域的演化特征及影响因素和基于静态安全域的交直流混联电网安全控制策略三个方面阐述了安全域方法在交直流混联电网中的应用。研究了不同类型直流输电系统、直流电网与交流系统在电气量、控制目标和运行约束等多个维度上的耦合机理，尤其重点研究了直流参与交流系统快速潮流控制情况下有功和无功控制之间的交互影响；研究了大型 LCC 型直流、VSC 型直流系统混合接入后交直流混联大电网多指标静态安全域的刻画方法；研究了直流系统参与运行控制时多目标静态安全域的演化特征；研究了直流换流站控制方式及站间交互方式对电网静态稳定特性及多指标静态安全域的影响；研究了多直流系统参与潮流快速控制时的协调控制目标及控制方法。

6 架空输电线自适应过负荷保护

继电保护是保卫电力系统安全的第一道防线，然而输电线路继电保护在过负荷下的不合理动作却成为多次连锁跳闸的直接原因。从防御大停电的角度出发，过负荷元件不应被切除，至少应延迟切除，为相对慢速的调度与安稳控制采取措施留下宝贵的时间。然而元件运行于过负荷状态，可能损伤其电气性能，影响正常运行。继电保护在过负荷下跳闸或不跳闸，保障系统安全还是保障元件安全中陷入了两难境地。

针对上述问题，文献［93］首次提出了线路自适应过负荷保护，根据线路过载量和过载承担能力，自适应调整保护动作时间。本章在此基础上，进一步明确了在线路过负荷下继电保护的动作准则：线路在过负荷而非故障，且对线路性能及寿命不造成损坏的前提下，保护不跳闸；当过负荷对线路性能及寿命造成损坏时，保护跳闸。通过动态评估线路在过负荷情况下的安全性，确定过负荷线路的继电保护动作模式及动作时间：跳闸，不跳闸或者延时跳闸，以此保护系统安全与元件安全。

由于输电系统多采用架空线路，电缆使用率较低，且由于电缆对工作温度要求较高，正常运行时不允许过负荷[145]。故本章所提线路自适应过负荷保护主要针对架空输电线路开展研究。

针对第 1 章线路过负荷保护存在的问题，本章将从以下三个方面予以研究：

（1）针对目前线路紧急载流能力设置偏保守、单一，下一步应充分挖掘输电线路短时承担过负荷的能力，保证元件安全前提下尽可能为调度及紧急控制争取时间，本章将在 6.1 节中分析线路的紧急载流能力。

（2）针对全线监测数据缺失或更新慢的问题（主要是导线温度），采用变电站站内监测数据与沿线监测数据互为补充，用沿线最大温差实时预测数据作为缺失时的后备方案。

线路运行于过负荷时，沿线分布电容电流与过负荷电流相比其幅值较小，故可认为全线电流相等，即全线焦耳吸热相等。沿线导线温度的差异主要取决于气象因素的差异，如风速、日照强度。因此，可由气象数据来预估导线沿线温度与变电站站内测量温度之差。在通信正常时，记录导线全线最高温度与变电站站内测量的导线温度之差，称之为沿线最大温差。以实时测得的沿线最大温差为样本，建立反映其动态关系的数学模型。当出现通信等问题导致无法获取沿线监测数据时，通过沿线最大温差的历史数据及数学模型预测导线最高温度。针对全线监测数据更新较慢的问题，可基于沿线最大温差与变电站实时测量温度，推算当前最高导线温度。

（3）自适应过负荷保护动作时间的问题本质上是对导线温度的预测，其难点是对参数变化的处理。本章在暂态温升计算的基础上，采用回声状态网络法，解决气象参数和沿线最大温差的预测问题。进一步考虑与常规后备保护的配合，设计自适应事故过负荷保护实施方案。

6.1 线路紧急载流能力分析

线路紧急载流能力主要受限于导线的热稳定性，过高的温度可能导致导线机械强度降低、线路弧垂增加、安全间距减小、金具及各类连接头的寿命及安全性受损等。以500kV典型四分裂钢芯铝绞线为例，从导线机械强度、导线弧垂、金具及各类连接头发热三个因素分别进行分析。

6.1.1 机械强度

导线高温运行后的缓慢退火过程将导致导线机械强度损失并加速老化。针对此问题，国内外开展了多项研究和试验。研究表明，线路运行在200℃以下，不会影响导线中钢芯的机械强度，而对于外包的铝线其机械强度在95℃左右开始出现损失[112]。我国上海电缆研究所的试验表明，钢芯铝绞线（型号LGJ－400/35）在100、120℃下分别运行250h，其铝线机械强度损失分别为3.3%、7.9%，而钢芯在120℃下运行1000h，无机械强度损失[146]。另有试验表明，即使运行在90℃时钢芯铝绞线强度稍有降低，高温过后拉断力会恢复，不会造成实用性问题。

机械强度损失是温度和时间共同作用的结果，铝线的机械强度损失可由式（6－1）计算求得[148]：

$$RS_A\% = (134 - 0.24T_C)t^{-\frac{1.6}{0.63d}(0.001T_C - 0.095)} \tag{6－1}$$

式中：$RS_A\%$为铝导线的机械强度剩余百分率；T_C为导线温度；d为单根铝绞线直径（取3.22mm）；t为导线温度大于95℃的持续时间，h；当$134 - 0.24T_C$小于100℃时按100℃算。对不同温度下短时运行的铝导线机械强度损失进行评估，结果如图6.1所示。

由图6.1可知，导线在120℃下运行60min内，机械强度几乎零损伤；在150℃下运行60min，将造成2%的损失；在200℃下运行60min对机械强度造成的损失高达14.1%，应快速切除。因此，单考虑机械强度，在线路温度小于120℃时，可以允许导线短时间（如60min）高温运行。

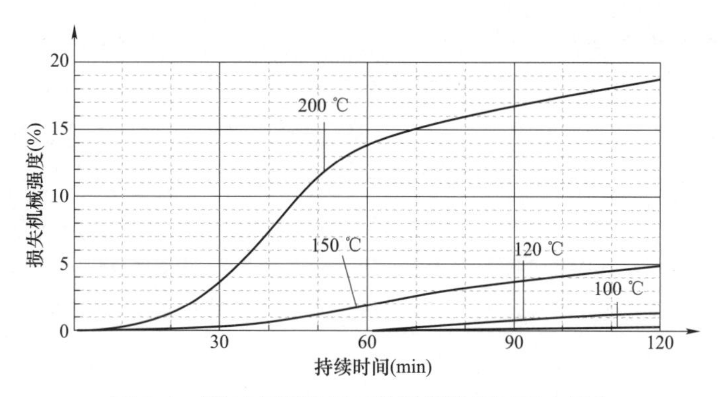

图 6.1 短时高温运行下的铝导线机械强度损失

6.1.2 导线弧垂

随着弧垂的增大，导线对地和交叉跨越的距离可能不满足安全裕度，加大树闪、对地放电等事故的发生概率，危及线路安全运行。弧垂主要由导线伸长造成。导线在正常运行时会在应力长期作用下产生蠕变伸长（属于弹性伸长）；同时，当应力超过导线弹性限度，将出现不可逆的塑性伸长[149]。在高温作用下，金属导线也会伸长（又称为高温蠕变），其中同等温度下铝导线伸长长度是钢导线的 2 倍[150]。导线在高温下运行，要避免塑性伸长，并尽可能降低蠕变伸长。

在恒定温度时，钢芯铝绞线的蠕变伸长与应力和持续时间成比例，当导线温度高于75℃时，单位蠕变伸长可根据式（6－2）计算[153]：

$$\varepsilon_C = 0.24(\%RS)T_C t^{0.16} \tag{6-2}$$

式中：ε_C 为单位蠕变伸长，mm/km；%RS 为机械强度残存率（百分数）；t 为运行时间，h。在 50%机械强度残存率的条件下，在不同温度下运行 1h，档距取 400m[146]，档距间导线蠕变伸长见表 6.1。

表 6.1　1h 高温运行下导线的蠕变伸长

运行温度（℃）	100	120	150	200
蠕变伸长（m）	0.48	0.58	0.72	0.96

在短期高温运行时（1h 内），蠕变伸长较小，对弧垂影响不大。另有试验证明在 19%机械强度残存率下，线路短路电流达到 10kA 并持续 1s，导线弧垂几乎不变[155]。

运行实例表明，钢芯铝绞线（型号为 LGJQ－400）在 1200A 电流下运行 3min，温度升至 127℃，造成了 0.5mm/m 左右不可恢复的塑性伸长，弧垂增大，危及运行安全，并对寿命造成了严重影响[151]。另有研究表明，钢芯铝绞线运行在 120℃下，不会对导线应力产生塑性伸长[152]。因此，短时运行温度不宜超过 120℃。

6.1.3 金具及各类连接头发热

架空输电线路的导线通过接续管连接，并由耐张线夹等金具及绝缘子串连接至耐张塔，金具及各类连接头受损后难以排查，维修费用很高。试验表明，金具温度一般低于导线运行温度，仅为60%～80%。苏联相关试验表明，为防止氧化损坏，长期运行时金具及连接头温度最好不超过70℃[156]。除了金具的耐热性，还需考虑金具握力（将导线、接续管、耐张线夹连接在一起的综合压接强度）。经试验，导线连续48h运行于120℃，金具握力仍超过计算拉断力的95%，满足运行要求[156]。研究表明，金具和各类连接头主要受高温的长期累积效应影响，在短时高温运行下对其寿命及各项性能的影响较小。但为了保证其各项性能，按金具温度为导线运行温度70%算，导线温度最好不要长期超过100℃。

6.1.4 紧急载流能力小结

综合以上试验数据和计算数据，分为三类讨论：

（1）架空输电线在电网规定的最高允许温度（70℃或80℃）以下长期运行，不会对导线安全及性能造成损伤。

（2）当线路温度高于120℃，会对架空输电线造成永久性损伤，应极力避免。

（3）架空输电线高于长期运行最高允许温度且低于120℃以下短时运行时，导线机械强度、弧垂及金具损失可以忽略。导线过负荷运行造成的损伤是温度与时间共同作用的结果，应根据热累积效应进行计算。

基于此分析制定架空输电线自适应过负荷保护热定值。

6.2 线路自适应过负荷保护动作时间

出于系统安全的考虑，前文研究了线路紧急载流能力，在线路安全的前提下尽可能挖掘其潜在载流能力。下一步，针对线路温升的热惯性及参数的随机变化，对线路温度进行预估并自适应调整保护动作时间，在元件安全的前提下，尽可能争取时间，以便于调度和紧急控制系统采取措施消除过负荷威胁。

自适应过负荷保护动作时间的确定本质上是导线温度预测，根据前文分析，分为两部分：① 基于变电站内导线温度、环境温度监测数据进行实时温度预测，尤其是对电流或气象条件变化下的暂态温升过程进行预测；② 根据长期在线监测温度数据对沿线最大温差进行建模并预测。

6.2.1 线路温度计算及动作时间分析

1. 线路暂态温升计算

架空线路温度是由导线自身产热、从外界吸热及向外界散热的共同结果。其中，焦耳吸热 P_J 和日照吸热 P_S 是主要的热量来源；对流散热 P_C 和辐射散热 P_R 是主要散热部分。导线的热平衡方程为[158]：

$$mC_p \frac{\mathrm{d}T_c}{\mathrm{d}t} = P_J + P_S - P_C - P_R \tag{6-3}$$

式中：m 为导线质量（也可由密度表示）；C_p 是导线比热容。当总吸热量与总散热量相等，导线处在热平衡状态，温度不变；当吸热量大于散热量，线路温度不断上升，直至吸热散热平衡，这个温升过程称之为暂态温升。

为提高求解效率，通常将暂态热平衡公式近似视为常系数一阶微分方程，求得通解即可，导线暂态温升近似表达式为：

$$T_c(t)=T_a(t)-\frac{A}{B}+\left[T_c(t_0)-T_a(t)+\frac{A}{B}\right]e^{\frac{B(t-t_0)}{mC_p}} \tag{6-4}$$

式中：t 为当前时刻；t_0 为暂态温升初始计算时刻；T_c（t_0）为导线初始温度；T_a（t）为 t 时刻环境温度。参数 A 包含了焦耳吸热温度不相关分量和日照吸热分量；参数 B 包含了焦耳吸热温度相关分量、对流散热分量和辐射散热分量。根据 IEEE 与 CIGRE 的计算公式可对各项热量进行计算[159–160]，详见附录。

由式（6－4）可知，当导线温度倒数为 0 时，导线最高温度计算值 $T_{cmax.CAL}$ 为：

$$T_{cmax.CAL}=T_a(t)-\frac{A}{B} \tag{6-5}$$

当 $T_{cmax.CAL}$ 大于过负荷保护温度定值 $T_{c.TH}$ 时，由式（6－5）可进一步计算温度由 $T_c(t)$ 上升到 $T_{c.TH}$ 的时间 t_{TH}。得：

$$t_{TH}=\frac{mC_p}{K_2}\ln\frac{T_{c.TH}-T_a(t)+A/B}{T_c(t)-T_a(t)+A/B} \tag{6-6}$$

2. 考虑参数变化的温度预测和动作时间分析

前文所考虑的暂态温升是在参数 A、参数 B 为常数的情况，然而实际运行中，参数 A、参数 B 是时变的，以焦耳吸热（电流）和对流散热（风速、风向角）的变化为主。

若暂态温升期间电流变化时，由于电流为自适应过负荷保护可获取的已知量，更新参数 A'、暂态温升计算起始时刻 t_1 及初始温度 $T_c(t_1)$ 即可得到新的温升轨迹，如式（6－7）所示：

$$T_c(t)=T_a(t_1)-\frac{A'}{B}+\left[T_c(t_1)-T_a(t_1)+\frac{A'}{B}\right]e^{\frac{B_1(t-t_1)}{mC_p}} \tag{6-7}$$

通过以下两个算例进一步分析。

算例 1：电流在第 20min 时刻由 400A 升至 1000A，在 40min 时刻继续降为 600A；取江苏某风场 2013 年 12 月 1 日风速数据进行计算，风向角在 0°～90° 间均匀取值，每 20min 变一次，环境温度 T_a＝38℃，光照强度 Q_s＝1000W/m^2。由式（6－7）根据当前参数计算 10min 后导线温度 T_c（t＋10min），结果如图 6.2 所示。

算例 2：电流在第 20min 时刻按 0.06℃/min 的温升速度均匀上升，最后稳定于 1000℃。气象条件同上。由式（6－7）根据当前参数计算 10min 后导线温度 T_c（t＋10min），结果如图 6.3 所示。

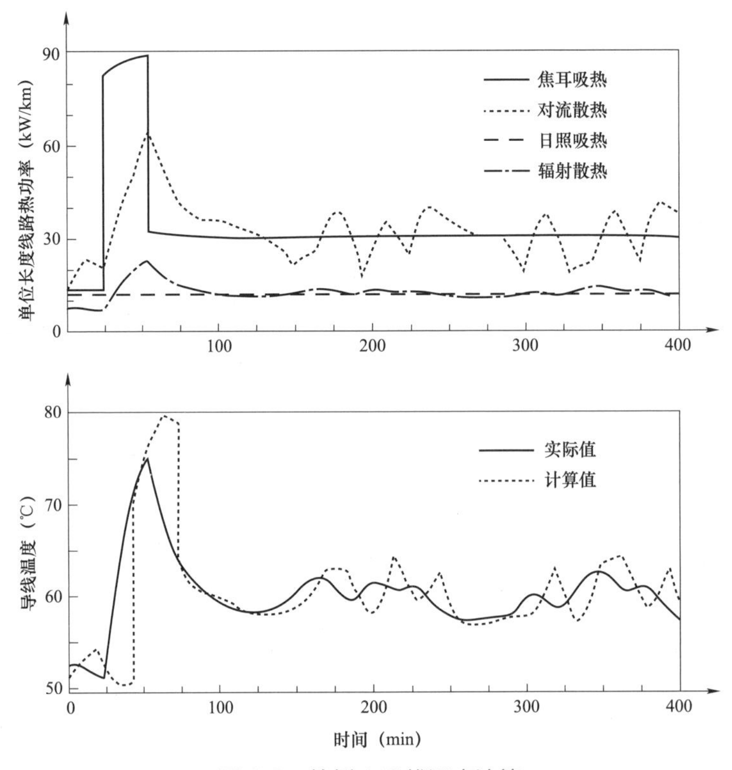

图 6.2　算例 1 导线温度计算

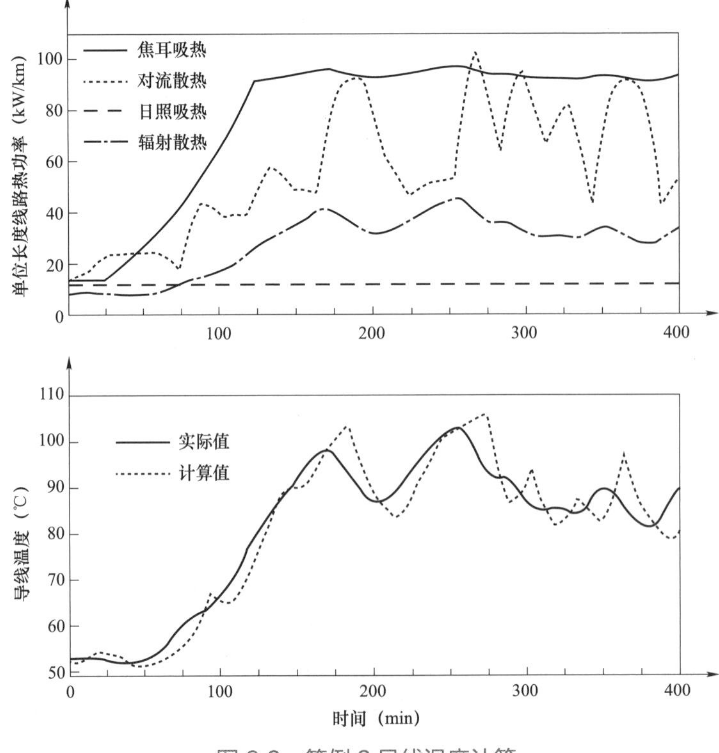

图 6.3　算例 2 导线温度计算

从图 6.2、图 6.3 中可知：

（1）当算例 1 中电流突增后，在导线暂态温升至新的温度平衡点过程中，风速等气象条件的波动对其温度预测影响较小，对温升时间预测较为准确。

（2）算例 2 中电流缓慢增加后，温度预测出现误差且延时，也将影响温升时间的预测。

（3）当算例 1 中电流减小后，导线温度下降，运行于 70℃时间较短，根据前文分析，对输电架空线路的性能及寿命影响非常微小，不构成安全威胁。然而根据以往的过负荷保护动作实施方案，当导线温度一旦到达 70℃，便切除线路，未充分发挥线路在过负荷下运行的能力。为此，根据前文分析，在一定温度范围内，可采用温度时间累积效应来作为动作依据。

（4）若采用温度时间累积效应为动作依据，要确定自适应保护动作时间，则要对导线温度进行预测。此阶段导线温度在新的平衡点附近，风速、风向角造成的对流散热量变化对其温度预测影响较大，若仍按式（6－7）计算 10min 后导线温度 T_c（t＋10min），其误差较大，如图 6.2 和图 6.3 中 140min 后的温度计算值。

温度预测误差是由时变参数造成的，以参数 B 中的对流散热分量和 A 中的焦耳吸热分量为主。为减少误差，应以实时预测的 $A(t)$、$B(t)$ 代替当前时刻求得的常数 B 预测导线温度。

6.2.2 基于回声状态网络法的预测

由前文分析可知，对变电站内线路温度实时预测的误差主要是由时变的电流和气象条件造成的。另针对 6.1.2 节提出的问题，即由于输电线路在线监控系统更新速度较慢且可能数据缺失，在紧急情况下难以保障线路安全。由于线路沿线电流大体一致，故沿线的焦耳吸热无差异，线路监测的导线温度差别主要来自不同的气象条件。

为准确预测线路温度变化并确定合理的自适应过负荷保护动作时间，应建立反映时变的电流、气象参数与温度的动态关系数学模型，并根据该模型进行预测。此问题属于非线性时间序列预测范畴，本章将使用回声状态网络（echo state network，ESN）建立动态模型，并对沿线最大温度差以及时变参数实时预测。该方法克服了传统神经网络法训练复杂、计算量大、网络结构难以确定等问题，有较高训练效率和预测精度，具有较大在线预测优势[161–165]。

6.2.2.1 回声状态网络数学模型

回声状态网络数学模型在结构上由三层构成：输入层、输出层与隐层。隐层由大量稀疏连接的神经元构成“储备池”，将信号从输入空间映射到高维状态空间以表征其复杂状态，并形成输出层与储备池相连接的反馈结构，具有一定“记忆”功能。其典型结构如图 6.4[161]所示。

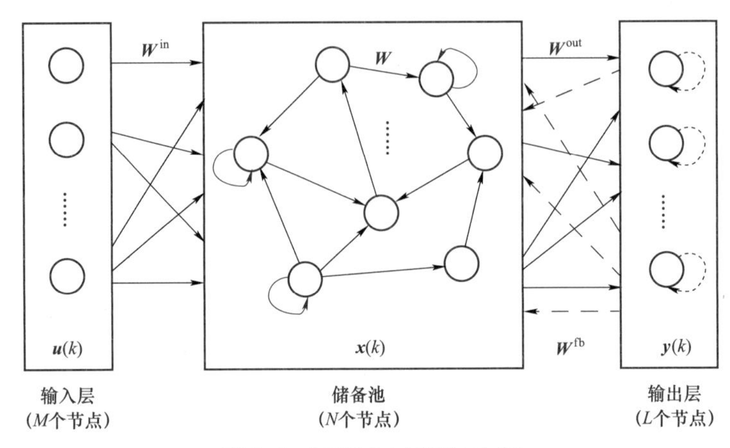

图 6.4　回声状态网络结构图

如图 6.4 所示的回声状态网络中，输入层信号 $\boldsymbol{u}(k)$ 通过输入连接权矩阵 $\boldsymbol{W}^{\text{in}} \in \boldsymbol{R}^{N\times M}$ 连接到储备池；储备池的内部状态 $\boldsymbol{x}(k)$ 通过内部连接权矩阵 $\boldsymbol{W} \in \boldsymbol{R}^{N\times N}$ 实现内部连接，用于处理输入信号，并通过输出连接权矩阵 $\boldsymbol{W}^{\text{out}} \in \boldsymbol{R}^{L\times(M+N+L)}$ 连接到输出层；输出信号 $\boldsymbol{y}(k)$ 也可通过反馈连接权矩阵 $\boldsymbol{W}^{\text{fb}} \in \boldsymbol{R}^{N\times L}$ 反馈回储备池。

储备池内部状态的更新方程和回声状态网络的输出方程分别为[161]：

$$\boldsymbol{x}(k+1) = \boldsymbol{f}[\boldsymbol{W}\boldsymbol{x}(k) + \boldsymbol{W}^{\text{in}}\boldsymbol{u}(k) + \boldsymbol{W}^{\text{fb}}\boldsymbol{y}(k)] \tag{6-8}$$

$$\boldsymbol{y}(k+1) = \boldsymbol{f}^{\text{out}}(\boldsymbol{W}^{\text{out}}[\boldsymbol{x}(k+1), \boldsymbol{u}(k+1), \boldsymbol{y}(k)]) \tag{6-9}$$

式中：$\boldsymbol{f} = [f_1, f_2, \cdots, f_{\text{N}}]$ 为内部神经元激活函数，通常选择非线性作用函数如 tanh 或 sigmoid 函数；$\boldsymbol{f}^{\text{out}} = [f_1^{\text{out}}, f_2^{\text{out}}, \cdots, f_{\text{N}}^{\text{out}}]$ 为输出函数，一般取线性恒等函数。

连接权矩阵 $\boldsymbol{W}^{\text{in}}$、$\boldsymbol{W}$、$\boldsymbol{W}^{\text{fb}}$ 在网络初始化阶段随机产生，此后保持不变。输出连接权矩阵 $\boldsymbol{W}^{\text{out}}$ 由系统的输入、输出信号训练得到，是回声状态网络的训练对象。

为进一步提高预测精度，采用递归最小二乘法（recursive least squares，RLS）对回声状态网络的输出权值矩阵 $\boldsymbol{W}^{\text{out}}$ 进行在线更新，后文简称为 RLS－ESN 法。

定义 RLS 成本函数即累计平方误差性能函数为：

$$\boldsymbol{E}(k) = \sum_{i=1}^{k} \boldsymbol{\lambda}^{k-i}\boldsymbol{e}(k)^2 \tag{6-10}$$

式中：$\boldsymbol{e}(k)$ 为第 k 点输出误差，即 $\boldsymbol{y}_{\text{target}}(k) - \boldsymbol{y}(k)$。$\boldsymbol{\lambda}$ 为遗忘因子，其作用在于减弱历史数据影响，快速跟踪数据变化。

为确保式（6－10）的 $\boldsymbol{e}(k)$ 最小，需满足式（6－11）～式（6－13）中的关系：

$$\boldsymbol{w}(k+1) = \boldsymbol{w}(k) + \boldsymbol{e}(k)\boldsymbol{g}(k) \tag{6-11}$$

$$\boldsymbol{g}(k) = \frac{\boldsymbol{P}(k-1)\boldsymbol{x}(k)}{\boldsymbol{\lambda} + \boldsymbol{x}(k)^{\text{T}}\boldsymbol{P}(k-1)\boldsymbol{x}(k)} \tag{6-12}$$

$$\boldsymbol{P}(k) = \boldsymbol{\lambda}^{-1}\boldsymbol{P}(k-1) - \boldsymbol{g}(k)x^{\text{T}}\boldsymbol{\lambda}^{-1}\boldsymbol{P}(k-1) \tag{6-13}$$

6.2.2.2　回声状态网络训练算法

建立回声状态网络训练算法主要包含网络结构初始化和网络训练两部分。

网络结构初始化包含以下步骤[166]：

（1）选择输入输出样本信号：$[u(1),y(1)]$、$[u(2),y(2)]$、…、$[u(t),y(t)]$。$\boldsymbol{u}$ 为输入信号，$\boldsymbol{y}$ 为输出信号，t 为样本时间。

（2）生成连接权矩阵 $\boldsymbol{W}$、$\boldsymbol{W}^{\text{in}}$、$\boldsymbol{W}^{\text{fb}}$：首先随机生成内部连接权矩阵 $\boldsymbol{W}_0$；进行归一化令 $W_0 = W_1/\lambda_{\max}$，$\lambda_{\max}$ 为 W_0 谱半径。随机生成输入权值矩阵 $\boldsymbol{W}^{\text{in}}$ 和反馈连接权矩阵 $\boldsymbol{W}^{\text{fb}}$。

（3）对输入输出样本信号进行缩放和位移。

（4）令 ESN 输出权值矩阵 $\boldsymbol{W}^{\text{out}}$ 在时刻 k 的列向量 $\boldsymbol{w}(k)=0$，状态矩阵 $\boldsymbol{x}(k)=0$。$\boldsymbol{P}(0)=\delta^{-1}\boldsymbol{I}$，$\boldsymbol{I}$ 为单位阵，$\delta \ll 1$，$0<\lambda<1$。

网络训练包含以下步骤[166]：

（1）动态采样形成状态收集矩阵 $\boldsymbol{S}$ 和期望输出矩阵 $\boldsymbol{E}$。从 0～t 时刻，按照式（6-5）对内部状态 $\boldsymbol{x}(k)$ 进行计算，形成状态收集矩阵 $\boldsymbol{S}$，其中 $\boldsymbol{s}(k)=[u(n);x(n);y(n-1)]^{\text{T}}$；并构成期望输出矩阵 $\boldsymbol{E}$，$\boldsymbol{E}=[(f_{\text{out}})^{-1}y(t_0),(f_{\text{out}})^{-1}y(t_{0+1}),\cdots,(f_{\text{out}})^{-1}y(t)]\in \boldsymbol{R}^{(t-t_0+1)\times L}$。

（2）计算输出权值矩阵 $\boldsymbol{W}^{\text{out}}$。由式（6-8）、式（6-9）得出权值矩阵 $\boldsymbol{W}^{\text{out}}$ 与状态收集矩阵 $\boldsymbol{S}$ 及期望输出矩阵 $\boldsymbol{E}$ 之间存在如下关系：

$$(\boldsymbol{W}^{\text{out}})^{\text{T}} = \boldsymbol{S}^{-1}\boldsymbol{E} \tag{6-14}$$

由 RLS 在线学习更新 $\boldsymbol{W}^{\text{out}}$：按式（6-12）更新 $\boldsymbol{g}(k)$；按式（6-11）更新输出权值矩阵 $\boldsymbol{w}(k+1)$；按式（6-13）更新逆矩阵 $\boldsymbol{P}(k)$。

6.2.2.3 具体应用

以应用 RLS-ESN 方法预测沿线最大温差为例说明的 ESN-$\Delta T_{\max}$ 具体步骤，示意框图如图 6.5 所示。

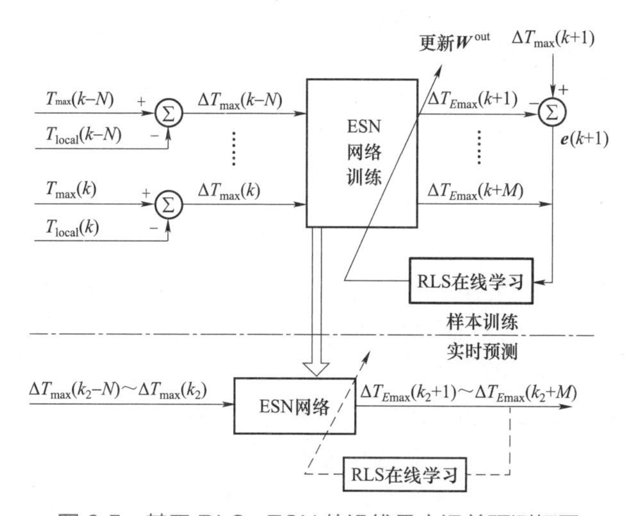

图 6.5　基于 RLS-ESN 的沿线最大温差预测框图

具体步骤为：

1. 在线样本训练

为增加训练样本及提高预测精度，以正常运行时导线温度站内监测值 T_{local} 与沿线监测最大值 $T_{\max}$ 间的温度差 $\Delta T_{\max}$ 进行更小时间尺度的均匀差值，以此为样本进行 RLS-ESN 在线训练。在 k 时刻，用 $k-N$ 时刻到 k 时刻的沿线最大温差历史数据 $\Delta T_{\max}(k-N)$～$\Delta T_{\max}(k)$，

预测 $k+1\sim k+M$ 时刻的沿线最大温差 $\Delta T_{\mathrm{Emax}}(k+1)\sim\Delta T_{\mathrm{Emax}}(k+M)$；在 $k+1\sim k+M$ 时刻，由沿线最大温差实测数据 $\Delta T_{\max}(k+1)\sim\Delta T_{\max}(k+M)$，对预测数据误差进行修正，不断训练更新 ESN 网络模型。

2. 离线/在线实时预测

当由于通信原因导致 k_2 时刻之后沿线数据缺失，可根据历史数据 $\Delta T_{\max}(k_2)$ 由 ESN 法进行离线预测。若通信畅通，则可根据 $\Delta T_{\max}(k_2)$ 及之前历史数据采用 RLS－ESN 在线预测 $\Delta T_{\max}(k_2+1)\sim\Delta T_{\max}(k_2+M)$。

用回声状态网络法对时变参数进行实时预测，其输入分别为当前及历史数据 $A(j)$、$B(j)$ $(j\leqslant k)$，输出为预测值 $A_{\mathrm{E}}(j)$、$B_{\mathrm{E}}(j)$，步骤同上。根据预测的时变系数，代入式（6－15）进行迭代计算（式中 Δt 为预测步长），即可得到预测的变电站本地温度数据。

$$T_{\mathrm{c}}(t+\Delta t)=T_{\mathrm{a}}(t)-\frac{A(t)}{B(t)}+\left[T_{\mathrm{c}}(t)-T_{\mathrm{a}}(t)+\frac{A(t)}{B(t)}\right]\mathrm{e}^{\frac{B(t)\Delta t}{mC_{\mathrm{p}}}} \tag{6-15}$$

本章将通过时变参数的预测得到本地导线温度预测值的过程用 ESN－T_{local} 表示。结合 ESN－ΔT_{maxl} 预测的沿线最大温差，即可得到线路最高温度的预测数据，以此预测自适应过负荷保护动作时间。

6.3 线路自适应过负荷保护的构成方案

6.3.1 整定方案及动作逻辑

由前文分析可知，导线过负荷运行造成的损伤是温度与时间共同作用的结果，而且影响随着温度的增高非线性增长。综合以上试验数据和计算数据，当线路在 100℃下短时运行，导线机械强度、弧垂及金具损失可以忽略。当线路温度过高，如高于 120℃会对线路造成较大的永久性损伤，应迅速切除。

因此，提出警戒温度、紧急温度、极限温度三个概念。警戒温度是指可允许线路长期运行于该温度及以下，一旦超过后就应引起注意，该温度可取现有规程最大允许运行温度；紧急温度是指当导线温度超过该值后，如果长时间运行将会对线路造成损伤，情况较为紧急，进入延时跳闸阶段；极限温度是指当线路温度超过该值后，将对导线的机械强度等性能造成永久性损伤，需立刻切除。

通过前文的分析，对自适应过负荷保护逻辑及热定值整定，以 500kV 架空输电线典型钢芯为例可做出如下方案：

1. 警戒温度 T_{w}

定义警戒温度 T_{w} 为 60℃；当导线温度不断上升并超过 60℃，进入警戒状态。自适应过负荷保护对 10min 之内的温度变化进行预测，如果预测时间内线路温度升到紧急温度，则向调度中心发出预警报文（通过 IEC 61850 到 IEC 61970 通信接口发送报文[167]），告知到达紧急温度的剩余时间。

2. 紧急温度 T_E 与紧急热定值 C_{max}

定义紧急温度 T_E 为长期运行最高允许温度，我国电网普遍取70℃，华东电网取80℃。本章以 70℃为例进行说明，当导线温度高于 70℃，自适应过负荷保护进入紧急状态。

根据 2.3 节分析，过负荷对导线性能及寿命的影响是温度与时间共同作用的结果，具有热累积效应，当导线温度在 70℃及以上，计算温度时间积 C，当实时计算的温度时间积 C 超过线路紧急热定值 C_{max}，自适应过负荷保护出口跳闸，判据如式（6－16）所示：

$$C = \int T_C \mathrm{d}t \geqslant C_{max} \tag{6-16}$$

其中，紧急热定值 C_{max} 由紧急温度 T_H 和紧急支撑时间 t_H 确定：

$$C_{max} = T_H t_H \tag{6-17}$$

以输电网普遍使用的钢芯铝绞线为例，经前文分析，在 100℃下线路运行 60min，导线机械强度、弧垂、金具性能损失较小，因此，可设置线路紧急热定值：T_H＝100℃，t_H 视线路老化程度及输电走廊情况（导线对地间距、植被生长情况）而定，可从 1min 到 60min 内取值。

当自适应过负荷保护进入紧急状态，通过回声状态网络法对暂态温升进行预测，预估线路到达紧急热定值的时间作为自适应过负荷的跳闸时间，并上报给调度中心。

3. 极限温度 T_L

定义极限温度 T_L 为 120℃。为防止因温度飙升对线路造成永久性损伤，当导线温度大于 T_L，应迅速切除。此时需考虑短路情况下与主保护、后备保护的动作配合。

设线路短路电流分别为 70、50、30、10kA，故障前线路初始温度 70℃，环境温度 40℃，风速为 0.5m/s，风向角为 0°，日照强度 2000W/m^2，故障后 0.1、5s 线路跳闸，被切除前线路的最高温度见表 6.2。

由表 6.2 可知，即便线路发生非常严重的短路故障且 5s 后才被切除，线路温度也未达到极限温度 T_L，不会出现自适应过负荷保护在短路情况下早于常规保护（主保护及后备保护）跳开线路的情况。

表 6.2　　短路电流下线路最高温度

短路电流（kA）	70	50	30	10
0.1s 切除（℃）	70.19	70.10	70.03	70.00
5s 切除（℃）	79.48	74.81	71.72	70.19

4. 其他功能

对沿线火灾等险情的探测告警：当沿线与站内最大温度差突增，且最高温度与当前载流、气象条件无法对应时，发出异常告警并上传至调度中心，同时闭锁自适应过负荷保护出口[167]。

综合前文所述，架空输电线自适应过负荷保护独立于反映故障的线路保护，根据线路的热稳定性进行整定，并充分考虑线路紧急载流能力和暂态温升过程，尽可能合理地为系统安全稳定控制措施的实施争取时间。其动作逻辑如图 6.6 所示。当线路沿线最高温度 T_{Cmax} 大于极限温度 T_L，或者线路处于紧急状态且满足线路温度时间积 $C \geqslant C_{max}$，则保护跳闸。在线路处于警戒状态、紧急状态或检测出沿线温度异常，报告调度中心。

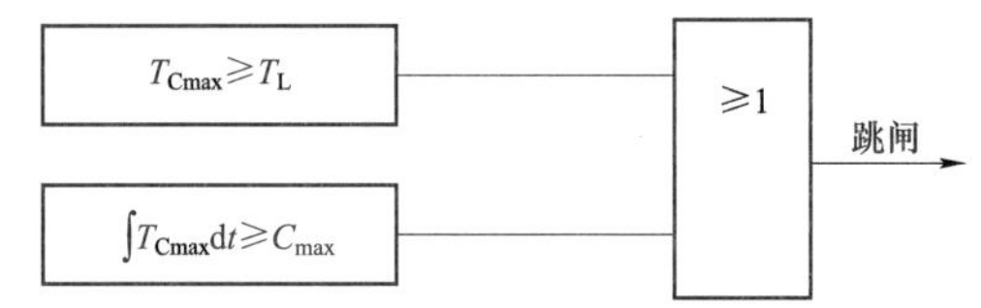

图 6.6　线路自适应过负荷保护动作逻辑

6.3.2　算法流程

线路自适应过负荷保护算法可划分为 5 个模块，分别为温度采集、在线训练、实时预测、动作逻辑和通信。算法流程如图 6.7 所示。

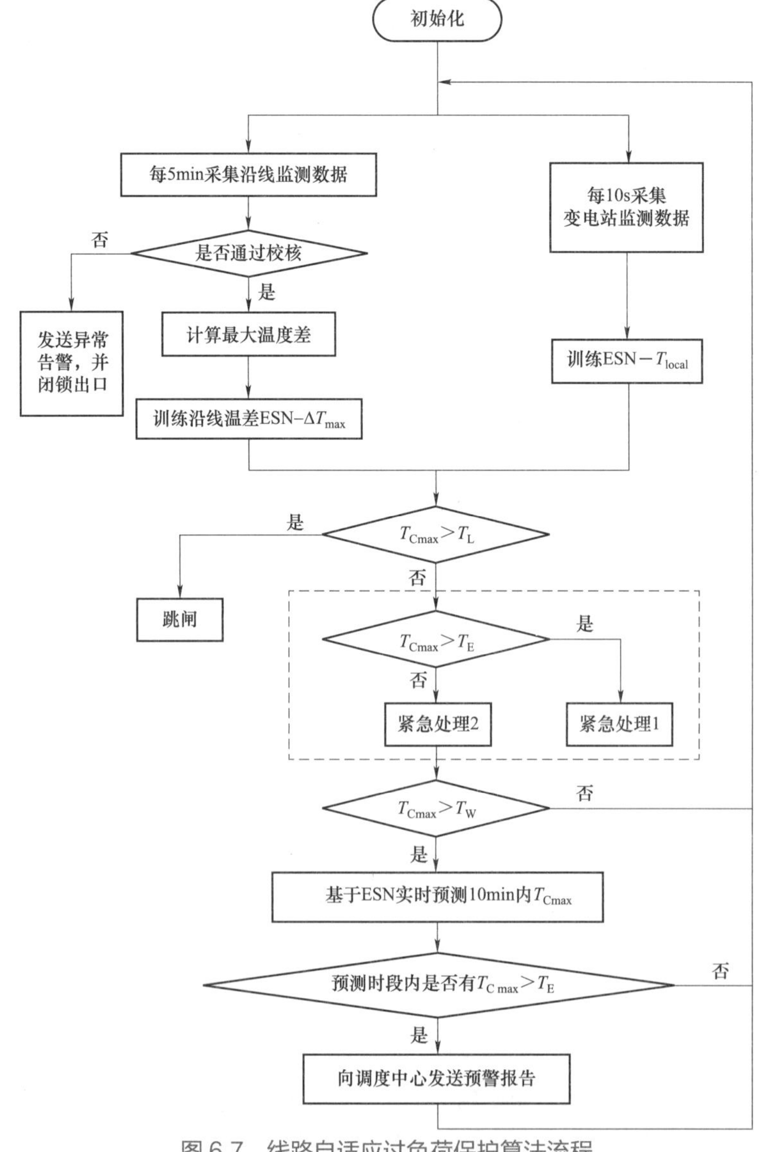

图 6.7　线路自适应过负荷保护算法流程

温度采集包括两个部分：① 来自沿线在线监测系统采集的温度和气象数据，5min更新一次（非紧急状态可能更长）；② 来自变电站站内的监测数据，可以实现秒级更新，然而由于温度变化是一个相对缓慢的过程，兼顾计算量与精确度，本章取采样周期为 10s。

正常运行时用数据实现对回声状态网络的训练，包括用以预测沿线最大温差的 ESN $-\Delta T_{max}$ 和基于变电站站内数据实时预测温度的 ESN $-T_{local}$。ESN 通过在线大量样本实时训练，其预测精度将高于离线预测。但是为保证初始状态下保护的预测能力，仍需储备离线样本数据进行初始化训练。对沿线数据进行校核，排除因山火等非过负荷造成的线路温升，并上传异常告警至调度中心。

若数据通过校核，则根据沿线传输或由站内数据推算的当前线路最高温度 T_{Cmax} 值，判断是否达到极限温度、紧急温度或警戒温度。调用训练成熟的回声状态网络法对线路温度进行实时预测，并按动作逻辑切除线路，或向调度中心发送预警报文，保障线路运行安全。

紧急状态处理子程序流程如图 6.8 所示。由于线路温度变化具有温度累积效应，因此即便线路电流变化频繁，不会使得线路出现温度在警戒温度 T_w 和紧急温度 T_E 间频繁变

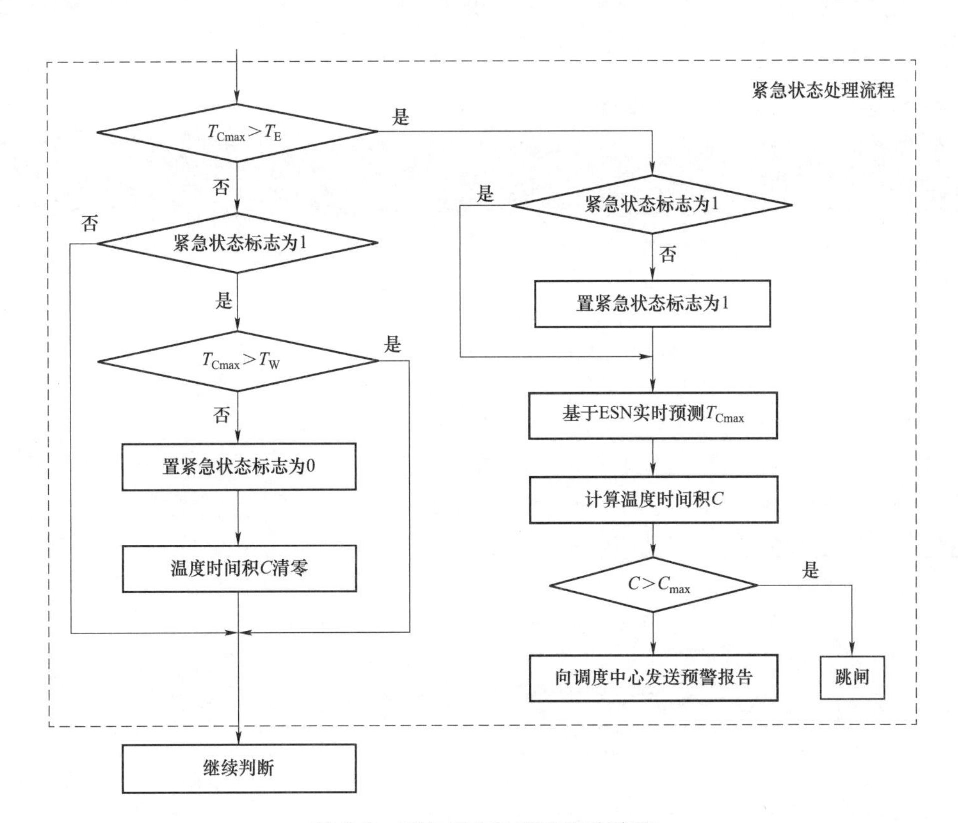

图 6.8 紧急状态处理子程序流程

化的情况。但依然考虑了导线温度在紧急温度上下变化的情况，设计了如下紧急处理流程：

（1）当线路温度大于紧急温度 T_E 后，自适应过负荷保护置紧急状态标志为 1。

（2）在若线路温度降到紧急温度 T_E 以下、警戒温度 T_w 以上，自适应过负荷保护保持在紧急状态，温度时间积 C 不清零，若线路温度再次高于 T_E，继续计算温度时间积 C。

（3）若线路温度降到警戒温度 T_w 及以下，保护解除紧急状态，若温度时间积 C 仍小于 C_{max}，则清零温度时间积 C。

（4）当保护处于紧急状态，一旦满足 $C>C_{max}$，则跳开线路。

6.3.3 应用及算例

1. 沿线最大温差预测

变电站站内与沿线最高温处测得的初始导线温度分别为 40℃和 42℃。线路过负荷后，电流在 800～1000A 之间均匀取值，每 10min 变化一次；如表 6.3 所示其他环境参数，假定变电站内风速服从均匀分布，沿线最高温处风速在此基础上减去一个服从正态分布附加值，使得其对流散热减弱，温度上升较高，环境温度以此类推。

表 6.3　　变电站与沿线最高温处温度相关参数

地点	起始温度（℃）	风速 v_w（m/s）及风向角 δ（°）	环境温度 T_a（℃）	日照强度（W/m²）
变电站	40	$v_w \sim U(1, 3)$，$\delta \sim U(0, 90)$	$T_a \sim N(35, 1^2)$	1000
沿线最高温处	42	$v_w \sim [U(1, 3) - N(1, 0.1^2)]$ $\delta \sim U(0, 90)$	$T_a \sim [N(35, 1^2) + U(1, 3)]$	1100

表 6.3 中：$U(a, b)$ 表示在 (a, b) 间取值的均匀分布；$N(a, b^2)$ 表示均值为 a，方差为 b^2 的正态分布。在上述条件下生成 10 000min 变电站导线温度数据 T_{local} 和沿线最高温处导线温度数据 T_{max}（采样周期为 5min），如图 6.9 所示。

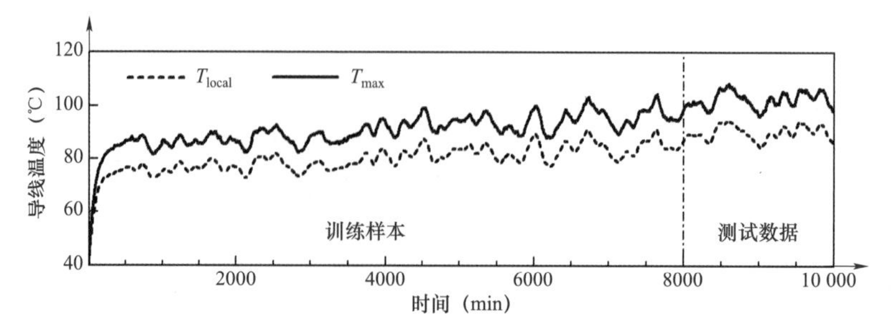

图 6.9　变电站导线温度与沿线最高温度

用回声状态网络法对 8000min 的样本数据进行训练，输入 k 时刻的变电站导线与沿线最高温处的最大温差数据为 $\boldsymbol{u}(k)=[\Delta T_{\max}(k-30\text{min}),\cdots,\Delta T_{\max}(k)]^{\mathrm{T}}$，输出 $\boldsymbol{y}(k)=[\Delta T_{\max}(k+1),\cdots,\Delta T_{\max}(k+30\text{min})]^{\mathrm{T}}$。储备池网络连接权矩阵规模为：$\boldsymbol{W}^{\text{in}}\in\boldsymbol{R}^{100\times1}$，$\boldsymbol{W}\in\boldsymbol{R}^{100\times100}$，$\boldsymbol{W}^{\text{fb}}\in\boldsymbol{R}^{100\times1}$，$\boldsymbol{W}^{\text{out}}\in\boldsymbol{R}^{1\times102}$。其中，储备池谱半径设为 $\lambda_{\max}=0.8$，输入、输出尺度缩放分别为 0.1、0.3，位移为 0、-0.2，遗忘因子 λ 取 0.999 5，δ 取 10^{-6}。利用训练完毕的回声状态网络，对余下数据进行迭代预测。当预测时长为 30min，即用第 7970min 之前的数据预测第 8000min 的沿线最大温差，以此类推。导线最大温差 30min 预测值与实际值对比如图 6.10 所示。

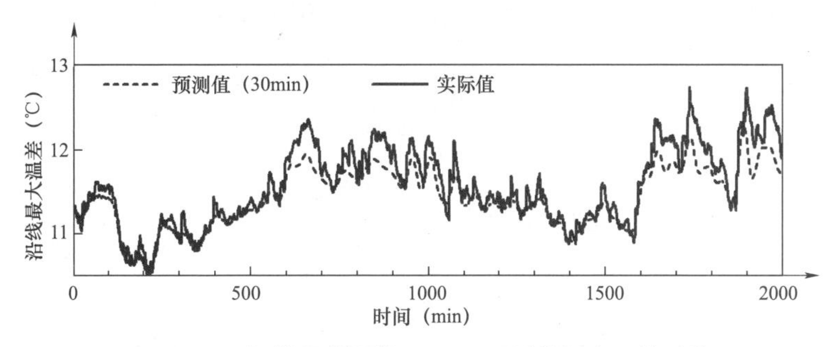

图 6.10　导线最大温差 30min 预测值与实际值对比

在不同时长下进行沿线最大温差预测，其最大、最小及平均均方根误差如表 6.4 所示。该方法预测精度较高，能满足自适应过负荷保护的要求。

表 6.4　沿线最大温差在不同时长下预测的均方根误差

预测时长（min）	5	10	30
均方根误差（%）	0.089	1.13	2.11

进一步基于变电站实测温度数据对导线温度进行更精细的预测。

2. 电流、风速变化下的温度及动作时间预测

在电流、风速变化情况下，使用 RLS－ESN 方法对时变参数进行实时预测。

预测输入数据为 k 时刻及之前的参数 A 数值：$\boldsymbol{u}(k)=[A(k-5\text{min}),\cdots,A(k)]^{\mathrm{T}}$，为保证对电流变化的跟踪效果，RLS－ESN 输入样本仅取 k 时刻前 5min 数据。输出时变参数预测数据：$\boldsymbol{y}(k)=[A(k+1),\cdots,A(k+10\text{min})]^{\mathrm{T}}$。RLS－ESN 参数设定为：储备池谱半径取 $\lambda_{\max}=0.4$，输入缩放尺度和位移分别取 0.5、1.0，遗忘因子 λ 取 0.999 5，误差限值 δ 取 10^{-6}。

预测输入数据为 k 时刻及之前的参数 B 数值：$\boldsymbol{u}(k)=[B(k-5\text{min}),\cdots,B(k)]^{\mathrm{T}}$，输入样本取 k 时刻前 30min 数据。输出时变参数预测数据：$\boldsymbol{y}(k)=[B(k+1\text{min}),B(k+5\text{min}),B(k+10\text{min})]^{\mathrm{T}}$。RLS－ESN 参数设定为：储备池谱半径取 $\lambda_{\max}=0.4$，输入缩放尺度和位移分别取 0.5、1.0，遗忘因子 λ 取 0.999 5，误差限值 δ 取 10^{-6}。

对前边两个算例用 RLS－ESN 方法对时变参数 A、B 进行预测，将预测的时变参数代入式（6－15），进而可得到导线温度的预测值，如图 6.11 所示。

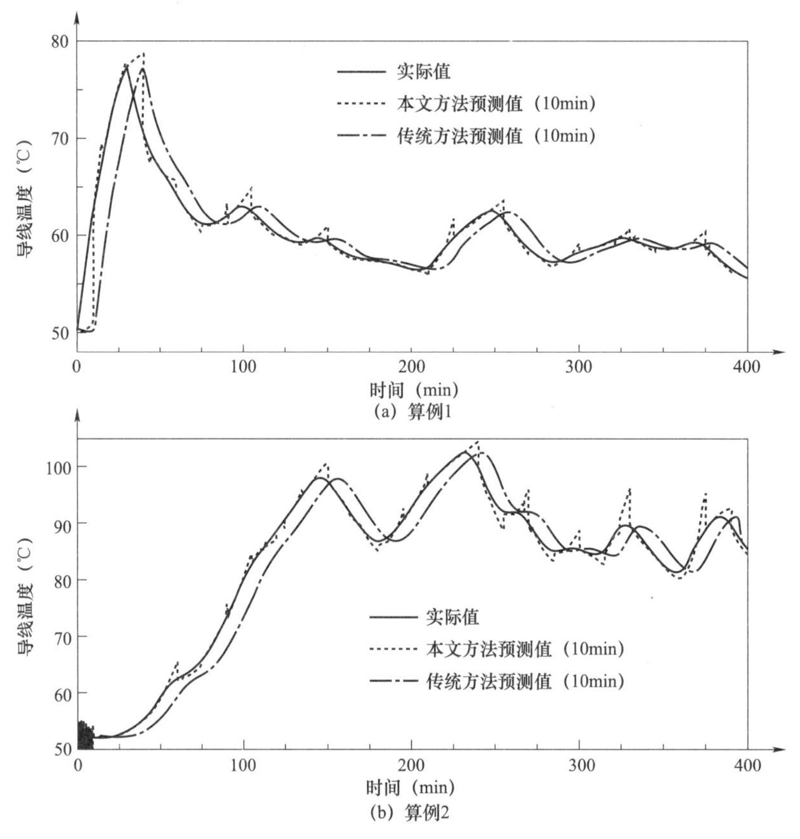

图 6.11　导线温度实时预测对比

对比算例 1 和算例 2 中应用 RLS－ESN 方法和传统方法，10min 后参数值及导线温度预测的均方根误差见表 6.5。

表 6.5　　不同方法下时变参数和温度 10min 预测误差对比

均方根误差	算例 1 预测值（10min）			算例 2 预测值（10min）		
	参数 A	参数 B	导线温度（℃）	参数 A	参数 B	导线温度（℃）
传统方法	22.9%	17.49%	2.85	6.04%	24.92%	3.36
RLS－ESN 方法	22.9%	12.42%	1.45	0.10%	18.09%	1.17

由表 6.5 可以看出，采用 RLS－ESN 法能有效提高对导线温度的实时预测精度。

结合对沿线最大温差的预测，取紧急热定值 $C_{max}=100℃\times60min$。根据自适应过负荷保护动作逻辑，算例 1 不跳闸，算例 2 到达紧急热定值的时刻即实际跳闸时刻应分别为第 552.8min（以电流阶梯上升初始时刻为 0min）。

若在预测时间［k，$k+10$min］内温度时间积达到紧急热定值，即记下当前时刻 k 的自适应过负荷跳闸时间预测值 $t_O(k)$；若在预测时长内未达到紧急热定值且预测温度 T_c

（k+10min）大于紧急温度 T_E，则以 T_c（k+10min）预估 k+10min 时刻之后的导线温度，继续计算温度时间积，求得自适应过负荷跳闸时间预测值 $t_O(k)$；若 T_c（k+10min）小于紧急温度 T_E，则停止计算 $t_O(k)$。

在不同时刻，应用 RLS－ESN 方法和传统方法预估线路环境温度达到紧急热定值的时间，即自适应过负荷跳闸时间预测值 $t_O(k)$，见表 6.6。

由于传统方法不能及时跟踪温度变化进行预测，因此可能出现 T_c（k+10min）小于紧急温度 T_E 的情况，致使较晚才能预测出有效跳闸时刻，且预测误差约为本章所提方法预测误差的 2 倍。

表 6.6　不同方法下跳闸时间预测误差对比　单位：min

预测时刻	传统方法		RLS－ESN 方法	
	跳闸时刻	预测误差	跳闸时刻	预测误差
480	未预测出	—	563.3	10.5
500	560	7.2	556.7	3.9
520	555.3	2.5	553.7	0.9
540	553	0.2	552.7	−0.1

综上，在电流、风速变化情况下，本章所提方法可较准确地预测导线温度，更及时且更准确设计自适应过负荷保护的跳闸时间，可靠保障架空输电线的安全运行。

6.4 小　结

本章针对现有线路自适应保护存在的三个问题，首先分析了线路紧急载流能力，讨论了线路在不同时间尺度上允许的运行温度；其次，针对时变参数导致的温度预测误差、沿线监测数据更新缓慢甚至缺失的问题，提出了基于变电站与沿线监测数据的温度预测方法，通过回声状态网络法，实现了较高精度的温度实时预测；最后，设计了线路自适应过负荷保护整定方案、动作逻辑及流程。本章所提的架空输电线自适应过负荷保护的特点在于：

（1）提出了线路过负荷情况下保护的动作准则：保护线路与系统安全。一方面保护线路不因过负荷对导线机械强度、塑性形变、金具及连接头等造成永久性损伤，从而保障线路的安全运行；另一方面，进一步挖掘线路紧急载流能力，在安全裕度内尽可能不跳闸。

（2）保护动作时间自适应于线路热稳定。通过对线路紧急载流能力的分析，提出了紧急热定值用温度时间积代替最高允许温度或最大载流量作为线路热稳定标准，既能更真实反映温度对导线的热累积效应，又充分考虑了线路的暂态温升过程，兼具静态提温与动态监测的优势。

（3）对沿线最大温差以较大时间步长进行实时预测，完成了温度预测的空间拓展；基于变电站内监测数据对时变参数以较小时间步长进行预测，实现了温度预测的时间延伸；结合沿线最大误差，克服了在线温度监测数据更新较慢以及数据缺失等困难，实现对沿线最高温度较为准确的实时预测，保障了自适应过负荷保护动作的可靠性及告警时间的准确性。

（4）本章提出的线路自适应过负荷保护只需要站域监测信息与少量沿线监测信息，易于实现。

附录 暂态温度计算

架空线路温度是由导线自身产热、从外界吸热及向外界散热的共同结果。其中，焦耳吸热 P_J 和日照吸热 P_S 是主要的热量来源；对流散热 P_C 和辐射散热 P_R 是主要的散热部分。导线的热平衡方程为[158]：

$$mC_p \frac{dT_c}{dt} = P_J + P_S - P_C - P_R \tag{1}$$

式中：m 为导线质量（也可由密度表示）；C_p 是导线比热容。各部分热量求解公式介绍如下。

1 焦耳吸热

导线的焦耳吸热 P_J 可由式（2）求得[167]：

$$P_J = I_{ac}{}^2 R_{ac} = k_j I_{ac}{}^2 R_{dc20}\left[1+\alpha_j\left(T_c - 20\right)\right] \tag{2}$$

式中：I_{ac}、R_{ac} 和 R_{dc20} 分别为导线的交流电流、交流电阻和 20℃的直流电阻；k_j 为考虑集肤效应的修正系数，对含铁质材料的导线有 $k_j=1$，对不含铁质材料的导线，一般取 $k_j=1.012\ 3$；α_j 为 20℃时导线的温度电阻系数，$\alpha_j=0.003\ 6/℃$；20℃时，直流电阻 $R_{dc20}=0.073\ 89\Omega/km$；$T_c$ 为导线温度。

2 日照吸热

日照吸热 P_s 可表达为[167]：

$$P_S = \alpha_s Q_s D \tag{3}$$

式中：α_s 为导线对光照的吸收率，根据导线风化程度取值范围为 0.23～0.95（新导线取 0.23，运行 1 个月左右为 0.5，1 年后约 0.9）；D 为导线直径；Q_s 为日照强度，W/m^2。

3 对流散热

导线对流散热方式可分为自然对流（风速为零）和强制对流（风速不为零）两种方式。强制对流散热 P_C 的计算公式为[167]：

$$P_C = \pi\lambda_f (T_c - T_a) N_u \tag{4}$$

式中：λ_f 为空气的热传导率；T_a 为导线周围环境温度；N_u 为努塞尔数，是表示对流传热强弱的一个无量纲数，可表示为 $N_u=B_1(R_e)^n$。其中，雷诺数 R_e 是流体惯性力与黏滞力的比值，表征流体流动情况，计算式为 $R_e=D\rho_f v_w/\mu_f$，ρ_f 为空气密度，v_w 为风速，μ_f 为空气粘滞系数，B_1 和 n 取决于导线表面粗糙度 $R_f=d/[2(D-2d)]$；d 为外层绞线直径。当 $R_f \leqslant 0.05$，B_1、n 分别取值 0.178、0.633；当 $R_f > 0.05$，B_1、n 分别取值 0.048、0.8。λ_f、ρ_f、μ_f 均是通过实验测定的系数，具体参数可见文献［167］。

考虑风向角，对努塞尔数进行修正为[167]：

$$N_{u\delta} = N_u[A_1 + B_2(\sin\delta)^{m_1}] \tag{5}$$

式中：δ 为导线轴向与风向的夹角。当 $0° < \delta < 24°$，$A_1=0.42$，$B_2=0.68$，$m_1=1.08$；当

$24^\circ < \delta < 90^\circ$，$A_1 = 0.42$，$B_2 = 0.58$，$m_1 = 0.9$。

自然对流下，努塞尔数的求解公式为：

$$N_u = A_2(G_r \cdot P_r)^{m_2} \tag{6}$$

式中：G_r、P_r、m_2 的求解见文献［167］。

4　辐射散热

辐射散热 P_R 的计算公式为[167]：

$$P_R = \pi D \varepsilon \sigma_B [(T_c + 273)^4 - (T_a + 273)^4] \tag{7}$$

式中：ε 为辐射率，新导线可取 0.27，运行 1 年以上导线取 0.95；σ_B 为斯蒂芬—玻尔兹曼常数（黑体辐射定律中的常数），其值为 5.67×10^{-8}W/（$m^2 \cdot K^4$）。

5　计算方法

为提高求解效率，可对暂态热平衡公式进行适当简化。日照吸热仅与气候因素（日照强度）有关，与导线温度无关，由焦耳吸热、对流散热和辐射散热提出（$T_c - T_a$）。

$$mC_p \frac{d(T_c - T_a)}{dt} = A + B(T_c - T_a) \tag{8}$$

式中：参数 $A = (I^2\beta_1 + \alpha_s Q_s D / mC_p)$，$\beta_1 = k_j[\alpha_j(T_a - 20) + 1]R_{dc20}$；参数 $B = (I^2\beta_2 - \pi\lambda_f N_{u\delta} - \pi D\varepsilon\sigma_B T_\theta mC_p)$，$\beta_2 = k_j \alpha_j R_{dc20}$，$T_\theta = [(T_c + 273)^2 + (T_a + 273)^2](T_c + T_a + 546)$。

参数 A 包含日照吸热分量 $\alpha_s Q_s D$ 和焦耳吸热分量 $I^2\beta_1$。在线路过负荷情况下，日照吸热与焦耳吸热相比，其数值较小，在一定时间内可视为常数，由当地的日照强度曲线、导线参数可预估数值。进一步，根据导线参数及电流值可求得焦耳吸热分量。故 A 为已知量，且在电流平稳时可视作常数。

参数 B 中焦耳吸热分量 $I^2\beta_2$、辐射散热分量 $\pi D\varepsilon\sigma_B T_\theta$ 也可根据导线参数、电流值、变电站温度数据求得，环境温度在暂态温升期间变化较小，可视作常数。参数 B 中对流散热分量 $\pi\lambda_f N_{u\delta}$ 由于风速、风向等参数较难获取且测量精度不高，根据当前温度数据及近似已知量可以求得当前 $\pi\lambda_f N_{u\delta}$ 分量。

为求得式（8）微分方程通解以预测暂态温升 T_θ，对 T_θ 与 T_c 相关性进行分析，对其近似分解可得：

$$T_\theta \approx \pi D\varepsilon\sigma_B (T_a + 273)[3.92(T_a + 273)^2 - 0.006(T_c - T_a)] \tag{9}$$

T_θ 中含（$T_c - T_a$）分量比不含（$T_c - T_a$）分量小一个数量级，且辐射散热量通常只占总散热量的 10%～40%[61]。故可忽略 T_θ，即将带 T_θ 的 B 视作常数，式（8）可近似为常系数一阶微分方程，可求得通解，从而可得导线暂态温升表达式为：

$$T_c(t) = T_a(t) - \frac{A}{B} + \left[T_c(t_0) - T_a(t) + \frac{A}{B}\right] e^{\frac{B(t-t_0)}{mC_p}} \tag{10}$$

6　导线参数

本书选用 500kV 典型四分裂钢芯铝绞线（型号为 LGJ－400/35）作为案例进行计算。LGJ－400/35 导线密度 $m = 1349$kg/km，$C_p = 1074$J/（kg・K），$D = 26.82$mm，$d = 3.22$mm，$R_f = 0.079$，$B_1 = 0.048$，$n = 0.8$。

参 考 文 献

[1] 全国电网运行与控制标准化技术委员会.《电力系统安全稳定导则》《电力系统技术导则》条文释义与学习辅导 [M]. 北京：中国电力出版社，2020.

[2] 曾勇刚. 南方电网安全稳定运行实践 [R]. 2012.

[3] 林伟芳，孙华东，汤涌，等. 巴西“11·10”大停电事故分析及启示 [J]. 电力系统自动化，2010，34（07）：1－5.

[4] 国家电网公司驻巴西办事处. 关于 3·21 巴西大面积停电事故情况的报告 [R]. 2018.

[5] 柳永妍，左剑，呙虎，等. 巴西 3·21 停电事故分析及其对湖南电网的启示 [J]. 湖南电力，2019，39（02）：25－29.

[6] 董新洲，曹润彬，王宾，等. 印度大停电与继电保护的三大功能 [J]. 电力系统保护与控制，2013，41（02）：19－25.

[7] 贺家李，李永丽，董新洲，等. 电力系统继电保护原理 [M]. 4 版. 北京：中国电力出版社，2010.

[8] 郑超，马世英，申旭辉，等. 强直弱交的定义、内涵与形式及其应对措施 [J]. 电网技术，2017，41（8）：2491－2498.

[9] New Delhi. Report of the Enquiry Committee on Grid Disturbance in Northern Region on 30th July 2012 and in Northern，Eastern & North-Eastern Region on 31st July 2012 [R]. 2012.

[10] 汤涌，卜广全，易俊. 印度“7·30”、“7·31”大停电事故分析及启示 [J]. 中国电机工程学报，2012，32（25）：167－174.

[11] U.S. - Canada Power System Outage Task Force. Final report on the August 14th blackout in the United States and Canada：causes and recommendations [R]. 2004.

[12] UCTE. Final report of the investigation committee on the 28 September 2003 blackout in Italy [R]. 2004.

[13] ANGELO L，GIANLUCA F. Modeling and application of VSC-HVDC in the European transmission system [J]. Int.J.Innov.Energy Syst.Power，2010，5（1）：8－16.

[14] KAMALAPUR G D，SHEELAVANT V R，HYDERABAD S，et al. HVDC Transmission in India [J]. IEEE Potentials，2014，33（1）：22－27.

[15] 舒印彪，刘泽洪，袁骏，等. 2005 年国家电网公司特高压输电论证工作综述 [J]. 电网技术，2006，30（5）：1－12.

[16] 刘振亚，秦晓辉，赵良，等. 特高压直流分层接入方式在多馈入直流电网的应用研究 [J]. 中国电机工程学报，2013，33（10）：1－7.

[17] 国家发展改革委，国家能源局. 2019 年度全国可再生能源电力发展监测评价报告 [R]. 2020.

[18] TU J，ZHANG J，BU G，et al. Analysis of the sending side system instability caused by multiple HVDC commutation failure [J]. CSEE Journal of Power and Energy Systems，2015，1（4）：37－44.

[19] 李明节. 大规模特高压交直流混联电网特性分析与运行控制 [J]. 电网技术，2016，40（04）：985－991.

[20] PAULO F T，JIUPING P，KAILASH S，et al. Case study of a multi-infeed HVDC system[C]//Power System Technology and IEEE Power India Conference，2008.

[21] CLARK H，EDRIS A，EL－GASSEIR M，et al. Softening the blow of disturbances [J]. IEEE Power Energy Mag，2008，6（1）：30－41.

[22] 梁振锋，康小宁，索南加乐，等. 适用于发展性故障的故障分量提取算法 [J]. 电力系统自动化，2007，（06）：44－47.

[23] 唐海军. 一起连续发展性单相接地故障保护动作行为分析 [J]. 电网技术，2006，（04）：103－104.

[24] 索南加乐，许庆强，李小斌，等. 超高压输电线路的发展性故障判别元件 [J]. 中国电机工程学报，2006，26（04）：93－98.

[25] 杨青，郑涛，肖仕武，等. 快速识别转换性故障的变压器差动保护新判据 [J]. 电力系统自动化，2007，31（20）：61－64＋107.

[26] 薛禹胜，谢云云，文福拴，等. 关于电力系统相继故障研究的评述 [J]. 电力系统自动化，2013，37（19）：1－9＋40.

[27] BALDICK R，CHOWDHURY B，DOBSON I，et al. Initial review of methods for cascading failure analysis in electric power transmission systems [C] // 2008 IEEE Power and Energy Society General Meeting-Conversion and Delivery of Electrical Energy in the 21st Century. IEEE，2008：1－8.

[28] YE X，ZHONG W，SONG X，et al. Review on power system cascading failure thoeries and studies [C] // 2016 International Conference on Probabilistic Methods Applied to Power Systems (PMAPS). IEEE，2016：1－6.

[29] 孙可，韩祯祥，曹一家. 复杂电网连锁故障模型评述 [J]. 电网技术，2005，29（13）：1－9.

[30] 甘德强，胡江溢，韩祯祥. 2003 年国际若干停电事故思考 [J]. 电力系统自动化，2004，28（03）：1－4＋9.

[31] VAIMAN M，BELL K，CHEN Y，et al. Risk assessment of cascading outages：methodologies and challenges [J]. IEEE Transactions on Power Systems，2012，27（2）：631－641.

[32] 卢强，梅生伟. 我国电力大系统灾变防治和经济运行的重大科学问题研究 [J]. 中国基础科学，1999，（Z1）：61－67.

[33] FAN W，LIU Z，HU P，et al. Cascading failure model in power grids using the complex network theory [J]. IET Generation，Transmission & Distribution，2016，10（15）：3940－3949.

[34] 薛士敏，孙文鹏，高峰，等. 基于精确隐性故障模型的输电系统连锁故障风险评估 [J]. 电网技术，2016，40（4）：1012－1017.

[35] 丁明，朱自强，张晶晶，等. 保护隐性故障及其对电力系统连锁故障发展影响 [J]. 高电压技术，2016，42（01）：256－265.

[36] 范文礼，刘志刚. 隐性故障对小世界电网连锁故障的影响分析 [J]. 电力系统自动化，2013，37（21）：23－28.

[37] 杨明玉，田浩，姚万业. 基于继电保护隐性故障的电力系统连锁故障分析 [J]. 电力系统保护与控制，2010，38（09）：1－5.

[38] 赵畹君. 高压直流输电工程技术 [M]. 北京：中国电力出版社，2004.

[39] 王锡凡. 电力系统计算 [M]. 北京：水利电力出版社，1978.

［40］ ANDESON P M. Power system protection［M］. John Wiley&Sons Ltd，1999.
［41］ 董新洲，丁磊，刘琨，等. 基于本地信息的系统保护［J］. 中国电机工程学报，2010，30（22）：7－13.
［42］ 董新洲. 防御交直流混联电网连锁故障的系统保护理论与技术［C］//中国电机工程学会报告，2018：1－31.
［43］ SHU Y，CHEN G，YU Z，et al. Characteristic analysis of UHV AC/DC hybrid power grids and construction of power system protection［J］. CSEE Journal of Power and Energy Systems，2017，3（4）：325－333.
［44］ 陈国平，李明节，许涛. 特高压交直流电网系统保护及其关键技术［J］. 电力系统及其自动化，2018，42（22）：2－10.
［45］ IEEE Committee Report. Effects of frequency and voltage on power system load［R］. New York：IEEE PES Winter Meeting，1966.
［46］ ANDERSON P M，LEREVEREND B K. Industry experience with special protection schemes［J］. IEEE Transactions on Power Systems，1996，11（3）：1166－1179.
［47］ 中国电力企业联合会. 2014 年度全国电力供需形势分析预测报告［EB/OL］. [2014－2－25]. http://www.cec.org.cn/ guihuayutongji/gongxufenxi/dianligongxufenxi/2014－02－25/117272.html.
［48］ 吕伟业. 中国电力工业发展及产业结构调整［J］. 中国电力，2002，35（1）：1－7.
［49］ 刘振亚，张启平. 国家电网发展模式研究［J］. 中国电机工程学报，2013，33（7）：1－10.
［50］ 张运洲，李晖. 中国特高压电网的发展战略论述［J］. 中国电机工程学报，2009，（22）：1－7.
［51］ 尚春. 特高压输电技术在南方电网的发展与应用［J］. 高电压技术，2006，32（1）：35－37.
［52］ 印永华. 特高压大电网发展规划研究［J］. 电网与清洁能源，2009，25（10）：1－3.
［53］ 丁道齐. 深入研究复杂电网动态行为特征构建中国特高压电网安全保障［J］. 中国电力，2008，41（8）：1－7.
［54］ 贺静波，伦涛，陈刚，等. 特高压交流联络线潮流和电压波动特性分析［J］. 电网技术，2012，36（9）：56－60.
［55］ Power System Relaying Committee. Application of overreaching distance relays［EB/OL］. [2010－3－28]. http://www.pes-psrc.org/Reports/D4_Application_of_Overreaching_Distance%20_Relays.pdf.
［56］ 曹一家，郭建波，梅生伟，等. 大电网安全性评估的系统复杂性理论研究［M］. 北京：清华大学出版社，2010.
［57］ 赵理，刘福锁，陈涛，等. 特高压输电通道上受端城市电网安全稳定特性及防御对策［J］. 高电压技术，2012，38（12）：3304－3309.
［58］ 杨冬. 特高压输电网架结构优化与未来电网结构形态研究［D］. 济南：山东大学，2013.
［59］ 国务院. 电力安全事故应急处置和调查处理条例［S］. 国务院令第 599 号，2011.
［60］ 事故调查组技术组，华中电网. 华中电网“7 • 1”事故调查报告技术报告［R］. 2007.
［61］ UCTE. Final report on system disturbance on 4 November 2006［R］. 2007.
［62］ CIGRE Task Force. Defence plan against extreme contingencies［R］. 2007.
［63］ APOSTOLOV A P. Distance relays operation during the August 2003 North American Blackout and methods for improvement［C］// 2005 IEEE Russia Power Tech，2005.

[64] 王梅义. 大电网事故分析与技术应用 [M]. 北京：中国电力出版社，2008.
[65] LACHS W R. Controlling grid integrity after power system emergencies [J]. IEEE Power Engineering Review，2002，22（2）：61－62.
[66] 马瑞，陶俊娜，徐慧明. 基于潮流转移因子的电力系统连锁跳闸风险评估 [J]. 电力系统自动化，2008，32（12）：17－21.
[67] LACHS W R. A new horizon for system protection systems schemes [J]. IEEE Power Engineering Review，2002，22（11）：59.
[68] 柳焕章，周泽昕. 线路距离保护应对事故过负荷的策略 [J]. 中国电机工程学报，2011，31（25）：112－117.
[69] 何大愚. 对美国西部系统 1996 年两次大事故的后续认识（分层分析）[J]. 中国电力，1998，31（5）：37－40.
[70] 薛禹胜. 时空协调的大停电防御框架（一）从孤立防线到综合防御 [J]. 电力系统自动化，2006，30（1）：8－16.
[71] PHADKE A G，THORP J S. Expose hidden failures to prevent cascading outages [J]. IEEE Computer Applications in Power，1996，9（3）：20－23.
[72] 张健康，粟小华，胡勇. 750kV 同塔双回线接地距离保护整定计算 [J]. 电力系统自动化，2009，33（22）：102－105.
[73] HOROWITZ S H，PHADKE A G. Third zone revisited [J]. IEEE Transactions on Power Delivery，2006，21（1）：23－29.
[74] 及洪泉，闫晓丁，任祖怡. 微机型变压器过负荷联切装置及其应用 [J]. 电力系统自动化，2004，28（16）：86－87.
[75] 杨富刚. 变压器过负荷联切装置在南宁电网的运用 [J]. 广西电力，2008，（6）：52－54.
[76] 范寿忠. 备自投过负荷联切功能的实现 [J]. 电力系统保护与控制，2010，38（5）：139－140.
[77] 袁季修. 电力系统安全稳定控制 [M]. 北京：中国电力出版社，1996.
[78] 薛禹胜，王达，文福拴. 关于紧急控制与校正控制优化和协调的评述 [J]. 电力系统自动化，2009，33（12）：1－7.
[79] BULDYREV S V，PARSHANI R，PAUL G，et al. Catastrophic cascade of failures in interdependent networks [J]. Nature，2010，464（7291）：1025－1028.
[80] 叶鸿声，龚大卫，黄伟中，等. 提高导线允许温度的可行性研究和工程实施 [J]. 电力建设，2004，25（9）：1－7.
[81] DAVIS，MURRAY，W. A new thermal rating approach：the real time thermal rating system for strategic overhead conductor transmission lines-Part Ⅱ：steady state thermal rating program [J]. IEEE Transactions on Power Apparatus and Systems，1977，96（3）：810－825.
[82] DOUGLASS D A，LAWRY D C，EDRIS A A，et al. Dynamic thermal ratings realize circuit load limits [J]. IEEE Computer Applications in Power，2000，13（1）：38－44.
[83] 徐青松，季洪献，侯炜，等. 监测导线温度实现输电线路增容新技术 [J]. 电网技术，2006，30（S1）：171－176.
[84] MASLENNIKOV S，LITVINOV E. Adaptive emergency transmission rates in power system and

market operation [J]. IEEE Transactions on Power Systems，2009，24 (2)：923－929.

[85] ISO New England. Procedures for determining and implementing transmission facility ratings in New England [EB/OL]. [2007－2－27]. www.iso-ne.com/rules_proceds/isone_plan/pp07/pp7_r3.pdf.

[86] 彭向阳，周华敏. 架空输电线路应急状态下短时过负荷运行的可行性研究 [J]. 广东电力，2012，25 (6)：24－29.

[87] DARWISH H A，TAALAB A I，ASSAL H. A novel overcurrent relay with universal characteristics [C] // Atlanta，GA，2001.

[88] HEUMANN G W. Overload relays and circuit breakers for protecting motorized appliances and their branch circuits [J]. Electrical Engineering，1953，72 (12)：1056－1060.

[89] ZOCHOLL S E，BENMOUYAL G. On the protection of thermal processes [J]. IEEE Transactions on Power Delivery，2005，20 (2)：1240－1246.

[90] BAKER D S. Generator backup overcurrent protection [J]. IEEE Transactions on Industry Applications，1982，IA－18 (6)：632－640.

[91] SWIFT G. Adaptive transformer thermal overload protection [J]. IEEE Power Engineering Review，2001，21 (8)：60.

[92] ZHANG P，DU Y，HABETLER T G. A transfer-function-based thermal model reduction study for induction machine thermal overload protective relays[J]. IEEE Transactions on Industry Applications，2010，46 (5)：1919－1926.

[93] RANSOM D L，HAMILTON R. Extending motor life with updated thermal model overload protection [J]. IEEE Transactions on Industry Applications，2013，49 (6)：2471－2477.

[94] 刘琨. 基于本地信息的电网潮流转移过负荷识别与保护措施研究 [D]. 北京：清华大学，2011.

[95] 周泽昕，王兴国，杜丁香，等. 过负荷状态下保护与稳定控制协调策略 [J]. 中国电机工程学报，2013，33 (28)：146－153.

[96] SERIZAWA Y，MYOUJIN M，KITAMURA K，et al. Wide-area current differential backup protection employing broadband communications and time transfer systems [J]. IEEE Transactions on Power Delivery，1998，13 (4)：1046－1052.

[97] 马静，李金龙，叶东华，等. 基于故障匹配度的广域后备保护新原理 [J]. 电力系统自动化，2010，34 (20)：55－59.

[98] HE Z，ZHANG Z，CHEN W，et al. Wide-area backup protection algorithm based on fault component voltage distribution [J]. IEEE Transactions on Power Delivery，2011，26 (4)：2752－2760.

[99] KUNDU P，PRADHAN A K. Synchrophasor-assisted zone 3 operation [J]. IEEE Transactions on Power Delivery，2014，29 (2)：660－667.

[100] NAVALKAR P V，SOMAN S A. Secure remote backup protection of transmission lines using synchrophasors [J]. IEEE Transactions on Power Delivery，2011，26 (1)：87－96.

[101] KANGVANSAICHOL K，CROSSLEY P A. Multi-zone current differential protection for transmission networks [C] // 2003 IEEE PES Transmission and Distribution Conference and Exposition (IEEE Cat. No. 03CH37495)，2003.

[102] 吕颖，张伯明，吴文传. 基于增广状态估计的广域继电保护算法 [J]. 电力系统自动化，2008，

32（12）：12－16.

［103］丛伟，潘贞存，赵建国．基于纵联比较原理的广域继电保护算法研究［J］．中国电机工程学报，2006，26（21）：8－14.

［104］LIN X，LI Z，WU K，et al. Principles and implementations of hierarchical region defensive systems of power grid［J］．IEEE Transactions on Power Delivery，2009，24（1）：30－37.

［105］WANG B，DONG X，BO Z，et al. Negative-sequence pilot protection with applications in open-phase transmission lines［J］．IEEE Transactions on Power Delivery，2010，25（3）：1306－1313.

［106］TAN J C，CROSSLEY P A，KIRSCHEN D，et al. An expert system for the back－up protection of a transmission network［J］.IEEE Transactions on Power Delivery，2000，15（2）：508－514.

［107］汪旸，尹项根，赵逸君，等．基于遗传算法的区域电网智能保护［J］．电力系统自动化，2008，32（17）：40－44.

［108］周曙，王晓茹，钱清泉．电力系统广域后备保护中的贝叶斯网故障诊断方法［J］．电力系统自动化，2010，34（4）：44－48.

［109］周良才，张保会，薄志谦．广域后备保护系统的自适应跳闸策略［J］．电力系统自动化，2011，35（1）：55－60＋65.

［110］SIDHU T S，BALTAZAR D S，PALOMINO R M，et al. A new approach for calculating zone-2 setting of distance relays and its use in an adaptive protection system［J］．IEEE Transactions on Power Delivery，2004，19（1）：70－77.

［111］YANG J，LI W，CHEN T，et al. Online estimation and application of power grid impedance matrices based on synchronised phasor measurements［J］．IET Generation，Transmission & Distribution，2010，4（9）：1052－1059.

［112］毕兆东，王宁，夏彦辉，等．基于动态短路电流计算的继电保护定值在线校核系统［J］．电力系统自动化，2012，36（7）：81－85.

［113］吕颖，孙宏斌，张伯明，等．在线继电保护智能预警系统的开发［J］．电力系统自动化，2006，30（4）：1－5.

［114］ORDUNA E，GARCES F，HANDSCHIN E. Algorithmic-knowledge-based adaptive coordination in transmission protection［J］．IEEE Transactions on Power Delivery，2003，18（1）：61－65.

［115］马静，叶东华，王彤，等．电力系统多区域复杂环网的最小断点集计算［J］．中国电机工程学报，2011，31（28）：104－111.

［116］林湘宁，夏文龙，熊玮，等．不受潮流转移影响的距离后备保护动作特性自适应调节研究［J］．中国电机工程学报，2011，31（S1）：83－87.

［117］徐慧明．可识别潮流转移的广域后备保护及其控制策略研究［D］．北京：华北电力大学，2007.

［118］徐岩，吕彬，林旭涛．潮流转移识别方法的研究与分析［J］．电网技术，2013，37（2）：411－416.

［119］LIM S I，LIU C C，LEE S J，et al. Blocking of zone 3 relays to prevent cascaded events［J］．IEEE Transactions on Power Systems，2008，23（2）：747－754.

［120］JIN M，SIDHU T S. Adaptive load encroachment prevention scheme for distance protection［J］．Electric Power Systems Research，2008，78（10）：1693－1700.

［121］ 杨文辉．预防连锁跳闸的关键线路后备保护与紧急控制策略研究［D］．北京：华北电力大学，2012.
［122］ 徐岩，吕彬，王增平．基于广域测量系统的潮流转移识别方法［J］．中国电机工程学报，2013，33（28）：154－160.
［123］ 张太升，罗承廉，杜凌，等．四边形特性距离保护躲负荷性能分析［J］．继电器，2004，32（1）：28－31.
［124］ NOVOSEL D，BARTOK G，HENNEBERG G，et al. IEEE PSRC report on performance of relaying during wide-area stressed conditions［J］. IEEE Transactions on Power Delivery，2010，25（1）：3－16.
［125］ 高旭，胥桂仙，郭登峰，等．华北电网重潮流线路负荷限制电阻整定方法［J］．电力系统自动化，2007，31（5）：94－96.
［126］ SCHWEITZER III E O. Distance relay with load encroachment protection for use with power transmission lines［P］. 1994.
［127］ 朱晓彤，赵青春，李园园，等．防止过负荷时相间距离Ⅲ段保护误动的新方法［J］．电力系统保护与控制，2011，39（9）：7－11.
［128］ APOSTOLOV A，VANDIVER B. Functional testing of IEC 61850 based IEDs and systems［C］// IEEE PES Power Systems Conference and Exposition，2004.
［129］ ROCKEFELLER G D. Fault protection with a digital computer［J］. IEEE Transactions on Power Apparatus and Systems，1969，PAS－88（4）：438－464.
［130］ 易永辉，曹一家，张金江，等．基于 IEC 61850 标准的新型集中式 IED［J］．电力系统自动化，2008，32（12）：36－40.
［131］ 刘东超，王开宇，胡绍刚，等．基于数字化变电站的集中式保护［J］．电力自动化设备，2012，32（4）：117－121.
［132］ 刘益青．智能变电站站域后备保护原理及实现技术研究［D］．济南：山东大学，2012.
［133］ 熊剑，刘陈鑫，邓烽．智能变电站集中式保护测控装置［J］．电力系统自动化，2013，37（12）：100－103.
［134］ 高厚磊，刘益青，苏建军，等．智能变电站新型站域后备保护研究［J］．电力系统保护与控制，2013，41（2）：32－38.
［135］ 宋璇坤，李颖超，李军，等．新一代智能变电站层次化保护系统［J］．电力建设，2013，34（7）：24－29.
［136］ 王悦．基于智能变电站的层次化保护系统研究［J］．华北电力技术，2013，（9）：26－30.
［137］ 董新洲，丁磊．数字化集成保护与控制系统结构设计方案研究［J］．电力系统保护与控制，2009，37（1）：1－5.
［138］ 刘琨，董新洲，王宾，等．故障动态过程对潮流转移识别的影响分析［J］．电力系统自动化，2011，35（13）：31－36.
［139］ 刘琨，董新洲，王宾，等．基于本地信息的潮流转移识别［J］．电力系统自动化，2011，35（14）：80－86.
［140］ 任博．基于潮流转移识别的广域后备保护的研究［D］．保定：华北电力大学，2007.
［141］ 徐成斌，孙一民．数字化变电站过程层 GOOSE 通信方案［J］．电力系统自动化，2007，31（19）：

91－94.
［142］ KANABAR M G，SIDHU T S. Performance of IEC 61850－9－2 process bus and corrective measure for digital relaying［J］. IEEE Transactions on Power Delivery，2011，26（2）：725－735.
［143］ 胡忠山. 基于站域信息的继电保护组网方案研究［D］. 北京：华北电力大学，2012.
［144］ CAO R，DONG X，WANG B，et al. Discussion of protection and cascading outages from the viewpoint of communication［C］// Beijing：2011 International Conference on Advanced Power System Automation and Protection，2011.
［145］ Commission of the European Communities. Undergrounding of electricity lines in Europe［R］. 2004.
［146］ MORGAN V T. The loss of tensile strength of hard-drawn conductors by annealing in service［J］. IEEE Transactions on Power Apparatus and Systems，1979，PAS-98（3）：700－709.
［147］ 叶鸿声. 高压输电线路导线载流量计算的探讨［J］. 电力建设，2000，（12）：23－26.
［148］ 叶鸿声，龚大卫，黄伟中. 提高导线允许温度增加线路输送容量的研究及在500kV线路上的应用［J］. 华东电力，2006，34（8）：43－46.
［149］ HARVEY J R. Effect of elevated temperature operation on the strength of aluminum conductors［J］. IEEE Transactions on Power Apparatus and Systems，1972，PAS-91（5）：1769－1772.
［150］ 李博之. 架空线塑蠕伸长的处理［J］. 电力建设，2001，22（6）：20－25.
［151］ HARVEY J R. Creep of transmission line conductors［J］. IEEE Transactions on Power Apparatus and Systems，1969，PAS-88（4）：281－286.
［152］ 袁永毅，孙廷玺. 影响钢芯铝绞线允许载流量的因素［J］. 电力安全技术，2001，3（5）：19－21.
［153］ PJM Interconnection. DMS #590159. Guide for determination of bare overhead transmission conductors［P］. 2010.
［154］ MASSARO F，DUSONCHET L. Risk evaluation and creep in conventional conductors caused by high temperature operation［C］// Padova：2008 43rd International Universities Power Engineering Conference，2008.
［155］ 廖添泉. 提高输电线路输送容量研究［D］. 成都：西华大学，2009.
［156］ JAKL F，JAKL A. Effect of elevated temperatures on mechanical properties of overhead conductors under steady state and short-circuit conditions［J］. IEEE Transactions on Power Delivery，2000，15（1）：242－246.
［157］ BINGHAM A H，LAMBERT F C，MONASHKIN M R，et al. An accelerated performance test of electrical connectors［J］. IEEE Transactions on Power Delivery，1988，3（2）：762－768.
［158］ 刘长青，刘胜春，陈永滤，等. 提高导线发热允许温度的试验研究［J］. 电力建设，2003，24（8）：24－26.
［159］ CIGRE，CIGRE TB 207－2002. Thermal behaviour of overhead conductors［S］. 2002.
［160］ STASZEWSKI L，REBIZANT W. The differences between IEEE and CIGRE heat balance concepts for line ampacity considerations［C］// Wroclaw：2010 Modern electric power systems，2010.
［161］ 张辉. 运行条件下输电线路热载荷能力研究［D］. 济南：山东大学，2008.
［162］ JAEGER H. The“echo state”approach to analyzing and training recurrent neural networks［R］. 2001.
［163］ 尹国涛. 基于温度检测的输电线载流能力评估方法研究［D］. 重庆：重庆大学，2011.

［164］ 冯辰．基于 ESN 的网络流量预测算法研究［D］．北京：北京邮电大学，2013.

［165］ 杨飞．基于回声状态网络的交通流预测模型及其相关研究［D］．北京：北京邮电大学，2012.

［166］ 宁美凤．风速及风电功率短期预测方法研究［D］．郑州：郑州大学，2012.

［167］ OBST O，WANG X R，PROKOPENKO M. Using echo state networks for anomaly detection in underground coal mines［C］// St.Louis，MO：2008 International Conference on Information Processing in Sensor Networks（ipsn 2008），2008.

［168］ JAEGER H. Tutorial on training recurrent neural networks，covering BPTT，RTRL，EKF and the "echo state network" approach［R］．2002.

［169］ KOUFAKIS E I，TSARABARIS P T，KATSANIS J S，et al. A wildfire model for the estimation of the temperature rise of an overhead line conductor［J］．IEEE Transactions on Power Delivery，2010，25（2）：1077－1082.

［170］ 胡靓．面向对象的电力调度自动化通信系统研究［D］．成都：西南交通大学，2007.

［171］ 张伯明．高等电力网络分析［M］．北京：清华大学出版社，2007.

［172］ VOURNAS C D，METSIOU A，KOTLIDA M，et al. Comparison and combination of emergency control methods for voltage stability［C］// Denver：IEEE Power Engineering Society General Meeting，2004.

［173］ 国家电力调度通信中心．国家电网公司继电保护培训教材（上册）［M］．北京：中国电力出版社，2009.

［174］ VU K，BEGOVIC M M，NOVOSEL D，et al. Use of local measurements to estimate voltage-stability margin［J］．IEEE Transactions on Power Systems，1997，14（3）：1029－1035.

［175］ 李来福，柳焯．基于戴维南等值参数的紧急态势分析［J］．电网技术，2008，32（21）：63－67.

［176］ PARNIANI M，VANOUNI M. A fast local index for online estimation of closeness to loadability limit［J］．IEEE Transactions on Power Systems，2010，25（1）：584－585.

［177］ JONSSON M，DAALDER J. An adaptive scheme to prevent undesirable distance protection operation during voltage instability［J］．IEEE Power Engineering Review，2002，22（11）：61.

［178］ ABIDIN A F B，MOHAMED A. On the use of voltage stability index to prevent undesirable distance relay operation during voltage instability［C］// Prague，Czech Republic：2010 9th International Conference on Environment and Electrical Engineering，2010.

［179］ SHEN G，AJJARAPU V. A novel algorithm incorporating system status to prevent undesirable protection operation during voltage instability［C］// Las Cruces，NM：2007 39th North American Power Symposium，2007.

［180］ 陈德树．电力系统继电保护研究［M］．武汉：华中科技大学出版社，2011.

［181］ 中国电力科学研究院．2012 年国家电网公司继电保护设备分析评估报告［R］．2013.

［182］ 朱声石．高压电网继电保护原理与技术［M］．北京：中国电力出版社，2005.

［183］ 吴安平．稳定计算中 500kV 线路故障切除时间的确定［J］．四川电力技术，2008，31（5）：7－8.

［184］ 汤涌，孙华东，易俊，等．基于全微分的戴维南等值参数跟踪算法［J］．中国电机工程学报，2009，29（13）：48－53.

［185］ 王木楠．基于量测数据的戴维南等值改进算法及应用研究［D］．北京：华北电力大学，2012.

［186］廖国栋，王晓茹．电力系统戴维南等值参数辨识的不确定模型［J］．中国电机工程学报，2008，28（28）：74－79.
［187］李来福，于继来，柳焯．戴维南等值跟踪的参数漂移问题研究［J］．中国电机工程学报，2005，25（20）：1－5.
［188］李娟，刘修宽，曹国臣，等．一种面向节点的电网等值参数跟踪估计方法的研究［J］．中国电机工程学报，2003，23（3）：30－33.
［189］王倩．新型三极化量距离继电器的研究［D］．济南：山东大学，2006.
［190］李岩，陈德树，尹项根，等．新型自适应姆欧继电器的研究［J］．中国电机工程学报，2003，23（1）：81－84.
［191］EISSA M M. Ground distance relay compensation based on fault resistance calculation［J］．IEEE Transactions on Power Delivery，2006，21（4）：1830－1835.
［192］董新洲，苏斌，薄志谦，等．特高压输电线路继电保护特殊问题的研究［J］．电力系统自动化，2004，28（22）：19－22.
［193］张勇．含串补电容的线路继电保护运行与整定［J］．南方电网技术，2008，2（1）：75－79.
［194］董新洲，王宾，曹润彬，等．一种智能变电站集成保护的快速起动及相量计算方法［P］．CN102761106A，2012.
［195］PHADKE A G，THORP J S. Synchronized phasor measurements and their applications［M］．New York：Springer，2008.
［196］李夏阳．500kV 同杆双回线横差保护的实现研究［D］．重庆：重庆大学，2008.
［197］BRAND K P，OSTERTAG M，WIMMER W. Safety related，distributed functions in substations and the standard IEC 61850［C］// 2003 IEEE Bologna Power Tech Conference Proceedings，2003.
［198］黄磊．智能变电站智能开关设备控制器的研究与实现［D］．南京：南京理工大学，2013.
［199］UCA International Users Group. Implementation guideline for digital interface to instrument transformers using IEC 61850－9－2［R］．2006.
［200］周毅然．35kV 智能变电站合并单元的研究与软硬件实现［D］．南京：南京理工大学，2013.
［201］柳焕章，周泽昕，王德林，等．具备应对过负荷能力的距离保护原理［J］．电网技术，2014，38（11）：2943－2947.
［202］周泽昕，柳焕章，王德林，等．具备应对过负荷能力的距离保护实施方案［J］．电网技术，2014，38（11）：2948－2954.
［203］严学文，高伟，张稳稳，等．基于相电流特征的配电网单相断线区段定位新方法［J］．电测与仪表，2019，56（03）：76－81.
［204］常仲学，宋国兵，黄炜，等．基于相电压电流突变量特征的配电网单相接地故障区段定位方法［J］．电网技术，2017，41（07）：2363－2370.
［205］许正亚．输电线路新型距离保护［M］．北京：中国水利水电出版社，2002.
［206］HASHEMI S M，SANAYE-PASAND M．Distance protection during asymmetrical power swings：challenges and solutions［J］．IEEE Transactions on Power Delivery，2018，33（6）：2736－2745.
［207］GAO Z D，WANG G B. A new power swing block in distance protection based on a microcomputer-principle and performance analysis［C］// International Conference on Advances in

Power System Control，Operation and Management，APSCOM-91，1991，843－847.
［208］SU B，DONG X Z，BO Z Q，et al. Fast detector of symmetrical fault during power swing for distance relay［C］// IEEE Power Engineering Society General Meeting，2005，1836－1841.
［209］高厚磊，文锋，王广延，等. 两种多相补偿阻抗继电器动作性能的数字分析［J］. 继电器，1995，(3)：3－9.
［210］柳焕章. 多相补偿距离继电器 δ—R 特性分析［J］. 继电器，1990，(01)：23－31.
［211］李晓明. 一种新的接地多相补偿阻抗继电器［J］. 继电器，1987，(1)：21－26.
［212］俞鸣元. 多相补偿接地距离继电器动作特性的分析与计算［J］. 电力系统自动化，1981，(6)：16－38.
［213］朱声石. 多相补偿相间距离继电器［J］. 电力系统自动化，1978，(4)：1－26.
［214］江清楷. 一种不受系统振荡影响的多相补偿阻抗继电器的分析［D］. 北京：华北电力大学，2011.
［215］江清楷，黄少锋，张红燕，等. 一种多相补偿距离继电器的分析［C］// 中国高等学校电力系统及其自动化专业学术年会暨中国电机工程学会电力系统专业委员会年会，2010.
［216］黄少锋，江清楷. 过渡电阻对多相补偿阻抗元件影响的分析及对策［J］. 电网技术，2011，35(8)：202－206.
［217］朱声石，崔柳，董新洲. 不受电力系统振荡影响的距离保护［J］. 中国电机工程学报，2014，34(07)：1175－1182.
［218］崔柳，董新洲，施慎行，等. 多相补偿距离继电器在振荡且伴随单相接地故障下的动作性能分析［J］. 中国电机工程学报，2013，33(34)：214－222.
［219］柳焕章，周泽昕，周春霞，等. 继电保护振荡闭锁的改进措施［J］. 中国电机工程学报，2012，(19)：125－133.
［220］崔柳，董新洲. 具有抗过渡电阻能力的多相补偿距离继电器［J］. 中国电机工程学报，2014，34(19)：3220－3225.
［221］刘振亚，秦晓辉，赵良，等. 特高压直流分层接入方式在多馈入直流电网的应用研究［J］. 中国电机工程学报，2013，33(10)：1－2.
［222］LIU C，ZHANG B，HOU Y，et al. An improved approach for AC-DC power flow calculation with multi-infeed DC systems［J］. IEEE Transactions on Power Systems，2011，26(2)：862－869.
［223］RAO H，XU S，ZHAO Y，et al. Research and application of multiple STATCOMs to improve the stability of AC/DC power systems in China Southern Grid［J］. IET Generation，Transmission & Distribution，2016，10(13)：3111－3118.
［224］邵瑶，汤涌，郭小江，等. 2015 年特高压规划电网华北和华东地区多馈入直流输电系统的换相失败分析［J］. 电网技术，2011，35(10)：9－15.
［225］李士林. 智能电网技术现状及发展分析［J］. 科技与创新，2021(03)：28－29＋32.
［226］韩民晓，文俊，徐永海. 高压直流输电原理与运行［M］. 北京：机械工业出版社，2020.
［227］董新洲，汤涌，卜广全，等. 大型交直流混联电网安全运行面临的问题与挑战［J］. 中国电机工程学报，2019，39(11)：3107－3119.
［228］姚良忠，吴婧，王志冰，等. 未来高压直流电网发展形态分析［J］. 中国电机工程学报，2014，34(34)：6007－6020.

[229] 景柳铭，王宾，董新洲，等. 交流滤波器投切引起的高压直流连续换相失败抑制方法研究[C]. 太原：中国高等学校电力系统及其自动化专业第34届学术年会，2018.

[230] 李新年，陈树勇，庞广恒，等. 华东多直流馈入系统换相失败预防和自动恢复能力的优化[J]. 电力系统自动化，2015，39（06）：134－140.

[231] 浙江大学发电教研组直流输电科研组. 直流输电［M］. 北京：水利电力出版社，1985.

[232] 景柳铭，王宾，董新洲，等. 高压直流输电系统连续换相失败研究综述［J］. 电力自动化设备，2019，39（09）：116－123.

[233] 刘席洋，王增平，乔鑫，等. 交直流混联电网换相失败分类及抑制措施研究综述［J］. 智慧电力，2020，48（06）：1－7＋32.

[234] 陶瑜. 直流输电控制保护系统分析及应用［M］. 北京：中国电力出版社，2015：155－170.

[235] 赵畹君. 高压直流输电工程技术［M］. 2 版.北京：中国电力出版社，2011：124.

[236] 林凌雪，张尧，钟庆，等. 多馈入直流输电系统中换相失败研究综述[J]. 电网技术，2006（17）：40－46.

[237] 宋金钊，李永丽，曾亮，等. 高压直流输电系统换相失败研究综述[J]. 电力系统自动化，2020，44（22）：2－13.

[238] DAVIES B，WILLIAMSON A，GOLE A M，et al. Systems with multiple DC infeed［R］. Paris：CIGRE Working Group B4.41，2008.

[239] AIK D L H，ANDERSSON G. Analysis of voltage and power interactions in multi-infeed HVDC systems［J］. IEEE Transactions on Power Delivery，2013，28（2）：816－824.

[240] 张伟晨，熊永新，李程昊，等. 基于改进 VDCOL 的多馈入直流系统连续换相失败抑制及协调恢复［J］. 电力系统保护与控制，2020，48（13）：63－72.

[241] 欧阳金鑫，叶俊君，张真，等. 电网故障下多馈入直流输电系统相继换相失败机理与特性[J]. 电力系统自动化，2021，45（20）：93－102.

[242] 尹纯亚，李凤婷，宋新甫，等. 多馈出直流系统换相失败快速判别方法［J］. 电网技术，2019，43（10）：3459－3465.

[243] 张正卫，陈得治，卜广全，等. 多直流馈入的特高压环网安全稳定控制措施研究［J］. 电力系统保护与控制，2019，47（19）：46－53.

[244] 张国辉，李志中，王宾，等. 基于 Adaboost 的高压直流线路连续换相失败预警方法［J］. 电力系统保护与控制，2019，47（19）：9.

[245] 江叶峰，鲍颜红，张金龙，等. 应对直流连续换相失败的动态无功备用评估［J］. 电力系统保护与控制，2021，49（19）：173－180.

[246] 张超明. 多馈入直流输电系统相继换相失败机理及控制策略研究［D］. 南京：东南大学，2020.

[247] 景柳铭. 基于定关断面积法的高压直流输电连续换相失败抑制方法研究［R］. 北京：清华大学，2019.

[248] 王海军，黄义隆，周全. 高压直流输电换相失败响应策略与预测控制技术路线分析［J］. 电力系统保护与控制，2014，42（21）：124－131.

[249] JOVCIC D，PAHALAWATHTHA N，ZACAHIR M. Analytical modeling of HVDC-HVAC systems［J］. IEEE Transactions on Power Delivery，1999，14（2）：506－511.

［250］曹文远，韩民晓，文强，等. 交直流配电网逆变器并联控制技术研究现状分析［J］. 电工技术学报，2019，34（20）：4226－4241.

［251］MIRSAEIDI S，DONG X，SAID D M. A fault current limiting approach for commutation failure prevention in LCC-HVDC transmission systems［J］. IEEE Transactions on Power Delivery，2019：2018－2027.

［252］SON H I，KIM H M. An algorithm for effective mitigation of commutation failure in high voltage direct current systems［J］. IEEE Transactions on Power Delivery，2016，31（4）：1437－1446.

［253］GUO C，LIU Y，ZHAO C，et al. Power component fault detection method and improved current order limiter control for commutation failure mitigation in HVDC［J］. IEEE Transactions on Power Delivery，2015，30（3）：1585－1593.

［254］MIRSAEIDI S，DONG X，TZELEPIS D，et al. A predictive control strategy for mitigation of commutation failure in LCC-based HVDC systems［J］. IEEE Transactions on Power Electronics，2019，34（1）：160－172.

［255］WEI Z，YUAN Y，LEI X，et al. Direct-current predictive control strategy for inhibiting commutation failure in HVDC converter［J］. IEEE Transactions on Power Systems，2014，29（5）：2409－2417.

［256］KWON D，KIM Y J，MOON S I. Modeling and analysis of an LCC HVDC system using DC voltage control to improve transient response and short-term power transfer capability［J］. IEEE Transactions on Power Delivery，2018，33（4）：1922－1933.

［257］ZOU G，HUANG Q，SONG S，et al. Novel transient-energy-based directional pilot protection method for HVDC line［J］. Protection and Control of Modern Power Systems，2017，2（2）：159－168.

［258］饶宇飞，张鹏辉，李程昊，等. 励磁涌流对高压直流输电系统换相失败的影响机理及评估方法［J］. 电力系统保护与控制，2019，47（13）：54－61.

［259］任萱，王宾，俞斌，等. LCC－HVDC 逆变侧换流站近区交流线路高阻接地故障保护［J］. 电力系统自动化，2021，45（23）：162－169.

索　　引

B

C

D

F

G

H

J

K

L

Q

R

S

T

W

X

Y

Z